工业和信息化部“十四五”规划专著

航空发动机陶瓷基复合材料结构分析与设计

宋迎东 高希光 张 盛 于国强 孙志刚 著

北京航空航天大学出版社

内 容 简 介

本书以构建复杂预制体陶瓷基复合材料结构在航空发动机典型载荷环境下的结构分析与设计方法为主线，提出了以纤维束为主承力单元的航空发动机陶瓷基复合材料-结构一体化分析方法，突破了陶瓷基复合材料预制体-结构一体化建模技术，实现了多尺度变形、强度、疲劳、氧化与动力学分析。

本书适合从事航空发动机陶瓷基复合材料失效分析与结构设计的科研人员、工程师及研究生阅读参考。

图书在版编目(CIP)数据

航空发动机陶瓷基复合材料结构分析与设计 / 宋迎东等著. -- 北京 ：北京航空航天大学出版社，2022.4

ISBN 978-7-5124-3777-7

Ⅰ. ①航… Ⅱ. ①宋… Ⅲ. ①航空发动机—陶瓷复合材料—结构分析 Ⅳ. ①V254.2

中国版本图书馆 CIP 数据核字(2022)第 060608 号

航空发动机陶瓷基复合材料结构分析与设计

宋迎东 高希光 张 盛 于国强 孙志刚 著

策划编辑 蔡 喆 责任编辑 蔡 喆

*

北京航空航天大学出版社出版发行

北京市海淀区学院路 37 号(邮编 100191) http://www.buaapress.com.cn

发行部电话：(010)82317024 传真：(010)82328026

读者信箱：goodtextbook@126.com 邮购电话：(010)82316936

北京九州迅驰传媒文化有限公司印装 各地书店经销

*

开本：710×1 000 1/16 印张：24 字数：511 千字

2022 年 4 月第 1 版 2022 年 4 月第 1 次印刷

ISBN 978-7-5124-3777-7 定价：168.00 元

序言

航空发动机涡轮前温度的不断提高对轻质耐高温新材料提出了迫切需求。陶瓷基复合材料能够承受1650℃以上的高温，而其密度远低于常规高温合金，应用于热端部件可减少冷却空气量，提高发动机效率、降低重量。

陶瓷基复合材料制备工艺多样、细观结构复杂，其变形行为、失效机理以及寿命消耗规律与高温合金有很大的不同。燃烧室和涡轮部件所处的高温燃气环境对陶瓷基复合材料结构失效带来的影响不可忽视，高速旋转引起的巨大离心力对涡轮转子造成的低周疲劳损伤极其严苛，因此高温燃气环境下陶瓷基复合材料结构的变形与失效分析方法成为结构设计中亟待解决的关键问题。

南京航空航天大学宋迎东教授团队，在973计划、“两机专项”基础研究、基础加强以及国家自然科学基金等系列项目的支持下，持续开展航空发动机陶瓷基复合材料结构强度与寿命研究，在本构模型、多尺度变形分析、疲劳寿命预测、动力学建模等方面取得了诸多研究成果，创新性地提出了以纤维束为主承力单元的航空发动机陶瓷基复合材料—结构一体化设计与分析方法。本书是该团队十几年来研究工作的总结，涵盖了航空发动机陶瓷基复合材料结构强度与寿命研究领域的主要方面，包括纤维束和编织陶瓷基复合材料的失效机理、本构模型、疲劳迟滞模型与寿命预测、力—热—氧耦合环境下的力学行为与建模、预制体—结构一体化建模、动力学建模以及结构多尺度分析方法和典型算例。

陶瓷基复合材料作为新一代航空发动机重要的热端部件材料，受到世界航空强国的高度关注，已成为航空发动机结构设计领域的热点。国际上，已经在军用航空发动机尾喷管中率先得到应用，正加速推进陶瓷基复合材料燃烧室、涡轮转、静子结构的工程化。目前，我国也在大力开展有关结构件的研制工作，然而航空发动机行业尚缺乏陶瓷基复合材料结构强度分析方法与软件。本书作为第一本专门阐述航空发动机陶瓷基复合材料结构设计与分析的专著，为陶瓷基复合材料结构的工程设计提供了理论与方法基础，服务了航空发动机行业的重大需求，为结构设计人员提供重要的指导和参考。相信本书的出版为加速陶瓷基复合材料在航空发动机上的工程应用起到重要作用，可促进相关技术发展和学术交流。为此，我向有关专家学者、工程技术人员和研究生推荐本书。

李应红

2022 年 3 月

前　言

不断提高涡轮前温度、降低结构重量是航空发动机设计中永恒的主题。连续纤维增强的陶瓷基复合材料由于具有耐高温(如 SiC/SiC 可达 1 650 ℃)、密度小(仅为高温合金的 1/3～1/4)、有一定的韧性等特点,已经在先进航空发动机的热端静子件(如燃烧室、涡轮导向叶片、涡轮外环、尾喷管)上得到成功地工程应用,受到世界航空强国的高度重视。

在新材料结构的研制过程中,“不断完善材料工艺”和“建立结构可预测设计方法”必须同时进行,二者缺一不可,后者是科学地指明材料工艺和结构改进设计方向的基础,没有结构可预测设计方法,新材料结构的研制和工程应用进度将大大地延缓。面对新材料,特别是陶瓷基复合材料,“型号不敢选用”的主要原因在于对新材料不了解,从技术层面上讲就是没有掌握新材料结构的可预测设计方法,无法判断结构在服役过程中的安全可靠性。法国和美国自 20 世纪 80 年代初开始,在航空发动机陶瓷基复合材料结构研制及工程化过程中,材料工艺与结构可预测设计方法研究始终并行,并一直持续至今。

实现结构可预测设计的核心是建立结构变形与失效分析方法,研制相应的计算分析软件,其关键技术包括:失效机理与变形行为、本构模型及应力分析方法、强度破坏准则、疲劳行为与寿命预测、动力学分析方法等。陶瓷基复合材料结构制备工艺、失效机理、变形行为、疲劳与动力学特性等与金属材料结构乃至工程中已经较广泛应用的树脂基复合材料结构的差异很大。与传统高温合金相比,航空发动机陶瓷基复合材料结构具有供应链长、工艺类型多、预制体类型多、材料性能非均质、变形非线性、高温燃气环境下易氧化等特点。在服役中陶瓷基复合材料结构的性能影响因素众多,导致其失效机理和变形行为更复杂,因此其本构模型与应力分析方法、寿命预测和动力学分析方法等均与传统的金属材料存在很大差异。目前,航空发动机行业缺乏陶瓷基复合材料结构分析手段,没有可预测设计方法和软件,广泛使用的商用有限元软件中也没有陶瓷基复合材料分析功能。

本书以构建复杂预制体陶瓷基复合材料结构在航空发动机典型载荷环境下的结构分析与设计方法为主线，提出了以纤维束为主承力单元的航空发动机陶瓷基复合材料-结构一体化分析方法，突破了陶瓷基复合材料预制体-结构一体化建模技术，实现了多尺度变形、强度、疲劳、氧化与动力学分析。本书在阐述变形、强度、疲劳、氧化和动力学等分析方法时，按照“纤维束陶瓷基复合材料→编织陶瓷基复合材料→编织陶瓷基复合材料结构”分层展开论述。第 3、4 章分别阐述纤维束和编织陶瓷基复合材料的静力学变形和失效建模。第 5、6 章分别阐述纤维束和编织陶瓷基复合材料的疲劳迟滞和失效建模。第 7 章阐述纤维束、编织陶瓷基复合材料结构在高温燃气环境下的变形与失效。第 8、9 章则在第 3～7 章的基础上，阐述预制体-结构一体化建模及强度与疲劳寿命分析方法。第 10 章阐述陶瓷基复合材料动力学特性和分析方法。第 11 章系统性介绍了陶瓷基复合材料涡轮导向叶片、涡轮转子叶片、尾喷管调节片及燃烧室火焰筒等典型结构的设计思路与方法。

本书可供从事航空发动机陶瓷基复合材料失效分析与结构设计的科研人员、工程师及研究生参考，对航空发动机陶瓷基复合材料结构研制、设计与评估具有一定参考价值和指导意义。本书的主要内容已经在国内外公开期刊上发表，部分成果已经获得了专利和软件著作权，可以推广应用到其他类型的复合材料结构设计与分析之中。

在本书的撰写过程中，得到了尤超副研究员、江荣副教授、张禄博士、牛序铭博士、方光武博士、孙杰博士、陈少华副研究员、吴涛博士的帮助与指导。感谢陈西辉、董洪年、韩笑、韩栋、张煦、周岳、董成乾、苗艳、李彦勇、朱彬、许仁红、杨福树、段浩、张世榕、陈悦、鞠晓蓉、杜翔宇、梁小强、时晓婷、徐雅洁、陈正扬、孟维康、冯雨春、宋方潇、何元辉、侯佳文、隋正卿、陈强等在本书图文处理和整理资料过程中付出的辛勤劳动。他们的研究成果也极大地丰富了本书的内容。

感谢工业和信息化部“十四五”规划出版专著计划的支持，感谢 973 计划、总装预研、空装预研、“两机专项”基础研究（2017－IV－0005－0042、Y2019－I－0018－0017）、基础加强、国家重点研发计划（2017YFB0703204）以及国家自然科学基金（51075204、51675266、51105195、51575261、11972183）等项目的资助，感谢李应红院士的推荐。

由于航空发动机陶瓷基复合材料结构设计是一个新的、内涵丰富的研究领域。本书内容仅包括一些有限的分析方法和研究结果，陶瓷基复合材料结构的零部件和整机试验验证等相关内容的论述还不充分，研究也还不够广泛和深入。加之作者水平有限，书中如有错漏之处，恳请广大读者和同行批评指正。

作者

2022 年 3 月于南京

目　录

第 1 章
绪　论

1.1 引 言

航空发动机是飞机的心脏，没有先进的航空发动机，就不可能有先进的航空武器装备和民用客机。军事需求及民航运输对航空动力提出了更高的要求，在确保可靠性的前提下，不断提高军用发动机的推重比和降低民用发动机的耗油率是设计中永恒的主题，譬如美国F22猛禽战斗机所装备的普惠公司F119第四代航空发动机，其推重比为10，涡轮前温度为1580～1680℃，而第五代高性能航空发动机其推重比将高达15～20，涡轮前温度将更是高达1930～2130℃。现役航空发动机热端部件的主要高温材料——镍基高温合金的发展已接近极限，难以满足未来航空发动机更加苛刻的要求，必须寻求更加先进的材料以满足发动机的发展需求。纤维增强陶瓷基复合材料，由于具有低密度和高耐温性，在航空发动机热端部件的应用上已经显示出巨大的发展潜力。譬如SiC纤维增强的SiC陶瓷基复合材料的工作温度可以高达1650℃，而其密度仅是镍基合金的1/3～1/4。在军用航空发动机上采用陶瓷基复合材料结构，可以显著地降低发动机重量，提高涡轮前温度，从而提高发动机的推重比。在民用航空发动机中采用陶瓷基复合材料(Ceramics Matrix Composites，简称CMC)结构，可以减少冷却空气量，从而降低油耗率，提高发动机的经济性。迄今，陶瓷基复合材料已经在先进航空发动机的热端静子件(如燃烧室、涡轮导向叶片、涡轮外环、尾喷管)上得到成功工程应用，受到世界航空强国的高度重视。

法国于20世纪80年代末，最早开展了编织陶瓷基复合材料尾喷管调节片在航空发动机上的试验验证工作，90年代在M88-2和M53-2军用航空发动机上使用，与原型机的高温合金材料相比，降低重量30%[1][2]。21世纪初，法国和美国各自在CFM56发动机上开展了编织陶瓷基复合材料燃烧室的试验，这是编织陶瓷基复合材料第一次在民用航空发动机上应用，结果表明可以大大地提高燃烧效率，降低污染排放,减少冷却空气量 35%[3]。随后,CFM 公司在下一代先进民用发动机上验证了涡轮外环[4],并将应用于为我国民用大飞机 C919 研制的 LEAP-1C 发动机上[5]。2010 年 6 月,由法国研制的低压涡轮转子叶片在 CFM56-5B 发动机上挂片试车成功[6],这是陶瓷基复合材料结构在航空发动机转动零件上的首次应用。至此,法国一直引领航空发动机陶瓷基复合材料结构的研制和相关研究工作。美国从 20 世纪 90 年代中期开始,在 F110 和 F100 军用航空发动机上对多种编织陶瓷基复合材料尾喷管调节片进行了试验[7]。此后,美国在 IHPTET[8]、VAATE[8] 以及 UEET[3] 等多个航空发动机技术研究计划中,对陶瓷基复合材料涡轮静子叶片、燃烧室、涡轮外环和尾喷口调节等结构进行了更加广泛的研究。2010 年年底,美国首个编织陶瓷基复合材料转动零件—低压涡轮转子叶片在 F414 军用航空发动机低压涡轮上挂片试车成功[9],只比法国晚半年。2015 年 2 月 10 日,世界上首台陶瓷基复合材料转动部件—低压涡轮转子成功地在 F414 军用航空发动机上通过试车[5]。由于陶瓷基复合材料涡轮转子叶片本身质量很轻,可以减少甚至无须冷却,这样就大幅度降低了涡轮盘和整个涡轮部件的质量,从而显著提高发动机的推重比和效率,因此 GE 公司将陶瓷基复合材料转子作为其新一代自适应通用航空发动机 ADVENT(Adaptive Versatile Engine Technology engine)的技术亮点之一,并认为它将给航空发动机设计带来革命性的变化[5],这标志着航空发动机陶瓷基复合材料结构的重大突破,使得陶瓷基复合材料在航空发动机上呈现出更加广阔的应用前景,对新一代高性能航空发动机的成功将起到十分关键的作用。2020 年拥有五类陶瓷基复合材料静子件的 GE9× 发动机取得适航证,这标志着美国走在了航空发动机陶瓷基复合材料结构研制与工程应用的世界前列。

正所谓“一代材料,一代发动机”。新材料结构的成功工程应用,促进了航空发动机的更新换代。然而,新材料结构在航空发动机上的工程应用需要付出艰辛的努力,至少应具备以下条件:(1)材料性能满足使用需求;(2)材料制备工艺稳定;(3)结构在制造上可实现;(4)结构可预测设计,即变形、强度、寿命及动力学特性等可以预测;(5)结构设计可评价,即可以通过试验和检测验证结构的设计性能满足使用要求。上述五个方面可以概括为两条主线:一是材料与工艺,二是结构可预测设计与验证。在新材料结构的研制过程中,“不断完善材料工艺”和“建立结构可预测设计方法”必需同时进行,二者缺一不可。然而,后者往往被轻视甚至忽视,实际上它是科学地指明材料工艺和结构改进设计方向的基础,没有结构可预测设计方法,新材料研制及结构工程应用的进度将大大地延缓。法国和美国自 20 世纪 80 年代初开始,在航空发动机陶瓷基复合材料结构研制及工程化过程中,材料工艺与结构可预测设计方法研究始终并行,并一直持续至今,如图 1.1 所示。实现结构可预测设计的核心是建立结构变形与失效分析方法,研制相应的计算分析软件,关键技术包括:失效机理与变形行为、本构模型及应力分析方法、强度破坏准则、疲劳行为与寿命预测、动力学分析方法等。

图 1.1　材料工艺与结构可预测设计方法并行发展

1.2　陶瓷基复合材料结构变形与失效研究概况

1.2.1　失效模式与失效机理

20 世纪 80 年代开始，国际上针对单向纤维增强的陶瓷基复合材料，通过大量的试验和测试，获取了基体开裂、界面脱粘和纤维断裂等典型细观失效模式，揭示了其多模式细观损伤耦合机理，发现其拉伸应力-应变曲线表现出明显的非线性[10]-[13]。图 1.2 为单向陶瓷基复合材料沿纤维方向的典型拉伸应力-应变曲线，呈现出四个阶段。第一阶段，复合材料无细观结构损伤，应力-应变曲线呈线性；第二阶段，当应力大于初始基体开裂应力时，基体出现裂纹，纤维桥接，基体裂纹将沿试样宽度和厚度方向扩展，基体裂纹密度的不断增加使得应力-应变曲线呈非线性；随着应力水平的加大，基体裂纹数量不断增加，直到饱和后不再变化。第三阶段，由于基体裂纹数量达到饱和，没有新的基体开裂和纤维失效发生，复合材料的应力-应变曲线呈线性。在第四阶段，随着应力水平的继续提高，纤维开始不断失效，应力-应变曲线再次呈现非线性，直至试样整体断裂。

1.2.2　疲劳迟滞机理

1985 年，Marshall 和 Evans[11] 首先发现了单向陶瓷基复合材料室温循环加载过程中的应力-应变迟滞现象，并将迟滞回线归因于纤维/基体界面之间的摩擦滑移。随后，Marshall 和 Oliver[14]、Minford 和 Prewo[15] 对单根纤维进行了循环推入/推出试验，也发现了应力-应变迟滞回线，证明了界面摩擦滑移是产生疲劳迟滞的原因。1989 年，Holmes 等[16] 发现单向陶瓷基复合材料高温循环加载过程中同样出现明显的应力-应变迟滞现象。如图 1.3 为单向陶瓷基复合材料典型的疲劳迟滞回线。

1992 年，Holmes 和 Cho[17] 揭示了疲劳迟滞回线面积、迟滞模量随循环数的变化规律及其机理；Karandikar 等[18] 首次将基体裂纹密度作为疲劳损伤的表征量，建立了基体裂纹的演化模型及其对疲劳迟滞回线形状的影响规律；Pryce 和 Smith[19] 研

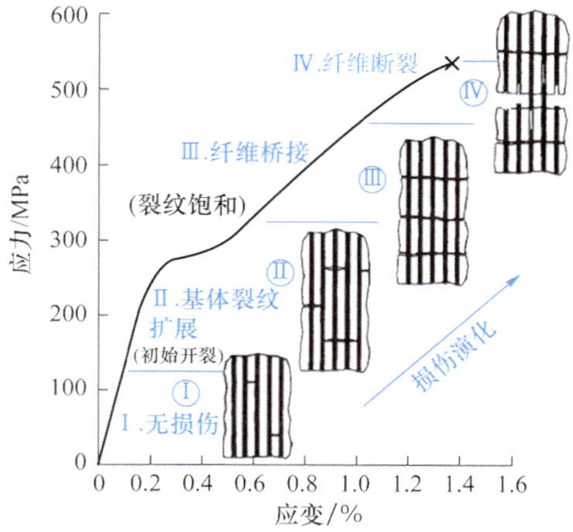

图 1.2 单向纤维增强陶瓷基复合材料拉伸应力-应变曲线

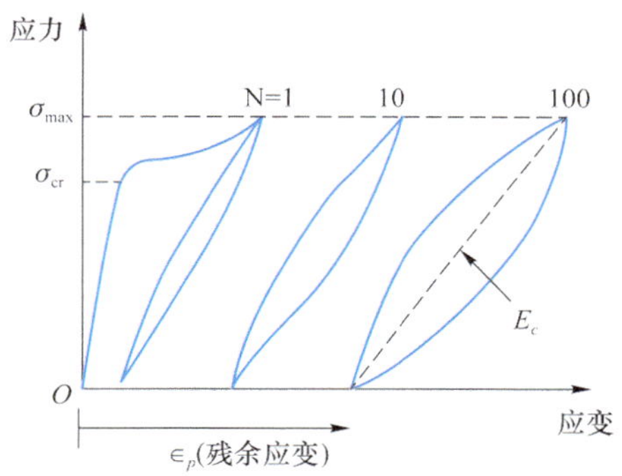

图 1.3 单向纤维增强陶瓷基复合材料疲劳迟滞回线

究发现循环过程中纤维/基体界面剪应力的衰退导致残余应变及迟滞回线宽度的增加。1995 年,Evans 等[20]率先研究了循环过程中界面剪切应力的定性变化,发现界面磨损导致界面剪应力衰减。1999 年,McNculty 和 Zok[21]通过纤维推入试验,定量地测量了界面剪切强度随着循环数的变化。到 2000 年左右,国际上比较清晰地揭示了基体开裂、界面脱粘和纤维断裂是单向陶瓷基复合材料的三种基本细观失效模式,而循环载荷下基体/纤维间的界面滑移是产生疲劳迟滞现象的根本原因。

铺层陶瓷基复合材料是由 0 °层和非 0 °层单向陶瓷基复合材料按照一定的角度铺叠而成,1991 年 Zawada[22]最早发现其在循环载荷下同样存在疲劳迟滞现象,此后的 Kuo 和 Chou[23]、Opalski 和 Mall[24]、Lee[25]、Eddy 和 Martine[26]、Lynch 和 Evans[27]等大量研究表明:铺层陶瓷基复合材料基本的细观失效模式除了铺层内单向陶瓷基复合材料内部的基体开裂、界面脱粘和纤维断裂之外,还存在层与层之间的界面脱粘,在循环载荷下产生迟滞现象的根本原因是:(1)铺层内的纤维/基体界面滑移;(2)铺层/铺层间界面脱粘之后的滑移。而铺层结构对上述两类滑移规律均有直接的影响。

与单向陶瓷基复合材料和铺层陶瓷基复合材料相比较,编织陶瓷基复合材料细观结构更加复杂,由纱线和纱线/纱线间隙内填充的基体(称之为Ⅱ类基体)组成,而纱线是内部充填了陶瓷基体(称之为Ⅰ类基体)的纤维束,本质上属于单向陶瓷基复合材料。1993 年,Rouby 和 Reynaud[28]最早发现编织陶瓷基复合材料存在明显的疲劳迟滞现象。随后针对 2 维、2.5 维和 3 维编织陶瓷基复合材料结构开展的大量疲劳试验研究[29]-[39]表明,编织陶瓷基复合材料的基本细观失效模式包括:纱线内部的Ⅰ类基体裂纹、界面脱粘和纤维断裂,以及纱线/纱线交叉点的界面脱粘、纱线/Ⅱ类基体间的界面脱粘。在循环载荷下产生迟滞现象的根本原因是:(1)纱线内部纤维/基体界面滑移;(2)纱线/纱线交叉点的界面以及纱线/Ⅱ类基体间的界面滑移。而编织结构对上述两类滑移规律均有直接的影响。

综上所述,纤维增强陶瓷基复合材料基本的细观失效模式是:基体裂纹、界面脱粘和纤维断裂,另外加由于增强纤维细观结构的不同导致的其他界面脱粘,包括:铺层陶瓷基复合材料中的铺层/铺层界面脱粘,编织陶瓷基复合材料中的纱线/纱线界面和纱线/基体界面脱粘。脱粘后的各类界面在循环载荷下的界面滑移是导致疲劳迟滞行为的根本原因。

1.2.3 变形与失效行为的力学模型

1. 单向和层合陶瓷基复合材料

1990 年,Kotil、Holmes 和 Comniou[40]基于剪滞理论,首次将单向陶瓷基复合材料的疲劳细观损伤与宏观应力-应变迟滞回线联系起来,建立了预测单向陶瓷基复合材料在平行于纤维方向加载下的疲劳迟滞回线的细观力学模型(称为 KHC 模型),该模型能够反映基体裂纹、界面剪应力和纤维失效对迟滞回线的影响。

1991 年,Cho、Holmes 和 Barber[41]认为疲劳加载过程中,纤维相对基体在界面滑移是疲劳迟滞现象产生的主要原因,基于上述模型,首次将界面滑移分为部分滑移和完全滑移两种情况,建立了新的疲劳迟滞回线模型,该模型仍然只适用于平行于纤维方向的轴向加载,且需要事先对界面滑移模式进行假设。随后,Zawada 等[22]、Holmes 和 Cho[17]、Pryce 和 Smith[19]、Thomas 等[42]、Thomas 和 Sanchez[43]、Evans 等[20]通过大量拉-拉、拉-压和压-压疲劳试验,研究了室温单向陶瓷基复合材料拉-拉疲劳载荷下迟滞回线形状和面积的影响因素,为改进疲劳迟滞回线模型提供了试验依据。

1993 年,Pryce 和 Smith[19]假设界面摩擦黏结,脱粘区界面剪应力为常数,定义载荷传递长度为界面脱粘长度,建立了界面部分脱粘情况下的迟滞回线细观力学模型(称为 PS 模型)。1995 年,Keith 和 Kedward[44]在 PS 模型基础上,假设二维编织陶瓷基复合材料只有轴向纱线内部纤维/基体界面产生滑移，建立了二维编织陶瓷基复合材料的迟滞回线模型，通过试验测量了基体裂纹间距，预测了疲劳加载过程中不同循环数下的界面剪应力，并与纤维推入试验进行了对比。

1995 年，Solti、Mall 和 Robertson[45] 在 PS 模型[19] 基础上，采用最大界面剪应力准则确定初始加载界面脱粘长度、卸载界面反向滑移长度和重新加载新界面滑移长度，建立了纤维/基体界面存在化学黏结情况下的疲劳迟滞回线模型（称为 SMR 模型）。同年，Vagaggini、Domergue 和 Evans[46] 发现界面脱粘能对单向陶瓷基复合材料初始加载界面脱粘以及疲劳载荷下的界面滑移产生很大的影响，在 Hutchinson - Jensen[47] 纤维拔出模型基础上，建立了纤维/基体界面化学黏结情况下的迟滞回线模型（称为 VDE 模型）。1996 年，Domergue 等[48] 在 VDE 模型[46] 的基础上，假设铺层陶瓷基复合材料的疲劳迟滞仅由 0 °层内纤维/基体的界面滑移引起，建立了三种不同正交铺层陶瓷基复合材料疲劳迟滞回线模型。2000 年，Jacobsen 和 Brondsted[49] 发现横向纱线在低应力水平下出现裂纹，轴向纱线在较高应力下出现基体裂纹，裂纹的出现使得纤维/基体界面发生脱粘，在 VDE 模型[46] 基础了建立了二维编织陶瓷基复合材料的疲劳迟滞回线模型。该模型没有考虑纱线/纱线界面、纱线/II 类基体界面之间的滑移。

1996 年，Hild、Burr 和 Leckie[50] 采用宏细观结合的方法建立了陶瓷基复合材料疲劳迟滞回线模型，模型包括四个状态变量、一个试验观察量和三个内部变量，而内部变量包括了采用细观力学模型描述的基体开裂、界面脱粘以及裂纹张开时产生的应变等（称为 HBL 模型）。

1997 年，Ahn 和 Curtin[51] 假设基体内部缺陷服从双参数威布尔分布，采用随机方法模拟了陶瓷基复合材料基体裂纹演化，将基体裂纹分为长裂纹、中等长度裂纹和短裂纹三种，进一步改进了 PS 模型，并研究了基体随机开裂对陶瓷基复合材料疲劳迟滞回线的影响（称为 AC 模型）。同年，Solti、Mall 和 Robertson[52] 在他们 1995 年建立的单向陶瓷基复合材料疲劳迟滞回线模型基础上，假设 0 °铺层内纤维/基体界面滑移出现疲劳迟滞的唯一原因，建立了模拟正交铺层陶瓷基复合材料疲劳迟滞回线模型。1999 年，McNulty 和 Zok[21] 研究了 6 种不同单向陶瓷基复合材料在室温下的疲劳迟滞回线，发现基体开裂与饱和是疲劳迟滞回线出现和闭合的先决条件，当陶瓷基复合材料在疲劳载荷下出现基体裂纹时，应力-应变曲线出现迟滞回线，但此时迟滞回线并未闭合，而当基体裂纹密度达到饱和后，迟滞回线闭合，当陶瓷基复合材料在疲劳载荷下无基体裂纹出现时，应力-应变曲线呈线性。

2003 年，Yang 和 Mall[53] 考虑纤维断裂对单向陶瓷基复合材料疲劳迟滞行为的影响，建立了新的迟滞回线模型（称为 YM 模型）。

2009 年，Fantozzi 和 Reynaud[35] 对单向疲劳迟滞回线模型进行了比较系统的分析，阐述了迟滞回线形状、面积、纤维/基体界面剪切应力随循环数的演化规律。他们认为在假设只有轴向方向纤维/基体界面对疲劳迟滞有影响时，十字铺层以及平纹编织陶瓷基复合材料的疲劳迟滞特性与单向陶瓷基复合材料类似。至此，国际上就基本确定了纤维增强陶瓷基复合材料疲劳迟滞行为的力学建模理论框架。利用疲劳迟滞行为的力学模型，就可以建立起与细观结构及失效机理密切相关的陶瓷基复合材料疲劳寿命预测方法，已经在单向[16]和十字铺层[17]陶瓷基复合材料中得到成功的应用。

2. 编织陶瓷基复合材料变形与力学建模

2010 年，随着陶瓷基复合材料涡轮转子叶片在航空发动机整机上挂片试车成功之后，编织陶瓷基复合材料结构的疲劳失效及寿命预测成为关注的焦点。2011 年美国空军组织召开的由工业界、NASA 和大学共同参与的航空发动机陶瓷基复合材料力学行为和寿命预测研讨会上明确指出[54]：宏观的应力-寿命数据拟合法不适用于陶瓷基复合材料结构，必须基于其细观失效机理，建立物理意义明确的疲劳寿命预测方法，并且应考虑环境、复杂载荷等对失效机理的影响。2013 年美国 NASA 公布了最简单的二维平纹编织陶瓷基复合材料的多尺度疲劳寿命预测方法[55][56]，只考虑了纱线内部纤维/基体界面滑移引起的疲劳迟滞，没有考虑纱线/纱线、纱线/基体界面滑移对迟滞的影响。20 世纪 90 年代初期 Evans 和 Zok 率先建立了纤维轴向加载时基体裂纹演化模型，这也是目前陶瓷基复合材料变形与失效力学建模的基础，但其只适用于纤维轴向方向加载情况。国际上，非纤维轴向加载时基体裂纹的研究主要停留在试验观察[57]-[62]。2014 年，Zok 等利用剪滞理论与有限元相结合的方法，首次发表了剪切应力下单向陶瓷基复合材料基体裂纹演化模型[63]，这是第一篇关于非轴向应力下基体裂纹演化模型。2015 年，该小组在文献[64]中指出，编织陶瓷基复合材料中由于纱线走向的反复弯曲，使得纱线无论在何种加载条件下承受的都是复杂应力，使得其细观损伤特别是基体裂纹演化在局部十分复杂，有必要建立新的模型。该文实测了由于纱线走向的反复弯曲导致的表面位移分布的变化，并利用有限元法进行了分析。同年，在美国 PW 公司和美国空军的资助下，Auburn 大学利用剪滞理论与有限元相结合的方法，研究了在经向拉伸载荷作用下编织陶瓷基复合材料中纤维弯曲对基体裂纹演化规律的影响[65]。上述研究成果是基体裂纹演化模型方面的重要突破，将对编织陶瓷基复合材料结构变形与失效行为的力学建模将起到促进作用。2015 年美国 GE 公司 F414 发动机陶瓷基复合材料涡轮转子成功通过整机试车后，编织陶瓷基复合材料结构的疲劳寿命预测显得更加紧迫，然而，由于编织陶瓷基复合材料的细观结构和疲劳迟滞机理复杂，其变形与力学建模仍然是国际学术前沿，也是工程中亟待解决的关键技术。

3. 高温燃气环境对变形和失效的影响

随着陶瓷基复合材料应用到火焰筒、涡轮外环及导向叶片，其使用温度达到 1000～1300℃，高温燃气环境对其失效的影响不可忽略，21 世纪初，美国开始大规模研究这一问题，获得了大量的试验数据[66]-[68]，2005 年 Pailler 和 Lamon[69]考虑了氧化对纤维强度及界面剪应力的影响，建立了氧化环境下疲劳迟滞回线的模拟方法，并开展了纤维束陶瓷基复合材料的疲劳试验验证。但是该方法仍然是基于剪滞理论，只适用于单向陶瓷基复合材料。2011 年文献[70]开展了频率和保载时间对编织陶瓷基复合材料疲劳损伤的影响。关于陶瓷基复合材料结构的力-热-氧耦合环境下的失效问题，本书作者也做了比较全面的综述[71]。

4. 动力学行为

早期研究者将陶瓷基复合材料 s 结构近似看作是线弹性系统，通过模态分析来计算陶瓷基复合材料 s 的振动响应。这一时期的研究重点在于如何获得陶瓷基复合材料 s 的弹性模量和阻尼比。例如研究细观参数(界面涂层厚度、纤维体积比、纤维分布和纤维长度)、温度、材料孔隙率等对动态杨氏模量、剪切模量和阻尼的影响[72]-[75]。

但是陶瓷基复合材料 s 非线性本构行为对陶瓷基复合材料 s 结构振动响应的影响是不可忽略的。不仅幅频曲线出现跳跃，而且其共振频率随着载荷大小而发生显著变化。此外，即使保持载荷大小不变，随着扫频次数增加，其幅频曲线也逐步发生变化[76]。

因此，仅仅采用线性系统的理论来计算陶瓷基复合材料 s 的振动响应，难以得到准确的结果，有可能还会得到错误的结论。随着人们对陶瓷基复合材料 s 力学行为认识的不断深入，其非线性本构行为对振动的影响逐渐获得关注。代表性的工作见 Birman 和 Byrd 的论文，他们研究了单向及层合陶瓷基复合材料的变刚度特性对梁的模态的影响[77][78]。关于陶瓷基复合材料结构的非线性动力学问题。本书作者在文献[79]做了比较全面的综述。

1.2.4 国内相关研究概况

在国内，先进航空发动机对编织陶瓷基复合材料结构提出了迫切的需求，推动了陶瓷基复合材料结构变形与失效的研究。本书作者领导的课题组基于剪滞理论，建立了“界面部分脱粘，卸载/重新加载纤维相对基体完全滑移”“界面部分脱粘，卸载/重新加载纤维相对基体部分滑移”“界面完全脱粘，卸载/重新加载纤维相对基体部分滑移”和“界面完全脱粘，卸载/重新加载纤维相对基体完全滑移”四种情况下的界面滑移规律，以此为基础建立了单向陶瓷基复合材料疲劳迟滞行为的力学模型，并研究了纤维失效(2011)[80]对疲劳迟滞行为的影响，基于上述疲劳迟滞回线模型，发展了疲劳寿命预测方法(2012)[81]，提出了界面剪切应力和界面摩擦系数的估算方法(2010、2011)[82][83]，并在单向 C/SiC 中得到应用(2013)[84]。在不考虑铺层/铺层界面滑移引起的疲劳迟滞情况下，针对正交铺层陶瓷基复合材料，建立了其疲劳迟滞力学模型，开展了正交铺层 C/SiC 的试验验证(2014)[85]。针对 2.5D 编织陶瓷基复合材料，假设疲劳迟滞仅由经向纱线内部纤维/基体界面滑移引起，建立了编织陶瓷基复合材料疲劳迟滞回线模型，并发展了界面剪切应力的估算方法(2013)[86]。为了克服在疲劳迟滞行为模拟时事先对纤维/基体界面滑移模式进行假设，本课题组提出了一种界面滑移数值求解方法(2014)[87]。该方法,一方面无需对纤维/基体界面滑移进行假设,另一方面可以进行变幅循环载荷下迟滞回线的计算。利用该方法,揭示了纤维/基体界面滑移和反向滑移区的分布规律及其与疲劳加载历史的相关性(2015)[88]。但是,目前该方法针对的仍然是轴向加载情况。张盛[89]等人在此基础上提出了相应的界面滑移区分布模型,并发展出了适用于任意加卸载下的剪滞模型。该模型相比界面摩擦模型省去了大量的数值计算,计算速度得到显著提升。方光武[90]测试了针刺陶瓷基复合材料在不同循环数下的剩余强度,并建立了数学模型。在此基础上,方光武[91]进一步发现了针刺陶瓷基复合材料的疲劳强化现象,试验结果表明通过施加循环载荷可以提高陶瓷基复合材料的剩余强度到拉伸强度的120%。通过断口分析作者认为循环载荷导致细观应力分布更为均匀,导致剩余强度提高。方光武[92]提出了一种针对单向及2D针刺C/SiC复合材料疲劳寿命计算的多尺度分析方法。单胞中的基本组元——纤维束复合材料的力学性能则采用其发展的基于界面滑动摩擦的细观力学模型来描述。通过非线性有限元法模拟了复合材料的应力应变响应,在此基础上引入疲劳失效判据,最终实现了对复合材料疲劳寿命的预测。张盛等人[93][94]研究了基体裂纹密度对本构的影响,发现了卸载过程的裂纹闭合现象,并基于此现象修正了剪滞模型,解决了本构模型预测卸载曲线与试验不符合的问题。张盛等人[95]提出了一种考虑缺陷分布的纤维强度模型,并应用该模型预测了C/SiC纤维束复合材料的拉伸强度。高希光等人[76]基于陶瓷基复合材料的迟滞本构模型提出了一种计算陶瓷基复合材料结构变刚度和迟滞振动的两尺度方法。成功预测了陶瓷基复合材料梁的幅频特性曲线的跳跃现象,预测结果与试验吻合。韩笑等人[96]利用迟滞回线与细观参数的关系,实现了陶瓷基复合材料界面摩擦力的预测。于国强[97]提出了纤维束复合材料各向异性力学模型,并以此为基础模拟了复杂应力状态下编织陶瓷基复合材料的力学性能。

此外,西北工业大学[98]-[105]、北京航空航天大学[106]以及国防科技大学[107]针对陶瓷基复合材料疲劳行为开展了十分有益的研究工作。在陶瓷基复合材料疲劳迟滞行为的力学模型研究方面,2008年,Mei[98]对二维编织陶瓷基复合材料在不同峰值应力下进行了循环加载试验,测量了迟滞回线及完全卸载残余应变,将VDE模型[46]与载荷承担法则相结合,提出了一种通过测量卸载/重新加载迟滞回线预测陶瓷基复合材料残余热应力的方法。Wang[99]试验研究了二维编织陶瓷基复合材料迟滞回线,迟滞回线宽度和残余应变随应力增加而增加,这说明基体裂纹在拉伸失效前尚未饱和,迟滞回线形状分为抛物线段和线性段两部分,通过测量迟滞回线宽度和残余应变获得了界面剪应力和热残余应力,利用VDE模型[46]预测了加卸载迟滞回线。2009年,Mei和Cheng[100]试验测试了二维、2.5维和三维编织陶瓷基复合材料在不同拉伸应力下的应力-应变迟滞行为。2010年,Wang等研究了纤维束丝数[101]、热处理工艺[102]对二维编织陶瓷基复合材料迟滞回线的影响,分析了残余应变、迟滞回线宽度和迟滞回线切线模量随应力变化过程。2010年,王锟等[103]研究了二维编织陶瓷基复合材料在室温下疲劳迟滞回线，发现同频率下迟滞回线包围面积与试样表面温度升高的关系近乎一致，而应力峰值和温升不是线性关系。2014 年，李潘和王波等[104]利用单向陶瓷基复合材料疲劳迟滞力学模型预测了单向 C/SiC 陶瓷基复合材料的疲劳迟滞回线，并与试验结果进行了对比分析。2015 年郭洪宝、贾普荣和王波等[105]在假设只有加载方向纱线内纤维/基体界面滑移引起疲劳迟滞的基础上，分析了基体长短碎块对疲劳迟滞力学行为的影响。上述研究成果对推动陶瓷基复合材料在国内航空发动机上的应用起到很好的促进作用，然而这些研究仍然主要局限于国外陶瓷基复合材料疲劳迟滞行为力学模型的应用和修正。

综上所述，目前单向陶瓷基复合材料变形与失效模型相对比较成熟，开展了大量的理论和试验验证工作。对于铺层陶瓷基复合材料，目前能模拟十字铺层陶瓷基复合材料的变形和疲劳失效行为，且没有考虑铺层/铺层界面滑移对疲劳迟滞的影响。当前，编织陶瓷基复合材料结构变形与失效行为力学模型研究工作十分有限，面向航空发动机陶瓷基复合材料结构设计与分析需求，要求该模型能够：(1)模拟复杂的细观结构，譬如三维编织结构、多预制体混合结构等。(2)考虑复杂载荷对基体裂纹演化的影响；(3)考虑复杂界面滑移引起的疲劳迟滞；(4)考虑高温燃气环境对细观损伤影响。

1.3 本书的主要内容

与传统高温合金相比，航空发动机陶瓷基复合材料结构具有供应链长、工艺类型多、预制体类型多、细观结构非周期、材料性能非均质、变形非线性以及高温燃气环境下易氧化等特点，使得在服役中陶瓷基复合材料结构的性能影响因素众多，从而导致其失效机理和变形行为更复杂，本构模型与应力分析方法、寿命预测和动力学分析方法等也就与传统的金属材料乃至树脂基复合材料结构都存在很大差异。

本书以构建复杂预制体陶瓷基复合材料结构在航空发动机典型载荷环境下的结构分析与设计方法为主线，提出了以纤维束为主承力单元的航空发动机陶瓷基复合材料-结构一体化分析方法，突破了陶瓷基复合材料预制体-结构一体化建模技术，实现了多尺度变形、强度、疲劳、氧化与动力学分析。本书内容结构如图 1.4 所示。为此，本书在阐述变形、强度、疲劳、氧化和动力学等分析方法时，又按照“纤维束陶瓷基复合材料→编织陶瓷基复合材料→编织陶瓷基复合材料结构”分层展开论述。第 3、4 章分别阐述纤维束和编织陶瓷基复合材料的静力学变形和失效建模，第 5、6 章分别阐述纤维束和编织陶瓷基复合材料的疲劳迟滞和失效建模。第 7 章阐述纤维束、编织陶瓷基复合材料结构在高温燃气环境下的变形与失效。第 8、9 章则在第 3～6 章的基础上，阐述预制体-结构一体化建模及结构静强度和疲劳寿命分析方法。第 10 章阐述陶瓷基复合材料动力学特性和分析方法。第 11 章系统性介绍了陶瓷基复合材料涡轮导向叶片、涡轮转子叶片、尾喷管调节片及燃烧室火焰筒等典型结构的设计思路与方法。

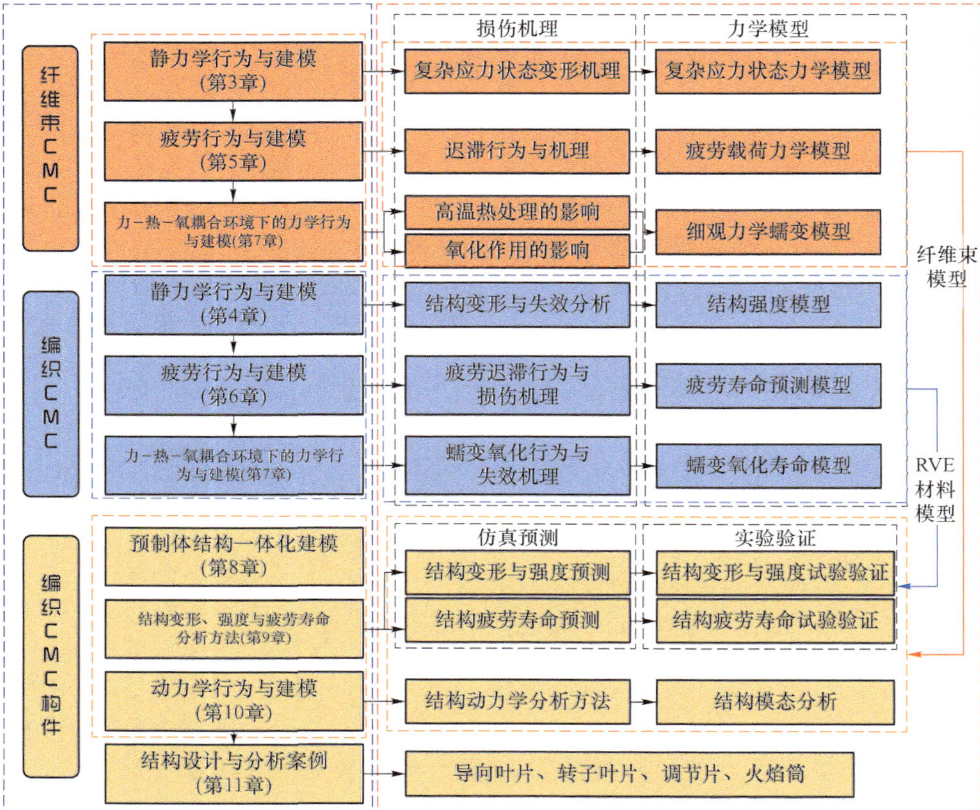

图 1.4　本书的内容结构

第 2 章

航空发动机陶瓷基复合材料结构制备及应用

2.1 引　言

陶瓷基复合材料是由增强体、界面相、陶瓷基体及涂层组成。按照增强体的存在形式，可以将陶瓷基复合材料分为纤维增韧陶瓷基复合材料、颗粒增韧陶瓷基复合材料、晶须增韧陶瓷基复合材料以及纳米陶瓷基复合材料等等，不同增强体存在形式对陶瓷基复合材料的影响也不同，相应的制备方法也有所不同。

本章重点介绍在航空发动机中应用的纤维增韧陶瓷基复合材料，阐述基本概念和组成成分，列举主要的预制体类型，综述主流的制备工艺，为后续章节的陶瓷基复合材料力学性能分析及建模提供材料学基础。

2.2 陶瓷基复合材料及其组分

目前，研究较多的纤维增韧陶瓷基复合材料，主要有碳纤维增强碳化硅（C/SiC）、碳化硅纤维增强碳化硅（SiC/SiC）以及氧化物/氧化物等体系，本节主要介绍航空发动机中应用潜力较大的 C/SiC、SiC/SiC 复合材料及其组分。

2.2.1 陶瓷基复合材料的类别

2.2.1.1 C/SiC 复合材料

C/SiC 复合材料由碳纤维增韧碳化硅基体制备而成，碳纤维强度高成本相对较低，碳化硅基体模量高、抗氧化，复合而成比强度高、比模量高、耐高温、抗热震性能好、韧性高、硬度高、耐磨性高、化学稳定性高的优异复合材料，可在高温环境下长时间使用。自 20 世纪 70 年代以来，C/SiC 复合材料受到广泛关注和研究，其性能主要取决于以下几方面：碳纤维的结构与性能及其在复合材料中的排列方式；碳纤维与基体间界面相的结构与性能；基体的结构与性能；复合材料表面涂层的性能；复合材料各组元的制备方法等。

2.2.1.2　SiC/SiC 复合材料

SiC/SiC 复合材料采用碳化硅纤维增韧碳化硅基体制备而成，具有高的比强度、比刚度、良好的高温力学性能、抗氧化性能和耐腐蚀性能，在航空发动机领域有着广泛的应用前景。其应用于航空发动机的热端部件，能在超高温度下使用，且密度小、强度高，能显著提高发动机的推重比。因此，许多国家开展了 SiC/SiC 材料应用于高温热结构部件的研究，并且取得了丰硕的成果。SiC/SiC 的应用可覆盖瞬时寿命（数十秒至数百秒）、有限寿命（数十分钟至数十小时）和长寿命（数百小时至上千小时）3 类服役环境的需求。而 C/SiC 主要用于有限寿命的火箭发动机，其使用温度可达 2000～2200℃。虽然用于长寿命航空发动机 C/SiC 的使用温度为 1650℃，SiC/SiC 为 1450℃，但由于 C/SiC 抗氧化性能较 SiC/SiC 差，国内外普遍认为，航空发动机热端部件最终获得应用的应该是 SiC/SiC。

2.2.2　陶瓷基复合材料组分相

2.2.2.1　增强纤维

增强纤维是陶瓷基复合材料的主要承力部分，对材料的性能具有决定性作用。连续纤维可以通过纤维/基体界面的偏转阻止裂纹，这也对纤维本身的强度提出较高要求，而且需要承受基体制备高温环境（1000℃以上），以及长期稳定性、抗蠕变性和抗氧化性。目前，非氧化物纤被研究最多，其原因是碳纤维和碳化硅纤维在高温下表现出最好的性能；另外，由于相容性的原因，非氧化物纤维可以与非氧化物基体更好地结合。碳纤维在温度低至 450℃ 的氧化气氛中会发生降解，它们必须得到额外的保护；碳化硅纤维则具有更好的抗氧化性能。

1. 碳纤维

碳纤维是目前复合材料中应用最广的增强纤维。碳纤维最大的优点是具有极高的比强度，一方面碳是最轻的元素之一，另一方面，碳元素能够形成很强的共价键。在碳纤维中，sp2 杂化导致了一个极高的刚度，其平面内的杨氏模量可达 1TPa。碳纤维是由前驱体湿纺而成的，在从原子尺寸到微米范围的不同长度尺度上表现出具有特定纹理的分层结构。其结构基础是石墨烯层，它由平面六角形单元组成。与完美的纳米结构不同，碳纤维的结构不完美，其石墨烯层通常包含大量缺陷。即使如此，碳纤维的抗拉强度仍可以达到 1GPa 量级。

2. 碳化硅纤维

碳化硅纤维是一种具有高比强度、高比模量、耐高温、抗氧化、耐化学腐蚀并具有电磁波吸收特性的多晶陶瓷纤维。目前，碳化硅纤维已经经历三代发展，从第一代高氧高碳含量纤维发展到第二代低氧高碳含量纤维，再到第三代近化学计量比纤维，纤维的微结构从非晶到微晶发生了显著变化，耐热性能也得到显著提高。

碳化硅纤维本身是一种脆性陶瓷，其单丝拉伸特性表现为脆性断裂，可采用弹性模量和失效应力或应变描述。与脆性陶瓷一样，碳化硅单丝的断裂也是源自内部随机分布的缺陷，其失效性能表现出明显的分散性。也就是说，碳化硅单丝的失效参数不是一个确定量，而是一个统计变量，它取决于多个因素，包括应力状态、试样的大小和试样的数量。因此，通常采用威布尔分布等统计学参数来描述碳化硅单丝的力学性能。

实际应用中，纤维在复合材料中是以纤维束的形式出现的。它们由几百或数千根单个细丝组成。当陶瓷基复合材料中基体开裂后，纤维束逐步承担负载，并控制最终失效。纤维束内部单丝的失效也是逐步地、渐次地发生的。因此，碳化硅纤维束失效特性与单丝的脆性失效是不一样的。

2.2.2.2 界面相

纤维与基体之间的界面是影响纤维增韧陶瓷基复合材料性能的关键组成部分。为了保护增强纤维，良好设计的界面通常需要具有以下功能：很好地结合纤维与基体，以确保材料的完整性；基体开裂后，界面可以偏转裂纹；氧化环境下，界面还应保护纤维免受暴露环境的影响。

界面性能取决于纤维和基体，因为界面黏合是由制备过程中的化学反应或冷却过程中的热收缩引起的。纤维与基体在界面处主要存在两种形式的粘接作用力：机械黏合力或化学键作用力。机械黏合作用来自残余应力，对于在高温下制造的陶陶瓷基复合材料，当基体径向从加工温度冷却下来时，基体的收缩超过纤维，这将导致纤维在界面处被基体挤压。化学键作用力则涉及一定厚度的界面反应区。通常，机械黏合力弱于化学键黏合力。

实际上，满足上述兼容纤维和基体对界面要求的组分是十分有限的。通过化学气相渗透(CVI)获得的 C/SiC 和 SiC/SiC 复合材料中的界面相优化研究，目前用于该类复合材料制备的界面相体系主要有以下 3 类：

(1) 热解碳(PyC)，通常为乱层堆积结构，长程无序且结晶性较低，热解碳的乱层堆积结构在各个局部微区具有理想的层状结构，裂纹能够在其内部实现多次偏转，有利于应力的释放，起到增强材料韧性的作用，如图 2.1 所示。

(2) 氮化硼(BN)，与 PyC 具有类似的层状结构，其抗氧化性能优于 PyC。

(3) 以$(SiC/PyC)_n$和$(SiC/PyC)_n$体系为代表的多层界面相，可以综合不同组分的优点，而且此类界面相各亚层的成分、厚度和层数等参数可调节，具有较强的可设计性。

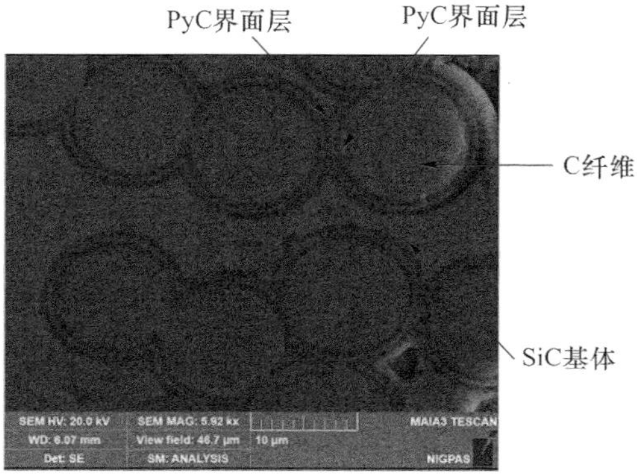

图 2.1　陶瓷基复合材料界面相示意图

2.2.2.3　陶瓷基体

陶瓷基体是陶瓷基复合材料重要的组成部分之一，其主要成分和结构对材料综合性能具有重要的影响。一方面，陶瓷基体最先暴露于工作环境中，需承受温度、粒子、水氧等服役环境的考核；另一方面，在外部冲击载荷作用下陶瓷基体最先承力并出现裂纹，其裂纹扩展方式是影响复合材料稳定性的重要因素。纤维增韧陶瓷基复合材料中研究较多的基体为碳化硅(SiC)基体，包裹着陶瓷基复合材料的预制体和界面相，是陶瓷基复合材料中体积占比最大的部分。

碳化硅基体是化学反应过程中沉积在预制体上形成的柱状结晶，由于该柱状结晶是大量的 10 nm 以下的碳化硅纳米结晶不断沉积形成，在不断沉积的过程当中原子层之间会进行大量的错位排布，导致生成的柱状碳化硅结晶具有高密度层错特征。该类材料具有强度高、硬度高、耐高温性能优异的特点，特别是与制备技术较为成熟的 C 纤维和 SiC 纤维相容性较好。基体制备过程是整个制备陶瓷基复合材料过程当中最复杂烦琐的过程，亦是最重要的环节，对最后制成的陶瓷基复合材料性能有重要影响。

2.3　陶瓷基复合材料预制体类型及制备

2.3.1　预制体类型

对于纤维增韧复合材料，主要承力组分为纤维，而纤维的承力路径则取决于纤维预制体形式。由于容易简单铺设成型和制备成本低，层合板复合材料是最早得到广泛应用的预制体形式。层合板内，增强纤维主要铺设在面内，无法承担厚度方向载荷，导致厚度方向强度远低于面内强度。为了加强厚度方向性能，最直接的方式是沿厚度方向布置纤维，利用纺织技术实现纤维在空间的合理布置，形成具有二维、三维结构的预制体，最终制备成的复合材料不仅是一种材料，更是一种结构，在各方向具有良好的综合力学性能。

陶瓷基复合材料预制体是将碳纤维、碳化硅纤维等单丝合成纤维束，通过纺织技术，为实现在最大限度上发挥增强纤维的优良性能，在主要承载方向优化布置纤维，形成复合材料的预成型件。根据纤维预制体中纤维的状态和构造，大类上可以分为1D、2D和3D，小类上可以根据编织工艺、纤维方向进一步细分。陶瓷基复合材料中常见的预制体形式包括：2D平纹、3D编织等，部分预制体结构如图2.2所示。

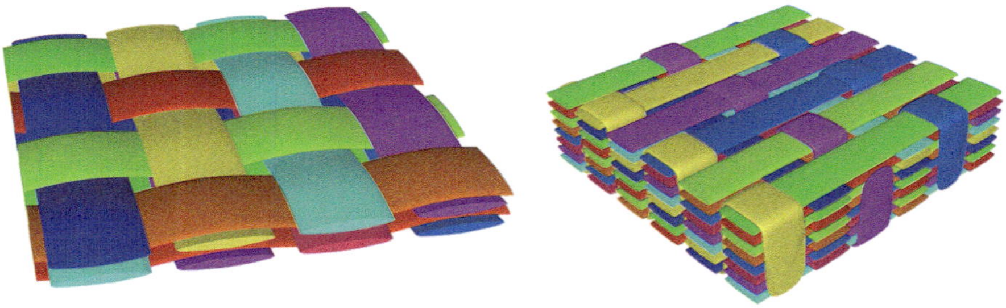

图2.2　2D平纹编织和3D编织预制体

2.3.2　预制体制备工艺

除了单向和层合结构，陶瓷基复合材料预制体制备通常需要通过纺织实现，随着纺织工艺的逐步成熟，纺织预制体在制备过程中朝着完全自动化方向不断前行，大型复杂构件的整体成型方法不断完善。常见的纺织工艺包括机织、针织、编织或缝合等技术。其中，编织工艺是最重要的一类制备技术，编织预制体的整体性好，而且能够形成净截面构件，可以很好地支撑陶瓷基复合材料由次承力部件向主承力部件过渡。

编织是最基本的纺织工艺，能够使两条以上纤维束互相交织形成整体结构的预制体。编织工艺制备的预制体织物强度高、整体性好，可以制造出复杂形状的构件。编织工艺技术一般可以分为两类：二维编织和三维编织。

二维编织通常是将两组纤维束组成编织纱线系统，利用两组纱线跟随轨道盘的相向运动，有规律地相互交叉，形成织物预制体。由于利用这种工艺受到编织纱线数量、尺寸和编织角的限制，二维编织预制体的尺寸不宜过大，适合编织窄条平板或小管径的管状构件。

三维编织技术是为了制备几何形状复杂和体积较大的构件而开发的，经历了四步编织、二步编织和实体编织的技术迭代。三维编织工艺制备预制体时，纤维束作为纱线在空间三个方向内发生相对运动，可以更好地实现纤维走向优化布置。

2.4　陶瓷基复合材料制备工艺

2.4.1　浆料浸渗热压烧结法

浆料浸渗热压烧结法(Slurry Infiltration and Hot Press,SI - HP)是传统的陶瓷基复合材料制备方法，该方法的工艺流程是：首先将纤维束经过高温处理进行除胶，然后通过浸泡使每根单丝纤维的表面涂上陶瓷浆料，再将浸过浆料的纤维束通编织成无纬布，无纬布干燥后切割成预制片，最后将预制片层叠至所需要的结构厚度，置于石墨模具中进行热压烧结，最终制成陶瓷基复合材料，具体流程如图 2.3 所示。

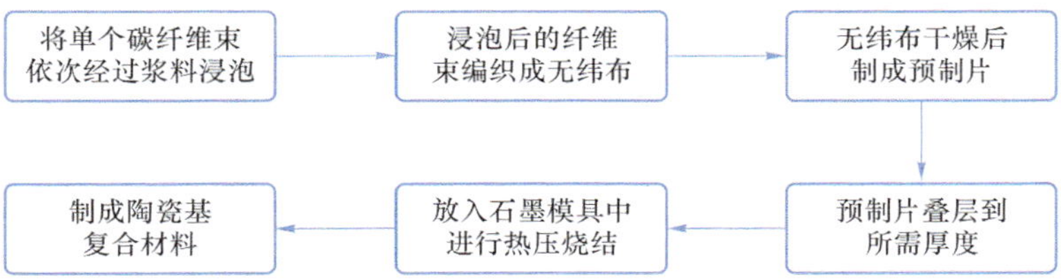

图 2.3　浆料浸渗热压烧结法工艺流程

该方法制备陶瓷基复合材料过程中，浆料是非常重要的部分，一般该浆料由溶剂、陶瓷粉体和有机结合剂三个部分组成。由于溶剂、陶瓷粉体和纤维之间湿润性较差，通常需要加入表面活性剂来改善三者之间的湿润性。为保证反应充分进行，陶瓷粉体宜为球状且尺寸应尽可能小。在混合浆料中各粉体组元应呈弥散分布，可以通过调节溶液的 PH 酸碱度或者对浆料进行超声波振动来实现。同时为降低材料的烧结温度，应尽量避免纤维和基体之间的化学反应，可以通过添加烧结助剂来实现。

该方法的优点是：(1)烧结时间短且制备成本低。烧结时致密化时间大约为 1 h。(2)制成的复合材料致密度和性能较高。由于在热压烧结的过程中，材料内通常存有一定量的液相，该液相在机械压力的作用下能充分烧结，有助于减少材料内部的残留孔隙，可以显著提高材料力学性能。该方法的缺点是制备而成的陶瓷基复合材料形状结构会受限制。由于制备过程中材料是由无纬布层叠而成，所以复合材料尺寸和形状存在限制。

2.4.2　先驱体浸渗热解法

先驱体浸渗热解法(Polymer Impregnation Pyrolysis,PIP)，其工艺流程为：采用聚合物和陶瓷粉体的浆料对纤维预制浸渗后，进行交联固化，随后置于惰性气体环境中，在 850～1200℃下发生裂解陶瓷化得到碳化硅基体。由于该方法中裂解得到的陶瓷基体产率较低，致密度也较低，故需要重复多次浸渗裂解过程，以达到预期的致密度。该方法中用到的聚合物先驱体有聚甲基硅烷（PMS）、聚碳硅烷（PCS）、聚丙烯羟基碳硅烷（AHPCS）等，具体流程如图 2.4 所示。

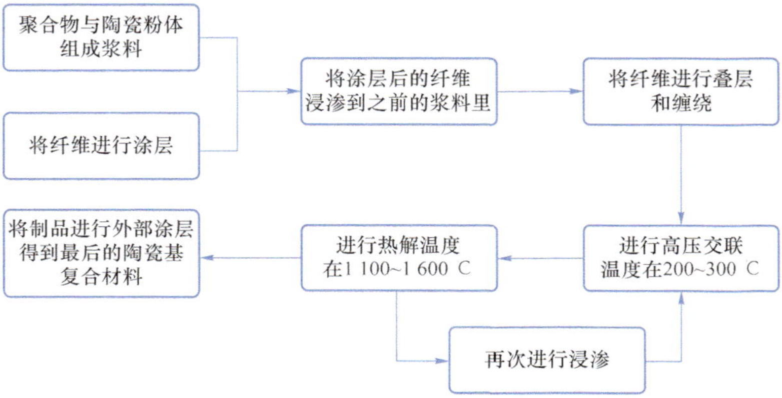

图 2.4　先驱体浸渗热解法工艺流程

该方法的优点：(1)热压裂解的温度较低，对纤维损伤较小。(2)制备得到的复合材料成分均匀，适合制备形状复杂的结构件。该方法的缺点是：(1)制备的复合材料具有较高的孔隙率。在基体干燥和热解过程中，基体由于收缩产生大量的裂纹和孔洞，这些裂纹会削弱复合材料的性能，孔洞则会大大增加复合材料的孔隙率。(2)生产周期长，成本高。由于该方法陶瓷基体产率低，需要重复进行多次裂解才能得到所需致密度，大大增加了生产的周期，同时成本也随之提高。

2.4.3　化学气相浸渗法

化学气相浸渗法（Chemical Vapor Infiltration，CVI），是在化学气相沉积法（Chemical Vapor Deposition，CVD）的基础上发展起来的，该方法在 20 世纪 60 年代被提出，80 年代开始进行有关 CVI 基础理论和模型的研究。化学气相浸渗法是最早进行商业化的陶瓷基复合材料制备方法，该方法的流程为：将纤维编织成预制体，先在预制体上进行热解碳等界面相的制备，然后进行碳化硅基体制备；一般是采用一定比例的三氯甲基硅烷（MTS）和氢气，在高温低压环境中与预制体内部发生反应在原位经行气相沉积，最终在纤维表面形成碳化硅基体。该方法可用式(2.1)化学反应式来表示：

$$CH_3SiCl_3 + H_2 \rightarrow SiC + 3HCl \tag{2.1}$$

具体流程如图 2.5 所示。

该方法的优点有：(1)能在较低的温度下制备耐高温的复合材料。由于该方法制备温度一般在 900～1100℃的范围，制备出 SiC 陶瓷基体的烧结温度高达 2000℃，且具有高纯度和高致密度。(2)除了制备碳化硅基体复合材料，CVI 还能制备其他如

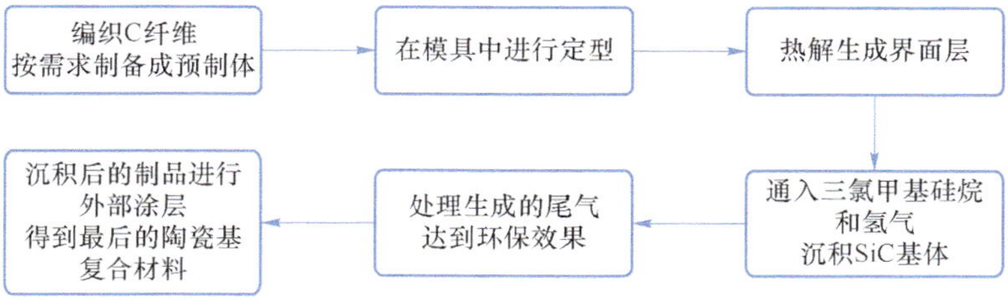

图 2.5　化学气相渗透法工艺流程

硼化物、氮化物和氧化物等多种陶瓷材料。(3)能制备出形状结构复杂的陶瓷基复合材料。制备过程主要是反应气体在预制体表面进行沉积，反应范围广泛且不受复合材料的结构影响。(4)对纤维的损伤较小。由于制备过程中没有机械载荷作用，所以对纤维的影响不大，有助于保持复合材料性能。该方法的缺点有：(1)生产周期较长。由反应化学式(2.1)可知，该反应为气体和固体之间的反应，且反应条件为低压环境，一般反应时长在数百小时左右，一个完整的制备周期少则数十天，多则长达数月。(2)复合材料内部致密度不高。由于在预制体表面生成的碳化硅晶体可能会堵塞反应气体的扩散路径，减少反应气体与固体之间的接触面积，从而降低反应效率，容易在材料内部形成孔隙，使得材料的孔隙率提高而致密度降低。

CVI 制备过程是在高温低压的环境下进行的，反应速率的快慢不仅与反应本身相关，还与反应气体在预制体当中的扩散速率有关。对于反应气体的扩散过程，可用扩散系数来描述，即有效扩散系数 D_{eff}、Fick 扩散系数 D_F 和 Kundsen 扩散系数 D_K，具体如式(2.2)、式(2.3)和式(2.4)所示：

$$\frac{1}{D_{eff}}=\frac{1}{D_F}+\frac{1}{D_K} \tag{2.2}$$

$$D_F=D_O T^m P^{-1} \tag{2.3}$$

$$D_K=\frac{\mathrm{d}_P}{3}\left(\frac{8RT}{M}\right)^{3/2} \tag{2.4}$$

Fick 扩散系数 D_F 和 Kundsen 扩散系数 D_K 是由预制体结构中孔隙尺寸来决定的。当孔隙尺寸较大时(大于 100 μm)，气体扩散由 D_F 扩散系数决定，根据式(2.3)，扩散取决于气体所处的温度和压力环境，在高温低压环境时气体扩散速率较高，从而反应效率也随之提高；当孔隙尺寸较小时(小于 10 μm)，气体扩散由 D_K 扩散系数决定，根据式(2.4)，扩散取决于气体的种类、孔隙的尺寸和气体所处环境温度，，而与气体所处环境压力无关。由于三氯甲基硅烷摩尔质量较大，故反应时遇到预制体内孔隙较小处时可能无法进入反应，导致生成的复合材料致密度较低。上述三个公式对制备陶瓷基复合材料有重要的指导作用，在微观上解释了气体扩散的本质，即气体扩散在何时是由环境温度和环境压力决定，又在何时是由气体本身的摩尔质量决定，又在宏观上解释了该反应需要在低压高温环境进行才能得到更高反应效率的原因。但需要注意的是，反应效率提高的同时，也会延长反应时间，增长了制备周期。

2.4.4 其他方法

除了以上的方法，还有其他制备陶瓷基复合材料的方法。比如直接氧化沉积法(Direct Oxidation Deposition，DOD)，通过熔融金属氧化反应制备陶瓷基复合材料，将纤维预制体放置于熔融金属上，金属液的一面在虹吸作用下浸渍到预制体中，另一面在1200～1400℃高温下被空气氧化生成陶瓷，生成的陶瓷同时沉积和包裹在纤维周围，从而生成纤维增韧陶瓷基复合材料。但是该方法目前主要用于金属铝制备氧化铝陶瓷基复合材料。由于制备所需的金属或因熔点过高或因生成的氧化物不适合用作陶瓷结构，因此该方法只用于制备抗高温氧化性强的纤维增强氧化铝陶瓷基复合材料。

2.5 本章小结

本章介绍了纤维增韧陶瓷基复合材料的制备方法。从陶瓷基复合材料的主要类别和组成，到各个组分相的具体成分以及相关性能特点，再到纤维预制体的类型以及制备工艺，重点阐述不同编织工艺制备的预制体对复合材料性能的影响。最后综述了陶瓷基复合材料基体制备主流工艺，重点介绍了浆料浸渗热压烧结法、先驱体浸渗热解法、化学气相浸渗法以及其他方法等，阐述了相关工艺的制备流程、原理和优缺点，对各种方法特点和适用范围进行了简要分析。

第 3 章

纤维束复合材料静力学行为与建模

3.1 引 言

纤维束是复杂预制体陶瓷基复合材料的基本承力单元，陶瓷基复合材料结构受载时，纤维束承担了大部分载荷，其力学行为对陶瓷基复合材料结构性能有重要影响。图 3.1 是编织陶瓷基复合材料截面的局部 SEM 照片，可见纤维束并不是纤维的简单聚拢成束，纤维束内部也有基体，单丝外侧也有界面，因此，纤维束其实也是一种单向复合材料，国内外将其称为 minicomposites、mini-陶瓷基复合材料或小复合材料，本书统一将其称为纤维束复合材料。

本章首先阐述纤维束复合材料的变形与失效行为，通过试验测量和理论分析揭示其失效机理，建立失效模型、变形分析方法和强度预测模型，对其力学行为的影响因素进行了分析。由于编织陶瓷基复合材料结构在实际工作中，其纤维束处于复杂应力状态，为此本章还分析了复杂应力状态下纤维束复合材料的力学行为，提出了建模方法，为复杂预制体陶瓷基复合材料结构变形与强度分析提供基础。

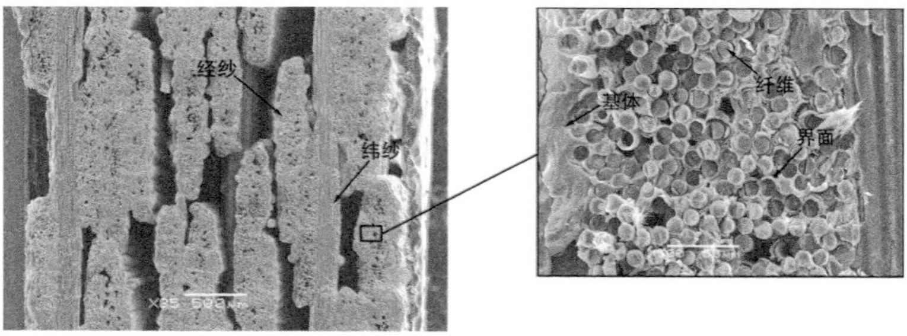

图 3.1　编织陶瓷基复合材料截面局部 SEM 照片

3.2　纤维束复合材料拉伸变形与失效行为

3.2.1　单向拉伸试验

由于纤维束复合材料试件横向尺寸小（截面积小于 1 mm^2）、断裂载荷低（小于 300 N），因此在微小力试验机（见图 3.2）上开展单向拉伸试验，试验机的载荷量程一般为 500 N 或 1 000 N。

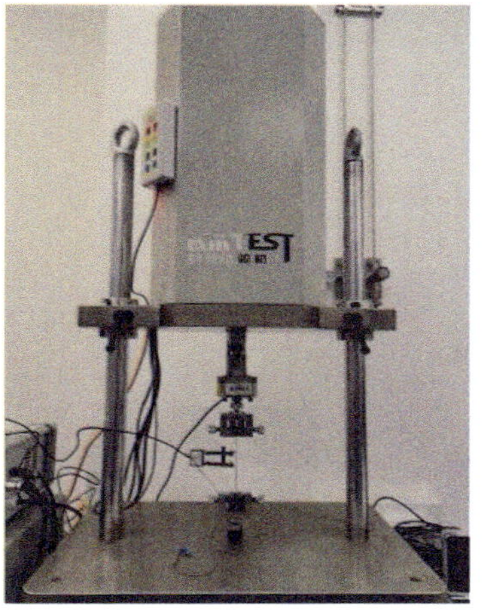

图 3.2　微小力试验机

试验前，在初始 SiC/SiC 材料上截下需要的试验长度，然后分别在加强片内壁与材料两端涂上 AB 胶，将材料放入加强片中，最后将制备好的试验件放置在对中装置上，固化后的试验件如图 3.3 所示。试验时用 25 mm 引伸计测量标距段伸长量，采用位移控制模式，加载速率为 0.05 mm/min。

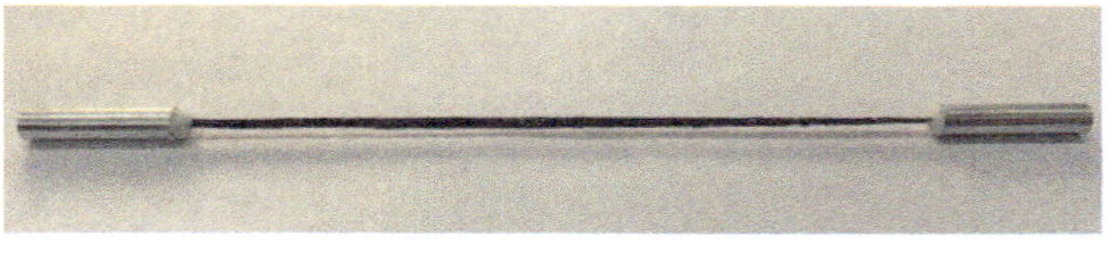

图 3.3　试验件

3.2.2　拉伸变形与失效行为

图 3.4 是纤维束复合材料典型的拉伸曲线，图 3.5 是拉伸试件典型断口。可以看出纤维束复合材料拉伸应力-应变响应具有明显的非线性，其应力-应变曲线可分为 3 个区域：初始线性区、非线性区和第二线性区。试件断口不平整，存在纤维拔出现象，且各纤维拔出长度不尽相同。

3.3　纤维束复合材料的拉伸失效机理与建模

纤维束复合材料拉伸载荷下存在基体开裂、界面脱粘和滑移以及纤维断裂等细观损伤模式。当纤维束复合材料承受拉伸载荷时，SiC 基体由于其脆性将首先开裂，然后纤维/基体界面将发生脱粘和滑移。随着载荷的进一步增大，由于单丝强度的差异，各纤维单丝逐个发生断裂，最终导致材料无法承载。纤维束复合材料在拉伸过程中表现出的非线性就是由这些细观损伤导致的。这些细观损伤通过 SEM 可以观察到，如图 3.6 所示。

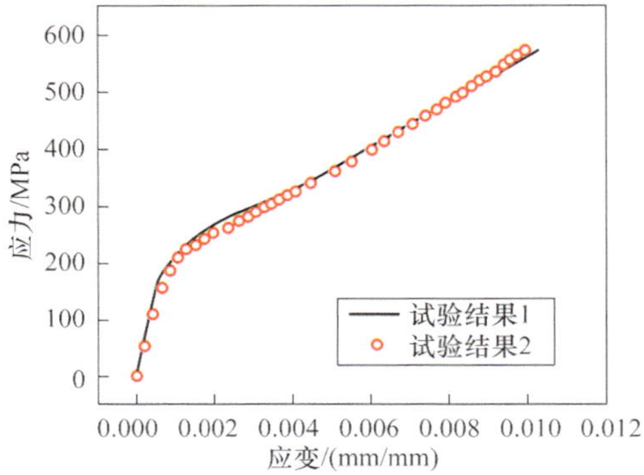

图 3.4　纤维束复合材料单向拉伸应力-应变曲线

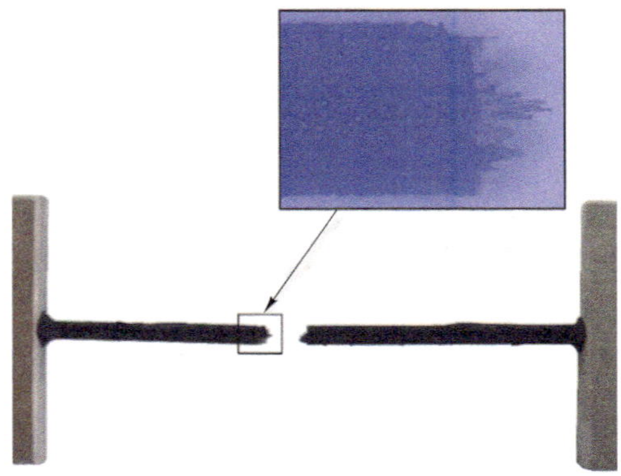

图 3.5　纤维束复合材料拉伸试件断口

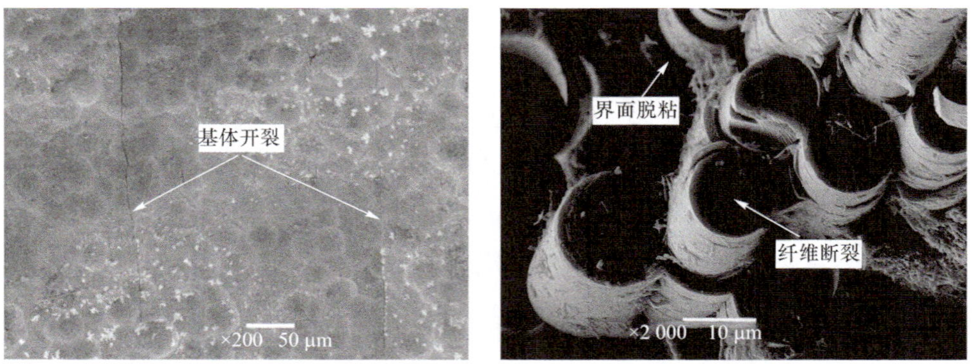

(a) 基体开裂　　(b) 纤维断裂和界面脱粘

图 3.6　纤维束复合材料微观损伤

3.3.1　基体开裂

3.3.1.1　基体开裂在线观测

由于陶瓷基复合材料卸载或压缩后基体裂纹会闭合，因此若将拉伸到一定载荷的纤维束复合材料试件从试验机上取下进行观察，则无论使用光学显微镜还是SEM，都无法观察到有规律的基体裂纹，如图 3.7 所示，为此，陶瓷基复合材料基体裂纹观测需在受载状态下进行。

图 3.7 卸载后基体表面形貌

本书设计了一种基体开裂在线观测系统，该试验系统能在拉伸过程中实时观察基体裂纹并测量裂纹密度，如图 3.8 所示。该系统由加载台和显微镜组成，加载台可对纤维束复合材料试件施加拉伸载荷并测量载荷大小，显微镜用来观察并拍摄基体裂纹。试验时，当载荷达到既定数值后，暂停加载，保持试件的拉伸状态，通过显微镜头观察裂纹状态并记录裂纹的位置和数量；然后，继续加载，就可以获得不同应力水平下的基体裂纹情况。为建模方便，定义两条裂纹之间距离 L 的倒数 $1/L$ 为基体裂纹密度。

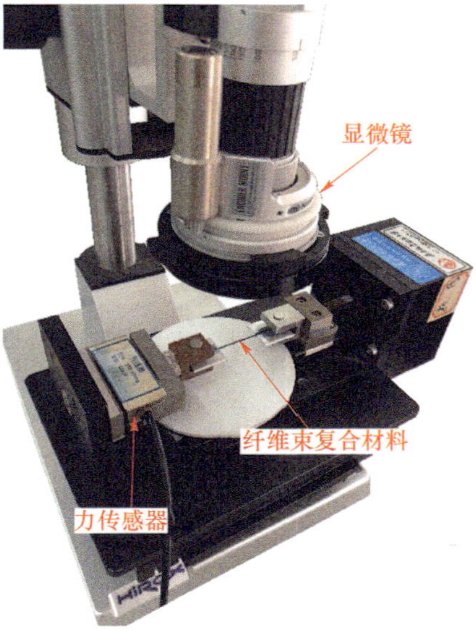

图 3.8 基体开裂在线观测系统

图 3.9 是试验中观察到的典型基体裂纹，图 3.10 和图 3.11 是不同应力水平下的基体裂纹密度和裂纹位置。

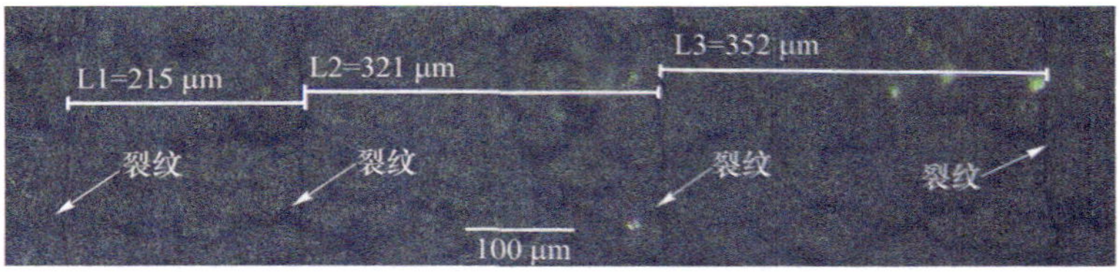

图 3.9　典型基体裂纹

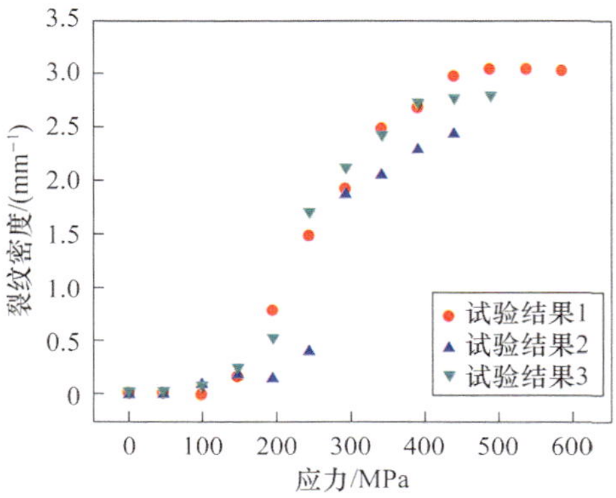

图 3.10　不同应力水平下的基体裂纹密度

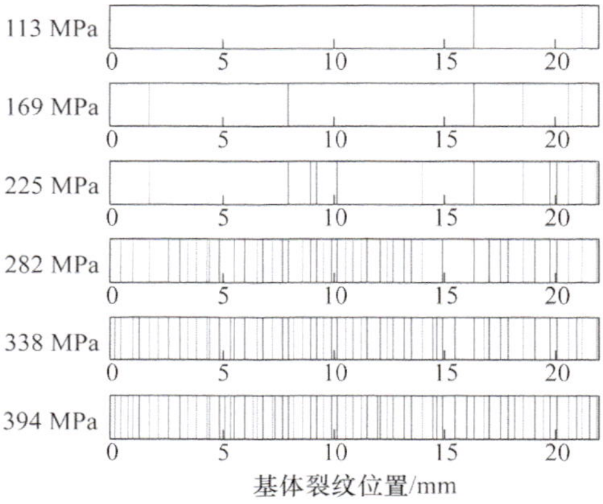

图 3.11　不同应力水平下的基体裂纹位置

从形态上看，基体裂纹垂直于载荷方向，并且裂纹产生时即贯穿整个截面。从位置上看，当最初基体裂纹数量较少时，裂纹并不是等间距分布，即基体初始开裂具有随机性。这是因为在制备过程中，无法避免地会在基体上产生一些随机分布的缺陷，基体将首先在这些缺陷处产生裂纹。但随着基体裂纹数量的增多，裂纹分布逐渐趋于均匀。从变化趋势上看，随着应力水平的提高，基体裂纹密度先增大后减小并最终达到饱和。在拉伸初始阶段，由于应力水平较低，基体并没有发生开裂。当应力增加时，基体裂纹开始产生，但是裂纹密度增加较慢。当应力水平进一步提高时，基体开裂速度变快。随后，基体开裂速度逐渐减慢直至裂纹饱和。

3.3.1.2　基体开裂模型

目前陶瓷基复合材料基体开裂理论主要有 4 种：最大应力准则、经典断裂力学方法、CMSE 准则和概率统计方法。美国的 Solti 等人认为最大应力方法会导致基体裂纹的快速饱和，而经典断裂力学理论会大大增加建模过程的复杂性，尤其对于疲劳载荷，经典断裂力学理论会变得更复杂。为此，他们提出了 CMSE 准则。由于陶瓷基复合材料脆性基体上存在随机分布的缺陷，基体开裂也是个随机过程，因此，有学者采用概率统计方法来描述基体开裂过程。CMSE 准则和概率统计方法是目前两种最常用的陶瓷基复合材料基体开裂理论，本书首先考察了这两种方法的准确性。

1. CMSE 准则

根据 CMSE 准则，基体裂纹等间距分布。两条相邻裂纹间基体的应变能有个临界值 U_{cr}。当应变能达到这个值后，基体将无法承担更多的载荷。随后，基体中将产生裂纹，从而使基体应变能保持恒定。CMSE 准则可表述为

$$U_m = U_{cr} \tag{3.1}$$

式中，U_m 是基体应变能，且

$$U_m = \int_V \int_\varepsilon \sigma_m(x)\,d\varepsilon\,dV \tag{3.2}$$

复合材料在拉伸时，不同截面上复合材料平均应力相同，基体上的应力分布如式(3.3)和图 3.12 所示。

$$\sigma_m(x) = \begin{cases} \dfrac{-2v_f\tau}{v_m r_f}\left(x - \dfrac{L}{2}\right), & \dfrac{L}{2} - d_{f_1} \leqslant x \leqslant \dfrac{L}{2} \\ \sigma_{m0}, & 0 \leqslant x \leqslant \dfrac{L}{2} - d_{f_1} \end{cases} \tag{3.3}$$

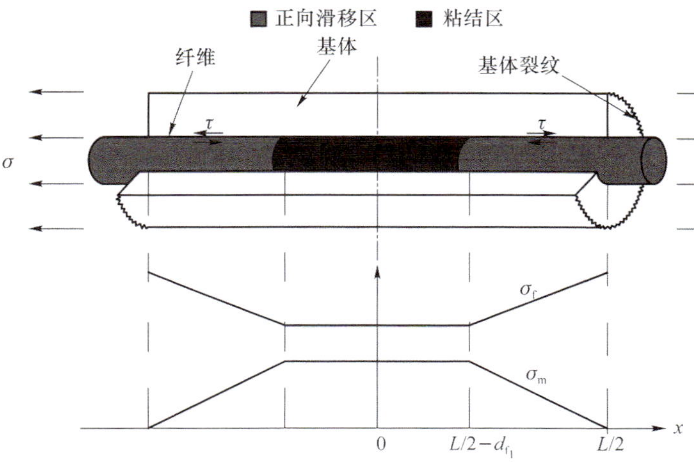

图 3.12　基体应力分布

式中，σ_{m0} 为黏结区基体正应力，在数值上等于基体开裂和界面脱粘未发生时的基体应力。

$$\sigma_{m0} = \frac{E_m}{E_c}\sigma + E_m(\alpha_c - \alpha_m)\Delta T \tag{3.4}$$

将式(3.3)代入式(3.2)中可得

$$U_m = \frac{A_m}{v_m^2 r_f^2 E_m}\left[\frac{1}{2}(v_m r_f \sigma_{m0})^2 (L - 2d_{f_1}) + \frac{4}{3}(\tau v_f d)^2 d_{f_1}\right] \tag{3.5}$$

随着应力的增加，基体裂纹密度或裂纹间距可通过使 $U_m = U_{cr}$ 求得。

图 3.13 是 CMSE 准则预测的基体裂纹密度变化过程。从图中可以看出 CMSE 准则预测结果在初始阶段基体裂纹扩展很快，然后速度逐渐降低。而图 3.10 中的试验结果在初始阶段基体裂纹扩展较慢。这说明 CMSE 准则不适用于基体开裂初始阶段。

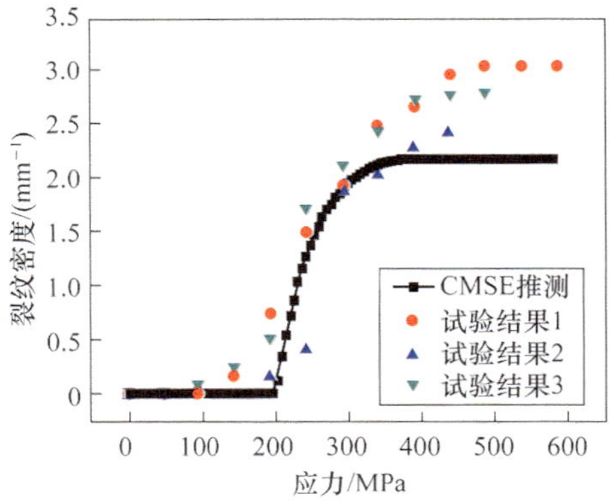

图 3.13　CMSE 准则预测的基体裂纹密度变化过程

2. 概率统计模型

概率统计模型认为，由于黏结区的基体应力要大于脱粘区，如式(3.3)和图 3.12 所示，新的裂纹产生在黏结区，并且位置具有随机性，裂纹不是等间距分布。基体中产生新裂纹的概率 P 满足 Weibull 分布，即

$$P(\sigma)=1-\exp\left[-\frac{d_b}{L_0}\left(\frac{\sigma}{\sigma_0}\right)^m\right] \tag{3.6}$$

式中，m 和 σ_0 是统计参数，d_b 是黏结区的长度，L_0 是参考长度，$L_0=1$ m。

某个载荷下，为了判断基体中是否产生新裂纹，要用计算机产生一个 0～1 之间均匀分布的随机数，如果该随机数小于概率值 P，则认为新裂纹产生。图 3.14 是不同载荷步下概率统计模型的预测结果。

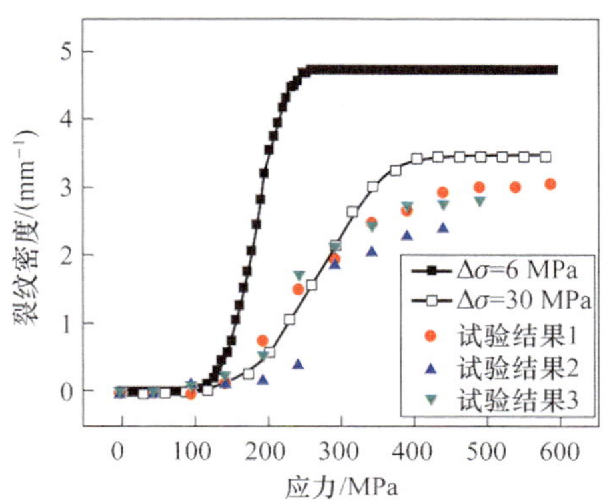

图 3.14　不同载荷步下概率统计模型的预测结果

可以看出，概率统计方法预测的基体裂纹扩展速度在趋势上与试验结果是一致的，但其预测的扩展速率是和载荷步 $\Delta\sigma$ 有关的。载荷步 $\Delta\sigma$ 越小，基体裂纹扩展越快。这是因为对于小载荷步，到达某个载荷前，判断是否产生新裂纹的次数会更多（每一次都会产生一个随机数），产生小于开裂概率 P 的随机数的可能性就更大。因此，此方法要想预测准，必须选择合适的载荷步，这是概率统计方法的缺点。

3. 基体单元强度模型

通过上文分析可以看出，现有的 CMSE 准则和概率统计模型都有一定的不足。CMSE 准则预测的基体初始开裂速度过快，而概率统计模型预测的开裂速度会受选取的载荷步大小影响。针对这两个模型的不足，本书提出了一种基体单元强度模型。

由于基体中含有初始随机缺陷，因此基体开裂具有随机性。虽然基体开裂是不确定的（概率统计模型中的式(3.6)给出了开裂的概率），但是基体开裂时的平均应力是确定的，由式(3.6)可得到基体开裂的平均应力为

$$\bar{\sigma}=\int_0^{\infty} s\mathrm{d}P(s)=\left(\frac{L_{\mathrm{b}}}{L_0}\right)^{-\frac{1}{m}}\sigma_0\Gamma\left(1+\frac{1}{m}\right) \tag{3.7}$$

式中，Γ 是 Gamma 函数，$\bar{\sigma}$ 即可认为是基体的强度。

两条相邻基体裂纹之间的黏结区上的基体被看成是一个基体单元，如图 3.15 所示。

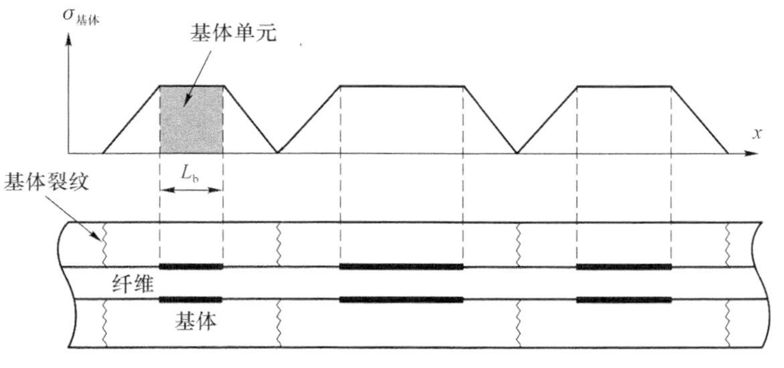

图 3.15　基体单元示意图

该基体单元的开裂准则为：

(1) 当该基体单元中的正应力大于该单元的强度时（式(3.7)即该单元强度），基体单元中产生一条新裂纹；

(2) 新裂纹在基体单元中的位置是随机的，满足均匀分布；

(3) 当基体单元长度为 0 时，新裂纹不再产生。即当纤维/基体界面完全脱粘后，基体裂纹也将达到饱和。

图 3.16 是采用基体单元强度模型预测的基体裂纹密度，与试验结果吻合较好。

图 3.17 是基体单元强度模型模拟的不同应力水平下的基体裂纹位置。可以看出，裂纹位置的模拟结果与试验结果并不完全相同，这是由基体初始缺陷位置随机性

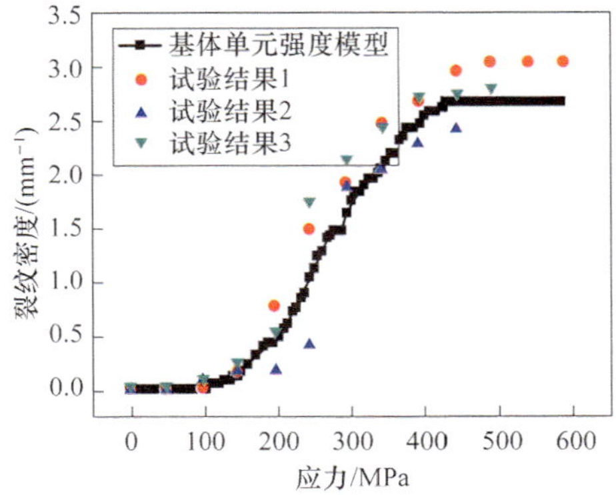

图 3.16　基体单元强度模型对基体裂纹密度的预测结果

导致的，但是模拟的基体裂纹密度随应力的变化规律与试验结果是一致的。

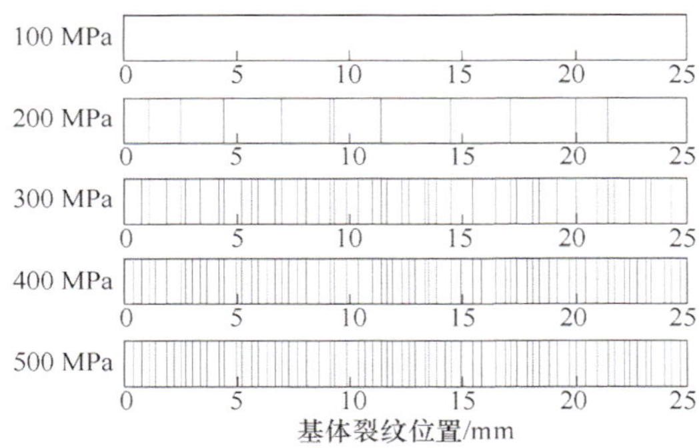

图 3.17　不同应力水平下基体裂纹位置的模拟结果

3.3.2　纤维断裂

3.3.2.1　纤维原位强度分布的测量

纤维强度性能对复合材料强度有着直接影响，在设计高性能复合材料时，首先想到的就是提高纤维强度。由于存在随机分布的缺陷，一束纤维中每根单丝的强度并不相同，即纤维存在强度分布问题，因此需要测量一定数量的单丝强度，从而获得纤维强度分布。目前测量陶瓷基复合材料内部纤维单丝原位强度往往采用断裂镜面法，这种方法认为纤维原位强度可由断口截面上的光滑镜面区半径推断出。本书对平纹编织 SiC/SiC 复合材料进行断口 SEM 拍摄，发现纤维断面上的镜面区边界并不明显，如图 3.18(a)所示，很难准确测量镜面区半径 r_m。并且不是所有纤维端面上都存在镜面区，如图 3.18(b)所示。

陶瓷基复合材料制备过程中，造成纤维强度下降的主要因素就是高温热处理过程。

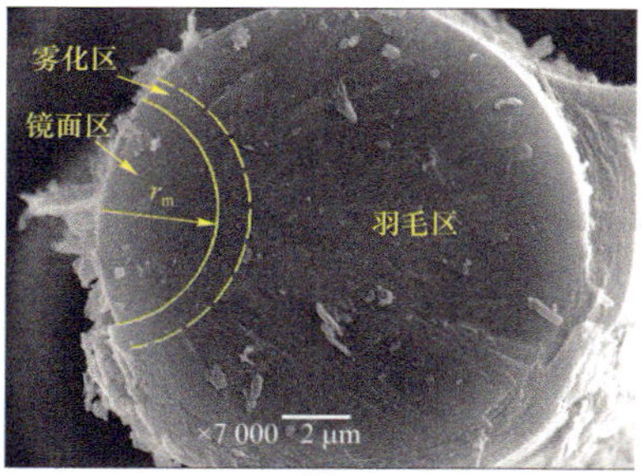

(a)

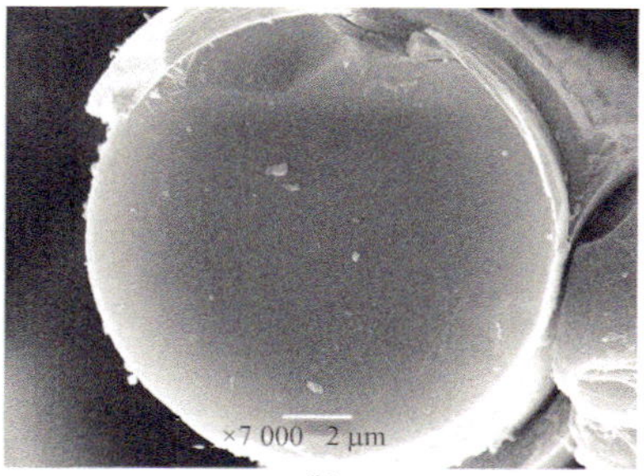

(b)

图 3.18　纤维断口截面

本书按照平纹编织 SiC/SiC 制备工艺对 SiC 纤维进行高温热处理，对热处理前后的 SiC 纤维分别进行了单丝拉伸试验。单丝试样制备包括泡胶、抽丝和粘贴试样三个步骤。首先将 SiC 纤维束置于丙酮中浸泡，目的是溶解纤维束内部束化剂，使纤维束松散。然后将纤维束烘干，并从中剥离抽取出单丝。由于纤维单丝尺寸小，试验机无法直接夹持，需将单丝粘贴在试样衬上。试样衬形式参考 ASTM C1557－14 标准，如图 3.19 所示。带孔试样衬由硬纸板裁剪而成，将纤维单丝用环氧树脂贴在试样衬上。

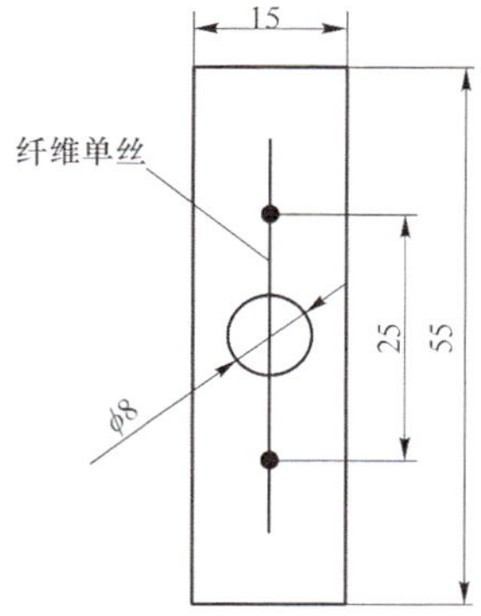

图 3.19　单丝试样形式

纤维单丝拉伸试验在 YG001B 型单丝电子强力仪上进行，如图 3.20 所示。试验时，首先将试样衬上下两端用试验机夹具夹持住，然后将试样衬两侧剪断，即可对单丝试样进行拉伸操作，拉伸速率为 10 mm/min。本书共对 125 根未经过热处理的单丝和 125 根热处理后的单丝进行了拉伸试验。

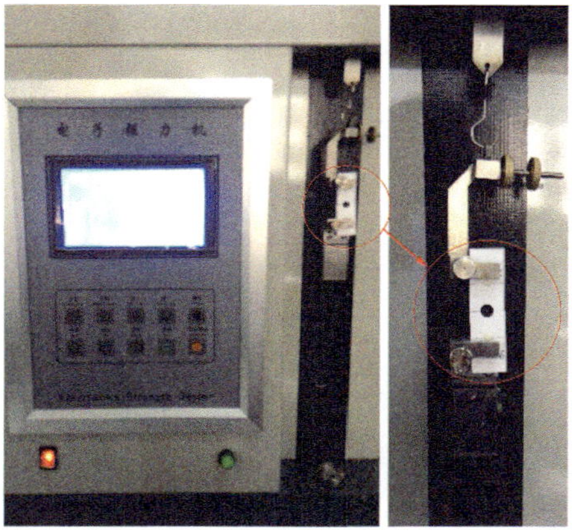

图 3.20　单丝强度实验

试验获得的单丝强度分布直方图以及不同应力水平下纤维断裂率如图 3.21 和图 3.22 所示。原始纤维和原位纤维的单丝平均强度分别为 1.52 GPa 和 0.60 GPa，可见热处理使纤维强度下降很多。图中还可以看出，原位纤维的强度分散性也比原始纤维小，热处理使纤维强度分布更加集中。

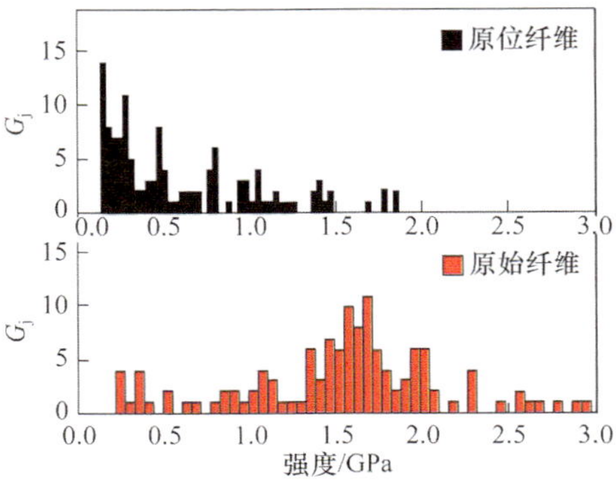

图 3.21　单丝强度分布直方图

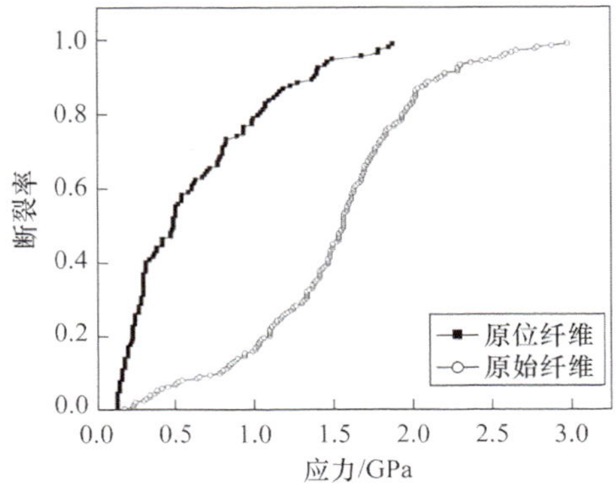

图 3.22　不同应力水平下的纤维断裂率

图 3.23 是 SEM 拍摄的热处理前后的 SiC 纤维典型表面形貌。可以看出，热处理前后的纤维表面都存在缺陷，但是热处理后的纤维表面缺陷明显更多，尺寸也更大，更多和更大的缺陷意味着纤维强度更低，这与单丝拉伸试验的结果是一致的。

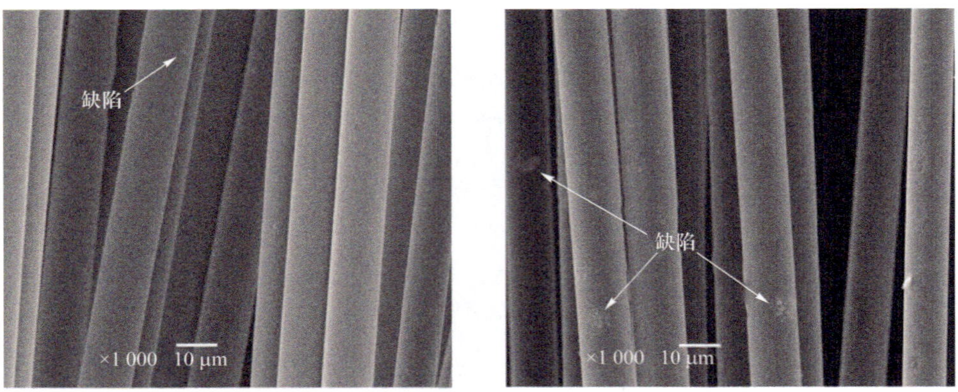

(a) 热处理前　　(b) 热处理后

图 3.23　热处理前后 SiC 纤维表面形貌

3.3.2.2　纤维强度模型

1. 纤维缺陷概率

目前国内外学者广泛采用 Weibull 模型来描述纤维强度分布，然而经典双参数 Weibull 模型并不总能很好地描述纤维强度的分散性以及与长度的相关性。此外图

3.21 中的 SiC 纤维原位强度分布特性也不符合 Weibull 分布形式。本书基于缺陷分布来描述纤维强度的分散性。纤维在制造过程中不可避免地会在表面和内部产生很多缺陷，这导致纤维的实际强度远小于其理论强度。并且这些缺陷的大小和位置通常是随机分布的，如图 3.24 所示，这也导致纤维强度具有一定随机性。根据最弱链理论，纤维的强度等于纤维上最弱缺陷的强度，因此纤维的强度可以由缺陷分布得到。

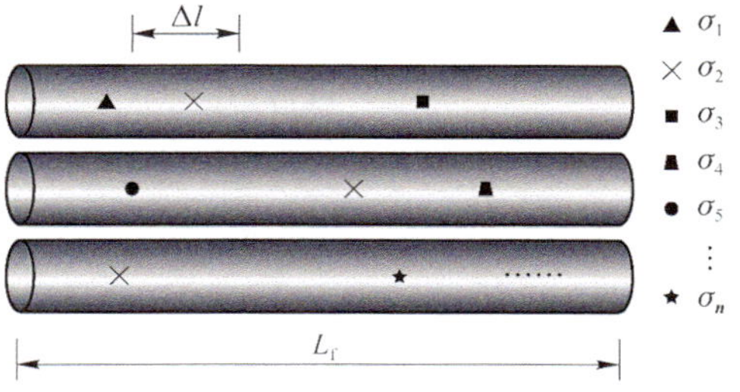

图 3.24　纤维缺陷分布示意图

基于强度高低对这些缺陷进行分级，假设共有 n 级缺陷，第 j 级缺陷导致纤维的实际断裂强度为 S_j，并且 $S_1<S_2<\cdots<S_n$。假设第 j 类缺陷在纤维中的位置是随机的，出现在任意位置上的概率均相同。将每根纤维均匀地分为 $N_{\Delta l}$ 段，每段长为 $\Delta l=L_f/N_{\Delta l}$，其中 L_f 为整根纤维长度。定义纤维上第 i 个小段上出现第 j 类缺陷的事件为 A_j^i。由于各类缺陷的尺寸相对于 Δl 很小，可以认为出现某种缺陷后，不会对其他类型缺陷产生影响，因此它们之间是独立的。用 A_j 表示长度为 L_f 的纤维有第 j 类缺陷这一事件，显然有

$$A_j=\bigcup_i A_j^i \tag{3.8}$$

采用符号 $P(A_j^i)$ 表示事件 A_j^i 的概率，$P(A_j)$ 表示事件 A_j 的概率。因为 A_j^i 之间是独立的，因此

$$P(A_j)=P(\bigcup_i A_j^i)=1-P(\bigcap_i \overline{A}_j^i)=1-\prod_i[1-P(A_j^i)] \tag{3.9}$$

式中 $\overline{A_j^i}$ 表示事件 A_j^i 的补集，又因为

$$P(A_j^1)=P(A_j^2)=\cdots=P(A_j^i)=\cdots=P(A_j^{N_{\Delta l}})=P_j \tag{3.10}$$

所以

$$P(A_j)=1-(1-P_j)^{N_{\Delta l}} \tag{3.11}$$

用 B_j 表示长度为 L_f 的纤维强度为 S_j 这一事件。显然要 B_j 发生必须保证纤维 L_f 上存在第 j 类缺陷，并且不存在比第 j 类缺陷更为严重的缺陷。即

$$B_j=A_j\bigcap_{k=1}^{j-1}\overline{A_k} \tag{3.12}$$

式中 $\overline{A_k}$ 表示 A_k 的补集。则 B_j 的概率为

$$P(B_j)=P(A_j\bigcap_{k=1}^{j-1}\overline{A}_k) \tag{3.13}$$

因为 A_j 之间是相互独立的，式(3.13)可以写为

$$P(B_j)=P(A_j\bigcap_{k=1}^{j-1}\overline{A_k})=P(A_j)\cdot\prod_{k=1}^{j-1}[1-P(A_k)] \tag{3.14}$$

2. 模型参数的确定

$P(A_j)$ 和 $P(B_j)$ 可通过3.2.2节中单丝拉伸试验得到。本书单丝拉伸试验中，每根单丝长 $L_f=25$ mm，共测量热处理后单丝 $N_L=125$ 根。最小强度值为0.121 GPa，最大强度值为1.869 GPa。将单丝强度分为 $n=50$ 级，每级的中间强度值就等于 S_j。统计出每个区间的样本数 c_j，则

$$P(B_j)=c_j/N_L \tag{3.15}$$

本书SiC纤维各级缺陷的 S_j、c_j 和 $P(B_j)$ 如表3.1所列。

表3.1 SiC单丝各级缺陷参数

等级	S_j/GPa	c_j	$P(B_j)$	等级	S_j/GPa	c_j	$P(B_j)$
1	0.138	14	0.112	26	1.013	1	0.008
2	0.173	8	0.064	27	1.048	4	0.032
3	0.208	7	0.056	28	1.083	1	0.008
4	0.243	7	0.056	29	1.118	1	0.008
5	0.278	11	0.088	30	1.153	2	0.016
6	0.313	5	0.04	31	1.188	1	0.008
7	0.348	2	0.016	32	1.223	1	0.008
8	0.383	2	0.016	33	1.258	1	0.008
9	0.418	3	0.024	34	1.293	0	0
10	0.453	3	0.024	35	1.328	0	0
11	0.488	8	0.064	36	1.363	2	0.016
12	0.523	4	0.032	37	1.398	3	0.024
13	0.558	1	0.008	38	1.433	1	0.008
14	0.593	2	0.016	39	1.468	2	0.016
15	0.628	2	0.016	40	1.503	0	0
16	0.663	2	0.016	41	1.538	0	0
17	0.698	2	0.016	42	1.573	0	0
18	0.733	0	0	43	1.608	0	0
19	0.768	4	0.032	44	1.643	0	0
20	0.803	6	0.048	45	1.678	1	0.008
21	0.838	0	0	46	1.713	0	0
22	0.873	1	0.008	47	1.748	0	0
23	0.908	0	0	48	1.783	2	0.016
24	0.943	3	0.024	49	1.818	0	0
25	0.978	3	0.024	50	1.853	2	0.016

式(3.14)可以扩展为

$$\begin{cases} P(B_1)=P(A_1) \\ P(B_2)=P(A_2)\cdot[1-P(A_1)] \\ \vdots \\ P(B_j)=P(A_j)\cdot\prod_{k=1}^{j-1}[1-P(A_k)] \end{cases} \tag{3.16}$$

由式(3.16)可得

$$\begin{cases} P(A_1)=P(B_1) \\ P(A_2)=P(B_2)/[1-P(A_1)] \\ \vdots \\ P(A_j)=P(B_j)/\prod_{k=1}^{j-1}[1-P(A_k)] \end{cases} \tag{3.17}$$

根据式(3.17)计算得到的 *SiC* 纤维各级缺陷的 $P(A_j)$ 如表 3.2 所列。

表 3.2　SiC 单丝各级缺陷概率

等级	$P(A_j)$	等级	$P(A_j)$	等级	$P(A_j)$	等级	$P(A_j)$	等级	$P(A_j)$
1	0.112	11	0.127	21	0	31	0.063	41	0
2	0.072	12	0.073	22	0.031	32	0.067	42	0
3	0.068	13	0.020	23	0	33	0.071	43	0
4	0.073	14	0.040	24	0.097	34	0	44	0
5	0.124	15	0.042	25	0.107	35	0	45	0.200
6	0.064	16	0.043	26	0.040	36	0.154	46	0
7	0.027	17	0.045	27	0.167	37	0.273	47	0
8	0.028	18	0.000	28	0.050	38	0.125	48	0.500
9	0.043	19	0.095	29	0.053	39	0.286	49	0
10	0.045	20	0.158	30	0.111	40	0	50	1

根据式(3.11)即可计算出长度为 Δl 的纤维含有第 j 类缺陷的概率

$$P_j=1-[1-P(A_j)]^{1/N_{\Delta l}} \tag{3.18}$$

图 3.25 和图 5.26 分别是利用本书纤维缺陷分布模型模拟的原位单丝强度分布和不同应力水平下的原位纤维断裂率，可以看出模拟结果与试验结果是一致的。

3.3.3　界面脱粘

陶瓷基复合材料受拉伸载荷时，脆性基体会首先开裂，在基体裂纹平面上纤维承担所有载荷。裂纹尖端纤维/基体间的强剪切应力会导致纤维/基体界面脱粘，在远离基体裂纹平面处，纤维和基体界面会发生脱粘滑移，此时纤维/基体界面分为正向滑移区(即脱粘区)和黏结区。通过界面的传递作用，载荷由纤维逐渐传递到基体上，以达到增韧效果。这种界面脱粘滑移可能出现在纤维/界面相之间、界面相/基体之间以及界面相内部。为了方便描述和简化模型，本书统一将这种脱粘滑移视为发生在纤维/基体间。

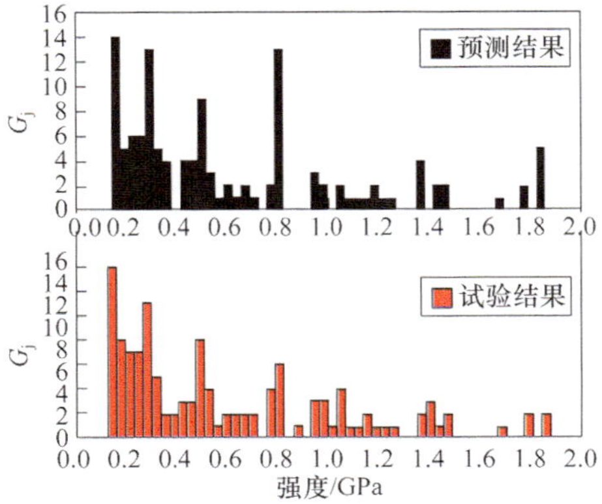

图 3.25　单丝强度分布模拟结果

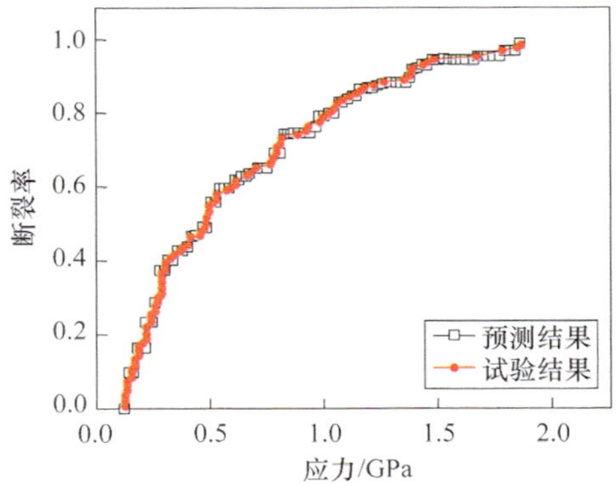

图 3.26　纤维断裂率模拟结果

滑移区的存在将改变纤维上的应力分布，界面脱粘后的纤维应力分布如式(3.19)和图 3.27 所示。

$$\begin{cases} -\dfrac{r_f}{2}\dfrac{d\sigma_f(x)}{dx}=-\tau, & \text{正向滑移区} \\ \sigma_f(x)=\sigma_{f0}, & \text{黏结区} \end{cases} \tag{3.19}$$

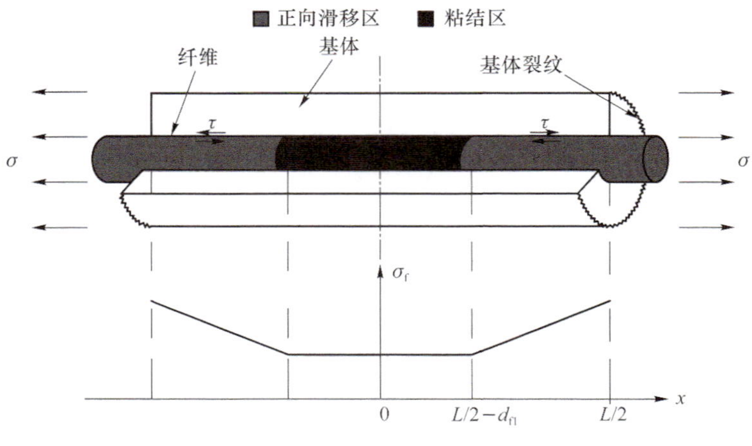

图 3.27　滑移区和黏结区应力分布

其中 r_f 为纤维半径，σ_f 为纤维正应力，τ 为正向滑移区上的纤维/基体界面剪应力，L 为基体裂纹间距。σ_{f0} 为黏结区纤维正应力，在数值上等于基体开裂和界面脱粘未发生时的纤维应力，σ_{f0} 可由混合率公式得到：

$$\sigma_{f0}=\frac{E_f}{E_c}\sigma+E_f(\alpha_c-\alpha_f)\Delta T \tag{3.20}$$

$$E_c=v_fE_f+v_mE_m \tag{3.21}$$

$$\alpha_c=\frac{\alpha_f v_f E_f+\alpha_m v_m E_m}{E_c} \tag{3.22}$$

式中，下标 f、m 和 c 分别表示纤维、基体和复合材料，E 表示弹性模量，α 表示热膨胀系数，v 表示体积分数，ΔT 是室温和复合材料制备温度的差值。

3.4　纤维束复合材料的拉伸力学行为建模

由于纤维束复合材料本质上是一种单向陶瓷基复合材料，因此单向陶瓷基复合材料的力学模型同样适用于纤维束复合材料。目前国内外对纤维束复合材料的力学建模往往是基于连续介质损伤力学(Continuum Damage Mechanics，简称 CDM)模型、有限元方法或剪滞(shear - lag)模型。下面简单介绍这三种建模方法的原理。

CDM 模型属于固体力学的范畴，近 20 多年来，在复合材料蠕变、疲劳、断裂等问题的研究中得到了广泛的应用，它将原有的离散的受损材料模拟成为连续介质模型，并通过引入一个表征损伤状态的损伤变量来分析材料内部缺陷的发展过程，从宏观的角度推导出材料的本构方程，然后求解损伤连续的初、边值问题。CDM 模型将材料均质化，不考虑具体微观结构，因此计算效率较高，但其对具体细观失效机理关注较少，对深入研究细观损伤演化与结构力学性能的关系缺乏指导意义。

有限元方法是根据纤维束复合材料微观几何结构，建立适当的代表体元(Representative Volume Element，简称 RVE)，对其进行有限元计算，得到纤维束复合材料的力学性能。RVE 模型包含了纤维单丝、界面层和基体等组分，在进行有限元计算时也考虑这些组分的本构与强度性能，因此有限元方法可以建立纤维束性能与纤维、界面和基体间的映射关系。然而有限元方法是一种数值计算方法，效率低是其最大缺点。

剪滞模型是一种细观力学模型，本质上是揭示了一种载荷传递规律。纤维束复合材料在拉伸过程中存在基体开裂、界面脱粘和纤维断裂等损伤机理，剪滞模型描述的就是产生这些损伤机理后组分的应力分布情况。剪滞模型采用的是解析表达式来描述组分应力分布，可以由组分性能和损伤模型推导出纤维束复合材料性能的解析解。因此，剪滞模型融合了有限元方法和 CDM 模型的优点，不仅能建立纤维束性能与纤维、界面和基体间的映射关系，而且计算效率高。

3.4.1　基于剪滞模型的拉伸行为预测

由于缺陷的存在，纤维强度是随机分布的，因此拉伸时，复合材料中的纤维并不是同时断裂，而是逐个断裂。本书 3.3.3 节给出了完好纤维的应力分布，本节主要分析失效纤维的应力分布。

纤维在某处断裂时，该处的纤维正应力会降为 0。与基体裂纹平面类似，纤维断裂面上的几何奇异性同样会导致纤维/基体间产生滑移，并使纤维应力以如下速率增加：

$$\frac{\mathrm{d}\sigma_{\mathrm{f}}(x)}{\mathrm{d}x}=\frac{2\tau}{r_{\mathrm{f}}} \tag{3.23}$$

在远端，纤维应力最终恢复为断裂前水平。材料中的所有纤维可分为 3 种类型：

(1) 纤维在整段材料中都未断裂，如图 3.28 中的纤维 1，该纤维在裂纹平面处的应力为 σ/v_{f}；

(2) 纤维断裂发生在基体裂纹平面附近(图 3.28 中的曲线区域内)，如图 3.28 中的纤维 2，该纤维在裂纹平面处的应力与断裂位置有关，为 $2\tau/r_{\mathrm{f}}L_{\mathrm{b}}$；

(3) 纤维断裂发生在基体裂纹平面较远处(图 3.28 中的虚线区域外)，如图 3.28 中的纤维 3，该纤维在基体裂纹平面处的应力可以恢复到断裂前水平，因此该纤维可视为完好纤维，该纤维在裂纹平面处的应力同样为 σ/v_{f}。

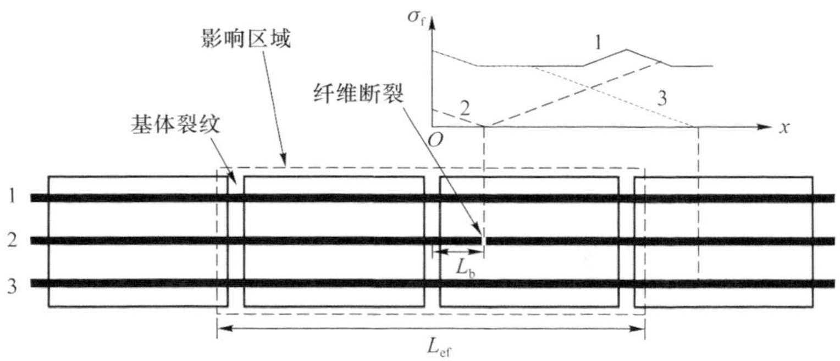

图 3.28　断裂纤维的应力分布

由此可见，对于某个基体裂纹平面，其附近存在一个“影响区域”(即图 3.28 中的虚线区域)，“影响区域”指的是在该区域内的纤维断裂对基体裂纹平面处的纤维应力水平会产生影响，而在该区域外的纤维断裂则对基体裂纹平面处的纤维应力水平没有影响。“影响区域”是由界面剪应力引起的，其长度为：

$$L_{\mathrm{ef}}=\frac{\sigma r_{\mathrm{f}}}{v_{\mathrm{f}}\tau} \tag{3.24}$$

根据基体裂纹平面处的纤维应力可计算材料平均应力为：

$$\bar{\sigma}_{\mathrm{c}}=\left(\frac{1}{N}\sum_{i=1}^{N_{\mathrm{f}}}\frac{2\tau}{r_{\mathrm{f}}}L_{b_i}+\frac{N-N_{\mathrm{f}}}{N}\frac{\sigma}{v_{\mathrm{f}}}\right)v_{\mathrm{f}} \tag{3.25}$$

式中，N 为总纤维单丝数，N_{f}为“影响区域”内断裂纤维单丝数。

材料平均应变等于完好纤维的平均应变：

$$\overline{\varepsilon_c} = \overline{\varepsilon_f} = \frac{\sum \Delta L}{\sum L} \tag{3.26}$$

式中，L 就是 3.4 节中的基体裂纹间距，因此 $\sum L$ 为整根材料的长度，ΔL 为某两个相邻基体裂纹内完好纤维的变形，因此 $\sum \Delta L$ 就是整根材料的变形。

$$\Delta L = \frac{2}{E_f}\int_0^{L/2} \sigma_f(x)\,\mathrm{d}x + (\alpha_f - \alpha_c)\Delta T L \tag{3.27}$$

式中，$\sigma_f(x)$ 就是 3.3.2 节中的纤维应力分布。

由式(3.25)和(3.26)即可求出纤维束复合材料应力-应变响应。求解纤维束复合材料本构响应的具体流程如下：

(1) 分配纤维缺陷。将“影响区域”内的每根纤维分为很多个微元，每段微元长为 Δl。采用式(3.18)可计算出第 j 类缺陷在微元 Δl 上出现的概率 P_j。用计算机产生一个随机数 $\xi(0<\xi<1)$，若 $\xi<P_j$，则认为该微元 Δl 上存在第 j 类缺陷。微元 Δl 的强度 $S_{\Delta l}$ 等于最低级缺陷对应的强度。采用该方法可给出每根纤维上每个微元的强度。

(2) 计算基体裂纹分布。采用 3.4.2 节中的基体单元强度模型和裂纹闭合规律计算基体裂纹分布，给出各基体裂纹间距 L。

(3) 计算纤维应力分布。采用 3.3.2 节中的界面滑移区分布模型计算“影响区域”内纤维应力分布，得到每个微元 Δl 上的纤维应力 $\sigma_{\Delta l}$。

(4) 判断纤维是否断裂。若 $\sigma_{\Delta l}>S_{\Delta l}$，则该微元断裂，基体裂纹平面处纤维应力变为 $(2\tau/r_f)L_b$；若纤维在“影响区域”内不断裂，基体裂纹平面处纤维应力变为 σ/v_f。

(5) 计算材料平均应力和应变。采用公式(3.25)计算材料平均应力，采用公式(3.26)计算材料平均应变。

3.4.2　变形与强度预测结果

图 3.29 是采用本章纤维缺陷分布模型、界面滑移区分布模型和基体单元强度模型预测的纤维束复合材料应力-应变响应，可以看出预测结果与试验结果比较一致。

对于单向拉伸应力-应变响应，拉伸强度试验测量值是 570.7 MPa，预测值是 581.6 MPa，误差为 1.9%。在拉伸初始阶段，由于应力水平较低，纤维、基体和界面中没有损伤或产生的损伤很少，纤维束复合材料整体表现为线弹性，此过程对应应力-应变曲线中的初始线性段。当载荷逐渐增大时，基体开裂、界面脱粘和纤维断裂等损伤逐渐产生，材料整体也开始出现非线性，此过程对应应力-应变曲线中的非线性段。基体开裂、界面脱粘和纤维断裂对纤维束复合材料非线性的影响将在 3.5 节中讨论。当载荷进一步增大时，应力-应变曲线又恢复为线性，此过程对应应力-应变曲线中的第二线性段。基体裂纹在第二线性区达到了饱和，值得注意的是此过程中显然纤维逐步断裂还在发生，纤维断裂在第二线性区并未导致材料产生非线性的原因也将在

3.5 节中讨论。当载荷继续增加并使所有纤维都断裂时，纤维束复合材料失去承载能力并断裂，即达到了材料的强度极限。

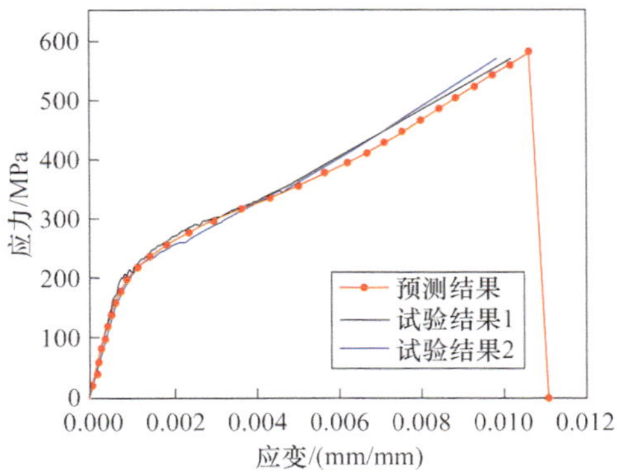

图 3.29　纤维束复合材料单向拉伸应力—应变响应模拟结果

3.5　纤维束复合材料拉伸变形的影响因素分析

3.5.1　纤维断裂的影响

纤维在制造过程中不可避免会产生很多缺陷，这些缺陷不仅降低了材料的实际断裂强度，由于缺陷的大小和位置通常是随机分布的，纤维单丝的强度还具有一定的随机性。所以纤维束复合材料在拉伸过程中，纤维并不是在材料达到极限强度时同时断裂，而是有先后的逐步断裂。

3.5.1.1　纤维断裂对非线性的影响

当没有纤维断裂时，纤维束复合材料应力-应变响应可通过将式(3.25)中 N_f 设为 0 求出，图 3.30 是假设纤维始终不断裂时的纤维束复合材料应力—应变响应预测结果。如图 3.30 所示，即使纤维始终不断裂，纤维束复合材料在 150～350 MPa 之间仍然表现出明显的非线性，但显然纤维束复合材料强度将变为无穷大。这说明纤维断裂对纤维束复合材料非线性几乎没有影响，纤维束复合材料的非线性区并不是由纤维断裂引起的。

3.5.1.2　断裂纤维继续承载的影响

前文力学测试和理论分析结果表明，纤维强度是随机分布的，因此纤维在材料达到极限强度前是有先后的逐步断裂。但纤维束复合材料在断裂前，其应力-应变响应

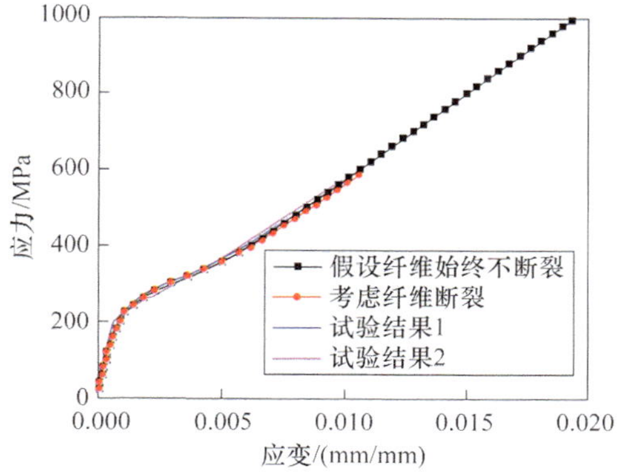

图 3.30　始终没有纤维断裂时的纤维束复合材料应力-应变响应

并未表现出非线性，而是几乎呈线性，如图 3.29 中的第二线性段。这是因为，纤维断裂后并未失去承载作用，由于界面剪应力的存在，基体承担的载荷会逐步传递到断裂的纤维上。为了分析断裂纤维继续承载的影响，可假设断裂后的纤维失去承载能力。当断裂纤维不继续承载时，裂纹平面处的纤维应力将变为 0，并且也不再存在"影响区域"。这意味着，发生在整段材料任何位置的纤维断裂，都会使该裂纹平面处的纤维应力降为 0。此时式(3.25)变为：

$$\overline{\sigma_c}=\frac{N-N_f}{N}\sigma \tag{3.28}$$

由式(3.26)和(3.28)即可求出纤维束复合材料应力-应变响应。图 3.31 是断裂纤维不承载时的纤维束复合材料应力-应变响应。

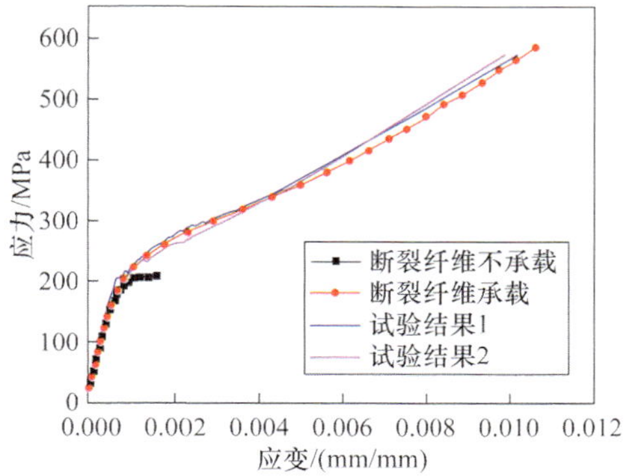

图 3.31　断裂纤维不承载时纤维束复合材料应力-应变响应

可以看出，当断裂纤维不再承载时，纤维束复合材料强度将大大降低，并且在最终断裂前表现出非线性。断裂纤维能继续承载是因为纤维/基体间存在界面剪应力，这也说明界面剪应力的存在可以提高材料强度。

3.5.2 基体开裂的影响

纤维束复合材料应力-应变响应的非线性区在 150～350 MPa，而从图 3.10 可以看出，基体裂纹快速扩展阶段也大致在 150～350 MPa，这说明基体开裂与纤维束复合材料力学行为的非线性密切相关。为了研究基体开裂对纤维束复合材料非线性的影响，本书模拟了不同基体裂纹饱和密度 D_{sat} 下的应力-应变响应（不同基体裂纹饱和密度可通过改变基体单元强度模型中的 σ_0 得到），如图 3.32 所示。可以看出，饱和裂纹密度越大即基体开裂越严重，材料非线性越明显，可以想象当基体始终不发生开裂时，纤维束复合材料将一直保持线性。因此基体开裂对纤维束复合材料非线性有重要影响。但基体开裂对纤维束复合材料强度影响较小。

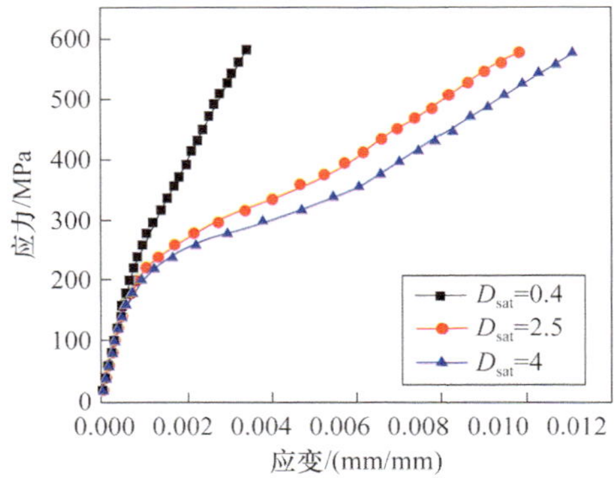

图 3.32 不同基体裂纹饱和密度下的应力-应变响应

3.5.3 界面脱粘的影响

滑移区长度和界面剪应力 τ 成正比。为了研究界面脱粘对纤维束复合材料非线性的影响，本书模拟了不同界面剪应力 τ 下的应力-应变响应，如图 3.33 所示。

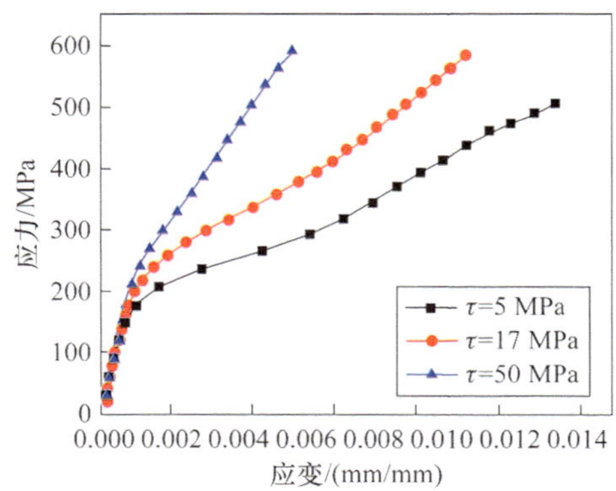

图 3.33 不同界面剪应力下的应力-应变响应

可以看出，界面剪应力 τ 越大，纤维束复合材料非线性越不明显。当 τ 趋于无穷大时，滑移区长度为

$$d=\frac{r_f}{2\tau}\left(\frac{\sigma}{v_f}-\sigma_{f0}\right)=\frac{r_f}{2(\infty)}\left(\frac{\sigma}{v_f}-\sigma_{f0}\right)=0 \tag{3.29}$$

两个相邻基体裂纹间纤维束复合材料的平均应变为

$$\begin{aligned}\bar{\varepsilon}_c &=\frac{2}{E_f L}\left[\frac{\sigma}{v_f}d-\frac{\tau}{r_f}d^2+\sigma_{f0}\left(\frac{L}{2}-d\right)\right]+(\alpha_f-\alpha_c)\Delta T\\ &=\frac{\sigma_{f0}}{E_f}+(\alpha_f-\alpha_c)\Delta T\\ &=\frac{1}{E_f}\left[\frac{E_f}{E_c}\sigma+E_f(\alpha_c-\alpha_f)\Delta T\right]+(\alpha_f-\alpha_c)\Delta T\\ &=\frac{\sigma}{E_c}\end{aligned} \tag{3.30}$$

上式表明，当不存在界面脱粘（滑移）时（即界面剪应力 τ 为无穷大时），纤维束复合材料将始终保持线性。因此，界面脱粘对纤维束复合材料非线性本构行为有重要影响。此外，图中还可以看出，界面剪应力的增大还可以提高材料强度，这是因为界面剪应力的存在可以使断裂的纤维继续承载，界面剪应力越大，断裂纤维的承载能力就越强。还可以看出，当界面剪应力很小时，断裂前应力-应变曲线会出现第二非线性区。这是因为界面剪应力很小时，断裂纤维承载能力弱，材料最终失效前的纤维逐步断裂就会引起非线性。

3.6　复杂应力状态下纤维束复合材料的变形与失效行为

3.6.1　复杂应力状态下纤维束复合材料的变形及强度试验测试方法

3.6.1.1　横向拉伸试样及试验系统设计

纤维束复合材料不易沿径向装夹，难以进行横向拉伸加载，为此设计了带有台阶的平板加强片，如图 3.34(a)所示，横向拉伸试样通过高强度环氧树脂胶固定在加强片的台阶上，通过加强片实现试样与加载装置的连接及加载。利用如图 3.34(b)所示的对中装置保证试样两端加强片的对中安装。

3.6.1.2　横向拉伸试验结果及分析

以 0.1 mm/min 的拉伸加载速度，1 fps 的图像采集速度开展了不同基体体积净含量纤维束复合材料的横向单调拉伸试验。如图 3.35(a)所示，纤维束复合材料的横向拉伸应力-应变曲线具有三个主要特征阶段：(1)较短的初始线性段，材料的应力-

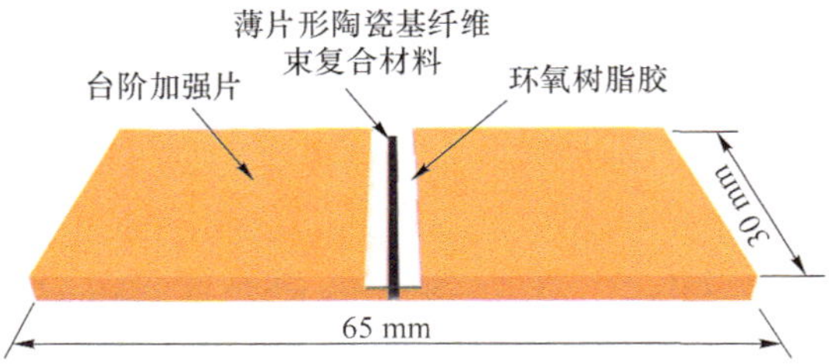

(a) 横向拉伸试样

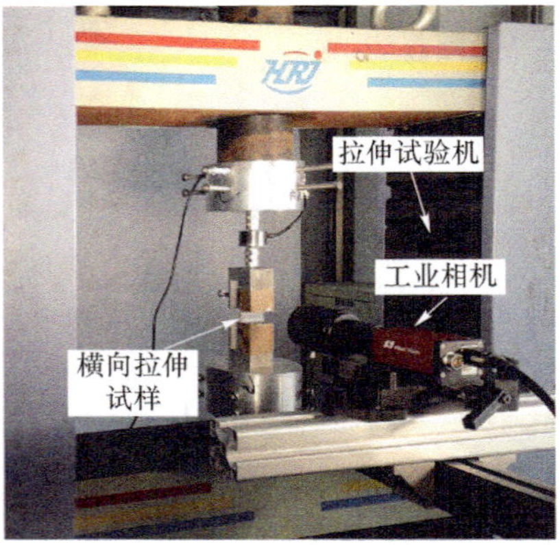

(b) 试验系统

图 3.34　纤维束复合材料横向拉伸试样及试验系统

应变关系为线性；(2)较长的非线性段，载荷达到一定水平后材料损伤的累积导致横向拉伸曲线发生偏转出现非线性特性，横向拉伸切线模量随载荷的增长而下降；(3)平台段，此时载荷变化不大但试样变形迅速增加并发生失效。如图 3.35(b)所示纤维束复合材料的横向拉伸弹性模量与基体体积净含量正相关。

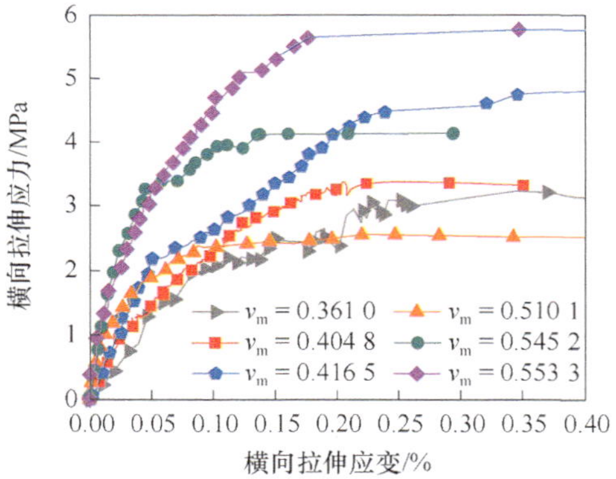

(a) 应力－应变曲线

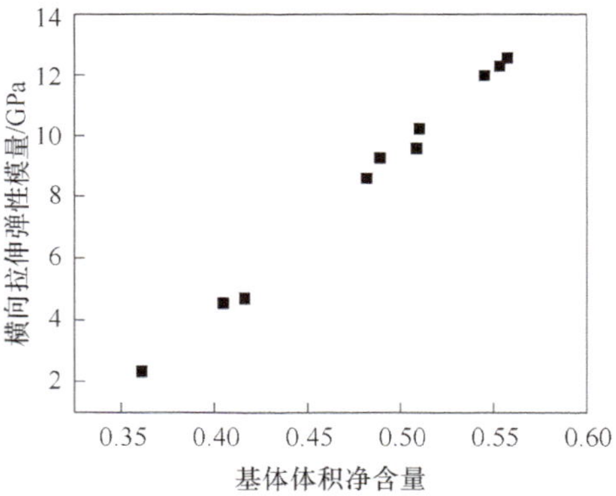

(b) 弹性模量

图 3.35　纤维束复合材料横向拉伸应力-应变曲线和弹性模量

3.6.1.3　面内剪切试样及试验系统设计

纤维束复合材料虽然与单向陶瓷基复合材料具有类似的特征，但两者在尺寸、几何形貌、失效载荷以及加工成型能力等方面差异较大，因此针对单向复合材料的剪切试验方法并不适用于纤维束复合材料。本书选用薄片形试样开展面内剪切试验，由于纤维束复合材料的加工成型能力较差，加工缺口或打孔均会对试样造成较大程度的损伤。因此本书设计了如图 3.36(a)所示的剪切夹具，直接对材料施加剪切载荷。

与横向拉伸变形测量方法相同，本书使用DIC技术测量面内剪切变形，纤维束复合材料的面内剪切试验系统如图3.37(b)所示。

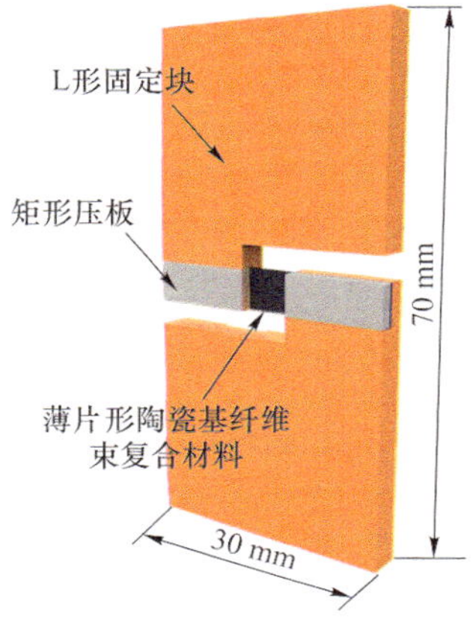

(a) 面内剪切试样

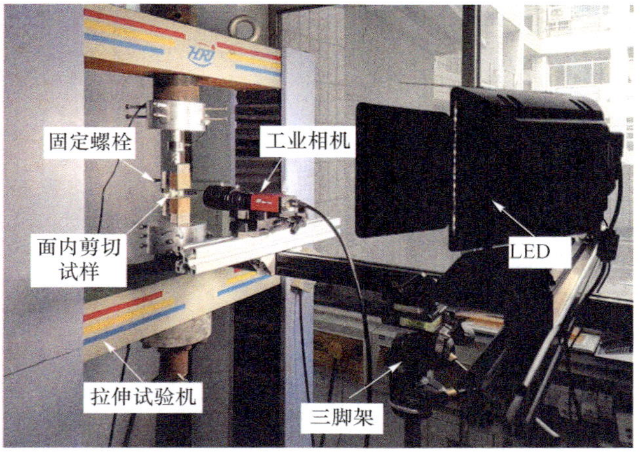

(b) 试验系统

图3.36　纤维束复合材料面内剪切试样和试验系统

3.6.1.4　面内剪切试验结果及分析

以0.1 mm/min的加载速度，1 fps的图像采集速度开展了不同基体体积净含量下纤维束复合材料的面内剪切试验。面内剪切响应的试验结果如图3.37(a)所示，可以看出不同基体体积含量下纤维束复合材料的面内剪切响应曲线的形状和变化趋势相同，主要有如下特征：(1)初始线性段，应力-应变关系保持线性。(2)非线性段，材料内部的损伤累积导致剪切模量不断减小，材料出现明显的非线性行为。(3)平台段，达到最大剪应力后试样应力—应变关系出现了平台现象，试样的剪切变形增大较快，但是剪切应力没有明显变化。由于试样的分散性，不同试样平台段的长度存在一定差异。由图3.37(b)可以看出面内剪切弹性模量随着材料基体含量的增加而提高。

3.6.2　复杂应力状态下纤维束复合材料的损伤机理及演化规律

3.6.2.1　横向拉伸损伤演化及失效机理

1. 横向拉伸损伤过程的原位分析

本节设计了光学原位观测平台及原位观测试样用于开展纤维束复合材料的横向原位拉伸试验。光学原位观测平台如图3.38(a)所示，主要包括光学数字显微镜(HIROX KH-7700)、原位加载仪和载荷指示器，设计的横向原位拉伸观测试样如

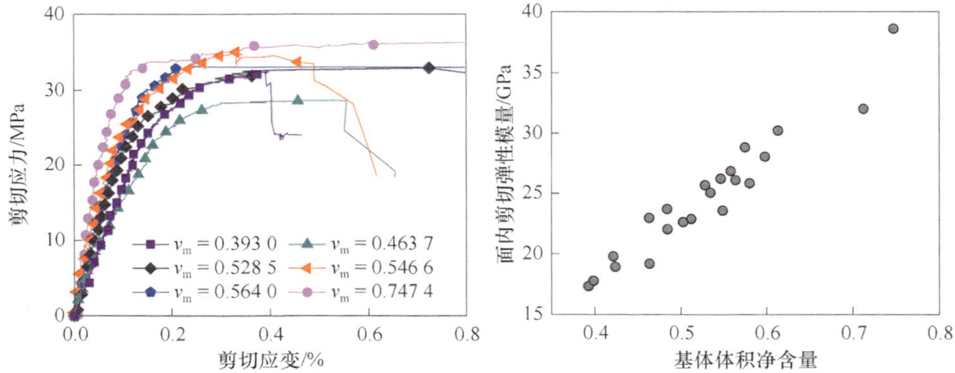

(a) 应力－应变曲线　　(b) 弹性模量

图 3.37　纤维束复合材料面内剪切应力-应变曲线和弹性模量

图 3.38(b)所示，通过销钉连接加强片和原位加载仪的夹头，实现载荷的施加。

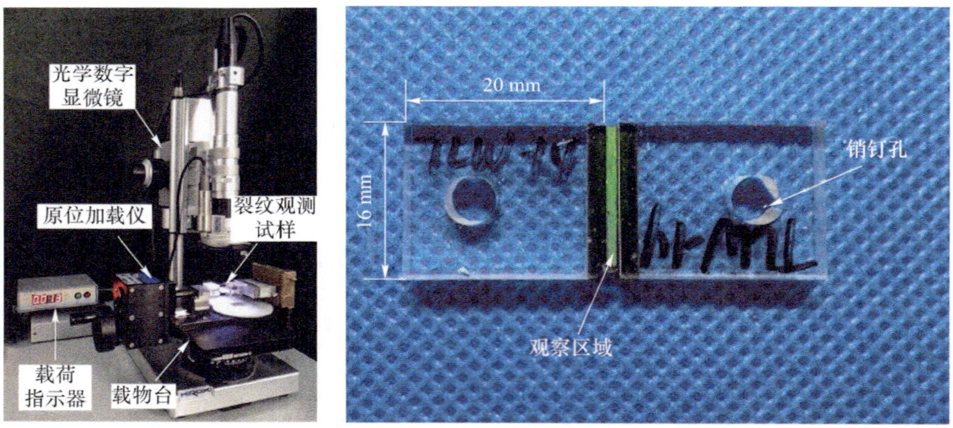

(a) 原位观测平台　　(b) 横向原位拉伸观测试样

图 3.38　横向拉伸原位观测平台及试样

由原位观察结果可知纤维束复合材料的横向拉伸失效包括如下过程，

(1) 基体横向开裂。本书发现纤维束复合材料在横向拉伸载荷下表面基体沿纤维轴线方向发生开裂，裂纹走向基本与载荷的方向垂直但存在一定的偏转(图 3.39)。基体裂纹的偏转是局部纤维分布、局部孔隙分布、基体形貌和基体缺陷等因素共同作用下的结果。

(2) 纤维剥离桥接。观察基体开裂处可以发现随着载荷的增加基体裂纹间隙不断扩大(图 3.40(a))，进而导致纤维发生剥离(图 3.40(b))。剥离后的纤维束横跨裂纹之间将材料桥接到一起，这起到了一定的承载作用。该机制增加了材料的韧性，使得材料的横向拉伸响应出现非线性段和平台段。可见如果材料在横向拉伸过程中没

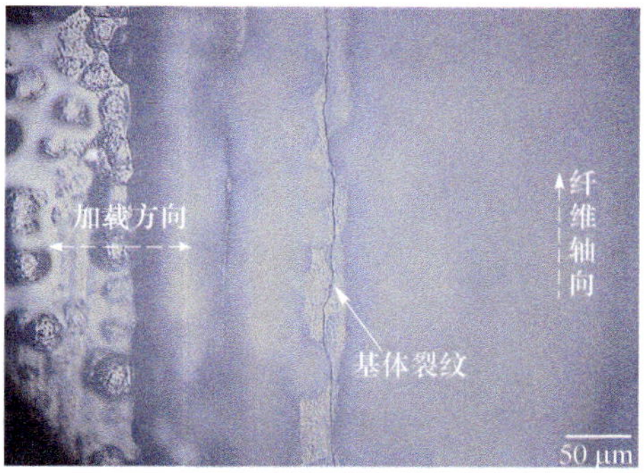

图 3.39　横向拉伸基体裂纹

有纤维剥离桥接机制那么材料将表现为脆性断裂特征。由图 3.40(b)～(e)可知，随着横向拉伸变形的增加，桥接纤维束的弯曲程度不断加剧。这使得桥接纤维根部位置的弯曲曲率增加并导致纤维断裂，剩余桥接纤维数量不断减少。

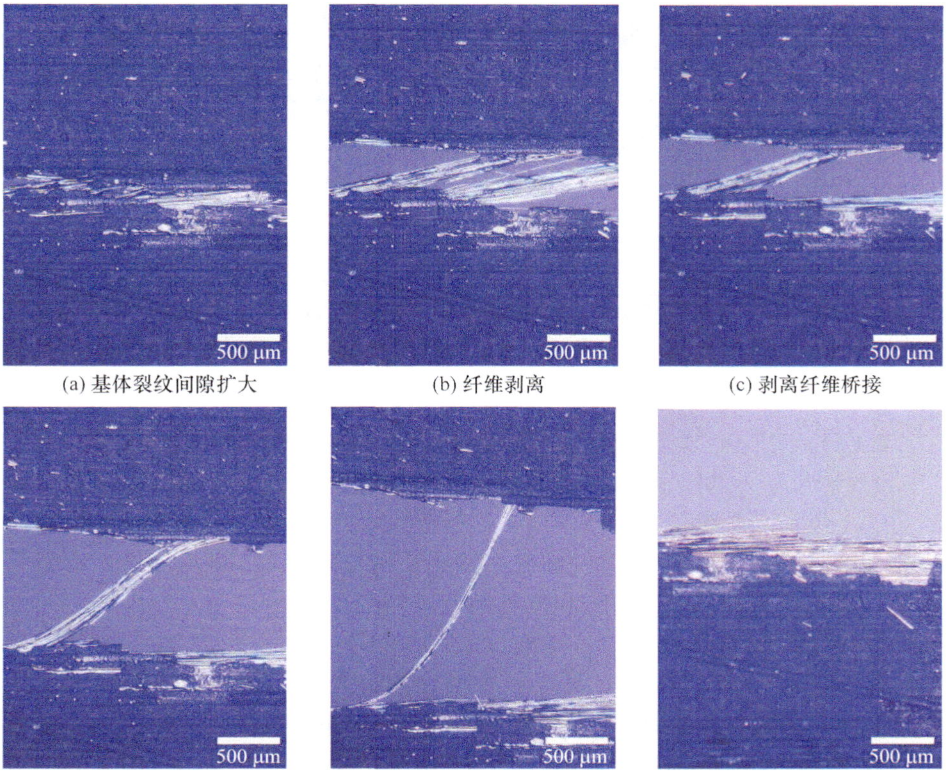

(a) 基体裂纹间隙扩大　(b) 纤维剥离　(c) 剥离纤维桥接

(d) 剥离纤维弯曲加剧　(e) 剥离纤维逐步断裂　(f) 试样最终失效

图 3.40　纤维剥离桥接及断裂过程

图 3.41 给出了桥接纤维的扩展过程。当桥接角增大到一定程度后,桥接纤维将在根部交接面位置沿未剥离方向继续扩展。这使得桥接纤维暴露长度不断增加从而减小了桥接角。在持续增加的横向拉伸变形作用下,该过程反复进行直到试样失效。

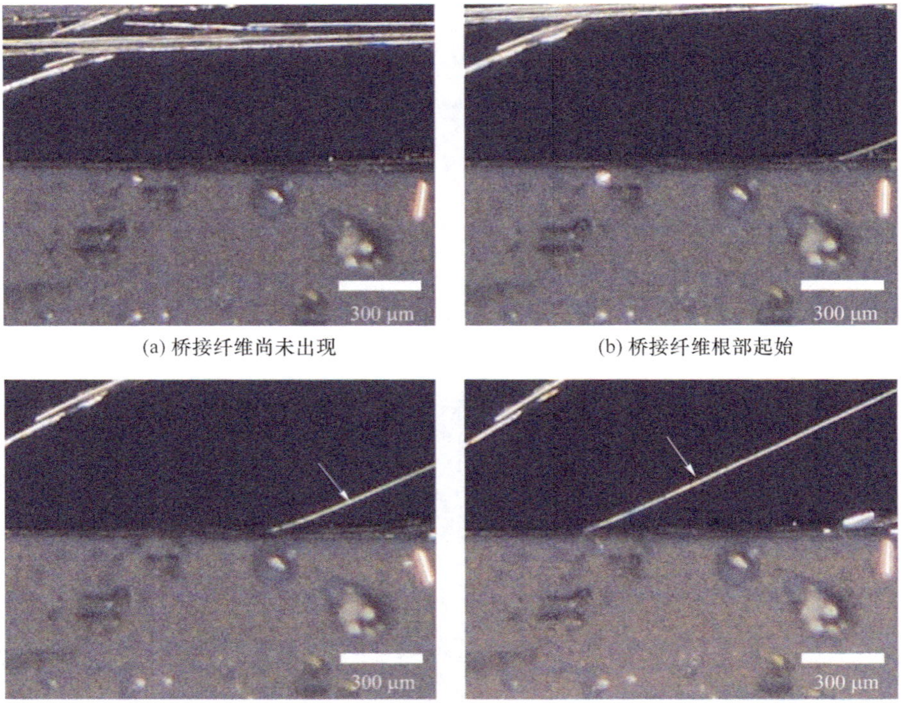

(a) 桥接纤维尚未出现　(b) 桥接纤维根部起始

(c) 桥接纤维扩展　(d) 桥接纤维进一步扩展

图 3.41　桥接纤维扩展过程

在以上分析结果的基础上可推断,材料界面性能越强桥接纤维越难发展,对应稳定扩展的桥接角变大,材料的总体刚度将有所提高但总体韧性会下降。通过纤维桥接角、桥接纤维扩展长度可以评估材料界面性能,也可以通过调配界面性能来设计材料的横向拉伸性能。受到组分和孔隙分布等因素的影响,纤维剥离的位置和受力情况存在差异,因此桥接纤维的方向和位置是多样的(图 3.42)。

(3) 纤维断裂。横向拉伸过程中纤维断裂发生于桥接纤维的发展过程中,如图 3.43 所示桥接纤维根部未扩展区域纤维的曲率明显变大。如前文分析,随着横向拉伸变形的增加,桥接纤维根部区域的曲率不断变大,当根部纤维无法继续承受此时的弯曲变形时将发生断裂并最终形成参差不齐的纤维断口。

纤维束复合材料横向拉伸损伤由基体开裂开始,随着基体裂纹的扩展其他形式的损伤随之萌生并发展,当基体完全开裂后材料承力水平达到极限值。可见,基体开裂贯穿了材料达到极限载荷的整个损伤过程,可以用于表征横向拉伸损伤的程度。

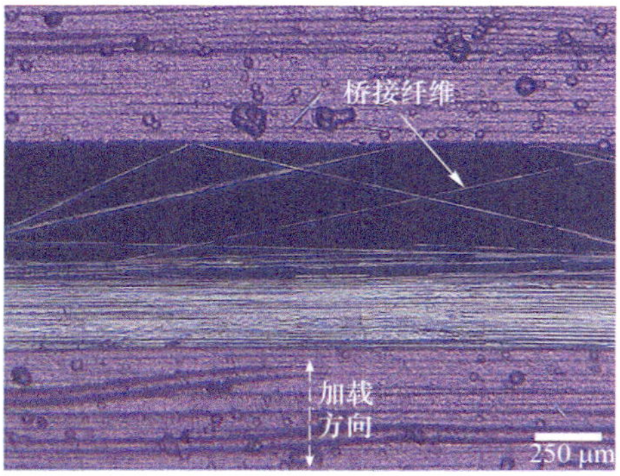

图 3.42　断口处桥接纤维分布

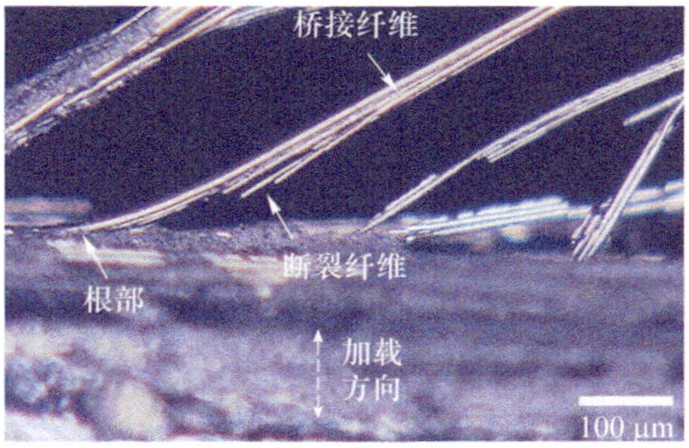

图 3.43　桥接纤维断裂

横向拉伸基体裂纹的扩展过程如图 3.44 所示，扩展规律如图 3.45 所示。本书用裂纹扩展比（当前载荷下基体裂纹长度占试样总长度的百分比）表示横向拉伸基体裂纹密度。可以看出，起初没有基体裂纹，当载荷达到一定程度后基体裂纹萌生，裂纹随载荷的增加而生长，基体裂纹的扩展速度随载荷的增加而不断增大直到裂纹贯穿试样达到最大失效载荷。纤维束复合材料横向拉伸基体裂纹不存在饱和阶段，这与轴向拉伸基体裂纹的演化规律不同。

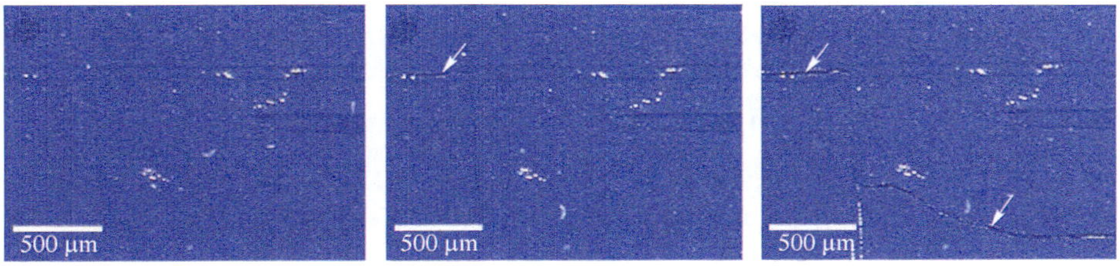

(a) 0% UTS　(b) 44.44 %UTS　(c) 55.56% UTS

图 3.44　横向拉伸基体裂纹扩展过程

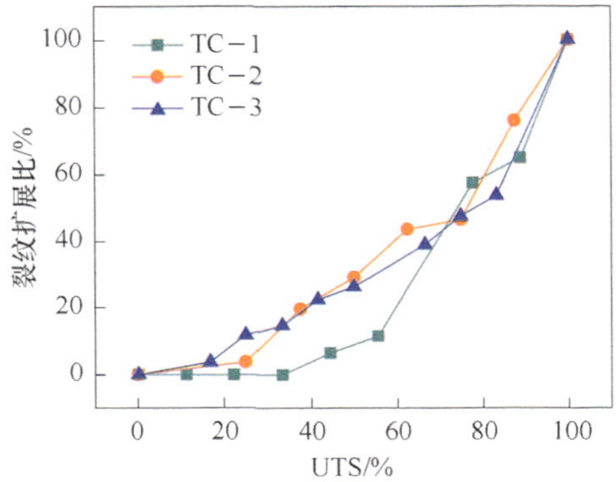

图 3.45　基体裂纹扩展比随载荷的变化关系

2. 横向拉伸失效断口分析

由纤维束复合材料横向拉伸失效断口的宏观光学照片(图 3.46)可以看出试样表面基体发生剥落。试样断裂面基本与纤维轴线方向一致,断口处纤维成簇被拉出并发生断裂。

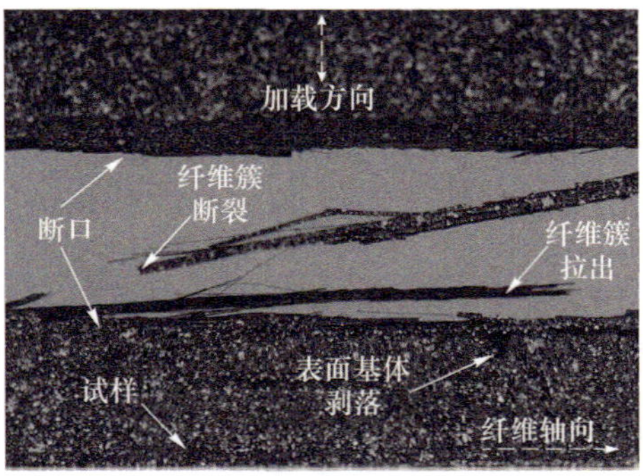

图 3.46　横向拉伸失效试样

通过 SEM 对纤维束复合材料横向拉伸试样的细观形貌进行观察可知材料表面基体不平整(图 3.47(a)),这使得基体组分的承力效果降低导致材料总体弹性模量低于理论值。还可以看出,由于基体经过多次沉积部分区域表面基体呈现出层状分布具有明显分界线(图 3.47(b)),这导致了横向拉伸中表面基体的剥落。

对失效断口进行 SEM 分析可知,纤维束复合材料横向拉伸失效形貌主要包括:基体开裂、界面脱粘、界面断裂、纤维断裂、纤维拔出以及纤维束劈裂。如图 3.48 所示,横向拉伸基体裂纹的端面比较平整。

如图 3.49 所示,纤维束复合材料横向拉伸失效中界面脱粘可以分为:纤维/PyC 界面脱粘(图 3.49(a))和基体/PyC 界面脱粘(图 3.49(b))。由图 3.49(a)可知纤维/PyC 界面脱粘完全,脱粘后的纤维表面光滑,基本无残余 PyC 界面相,这说明纤维/PyC 界

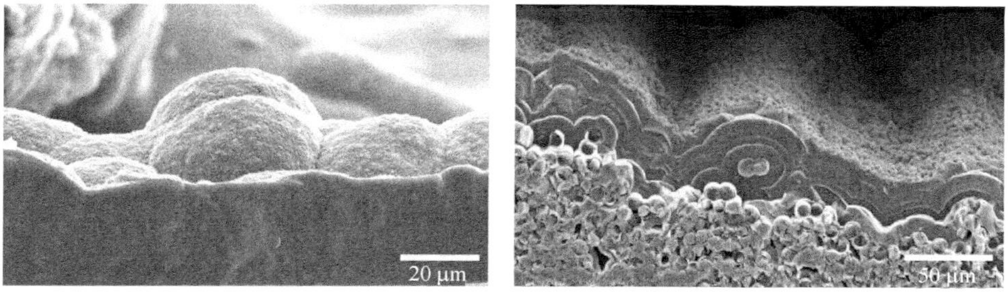

(a) 表面基体形态　　　　(b) 表面基体与内部组分的结合

图 3.47　横向拉伸试样基体形貌

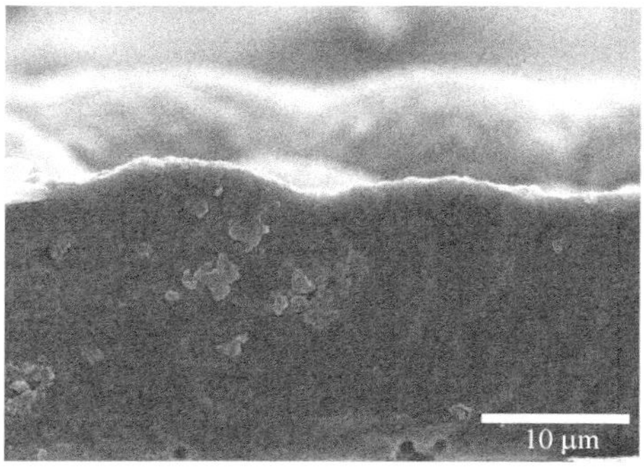

图 3.48　基体开裂

面之间的结合力较弱。如图 3.49(b)所示，PyC 界面与内部基体脱粘分离，剩余基体形成规则的排针状结构，这说明基体和 PyC 界面之间的结合力较弱，基体容易剥落。

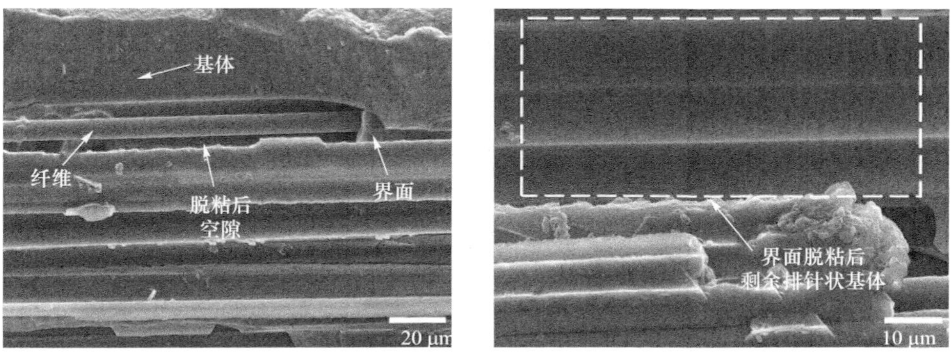

(a) 纤维/PyC界面脱粘　　　　(b) 基体/PyC界面脱粘

图 3.49　界面脱粘

如图 3.50 所示，PyC 界面层主要有两种断裂形式，一种为纵向断裂，断裂面的切向沿纤维轴向(图 3.50(a))。另一种为横向断裂，断裂面为环形并被纤维贯穿

(图 3.50(b))。由图 3.50(c)可以推断,纤维变形量达到一定水平后界面先发生失效并沿纤维轴向扩展形成纵向断裂面。当材料弯曲曲率达到临界值后界面由于无法继续跟随纤维弯曲变形而发生断裂,出现界面的横向断裂。这说明纤维的极限弯曲变形量大于界面,该过程也导致了纤维束的劈裂开散。除此之外,界面层的纵向断裂还可能是直接被横向载荷拉断。由图 3.50(b)所示纤维断裂并拔出后形成的桶状结构可知,纤维拔出是在纤维断裂、界面脱粘以及界面断裂共同作用下形成的。

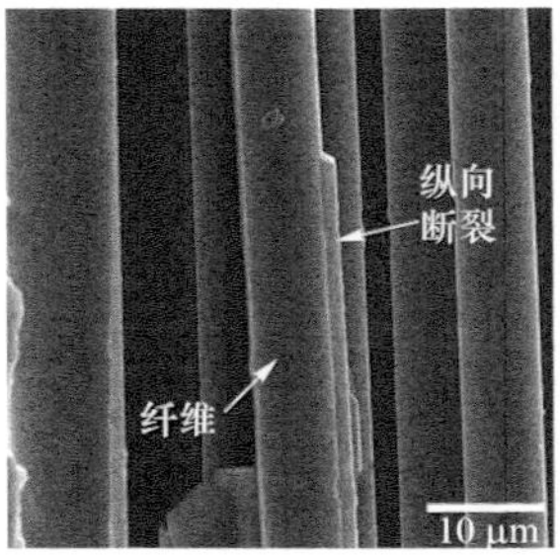

(a) 界面相纵向断裂

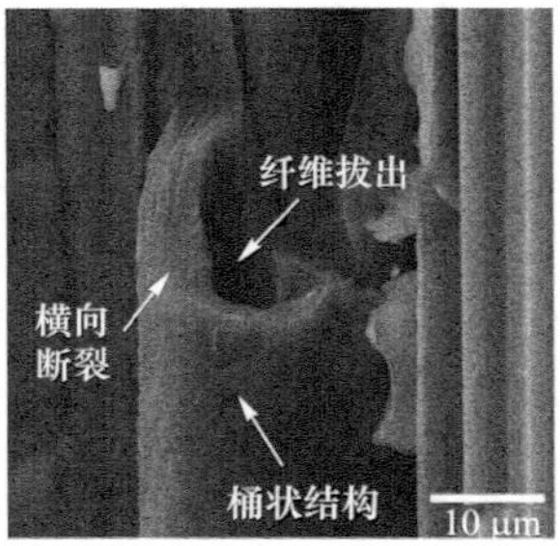

(b) 界面相横向断裂

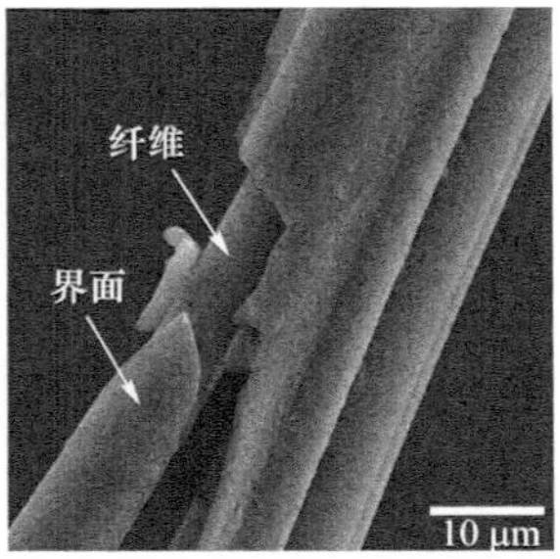

(c) 界面相断裂过程

图 3.50　界面断裂

图 3.51 所示为横向拉伸失效过程中形成的纤维断裂形貌,可以看出纤维断裂位置位于试样断口表面并且集中于试样断裂面的中部,远离断口处断裂纤维较少。在横向拉伸载荷作用下材料首先发生基体开裂,然后由于界面的脱粘及断裂纤维从试样边缘开始弯曲并不断向试样内部扩展,当纤维弯曲曲率到达一定程度后发生断裂。由于纤维的强度、位置、变形量以及受力情况存在差异,因此纤维断裂点参差不齐(图 3.51(a)),纤维断裂端面粗糙(图 3.51(b))呈丘陵状分布。

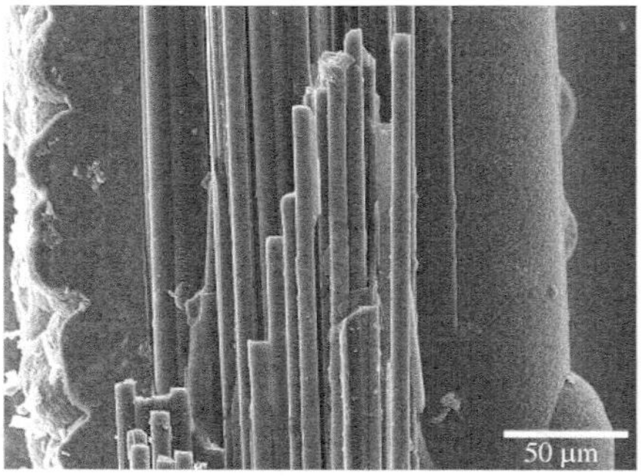

(a) 纤维断裂位置

(b) 纤维断裂面形貌

图 3.51　纤维断裂

3.6.2.2　面内剪切损伤演化及失效机理

1. 面内剪切损伤过程的原位分析

在图 3.52(a)所示的原位观测平台的基础上设计了纤维束复合材料面内剪切原

位试验方案，面内剪切原位观测试样如图 3.52(a)所示，试样包括一对 L 型加强片和一段纤维束复合材料。

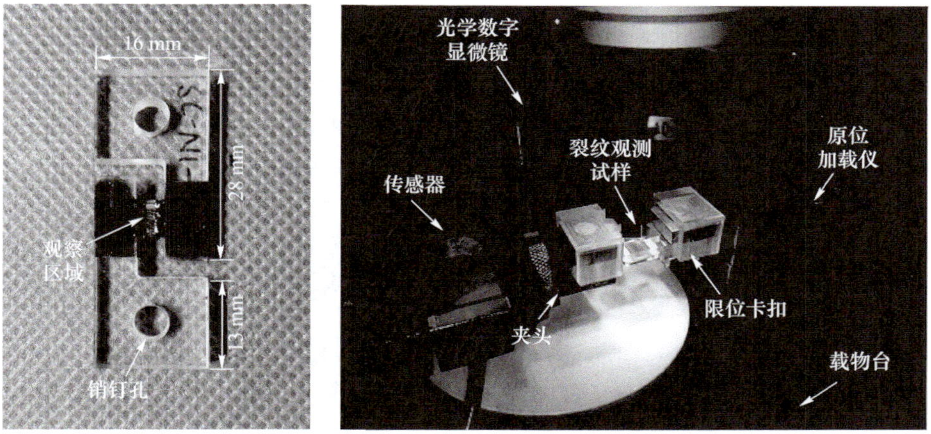

(a) 原位观测试样　　(b) 试验装置

图 3.52　面内剪切原位观测试样及装置

通过面内剪切原位观察试验发现，起初材料没有剪切裂纹(图 3.53(a))，当剪切载荷增大到一定程度后试样在主应力作用下开始出现基体开裂(图 3.53(b))。基体裂纹随着剪切载荷的增加不断发生扩展(图 3.53(c)～(d))，最后基体裂纹发生合并导致基体破碎剥落(图 3.53(e))，此时材料达到剪切载荷的极限承载状态。

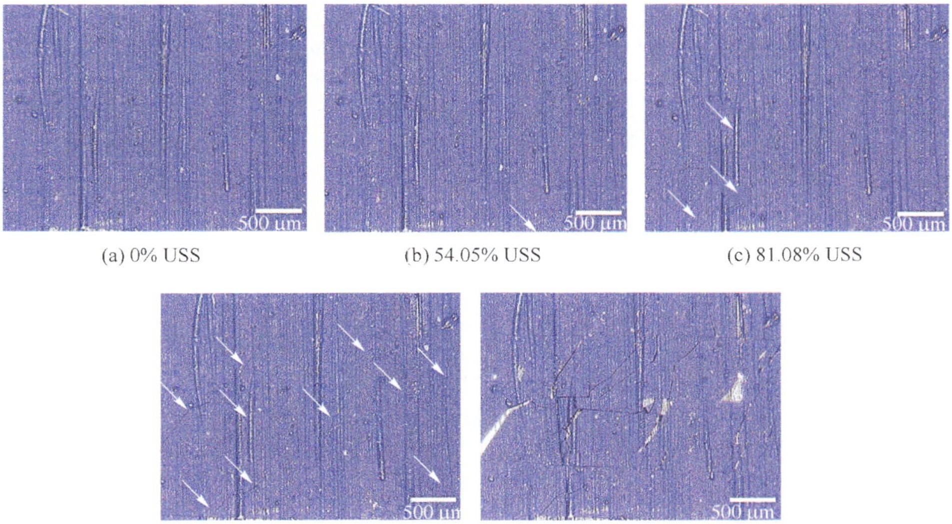

(a) 0% USS　(b) 54.05% USS　(c) 81.08% USS

(d) 94.59% USS　(e) 100% USS

图 3.53　面内剪切载荷下基体裂纹的演化过程

达到极限剪切应力之后继续加载，试样仍然具有一定的承载能力。这是因为纤维没有立即出现大量的断裂，纤维的桥接作用使试样还能继续承载，该机制也导致剪切应力-应变响应中平台段的出现。如图 3.54 所示纤维断裂位置基本位于试样根部而且纤维断裂是随剪切变形增加而逐步发展的过程，纤维的渐进断裂过程促进了纤维束的劈裂并致使断口纤维开散(图 3.54(d))。由图 3.55 可以看出纤维在剪切载荷下的断裂主要是由于弯曲导致，当根部纤维弯曲曲率过大时纤维将发生断裂。

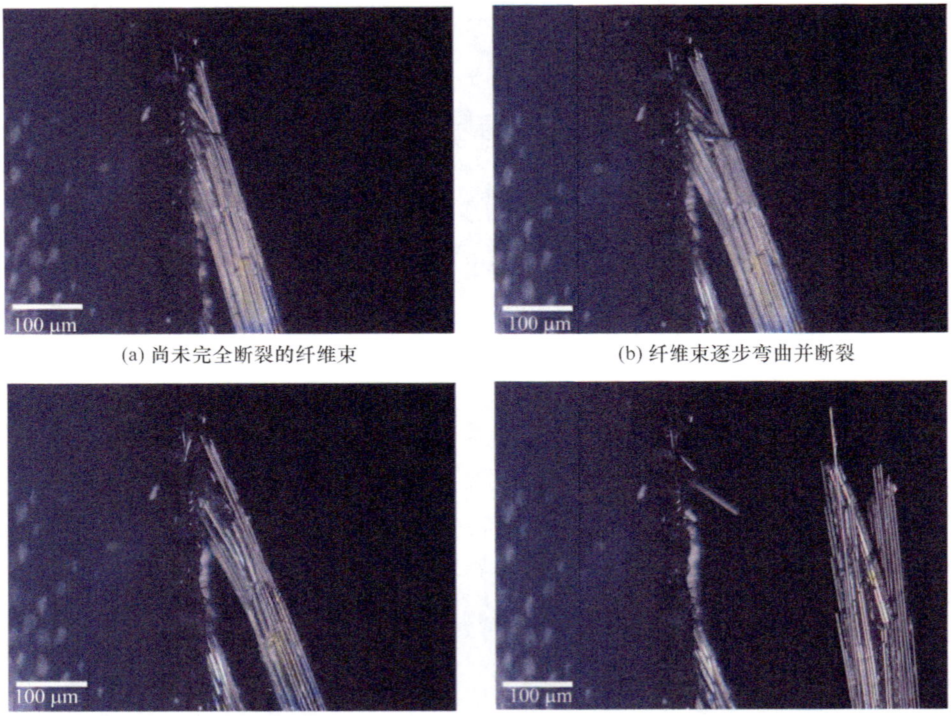

(a) 尚未完全断裂的纤维束　(b) 纤维束逐步弯曲并断裂

(c) 纤维束断裂数量增加　(d) 纤维束完全断裂

图 3.54　面内剪切载荷下纤维束的断裂过程

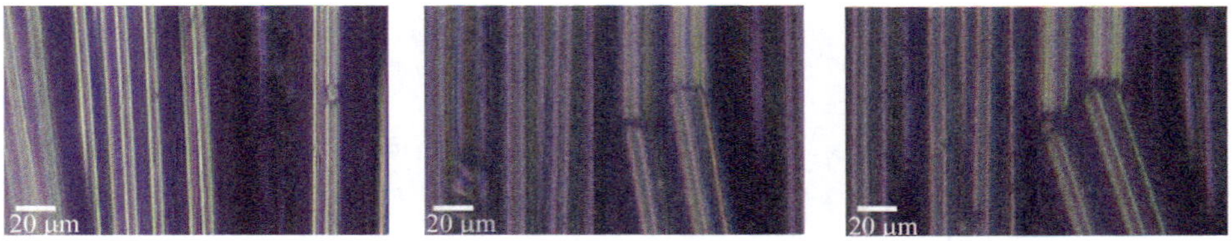

(a) 未断裂纤维单丝　(b) 纤维单丝剪切断裂　(c) 纤维单丝断裂后继续变形

图 3.55　面内剪切载荷下纤维单丝的断裂过程

由试验结果可知，在达到极限剪切应力之前基体裂纹的萌生与扩展贯穿整个损伤阶段其发展程度代表了整个试样的损伤状态。由图 3.56 可知，剪切基体裂纹的扩展过程同时包括了基体裂纹数量和长度的增加，因此剪切基体裂纹的演化过程比轴向和横向拉伸更加复杂。本书以单位面积内剪切基体裂纹的总长度定义剪切基体裂纹密度，剪切基体裂纹的观测流程与横向拉伸过程一致，所得试验结果如下图所示，

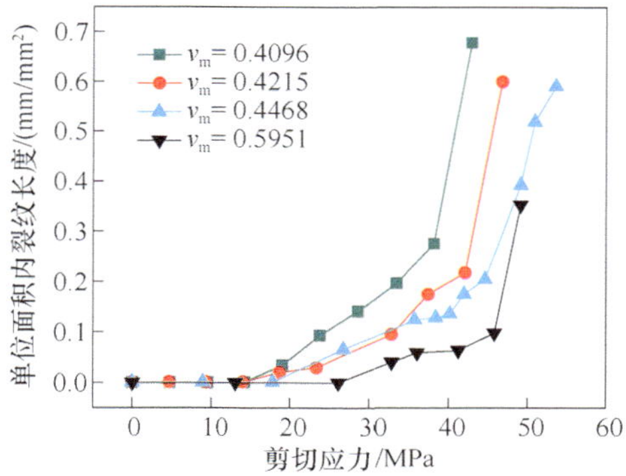

图 3.56　剪切基体裂纹密度随剪切应力的变化

如图 3.56 所示，剪切载荷达到一定水平后开始出现剪切基体裂纹，其密度随剪切应力的增加而增加，并且具有显著的非线性特征。剪切基体裂纹的演化过程没有出现基体裂纹的饱和阶段，这与轴向拉伸基体裂纹演化过程具有显著差异，与横向拉伸基体裂纹的演化过程类似。基体体积净含量不同时剪切基体裂纹的演化曲线的趋势相同，但是基体体积净含量越大，在相同剪切应力下试样的基体裂纹密度就越小。这是因为基体体积净含量越大材料的剪切模量越大，在相同剪应力作用时基体部分所受平均剪切应力越小从而导致剪切基体裂纹密度变小。

2. 面内剪切失效断口分析

面内剪切载荷作用下纤维束复合材料产生了两种形式的基体裂纹，一种是与纤维轴向成一定角度的倾斜基体裂纹(图 3.57(a))，这种裂纹在每件面内剪切试样中均有出现，倾斜裂纹与纤维轴线方向夹角的平均值为 44.86°，可见倾斜基体裂纹主要是由垂直于裂纹的最大主拉伸应力导致的。另一种基体裂纹的方向与纤维轴线方向基本相同(图 3.57(b))，这种类型的裂纹并非在每件面内剪切试样中都会出现。

通过大量试验观察得知，平行基体裂纹产生的位置通常存在较大面积的连续空隙。这些位置纤维簇之间的结合强度较低，在剪应力作用下容易出现开裂。另外试样表面部分基体出现了剥落(图 3.57(c))，这说明基体/PyC 界面层容易发生脱粘，表面基体的附着力不强。如图 3.57(d)所示，纤维束复合材料剪切断裂时纤维在剪切载荷作用下发生了角度较大的偏转。试样根部与加强片结合处的纤维弯曲曲率最大并且此处加上应力集中效应明显，因此纤维主要在此处发生断裂。

使用 SEM 对纤维束复合材料面内剪切失效断口进行观察发现，材料的断口形貌除基体开裂和纤维断裂外还有界面相断裂、界面脱粘以及纤维拔出。其中界面相的断裂形貌还可以分为倾斜断裂面(图 3.58(a))和轴向断裂面(图 3.58(b))。PyC

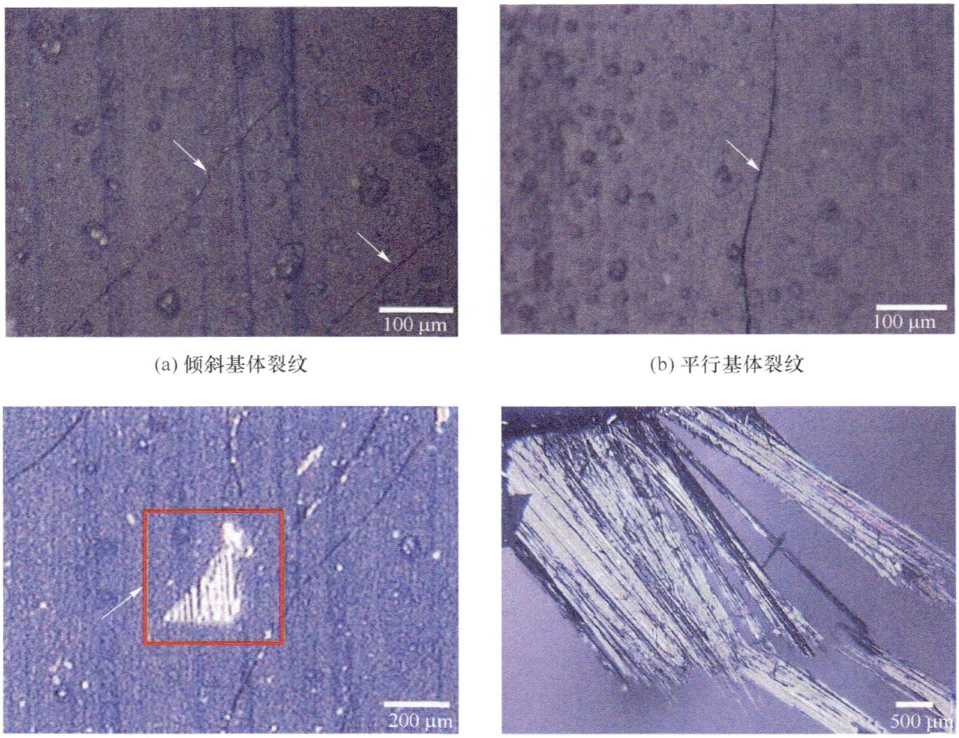

(a) 倾斜基体裂纹　　(b) 平行基体裂纹

(c) 基体剥落　　(d) 纤维断裂

图 3.57　面内剪切试样光学显微镜照片

界面相倾斜开裂角度的平均值为 46.35°，这与倾斜基体裂纹角度接近。可见 PyC 界面相倾斜断裂面的形成机理与倾斜基体裂纹类似。

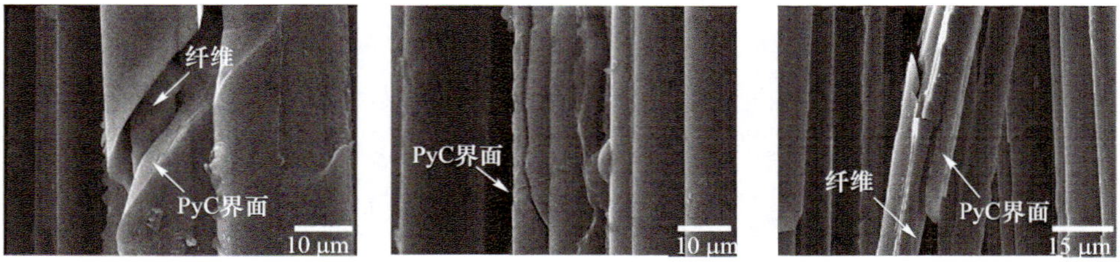

(a) 界面相倾斜断裂　　(b) 界面相轴向断裂　　(c) 界面相轴向断裂的形成

图 3.58　面内剪切载荷下界面的断裂特征

图 3.59(c)所示为 PyC 界面相轴向断裂面的形成过程，由此可以推断 PyC 界面相轴向开裂过程为：界面相首先在较为薄弱位置产生倾斜裂纹，剪切载荷促使裂纹沿纤维轴线方向扩展，该过程伴随着纤维/PyC 界面的脱粘，最终形成了轴向断裂面。如图 3.59 所示，界面相的脱粘可以分为纤维/PyC 界面脱粘和基体/PyC 界面脱粘。

纤维/PyC 界面(图 3.59(a))的脱粘区较长并且脱粘区内无附着 PyC 界面相，这说明纤维与 PyC 界面相之间的结合力不强。由图 3.59(b)可以看出基体/PyC 界面的结合能力同样较弱，这导致基体容易发生剥落。

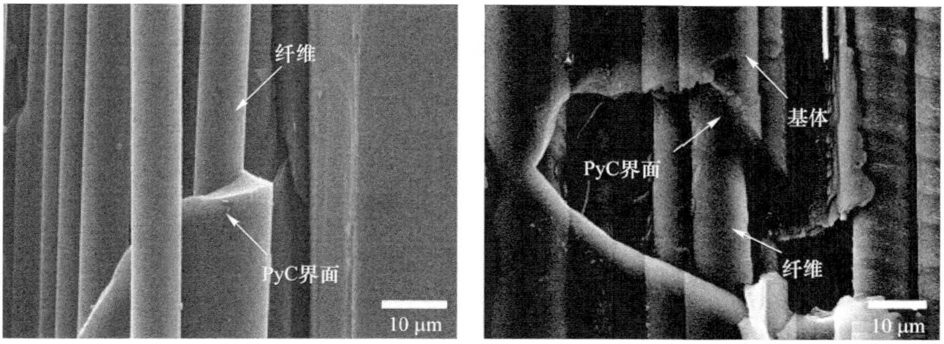

(a) 纤维/PyC界面脱粘　　(b) 基体/PyC界面脱粘

图 3.59　面内剪切载荷下界面的脱粘

图 3.60 为纤维断裂处的 SEM 照片，可见纤维单丝的断裂位置分布范围较广(图 3.60(a))，这是因为失效时根部纤维的弯曲程度、强度以及应力集中程度等方面存在差异。图 3.60(b)所示为纤维拔出，该特征是基体开裂、纤维断裂、界面脱粘和界面断裂共同作用下产生的。由图 3.60(c)可以看出纤维断裂面形貌可分为两种，一种平齐断口(白色箭头所示)，一种倾斜断口(白色方框所示)，这说明纤维单丝之间受力状态存在差异。

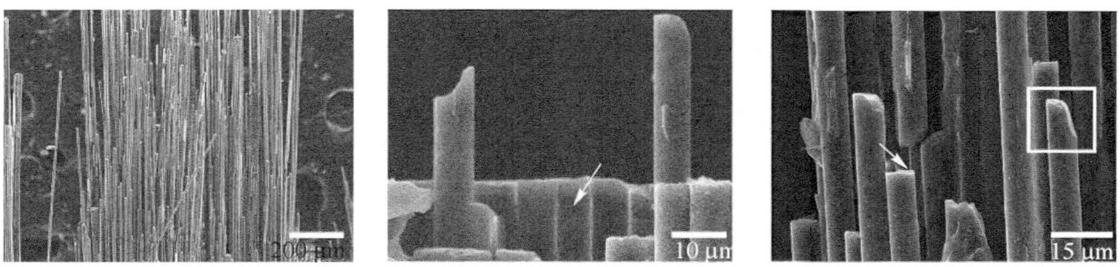

(a) 纤维断裂位置　　(b) 纤维拔出　　(c) 纤维断裂

图 3.60　面内剪切载荷下纤维的失效特征

3.7　复杂应力状态下纤维束复合材料的力学行为建模

3.7.1　复杂应力状态下纤维束复合材料的非线性本构模型

3.7.1.1　非线性应力-应变特性

由试验结果可知，材料在轴向拉伸、横向拉伸以及面内剪切载荷作用下的变形规律具有共同特点。未损伤时材料应力-应变关系表现线性，发生损伤后材料出现非线性。但是不同载荷下应力-应变关系的线性段长度、斜率以及非线性段的变化趋势有差异。本节以轴向加卸载应力-应变关系为例对纤维束复合材料的非线性应力-应变特性进行分析。由于材料迟滞环较窄，因此建模过程中忽略材料的迟滞效应，简化后的应力-应变关系如图 3.61 所示。

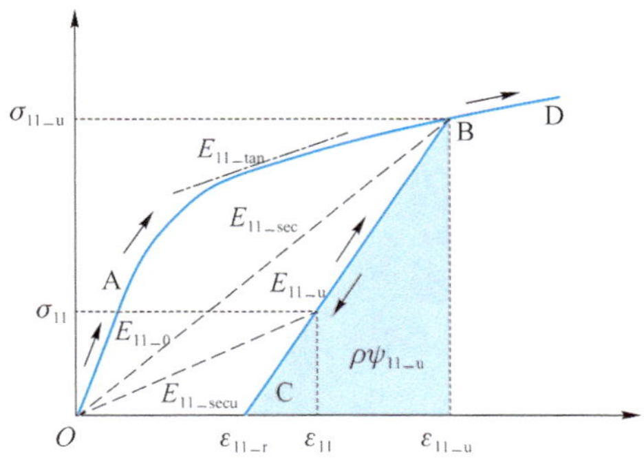

图 3.61　纤维束复合材料的应力-应变关系

纤维束复合材料的变形规律具有如下特点：首先载荷从 O 点加载至 A 点附近，此时未超过比例极限，应力-应变依然为线性，材料的初始拉伸弹性模量为 E_{11-0}；继续加载，应力-应变关系沿 A 点至 B 点变化，图中 A 点为材料的比例极限点。超过弹性极限后将出现非线性，其切线模量 $E_{11-\tan}$ 和割线模量 $E_{11-\sec}$ 均小于初始弹性模量 E_{11-0}。

通过声发射证明了纤维束复合材料卸载过程中不产生新损伤，因此卸载及重新加载过程中损伤状态不变。在不考虑迟滞效应的前提下应力-应变关系保持线性，即沿 B 点至 C 点线性变化。卸载点 B 处的卸载应力为 σ_{11-u}，卸载应变为 ε_{11-u}。可以看出卸载模量 E_{11-u} 比初始弹性模量 E_{11-0} 小，应力卸载到零后材料产生残余应变 ε_{11-r}。卸载后重新进行加载，应力-应变关系将沿 C 点至 B 点线性变化。当加载载荷超过卸载点 B 后，应力-应变关系将沿初始加载路径 OABD 变化直至失效。由图中参数间几何关系可以得出卸载模量和割线模量间的数学关系(式(3.31))，可见两种模量对损伤的宏观表征上是等价的。

$$E_{11-u}=\frac{E_{11-\sec}\cdot\varepsilon_{11-u}}{\varepsilon_{11-u}-\varepsilon_{11-r}}\tag{3.31}$$

3.7.1.2　各向异性非线性本构建模

1. 损伤变量

由图 3.62 可以看出，损伤导致材料出现非线性，材料割线模量的变化直接反映了损伤程度。基于本书 3.6 节的分析结果可知，基体裂纹的萌生与扩展贯穿了材料损伤演化的整个过程。因此，本书引入 6 个与基体裂纹密度相关的标量损伤变量，分别表示材料在不同载荷下的损伤状态。损伤变量与对应载荷割线模量的数学关系定

义如下，

$$d_1=1-\frac{E_{11}^d}{E_{11}^0};d_2=1-\frac{E_{22}^d}{E_{22}^0};d_3=1-\frac{E_{33}^d}{E_{33}^0};d_4=1-\frac{G_{23}^d}{G_{23}^0};d_5=1-\frac{G_{31}^d}{G_{31}^0};d_6=1-\frac{G_{12}^d}{G_{12}^0}$$

式中，上标 d 表示损伤材料的割线模量，上标 0 表示材料的初始弹性模量。式中载荷类型、损伤变量以及基体裂纹之间的关系如图 3.62 所示。

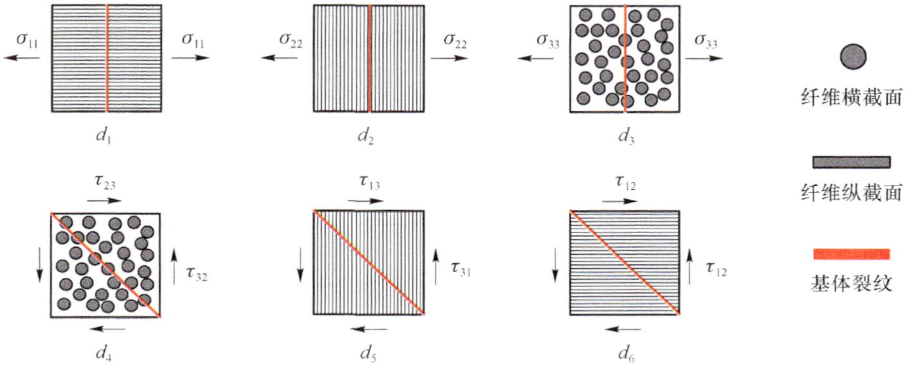

图 3.62　损伤变量的图示

2. 损伤本构关系

根据材料的几何结构特征，可将纤维束复合材料视为横观正交各向异性材料。因此，无损伤时材料的本构关系表示为，

$$\varepsilon=C_0\sigma \tag{3.32}$$

初始柔度矩阵 C_0 表示为，

$$C_0=\begin{bmatrix}\frac{1}{E_{11}^0} & -\frac{v_{21}}{E_{22}^0} & -\frac{v_{31}}{E_{33}^0} & 0 & 0 & 0\\ -\frac{v_{12}}{E_{11}^0} & \frac{1}{E_{22}^0} & -\frac{v_{32}}{E_{33}^0} & 0 & 0 & 0\\ -\frac{v_{13}}{E_{11}^0} & -\frac{v_{23}}{E_{22}^0} & \frac{1}{E_{33}^0} & 0 & 0 & 0\\ 0 & 0 & 0 & \frac{1}{G_{23}^0} & 0 & 0\\ 0 & 0 & 0 & 0 & \frac{1}{G_{31}^0} & 0\\ 0 & 0 & 0 & 0 & 0 & \frac{1}{G_{12}^0}\end{bmatrix}$$

式中，拉压弹性模量、剪切弹性模量和泊松比为工程弹性常数；E_{11}^0，E_{22}^0，E_{33}^0 分别为 1（平行于纤维轴向）；2 和 3 方向（垂直于纤维轴向）的弹性模量；G_{23}^0，G_{31}^0，G_{12}^0 依次为 2—3，3—1 和 1—2 平面内的剪切弹性模量；泊松比 v_{ij} 表示仅在 i 方向作用正应力时 j 方向应变与 i 方向应变之比的相反数，即 $v_{ij}=-\varepsilon_j/\varepsilon_i$。

由于损伤是非线性行为中唯一的耗散现象，因此将损伤变量作为内变量，对于加载过程中损伤材料 Helmholtz 自由能密度函数表达式如下：

$$\psi_d=\frac{1}{2\rho}\varepsilon:S_d:\varepsilon=\frac{1}{2\rho}\varepsilon:C_d^{-1}:\varepsilon \tag{3.33}$$

式中，S_d 表示损伤材料的刚度矩阵，C_d 表示损伤材料的柔度矩阵。

本书假设损伤后纤维束复合材料仍然接近正交各向异性，损伤柔度矩阵的对称性不发生变化。另外由于材料的泊松比很小，可以认为损伤后材料柔度矩阵中的非对角元保持不变。定义了由损伤变量 $d_1 \sim d_6$ 组成的损伤柔度算子 M，具体如下，

$$M=\begin{bmatrix}\frac{1}{1-d_1} & & & & & \\ & \frac{1}{1-d_2} & & & & \\ & & \frac{1}{1-d_3} & & & \\ & & & \frac{1}{1-d_4} & & \\ & & & & \frac{1}{1-d_5} & \\ & & & & & \frac{1}{1-d_6}\end{bmatrix}$$

因此，损伤柔度矩阵可表示为：

$$C_d=\begin{bmatrix}\frac{1}{(1-d_1)E_{11}^0} & -\frac{v_{21}}{E_{22}^0} & -\frac{v_{31}}{E_{33}^0} & 0 & 0 & 0 \\ -\frac{v_{12}}{E_{11}^0} & \frac{1}{(1-d_2)E_{22}^0} & -\frac{v_{32}}{E_{33}^0} & 0 & 0 & 0 \\ -\frac{v_{13}}{E_{11}^0} & -\frac{v_{23}}{E_{22}^0} & \frac{1}{(1-d_3)E_{33}^0} & 0 & 0 & 0 \\ 0 & 0 & 0 & \frac{1}{(1-d_4)G_{23}^0} & 0 & 0 \\ 0 & 0 & 0 & 0 & \frac{1}{(1-d_5)G_{31}^0} & 0 \\ 0 & 0 & 0 & 0 & 0 & \frac{1}{(1-d_6)G_{12}^0}\end{bmatrix}$$

损伤刚度矩阵可表示为：$S_d=C_d^{-1}$

纤维束复合材料的损伤应力-应变关系可由 Helmholtz 自由能密度函数导出，

$$\sigma=\rho\frac{\partial\psi_d}{\partial\varepsilon}=S_d:\varepsilon=C_d^{-1}:\varepsilon \tag{3.34}$$

材料内部能量的耗散是由损伤导致的，而纤维束复合材料的卸载过程以及重新加载至卸载载荷的过程中没有产生新损伤，损伤状态保持不变，其应力与应变之间的关系保持线性。在加卸载过程，材料内部累积的弹性势能释放等同于外力所做负功，

通过加卸载过程参数之间的几何关系可知，卸载过程中的 Helmholtz 自由能密度可由卸载路径围成的面积表示，

$$\psi_{11-u}=-\frac{1}{2\rho}(\sigma_{11}+\sigma_{11-u})(\varepsilon_{11-u}-\varepsilon_{11}) \tag{3.35}$$

由式(3.35)可得卸载及重新加载至卸载点过程的应力-应变关系，

$$\sigma_{11}=\rho\frac{\partial\psi_{11-u}}{\partial\varepsilon_{11}}=\frac{E_{11-sec}\varepsilon_{11-u}(\varepsilon_{11}-\varepsilon_{11-r})}{\varepsilon_{11-u}-\varepsilon_{11-r}} \tag{3.36}$$

加载过程的割线模量可表示为，

$$E_{11-secu}=\frac{\varepsilon_{11-u}(\varepsilon_{11}-\varepsilon_{11-r})}{\varepsilon_{11}(\varepsilon_{11-u}-\varepsilon_{11-r})}(1-d_1)E_{11-t} \tag{3.37}$$

式(3.37)建立了卸载残余应变与卸载割线模量之间的关系，通过卸载残余应变即可求得卸载过程的割线模量。

$$\varepsilon_{11-r}=\frac{E_{11-u}-E_{11-sec}}{E_{11-u}}\varepsilon_{11-u} \tag{3.38}$$

同理可将以上过程在其他加载方向进行推广。

3.7.2　复杂应力状态下基体裂纹及损伤演化模型

3.7.2.1　轴向拉伸载荷下的演化模型

1. 轴向损伤变量演化模型

由试验得到的轴向拉伸损伤变量与归一化基体裂纹密度的关系如图 3.63 所示。当归一化的基体裂纹密度增加到一定程度后损伤变量才出现明显的增加，这表明当轴向拉伸损伤累积到一定程度后才会引起应力-应变曲线显著的变化，这与本书轴向拉伸试验部分分析结果一致。还可以看出，轴向损伤变量与归一化轴向拉伸基体裂纹密度之间关系与基体体积净含量有关。基体体积净含量越小，在相同归一化基体裂纹密度下的轴向拉伸损伤变量越小。

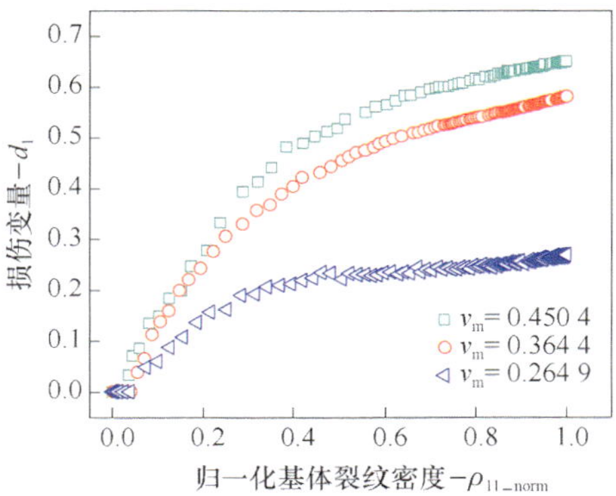

图 3.63　损伤变量 d_1 与归一化基体裂纹密度 $\rho_{11-norm}$ 的关系

基于以上分析建立了轴向拉伸损伤变量 d_1 与归一化基体裂纹密度 $\rho_{11-\mathrm{norm}}$ 的数学模型，表达式如下，

$$d_1 = n_{\mathrm{dcd}-1}\left\{1-\left[1+\left(\frac{\rho_{11-\mathrm{nrom}}}{\rho_{11-0}}\right)^{m_{\mathrm{dcd}-1}}\right]^{-1}\right\}\cdot H(\rho_{11-\mathrm{norm}}-\rho_{11-\mathrm{norm}-\mathrm{pl}}) \tag{3.39}$$

式中，$\rho_{11-\mathrm{norm}}$ 表示归一化的轴向拉伸基体裂纹密度，$\rho_{11-\mathrm{norm}-\mathrm{pl}}$ 表示比例极限对应的归一化基体裂纹密度，H 表示 Heaviside 函数，ρ_{11-0} 表示轴向基体裂纹参考密度，$m_{\mathrm{dcd}-1}$ 和 $n_{\mathrm{dcd}-1}$ 表示模型形状因子。

由于 d_1 与 $\rho_{11-\mathrm{norm}}$ 之间关系与基体体积净含量 v_{m} 相关，因此本书在式(3.39)的基础上进一步建立了基体含量与模型参数的数学关系(式(3.40)—(3.41))，实现了不同基体体积净含量下 d_1 与 $\rho_{11-\mathrm{norm}}$ 关系的求解。具体如下，

针对形状因子 $m_{\mathrm{dcd}-1}$，

$$m_{\mathrm{dcd}-1} = a_{\mathrm{md1}} v_{\mathrm{m}}^{b_{\mathrm{md1}}} + c_{\mathrm{md1}} \tag{3.40}$$

针对形状因子 $n_{\mathrm{dcd}-1}$，

$$n_{\mathrm{dcd}-1} = a_{\mathrm{nd1}} v_{\mathrm{m}}^{b_{\mathrm{nd1}}} + c_{\mathrm{nd1}} \tag{3.41}$$

针对轴向基体裂纹参考密度 ρ_{11-0}，

$$\rho_{11-0} = a_{\mathrm{rd1}} v_{\mathrm{m}}^{b_{\mathrm{rd1}}} + c_{\mathrm{rd1}} \tag{3.42}$$

模型的待定系数可由试验得到，对于本书材料 $a_{\mathrm{md1}} = -2.094\times10^{-3}$，$a_{\mathrm{nd1}} = 1.5160$，$a_{\mathrm{rd1}} = -1.967\times10^{-4}$，$b_{\mathrm{md1}} = -4.165$，$b_{\mathrm{nd1}} = 0.1415$，$b_{\mathrm{rd1}} = -4.802$，$c_{\mathrm{md1}} = 0.8364$，$c_{\mathrm{nd1}} = 0$，$c_{\mathrm{rd1}} = 0.3256$。

2. 轴向基体裂纹演化模型

本书基于 Weibull 函数建立了归一化轴向拉伸基体裂纹密度的演化模型，

$$\rho_{11-\mathrm{norm}} = \left\{1-\exp\left[-\left(\frac{\sigma_{11}}{\sigma_{11-0}}\right)^{m_{11}}\right]^{n_{11}}\right. \tag{3.43}$$

其中，σ_{11-0} 表示轴向参考应力，m_{11} 和 n_{11} 表示模型形状因子。

由于轴向拉伸基体裂纹密度与基体体积净含量有关，因此本书依据试验所得规律建立了式(3.43)中模型参数与基体体积净含量之间的关系，实现了基体体积净含量不同时归一化轴向拉伸基体裂纹密度的计算，具体如下：

针对模型轴向参考应力 σ_{11-0}，

$$\sigma_{11-0} = a_{\mathrm{s1}} v_{\mathrm{m}}^{b_{\mathrm{s1}}} + c_{\mathrm{s1}} \tag{3.44}$$

针对模型形状因子 m_{11}，

$$m_{11} = a_{\mathrm{m1}} v_{\mathrm{m}}^{b_{\mathrm{m1}}} + c_{\mathrm{m1}} \tag{3.45}$$

针对模型形状因子 n_{11}，

$$n_{11} = a_{\mathrm{n1}} v_{\mathrm{m}}^{b_{\mathrm{n1}}} + c_{\mathrm{n1}} \tag{3.46}$$

模型的待定系数可由试验得到，对于本书材料 $a_{\mathrm{s1}} = -997.0081$，$b_{\mathrm{s1}} = 1$，$c_{\mathrm{s1}} = 460.9958$，$a_{\mathrm{m1}} = -4.4589$，$b_{\mathrm{m1}} = 1$，$c_{\mathrm{m1}} = 2.5586$，$a_{\mathrm{n1}} = 1.859\times10^{7}$，$b_{\mathrm{n1}} = 15.3$，$c_{\mathrm{n1}} = 1.9640$。

3. 计算对比

本节模型对不同基体体积净含量下纤维束复合材料轴向单拉应力-应变响应的计算结果如图 3.64 所示，对轴向加卸载应力-应变响应的计算结果如图 3.65 所示。可以看出，本书模型计算结果与试验数据相符，模型对于纤维束复合材料轴向拉伸非线性段的最大误差为 3.91%。

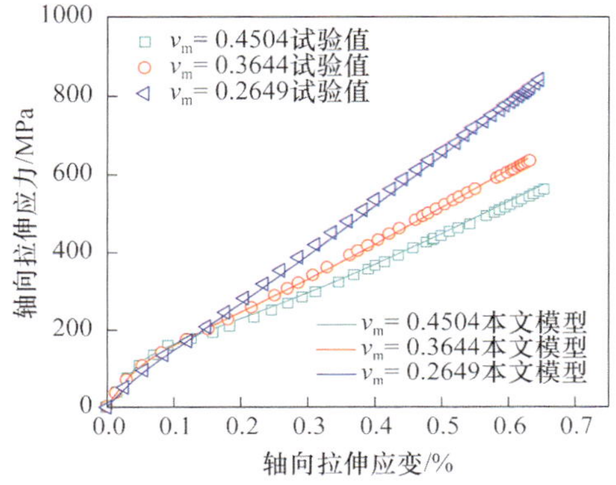

图 3.64　轴向单拉应力-应变响应计算结果与试验结果对比

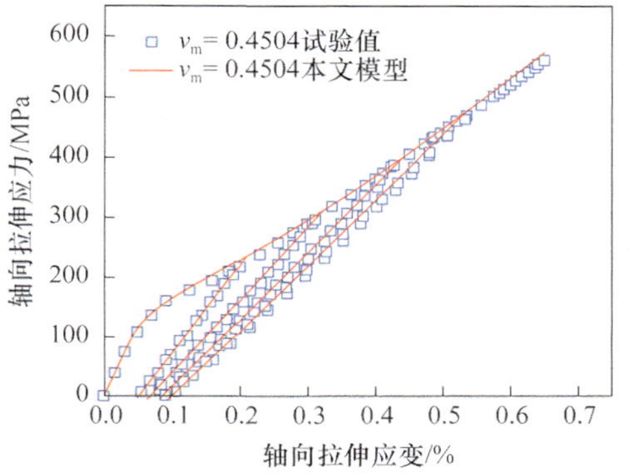

图 3.65　轴向加卸载应力-应变响应计算结果与试验结果对比

3.7.2.2　横向拉伸载荷下的演化模型

1. 横向损伤变量演化模型

图 3.66 所示为纤维束复合材料横向拉伸损伤变量与归一化基体裂纹密度的试验结果。横向拉伸损伤变量 d_2 随着该方向基体裂纹密度的增加而增长，但是其增长速率逐步放缓。纤维束复合材料的基体体积净含量影响了损伤变量 d_2 与归一化基体裂纹密度 $\rho_{22-\mathrm{norm}}$ 之间的关系，基体体积净含量越小在相同归一化基体裂纹密度下其损伤变量越小。

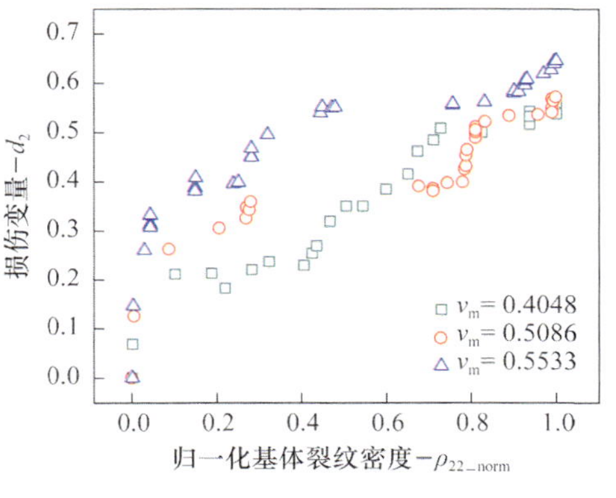

图 3.66　损伤变量 d_2 与归一化基体裂纹密度 $\rho_{22-\mathrm{norm}}$ 的关系

基于上述分析，建立了纤维束复合材料横向拉伸损伤变量 d_2 与归一化基体裂纹密度 $\rho_{22-\mathrm{norm}}$ 关系的数学模型，表达式如下，

$$d_2=n_{\mathrm{dcd}-2}\left\{1-\left[1+\left(\frac{\rho_{22-\mathrm{norm}}}{\rho_{22-0}}\right)^{m_{\mathrm{dcd}-2}}\right]^{-1}\right. \tag{3.47}$$

式中，$\rho_{22-\mathrm{norm}}$ 为归一化的横向拉伸基体裂纹密度，ρ_{22-0} 为横向基体裂纹参考密度，$m_{\mathrm{dcd}-2}$ 和 $n_{\mathrm{dcd}-2}$ 为模型形状因子。

由于损伤变量 d_2 与归一化基体裂纹密度 $\rho_{22-\mathrm{norm}}$ 之间关系与基体体积净含量相关，因此本书建立了模型(3.47)中参数随基体体积净含量的变化关系(式(3.48)-(3.50))。通过该关系可以由基体体积净含量求得模型(3.49)中的参数值。具体如下，

针对形状因子 $m_{\mathrm{dcd}-2}$，

$$m_{\mathrm{dcd}-2}=a_{\mathrm{md2}}v_{\mathrm{m}}^{b_{\mathrm{md2}}}+c_{\mathrm{md2}} \tag{3.48}$$

针对形状因子 $n_{\mathrm{dcd}-2}$，

$$n_{\mathrm{dcd}-2}=a_{\mathrm{nd2}}v_{\mathrm{m}}^{b_{\mathrm{nd2}}}+c_{\mathrm{nd2}} \tag{3.49}$$

针对参考裂纹密度 ρ_{22-0}，

$$\rho_{22-0}=a_{\mathrm{rd2}}v_{\mathrm{m}}^{b_{\mathrm{ad2}}}+c_{\mathrm{rd2}} \tag{3.50}$$

模型的待定系数可由试验确定，对于本书材料 $a_{\mathrm{md2}}=0$，$a_{\mathrm{nd2}}=0.0014$，$a_{\mathrm{rd2}}=0.07$，$b_{\mathrm{md2}}=1$，$b_{\mathrm{nd2}}=-6.9760$，$b_{\mathrm{rd2}}=-3.7330$，$c_{\mathrm{md2}}=1$，$c_{\mathrm{nd2}}=0.5503$，$c_{\mathrm{rd2}}=-0.5503$。

2. 横向基体裂纹演化模型

纤维束复合材料横向与轴向载荷下的基体裂纹演化规律具有显著的差异，直至材料完全失效横向基体裂纹都未出现饱和，因此 Weibull 函数难以精确描述横向拉伸基体裂纹的演化过程。为此，本书提出一种新的基体裂纹演化模型，用于建立横向拉伸应力 σ_{22} 与归一化基体裂纹密度 $\rho_{22-\mathrm{norm}}$ 之间的关系，

$$\rho_{22-\mathrm{norm}}=n_{22}\left\{1-\left[1+\left(\frac{\sigma_{22}}{\sigma_{22}-0}\right)^{m_{22}}\right]^{-1}\right. \tag{3.51}$$

式中，σ_{22-0} 表示横向参考应力，m_{22} 和 n_{22} 表示模型形状因子。

为考虑基体体积净含量对裂纹密度的影响，建立了横向拉伸归一化基体裂纹密度演化模型参数与基体体积净含量之间的数学关系，

针对模型横向参考应力 σ_{22-0}，

$$\sigma_{22-0}=a_{\mathrm{s2}}v_{\mathrm{m}}^{b_{\mathrm{s2}}}+c_{\mathrm{s2}} \tag{3.52}$$

针对形状因子 m_{22}，

$$m_{22}=a_{\mathrm{m2}}v_{\mathrm{m}}^{b_{\mathrm{m2}}}+c_{\mathrm{m2}} \tag{3.53}$$

针对形状因子 n_{22}，

$$\mathrm{n}_{22}=a_{\mathrm{n2}}v_{\mathrm{m}}^{b_{\mathrm{n2}}}+c_{\mathrm{n2}} \tag{3.54}$$

模型的待定系数可由试验得到，对于本书材料 $a_{\mathrm{s2}}=40.5100$，$b_{\mathrm{s2}}=2.8130$，$c_{\mathrm{s2}}=0$，$a_{\mathrm{m2}}=5.1490$，$b_{\mathrm{m2}}=0.2622$，$c_{\mathrm{m2}}=0$，$a_{\mathrm{n2}}=6.1450$，$b_{\mathrm{n2}}=1.5150$，$c_{\mathrm{n2}}=0$。

材料 2 方向和 3 方向具有对称性，因此 2 方向和 3 方向的拉伸基体裂纹密度以

及损伤演化规律一致，针对 2 方向建立的损伤演化模型和基体裂纹密度演化模型及其参数值同样适用于 3 方向，通过下标变换即可获得 $d_3-\rho_{33-\text{norm}}$ 和 $\rho_{33-\text{norm}}-\sigma_{33}$ 表达式，在此不再赘述。

3. 计算对比

使用本节建立的模型对不同基体体积净含量下纤维束复合材料横向拉伸极限载荷之前的应力-应变响应进行了计算(图 3.67)。可以看出，模型计算结果与试验数据吻合较好，模型对于纤维束复合材料横向拉伸非线性段的最大误差为 7.84%。

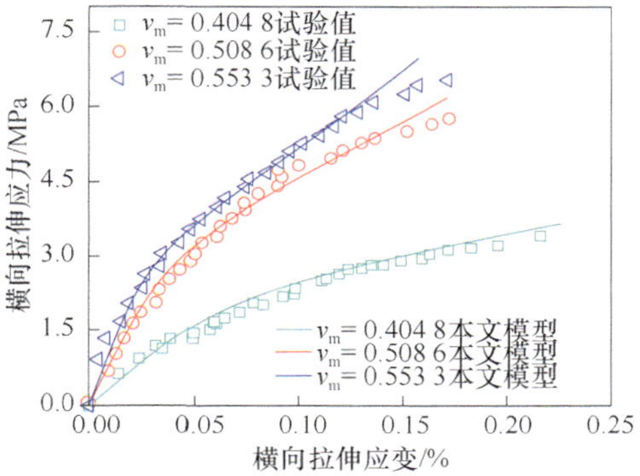

图 3.67 横向拉伸应力-应变响应计算结果与试验结果对比

3.7.2.3 面内剪切载荷下的演化模型

1. 面内剪切损伤变量演化模型

纤维束复合材料 1－2 面内剪切损伤变量与归一化基体裂纹密度的试验结果如图 3.68 所示。可以看出 1－2 面内剪切损伤变量 d_6 与归一化基体裂纹密度 $\rho_{12-\text{nrom}}$ 正相关，其变化趋势与 $d_1-\rho_{11-\text{norm}}$(见图 3.63)和 $d_2-\rho_{22-\text{norm}}$(见图 3.66)类似，不同的是 d_6 与 $\rho_{12-\text{nrom}}$ 之间关系受基体体积净含量的影响不大。

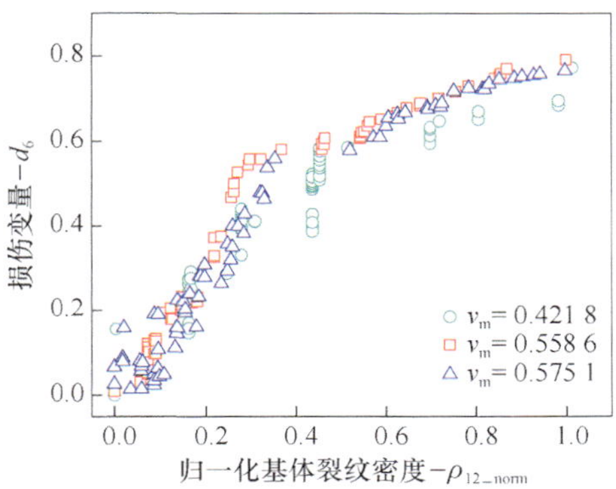

图 3.68 损伤变量 d_6 与归一化基体裂纹密度 $\rho_{12-\text{norm}}$ 的关系

本书建立了 1－2 面内剪切损伤变量 d_6 的演化模型：

$$d_6 = n_{\mathrm{dcd-12}}\left\{1-\left[1+\left(\frac{\rho_{12-\mathrm{nrom}}}{\rho_{12-0}}\right)^{m_{\mathrm{dcd-12}}}\right]^{-1}\right. \tag{3.55}$$

式中，$\rho_{12-\mathrm{nrom}}$ 表示归一化的 1－2 面内剪切基体裂纹密度，ρ_{12-0} 表示 1－2 面内剪切基体裂纹参考密度，$n_{\mathrm{dcd-12}}$ 和 $m_{\mathrm{dcd-12}}$ 表示模型形状因子。以上参数可以通过试验确定，对于本书材料 $n_{\mathrm{dcd-12}}=0.8326$，$m_{\mathrm{dcd-12}}=1.6237$，$\rho_{12-0}=0.3465$。

由于文中所用纤维束复合材料的损伤变量 d_6 与归一化基体裂纹密度 $\rho_{12-\mathrm{nrom}}$ 的关系受基体体积净含量影响不大，因此无须建立模型参数与基体体积净含量的联系。

2. 面内剪切基体裂纹演化模型

纤维束复合材料 1－2 面内剪切基体裂纹的演化过程与横向拉伸载荷下的基体裂纹演化过程类似。本书建立的 1－2 面内剪切基体裂纹密度的演化方程如下，

$$\rho_{12-\mathrm{norm}} = n_{12}\left\{1-\left[1+\left(\frac{\tau_{12-\mathrm{nrom}}}{\tau_{12-0}}\right)^{m_{12}}\right]^{-1}\right\} \tag{3.56}$$

$$\tau_{12-\mathrm{nrom}} = \tau_{12}/\tau_{12-\max} \tag{3.57}$$

式中，$\tau_{12-\max}$ 表示 1－2 面内最大剪切应力，$\tau_{12-\mathrm{nrom}}$ 表示归一化剪切应力，τ_{12-0} 表示面内剪切参考应力，m_{12} 和 n_{12} 表示模型形状因子。

由于归一化基体裂纹密度 $\rho_{12-\mathrm{norm}}$ 与剪切应力 τ_{12} 之间的关系与基体体积净含量有关，因此本书建立了模型(3.58)中参数与基体体积净含量的联系。

针对参考剪切应力 τ_{12-0}，

$$\tau_{12-0} = a_{\mathrm{s12}} v_{\mathrm{m}}^{b_{\mathrm{s12}}} + c_{\mathrm{s12}} \tag{3.58}$$

针对形状因子 m_{12}，

$$m_{12} = a_{\mathrm{m12}} v_{\mathrm{m}}^{b_{\mathrm{m12}}} + c_{\mathrm{m12}} \tag{3.59}$$

针对形状因子 n_{12}，

$$n_{12} = a_{\mathrm{n12}} v_{\mathrm{m}}^{b_{\mathrm{n12}}} + c_{\mathrm{n12}} \tag{3.60}$$

模型的待定系数可由试验得到，对于本书材料 $a_{\mathrm{s12}}=0.1495$，$b_{\mathrm{s12}}=-5.023$，$c_{\mathrm{s12}}=0$，$a_{\mathrm{m12}}=22.86$，$b_{\mathrm{m12}}=2.207$，$c_{\mathrm{m12}}=0$，$a_{\mathrm{n12}}=9.9600$，$b_{\mathrm{n12}}=-7.0380$，$c_{\mathrm{n12}}=0$。

纤维束复合材料 2 方向与 3 方向具有对称性，因此材料 1－2 面内的剪切损伤行为与 1－3 面内一致。将式(3.59)和(3.60)进行下标变换即可得到用于 1－3 面内剪切的损伤演化模型和基体裂纹密度演化模型。由于缺少材料在 2－3 面内的剪切试验数据，其剪切损伤机理及演化规律尚不明确。因此本书没有建立损伤变量 d_6 的演化模型，而是将 2－3 面内的剪切应力-应变关系简化为线性，即在失效之前 $d_4=0$。

3. 计算对比

采用本节建立的剪切损伤本构模型计算了不同基体体积净含量下材料 1－2 面内的剪切应力-应变响应，模型结果与试验数据如图 3.69 所示。本书模型计算结果与试验数据吻合较好，实现了纤维束复合材料面内剪切响应的准确计算。模型对面内剪切响应非线性段的最大计算误差为 7.51%。

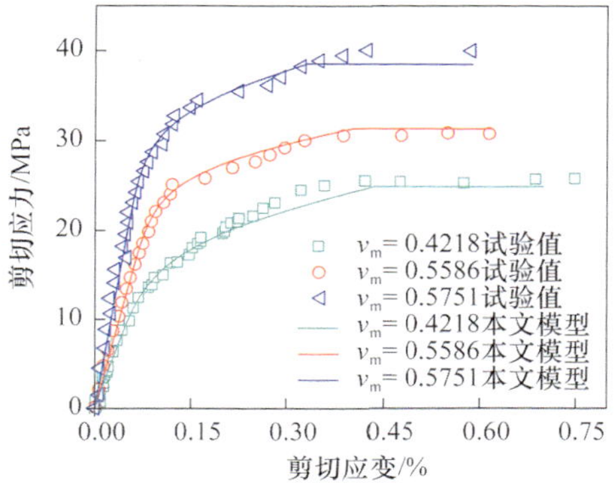

图 3.69　1－2 面内剪切应力-应变响应计算结果与试验结果对比

3.8　本章小结

本章主要介绍了纤维束复合材料的静力学行为、失效机理和建模。主要工作和结论如下：

(1) 纤维束复合材料拉伸应力-应变响应具有明显的非线性，其单向拉伸应力-应变曲线可分为初始线性段、非线性段和第二线性段。在拉伸初始阶段，由于应力水平较低，纤维、基体和界面中没有损伤或产生的损伤很少，纤维束复合材料整体表现为线弹性，此过程对应应力-应变曲线中的初始线性段。当载荷逐渐增大时，基体开裂、界面脱粘和纤维断裂等损伤逐渐产生，材料整体也开始出现非线性，此过程对应应力应变曲线中的非线性段。当载荷进一步增大时，基体裂纹达到饱和，应力-应变曲线又恢复为线性，此过程对应应力-应变曲线中的第二线性段。

(2) 通过单丝拉伸试验获得了纤维原位强度分布规律。试验发现，纤维单丝强度分布具有很强的分散性，原位纤维的平均强度比原始纤维下降很多，但强度分散性比原始纤维小。针对单丝强度的分散性，提出了一种纤维缺陷分布模型，该模型基于试验结果，将纤维中的缺陷分级，给出了各级缺陷出现的概率。

(3) 进行了基体裂纹在线观测，得到了不同应力水平下的基体裂纹分布。试验发现，基体裂纹分布具有随机性。在拉伸初始阶段，基体并没有发生开裂。随着载荷的增大，基体逐步开裂，开裂速度先增大后减小并最终达到饱和。为描述基体随机开裂过程，提出了一种基体单元强度模型。该模型将基体划分为很多个单元，并给出了基体单元强度公式。当单元中基体应力大于基体单元强度时，该单元中便产生一个新的裂纹，且新裂纹的位置在该单元中随机均匀分布。利用该模型模拟了不同应力水平下的基体裂纹密度，模拟结果与试验结果比较一致。

(4) 基于纤维缺陷分布模型、基体单元强度模型和界面滑移区分布模型模拟了纤维束复合材料应力-应变响应。分析了“影响区域”内断裂纤维的应力分布。在纤维断裂处，纤维正应力降为0。在远离纤维断裂处，由于界面剪应力的存在，纤维正应力逐渐增加。将基体裂纹平面处完好纤维和断裂纤维的总载荷视为纤维束复合材料载荷，将完好纤维的平均应变视为纤维束复合材料平均应变。模拟得到的纤维束复合材料单向拉伸应力-应变响应以及断口形貌与试验结果一致。

(5) 分析了纤维断裂、界面脱粘、基体开裂等微观损伤对纤维束复合材料应力-应变响应的影响。通过理论计算并结合试验结果发现：①界面脱粘对纤维束复合材料本构响应有重要影响，界面剪应力越大，纤维束复合材料非线性越不明显，但界面剪应力的增大可以提高材料强度。②纤维断裂对纤维束复合材料非线性几乎没有影响，在材料最终断裂前，纤维断裂率增长很缓慢，绝大部分纤维是在材料断裂时同时断裂的。当断裂纤维不再承载时，纤维束复合材料强度将大大降低，并且在最终断裂前表现出非线性。③基体开裂对纤维束复合材料非线性有重要影响，基体开裂越严重，材料非线性越明显，若基体始终不发生开裂，纤维束复合材料将一直保持线性。

第4章 编织陶瓷基复合材料静力学行为与建模

4.1 引　言

根据增强纤维的细观结构形式，纤维增强陶瓷基复合材料分为单向陶瓷基复合材料、铺层陶瓷基复合材料和编织陶瓷基复合材料（包括 2 维、2.5 维和 3 维编织等形式）。编织陶瓷基复合材料以纤维预成型件为增强体，从根本上消除了单向和铺层陶瓷基复合材料层间强度低、易分层、抗冲击性能差、开裂和损伤容限低等缺点，能够大幅度提高陶瓷基复合材料的强度和刚度，并可以显著提高韧性。在航空发动机上实际工程应用的通常是编织陶瓷基复合材料结构。

编织陶瓷基复合材料的力学行为具有明显的非线性，然而其复杂的失效机理，为非线性力学行为的建模带来很大困难，尤其是复杂应力状态下的力学建模更加困难。本章首先介绍编织陶瓷基复合材料的力学行为与失效模式，然后着重介绍其力学建模方法，并基于力学模型分析其力学行为的影响因素，最后介绍复杂应力状态下的建模方法。

4.2 编织陶瓷基复合材料变形与失效行为

4.2.1 单向拉伸试验

编织陶瓷基复合材料单向拉伸试验通常不采用长条状试件，而采用狗骨状试件，这样可使试件的破坏尽量发生在标距段。此外，相比长条状试件，狗骨状试件尺寸小，有利于降低试验成本。本书采用的狗骨状试件，如图 4.1(a)所示，试验时为防止试件两端被试验机夹头夹坏，在试件两端用环氧树脂 AB 胶粘上铝制加强片，如图 4.1(b)所示。单向拉伸试验可在电子万能试验机或液压伺服试验机上开展，采用引伸计测量试件伸长量。

(a) 试件实物图

(b) 粘贴加强片

图 4.1　编织陶瓷基复合材料拉伸试件

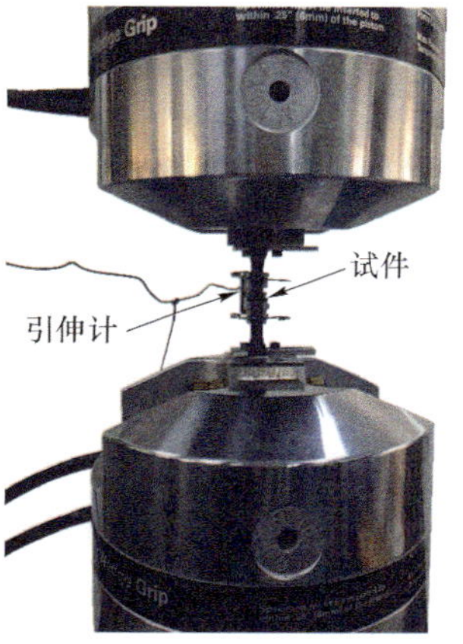

图 4.2　编织陶瓷基复合材料单向拉伸试验

试验采用位移控制模式，加载速率为 0.05 mm/min，试验过程如图 4.2 所示。

4.2.2　拉伸变形与失效行为

图 4.3 是编织陶瓷基复合材料典型的单向拉伸应力-应变响应，表现出明显的非线性，这与材料内部损伤的演化密切相关。图中应力-应变曲线可以分成三个部分：(1)初始线性区。在加载初始阶段，材料本构行为呈现线弹性，这说明在较低应力水平下，材料未产生损伤，纱线几何结构、纤维力学性能和基体力学性能的综合作用使材料表现为线弹性；(2)非线性区。当载荷增大时，材料开始出现非线性，刚度逐渐下降。这说明，随着应力水平的增大，材料逐渐产生损伤，损伤的不断累积，使材料力学响应持续表现出非线性；(3)第二线性区。当载荷进一步增大时，材料力学响应恢复为线性。这说明，当应力达到某个水平时，材料内部损伤累积减缓，新产生的损伤很少，导致材料力学响应恢复为线性。

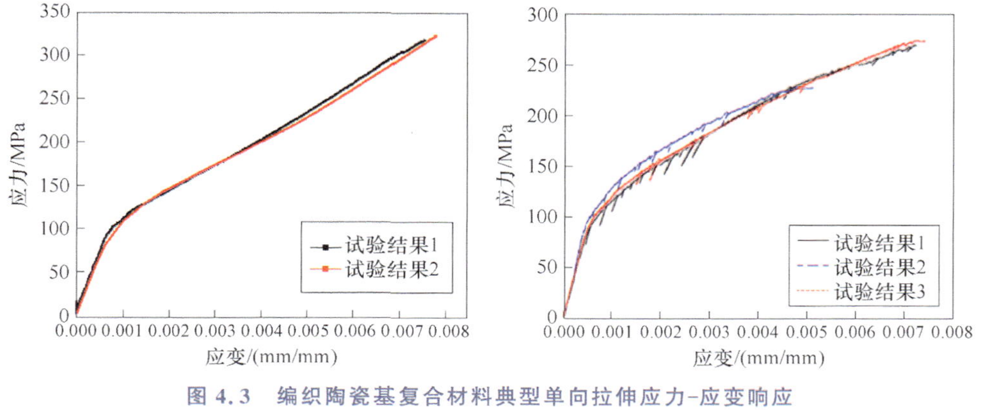

图 4.3　编织陶瓷基复合材料典型单向拉伸应力-应变响应

4.2.3 失效模式

本节以平纹编织 SiC/SiC 为例，分析编织陶瓷基复合材料的失效模式。首先采用 Hirox KH－7700 数字显微镜观察试件宏观断口，图 4.4～4.6 是平纹编织 SiC/SiC 试件拉伸破坏后的典型断口形貌。

图 4.4　编织陶瓷基复合材料断口正面

图 4.5　编织陶瓷基复合材料断口侧面

图 4.6　编织陶瓷基复合材料断口局部放大图

可以看出其断口具有如下宏观特点：

(1) 分层破坏明显。观察图 4.5 中试件断口侧面，可以看出平纹编织 SiC/SiC 断裂时发生分层现象，并且中间某层被整层拔出。这是因为相比于 3D 编织、2.5D 编织和针刺复合材料，平纹编织材料本身缺少层间连接，层间剪应力较弱，导致材料容易分层。

（2）经纱断裂在经纬纱相交处。观察试件断口正面，可以看出经纱具有成束断裂的特点，每束经纱的断裂位置都在经纱、纬纱相交处（图 4.4 中 A、B、C 和 D 处）。这表明在相交处经纱和纬纱会互相挤压磨损，导致此处的纤维受损严重，材料受到拉伸载荷时，经纱将首先在此处断裂。此外，图中可以明显看出，在经纱纬纱相交处基体脱落严重，这也证明了此处经纱纬纱发生互相挤压磨损。

（3）断口不平整。观察图 4.4 中试件断口正面和图 4.6 中断口局部放大图，可以看出断口不平整，呈现韧性断裂特点。具体表现为，各纤维束之间断裂位置不平整，纤维束内部各纤维的断裂位置也不平整。各纤维束之间断裂位置不平整，这表明各纱线相交处的挤压摩擦作用大小不等。纤维束内部断口不平整是由纤维上随机分布的缺陷引起的。纤维在制备过程中难免会产生很多缺陷，这些缺陷的大小和位置通常是随机分布的。各纤维单丝往往断裂在最弱缺陷处，这导致复合材料的断口往往参差不齐。

（4）纤维拔出严重。观察试件断口局部放大图，可以看出纤维拔出长度较长，且被拔出的纤维表面未附着基体。这表明纤维/基体界面剪切强度较低，界面脱粘严重，在材料失效前界面很可能已经完全脱粘。

（5）纬纱破坏较轻。纬纱主要受垂直纤维方向的横向载荷，纬纱破坏较轻说明其所受横向载荷较低，也说明对编织陶瓷基复合材料施加的正轴拉伸载荷主要由经纱承担。

其次采用 SEM 观察试件断口微观形貌，图 4.7 是 SEM 拍摄的典型断口微观图片。

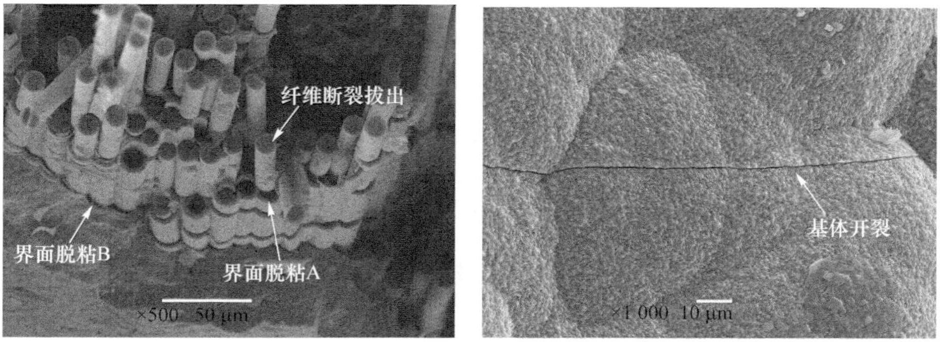

(a) 纤维断裂和界面脱粘　　(b) 基体开裂

图 4.7　平纹编织 SiC/SiC 断口 SEM 图片

可以看出编织陶瓷基复合材料拉伸时具有如下微观失效模式：

（1）基体开裂。本书平纹编织 SiC/SiC 纱线之间几乎没有基体，基体多在纱线内部。在制备陶瓷基复合材料时，基体中难免会有不同形状和尺寸的缺陷。作为一种脆性材料，SiC 基体对缺陷比较敏感，因此载荷很小时基体就会开裂。在用 SEM 观察平纹编织 SiC/SiC 断口侧面时，发现基体裂纹并不多且裂纹间隙很窄，但这并不能说明拉伸过程中基体开裂较少，可能是因为拍摄 SEM 时，编织陶瓷基复合材料处于自由状态，部分基体裂纹会重新闭合。

(2) 界面脱粘。基体开裂后，在基体裂纹尖端应力场作用下，纤维/基体间会形成很强的剪切应力，当剪应力大于界面临界剪切强度时，纤维和基体便会脱粘。图中可以看出 PyC 界面成层状，且纤维/基体间有界面脱粘现象。陶瓷基复合材料中纤维/基体界面脱粘包括纤维/界面层间、界面层/基体间和界面层内部脱粘，图中可以看出本书编织陶瓷基复合材料中的界面脱粘既有纤维/界面层间的脱粘（A 处），也有界面层/基体间的脱粘（B 处）。

(3) 纤维断裂拔出。图中可以看出断裂的纤维被从断口处基体中拔出，并且拔出长度参差不齐。纤维的拔出说明纤维断裂位置不在基体裂纹平面。虽然基体裂纹平面处纤维名义应力最大，但由于纤维上也存在随机分布的各类缺陷，纤维上各处的强度是不同的，因此纤维并不总是断裂在最大名义应力处。此外纤维拔出长度受界面剪切强度的影响，界面剪切强度越小，纤维拔出越长。

4.3 编织陶瓷基复合材料变形与失效行为的力学建模

4.3.1 参数化单胞模型

以平纹编织 SiC/SiC 为例，阐述编织陶瓷基复合材料参数化单胞模型的建立过程。首先采用 XCT 技术获取编织陶瓷基复合材料的内部细观结构。XCT 技术可以通过 X 射线透射方式得到物体内部结构，目前在医学和工业领域都有广泛的应用。医学上，XCT 技术被用来对器官进行结构成像，以此辅助医生进行诊断。工业上，XCT 技术已被广泛应用于金属、复合材料和混凝土等众多材料的无损检测中。图 4.8 是 XCT 设备扫描后得到的平纹编织 SiC/SiC 试件某一段的三维重构图和不同剖面的二维图片。

可以看出本书平纹编织 SiC/SiC 的实际结构有如下特点：①经纱排布紧密，纬纱稀疏；②经纱轴向呈波浪状；③纬纱轴向几乎为直线；④经纱和纬纱横截面形状不规则；⑤基体主要在纱线内部，纱线之间有大量孔隙。在建立单胞几何模型时，结合纱线形状对单胞模型进行如下简化处理：①经纱轴向曲线为正弦曲线；②纬纱轴向为直线；③经纱截面形状为矩形。

为确定经纱轴向正弦曲线的形状（即波长和幅值），首先对编织陶瓷基复合材料的 XCT 切片（如图 4.9 所示）进行图像识别。根据每个像素点的颜色识别出经纱轮廓，如图 4.10 所示，进而得到经纱轮廓上每点的坐标。采用最小二乘法对这些点进

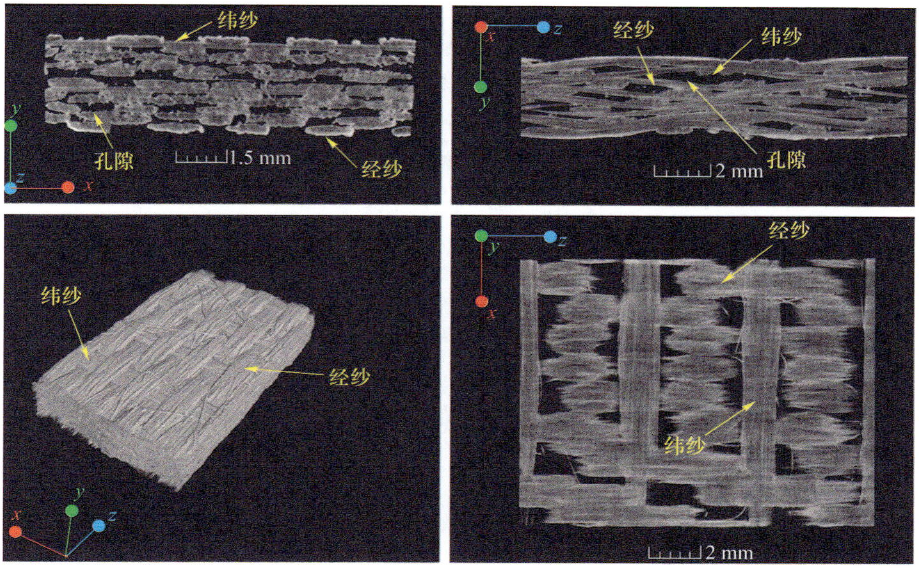

图 4.8　编织陶瓷基复合材料的 XCT 图片

行正弦曲线拟合，得到拟合该经纱的正弦曲线，如图 4.11 所示。曲线拟合利用 MATLAB 自带曲线拟合工具完成。采用同样的方法对另外三根经纱进行曲线拟合，如图 4.12 所示。将这四根正弦曲线波长和幅值的平均值作为单胞中经纱轴向曲线的波长和幅值，波长为 10.00 mm，幅值为 0.24 mm。

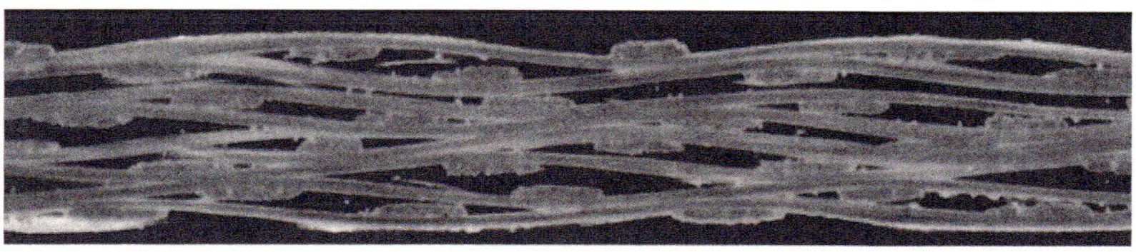

图 4.9　编织 SiC/SiC XCT 切片图

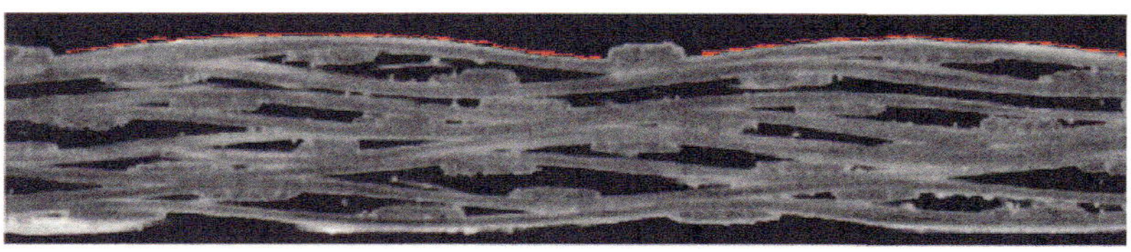

图 4.10　经纱轮廓识别

纱线的截面尺寸可直接在 XCT 切片上测量，本书中纱线截面宽为 1.74 mm，高为 0.20 mm。图 4.13 是单胞几何模型，模型整体为立方体，长 10.00 mm、宽 3.48 mm、高 0.96 mm。图 4.14 是采用相同方法建立的 2.5D 编织和 3D 编织陶瓷

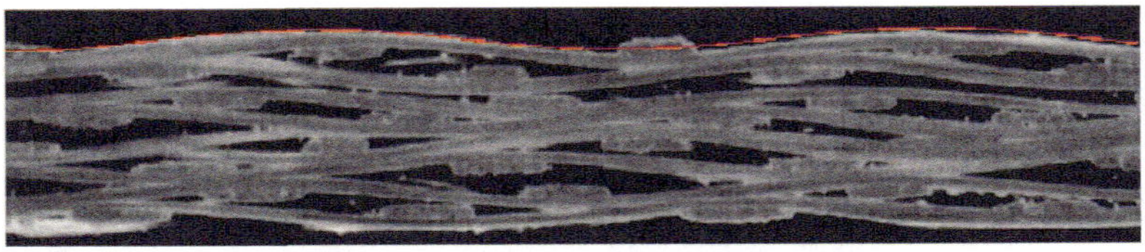

图 4.11　经纱轮廓曲线拟合

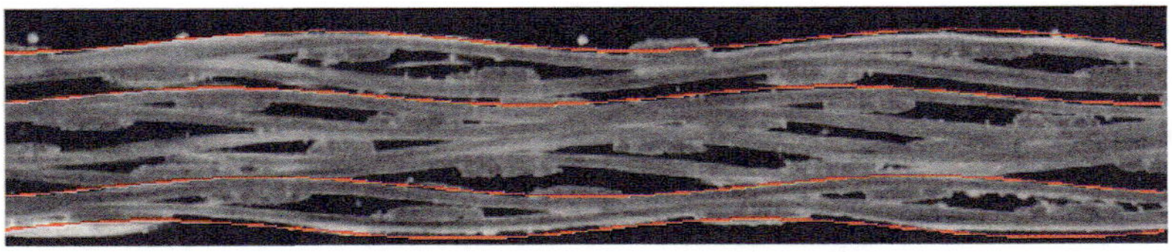

图 4.12　四根经纱轮廓曲线拟合

基复合材料单胞模型。

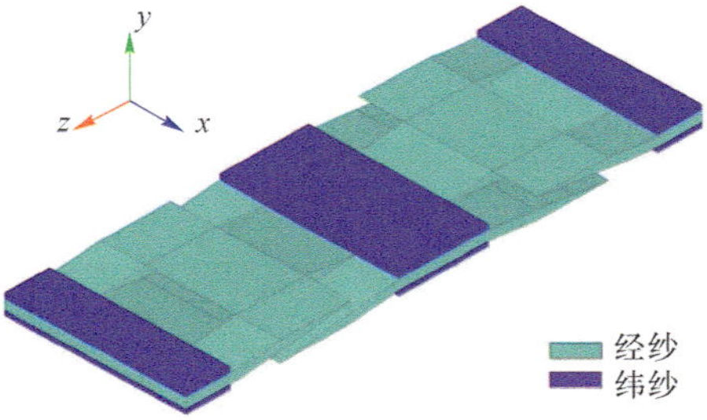

图 4.13　平纹编织 SiC/SiC 单胞模型

图 4.14　采用相同方法建立的 2.5D 编织和 3D 编织陶瓷基复合材料单胞模型

4.3.2　单胞有限元模型

4.3.2.1　周期性网格划分

由于单胞模型中经纱、纬纱和孔隙形状复杂，本书采用带中间节点的四面体单元对单胞模型进行网格划分。对于周期性单胞，进行网格划分时，要保证划分的网格同样具有周期性，即各平行相对面上的节点位置要完全一致。在有限元软件中，可采用面网格复制的方法，先对各相对面进行面网格划分，如图 4.15 所示，再进行体网格划分。最终网格划分结果如图 4.16 所示，模型中共含 110 562 个单元、155 370 个节点。

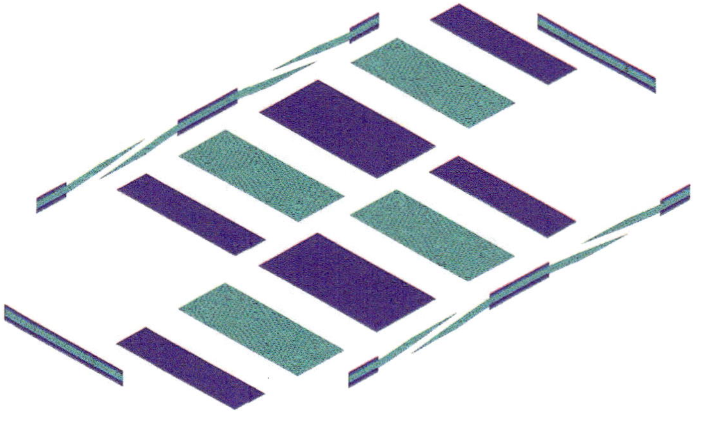

图 4.15　面网格复制

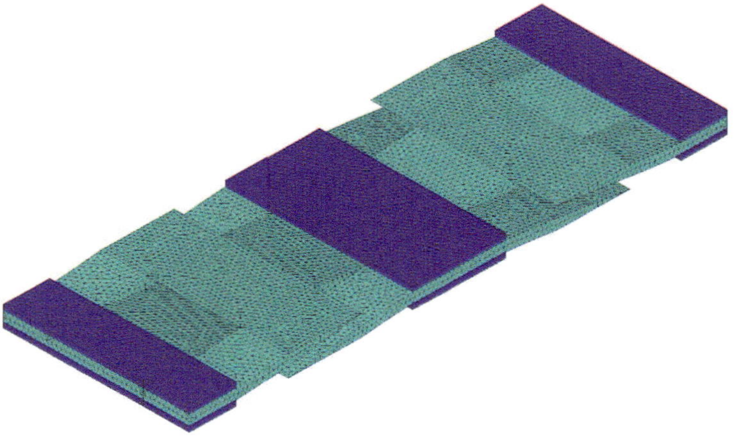

图 4.16　单胞网格划分

4.3.2.2 单元材料主方向的确定

作为一种横观各向同性材料,纱线的材料主方向是沿其轴向的。在单胞模型中,经纱轴线是正弦曲线形状,因此不同经纱单元的材料主方向是不同的。经纱单元材料主方向可通过计算经纱轴线与 x 轴的夹角 θ 确定。假设经纱轴线方程为:

$$z = A\sin(\omega x + \varphi) + B \tag{4.1}$$

则夹角 θ 为:

$$\theta = \arctan(\omega A\cos(\omega x + \varphi)) \tag{4.2}$$

对于任一经纱单元,根据其中心 x 坐标,即可计算出其材料主方向。图 4.17 给出了单胞有限元模型中典型经纱单元的材料主方向,可以看出材料主方向与经纱轴线方向一致。

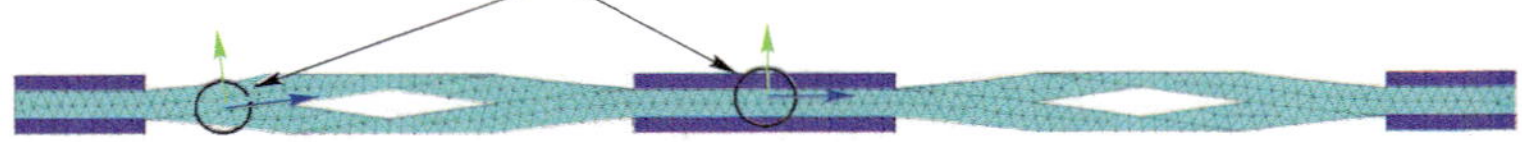

图 4.17 典型经纱单元的材料主方向

4.3.2.3 周期性边界条件

本书采用位移边界条件,对单胞模型施加如下表所示的边界条件。

表 4.1 位移边界条件

$\bar{\varepsilon}_x$	$\bar{\varepsilon}_y$	$\bar{\varepsilon}_z$	$\bar{\varepsilon}_{yz}$	$\bar{\varepsilon}_{xz}$	$\bar{\varepsilon}_{xy}$
0	0	$\bar{\varepsilon}_z$	0	0	0

该位移边界条件可通过对单胞边界面施加周期性位移场来实现。对于含周期性单胞结构的连续材料,相邻单胞的边界处应满足两个条件:1)变形协调;2)应力连续。目前广泛使用的是统一周期性边界条件。对于具有成对平行边界面的单胞,周期性位移场可以写为

$$\boldsymbol{u}^{j+} - \boldsymbol{u}^{j-} = \bar{\boldsymbol{\varepsilon}}\Delta \boldsymbol{x} \tag{4.3}$$

式中,向量$\bar{\boldsymbol{\varepsilon}}$即为表 4.1 中的单胞平均应变,$j+$ 和 $j-$ 表示垂直于 x_j 轴的一对边界面,向量 $\boldsymbol{u}$ 表示位移,向量 $\Delta\boldsymbol{x}$ 表示相对点的坐标差。Xia 等人证明了公式(4.3)表示的边界条件满足变形协调和应力连续这两个条件。

4.3.3 单胞多尺度渐进损伤计算

4.3.3.1 渐进损伤分析方法

计算编织陶瓷基复合材料单胞模型应力-应变响应时,采用渐进损伤分析方法。

渐进损伤分析方法能够遵循材料实际破坏情况，模拟材料性能的逐渐退化过程。该方法包括两个关键步骤：应力分析和性能退化分析。应力分析是指按材料当前性能计算出材料内部应力应变场，性能退化分析是指提取应力分析结果进行失效判断并确定材料退化后的性能。渐进损伤分析是一个迭代计算过程，其计算编织陶瓷基复合材料单胞应力-应变响应的流程如图 4.18 所示。

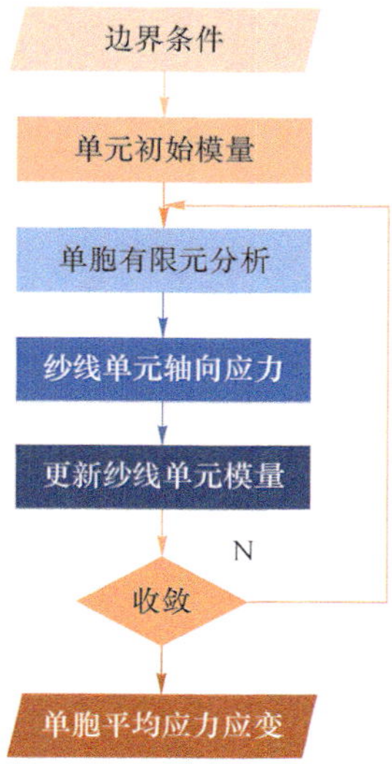

图 4.18　渐进损伤分析流程

其具体过程如下：

(1) 按 4.3.2.3 节所述对单胞施加边界条件。

(2) 对单胞中各组分施加初始材料性能。其中纱线初始材料性能可采用其应力-应变响应的初始线性段性能。孔隙可视为各向同性材料，对其弹性模量赋个很小值即可。

(3) 通过对单胞进行有限元计算得到单胞应力分布，提取纱线单元的轴向应力。

(4) 根据纱线单元的轴向应力 σ_1^i 计算纱线单元新的轴向模量 E_1^i。

$$E_1^i = \frac{\sigma_1^i}{\varepsilon_1^i} \tag{4.4}$$

式中，$\sigma_1^i - \varepsilon_1^i$ 关系即是纱线的应力-应变响应，可根据第三章中的纤维束复合材料力学响应模型得到。

(5) 对比更新前后的纱线单元模量。若未达到收敛，则回到步骤(3)继续进行迭代运算。若达到收敛条件，则计算单胞经向平均应力和平均应变。经向平均应变可由 4.3.2.3 节中的周期性位移边界条件直接得出为$\overline{\varepsilon_x}$。经向平均应力根据单胞应力分布采用体积平均法得到：

$$\overline{\sigma_x} = \frac{1}{V}\int_V \sigma_x^i \mathrm{d}V \tag{4.5}$$

式中，V 是单胞体积，σ_x^i 是第 i 个单元沿 x 方向的应力。

4.3.3.2 计算结果

图 4.19 是采用本章编织单胞模型和第四章纱线本构模型预测的平纹编织 SiC/SiC 单向拉伸应力-应变响应，表 4.2 列出了刚度和强度预测值与试验测量值的对比，可以看出预测结果与试验结果吻合较好。

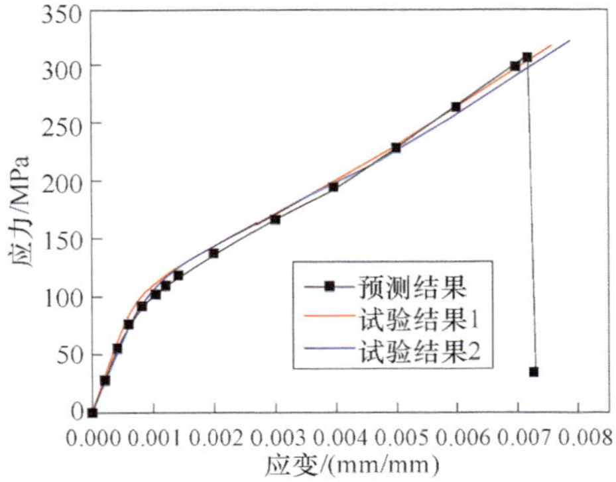

图 4.19 编织 SiC/SiC 单向拉伸应力-应变响应

表 4.2 平纹编织 SiC/SiC 刚度和强度预测结果

	初始线性段模量/GPa	第二线性段模量/GPa	强度/MPa
预测结果	141.0	36.0	306.5
试验结果	135.8	33.2	321.3
误差	3.8%	8.4%	4.6%

编织陶瓷基复合材料在拉伸初始阶段，其内部经纱承受载荷较低，由第四章纱线本构响应可知此时经纱表现为线弹性，因此编织陶瓷基复合材料宏观力学行为也表现为线弹性，此过程对应应力-应变曲线中的初始线性段。由经纱应力分布云图可知，经纱轴向应力分布不均匀。当载荷逐渐增大时，经纱内部应力较大区域开始出现非线性，导致编织陶瓷基复合材料宏观响应也出现非线性，此过程对应编织陶瓷基复合材料应力-应变曲线中的非线性段。此过程中随着载荷的增大，经纱内部非线性区域增大，编织陶瓷基复合材料宏观非线性也逐渐增大。当载荷进一步增大时，由第四章纱线本构响应可知经纱中大部分区域会重新恢复为线性，这导致编织陶瓷基复合材料宏观响应也恢复为线性，此过程对应应力-应变曲线中的第二线性段。当载荷继续增加并使经纱断裂时，编织陶瓷基复合材料也失去承载能力，达到材料的强度极限。

图 4.20 是计算得到的单胞经向平均应变为 0.002 时的单胞经向应力和应变分布，图 4.21 是此时的经纱轴向应力分布。图 4.20 可以看出单胞应力应变分布具有

周期性，这符合单胞边界应力连续和变形协调的要求，也验证了 4.3.2.3 节中周期性边界条件的正确性。图 4.21 可以看出经纱轴向最大应力出现在经纱纬纱相交处，拉伸时经纱将会在此处断裂，这与试件断口观察（图 4.4）和失效模式分析一致。

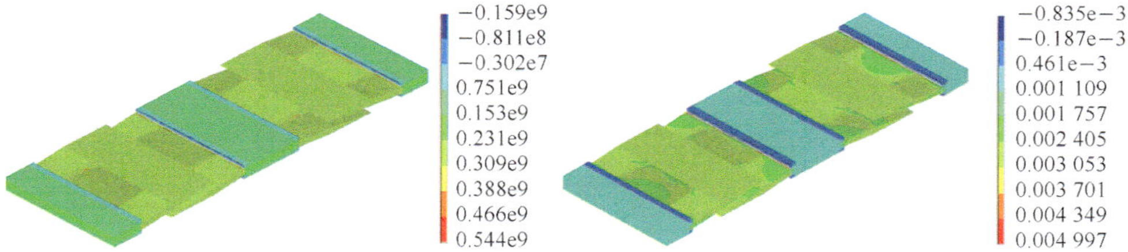

(a) 单胞经向应力分布　　　　(b) 应变分布

图 4.20　单胞经向应力分布（左）和应变分布（右）

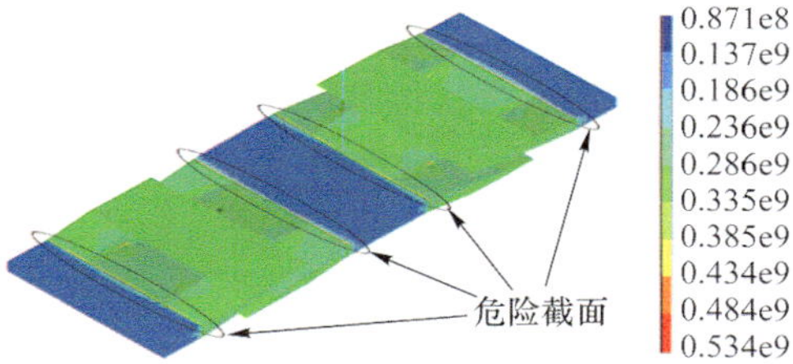

图 4.21　经纱轴向应力分布

图 4.22 是计算得到的单胞经向平均应变为 0.0072 和 0.0073 时的失效单元分布，图中未失效和已失效的单元分别用白色和黑色表示。由图 4.19 所示的应力-应变曲线可以看出，当应变为 0.0072 时，材料未断裂；当应变为 0.0073 时，材料断裂。如图 4.22 所示，在断裂前后，经纱中的失效单元并不是缓慢增多，而是骤增。这与应力-应变曲线在达到强度极限前没有出现第二非线性段一致。

图 4.22　经向平均应变为 0.0072（左）和 0.0073（右）时单胞中失效单元分布

4.4 编织陶瓷基复合材料静力学行为的影响因素分析

多尺度方法建立了复合材料宏观性能与其组分性能及细观结构之间的定量关系，本节通过分析平纹编织 SiC/SiC 组分性能和细观结构对材料宏观性能的影响，找出提高其力学性能（如强度和初始刚度）的方法，为材料力学性能的优化指明方向。

4.4.1 组分性能的影响

1. 纤维强度和模量

作为编织陶瓷基复合材料的增强相，纤维性能对编织陶瓷基复合材料的力学行为有着重要影响。评价纤维性能最重要的两个指标就是强度和模量。本书分别计算了不同纤维平均强度和弹性模量下的平纹编织 SiC/SiC 应力-应变响应，如图 4.23 和图 4.24 所示。可以看出，纤维强度和模量对编织陶瓷基复合材料力学行为影响很大，提高编织陶瓷基复合材料的强度和刚度可分别通过提高纤维平均强度和弹性模量来实现。

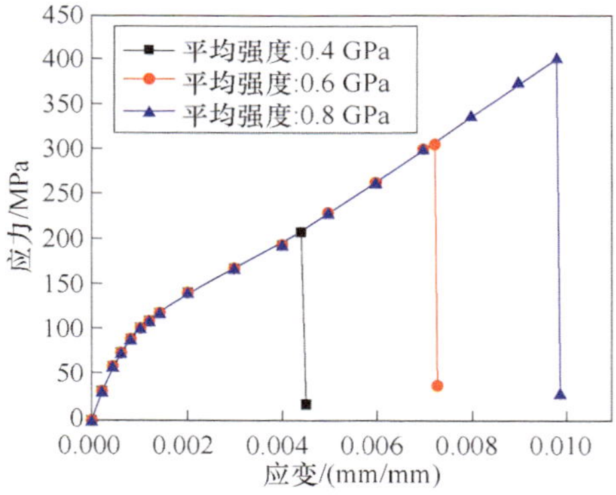

图 4.23 不同纤维平均强度下的平纹编织 SiC/SiC 应力-应变响应

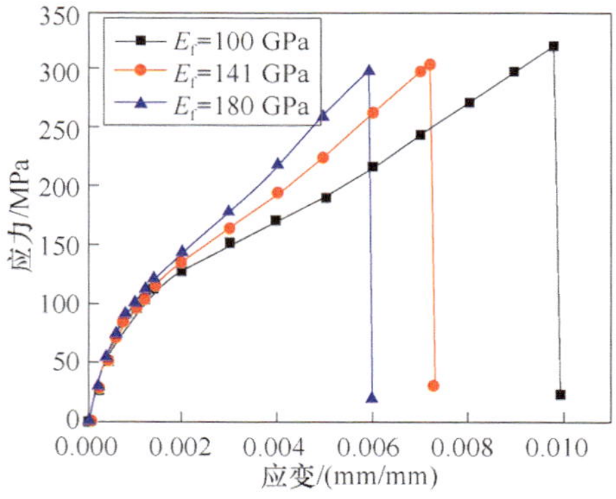

图 4.24 不同纤维弹性模量下的平纹编织 SiC/SiC 应力-应变响应

2. 基体强度

在编织陶瓷基复合材料中，基体强度的高低决定了基体开裂过程的快慢，进而影响编织陶瓷基复合材料力学性能。基体强度越高，基体裂纹扩展越慢。由 3.3.1 节可知，在基体单元强度模型中，基体单元的强度与变量 σ_0 有关，因此可以对 σ_0 取不同值来获得不同强度的基体。本书计算了不同 σ_0 下的平纹编织 SiC/SiC 应力-应变响应，如图 4.25 所示。可以看出，基体强度对平纹编织 SiC/SiC 力学性能影响很大。

基体强度越高，平纹编织 SiC/SiC 强度也越高，同时初始线性段也越长。

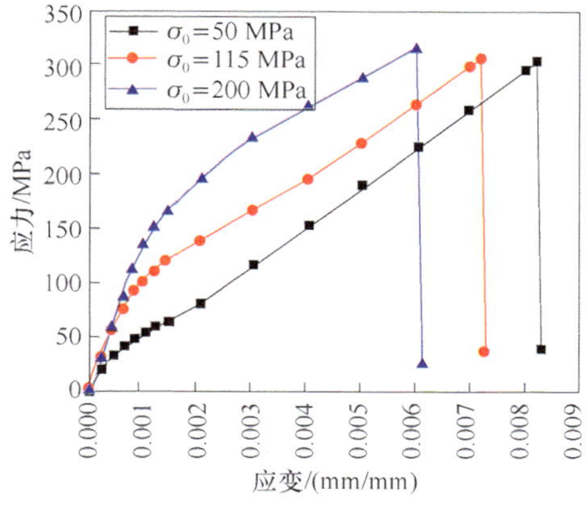

图 4.25　不同基体强度下的平纹编织 SiC/SiC 应力-应变响应

3. 界面剪应力

纤维/基体界面剪应力可以向断裂的纤维传递载荷，使断裂纤维继续承载，从而提高纱线强度。因此编织陶瓷基复合材料力学性能还受纤维/基体界面剪应力的影响，本书计算了不同界面剪应力下的平纹编织 SiC/SiC 应力-应变响应，如图 4.26 所示。可以看出，界面剪应力对编织陶瓷基复合材料的本构响应和强度都有影响，界面剪应力的增大会提高编织陶瓷基复合材料的强度，同时降低材料非线性。因此提高经向强度也可以通过适当提高界面剪应力来实现。

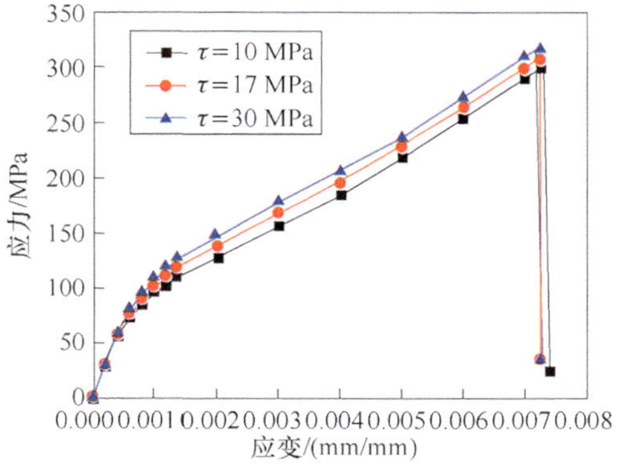

图 4.26　不同界面剪应力下的平纹编织 SiC/SiC 应力-应变响应

4.4.2　细观结构的影响

1. 纤维体积分数

在编织陶瓷基复合材料中，纱线中纤维体积分数也是比较容易改变的组分参数。

本书计算了纱线中不同纤维体积分数下的编织陶瓷基复合材料应力-应变响应，如图4.27所示。可以看出，随着纤维体积分数的提高，编织陶瓷基复合材料经向强度逐渐增加，非线性逐渐减小。因此，提高经向强度和非线性段刚度可以通过提高纤维体积分数来实现。

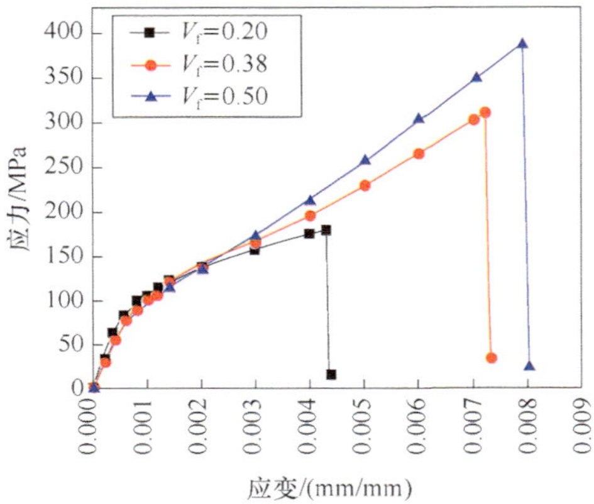

图 4.27　不同纤维体积分数下的平纹编织 SiC/SiC 应力-应变响应

2. 纬纱密度

对于平纹编织 SiC/SiC，其细观结构最直观的表现就是经纱轴向曲线的形状，而由此编织工艺可知，经纱轴向曲线是由纬纱排列密度控制的。纬纱排列越密，经纱弯曲程度越大，经纱轴向正弦曲线的波长（等于单胞经向长度 L_c）越短。图 4.28 是 3 种不同纬纱密度下的平纹编织 SiC/SiC 单胞模型。

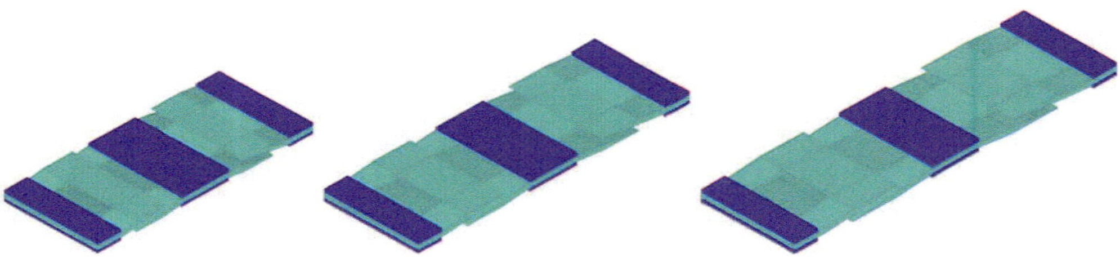

图 4.28　不同纬纱密度下的单胞模型（左：L_c＝8 mm，中：L_c＝10 mm，右：L_c＝12 mm）

本书分别计算了这 3 种不同纬纱密度下的编织陶瓷基复合材料应力-应变响应，如图 4.29 所示。可以看出，纬纱排列越紧密，编织陶瓷基复合材料经向强度越大。因此，提高经向强度可以通过增加纬纱密度来实现。

3. 纤维布层厚

在制备编织陶瓷基复合材料时，可以通过控制模具对编织预制体的压力来控制纤维布层厚。纤维布层厚直接体现在纱线截面的高度 H_c 上，纤维布越薄意味着 H_c 越小。由于纱线截面积是一定的，截面高度越小意味着截面宽度越大。图 4.30 是 3

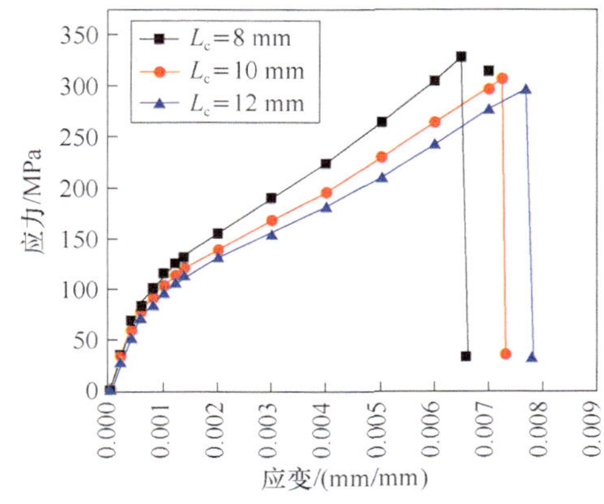

图 4.29　不同纬纱密度下的平纹编织 SiC/SiC 应力-应变响应

种不同纱线截面高度下的平纹编织 SiC/SiC 单胞模型。

图 4.30　不同纬纱截面高度下的单胞模型

（左：H_c＝0.15 mm，中：H_c＝0.20 mm，右：H_c＝0.25 mm）

本书分别计算了这 3 种不同纱线截面高度下的编织陶瓷基复合材料应力－应变响应，如图 4.31 所示。可以看出，纤维布越厚，编织陶瓷基复合材料强度越高，同时初始线性段越长，但纤维布层厚对编织陶瓷基复合材料第二线性段斜率几乎没有影响。

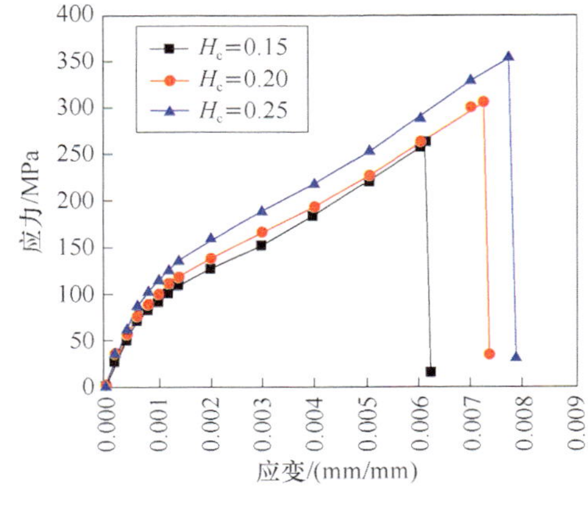

图 4.31　不同纱线截面高度下的编织陶瓷基复合材料应力-应变响应

综上所述，通过改变组分性能和细观结构可以改变编织陶瓷基复合材料的宏观力学响应，从而实现其力学行为的可设计性。总的来说提高平纹编织 SiC/SiC 经向强度的方法有：提高纤维平均强度、界面剪应力、基体强度、纤维体积分数、纬纱密度、纤维布层厚等。

值得注意的是，组分性能和细观结构的改变，带来的不是编织陶瓷基复合材料某一项性能的改变，而是综合性能的变化。这就意味着，改变组分性能和细观结构，在改善编织陶瓷基复合材料某几项性能的同时，也可能会降低其他某项性能。因此编织陶瓷基复合材料力学性能的设计是要视结构件应用场景具体问题具体分析。

4.5 复杂应力状态下编织陶瓷基复合材料的失效建模

4.5.1 复杂应力状态下编织陶瓷基复合材料切口结构变形及失效模拟

4.5.1.1 组分分割及几何模型重建

编织陶瓷基复合材料经纱和纬纱的方向不同，而且同一根纱线上材料的主方向也不同。为了进行数值计算，完成 XCT 数据的获取和预处理后还需要对纱线进行分割以便进行纱线材料参数和主方向的设置。XCT 数据组分的分割方式有多种，例如人工标记法、基于可训练 Weka 平台的机器学习法、交互式分割法以及结构张量法等。以上方法均有较为广泛的应用，其中基于可训练 Weka 平台的机器学习法和结构张量法执行效率较高，但是对于组分的区分度要求较高。人工标记法通过经验对组分进行人工识别，虽然准确度较高但是工作量巨大。交互式分割法通过人工介入辅助程序处理的方式进行分割，灵活性和精确度较高并且工作量不大。

由 XCT 扫描结果可以看出，本书所用平纹编织陶瓷基复合材料纱线之间孔隙较大，纱线交接区域难以区分经纬纱线边界(图 4.32)。这给纱线的自动分割带来了很大的干扰，现有自动识别算法对于本材料难以得到高精度的识别结果。由于本书数据扫描精度较高，在 1 cm 尺寸范围内扫描切片的数量接近 500 张，因此通过人工标记法进行组分分割效率太低。

鉴于以上问题，本书根据平纹编织陶瓷基复合材料几何结构的特点发展了一种交互式的纱线分割方法。首先根据编织材料纱线截面近似为椭圆形(图 4.33(a))的特点，通过纱线截面的四个顶点坐标建立椭圆形区域。如图 4.33(b)所示，通过顶点拟合得到的区域与纱线截面形状一致。

编织陶瓷基复合材料由于纤维布编织、预制体成型和基体沉积等因素的影响，其纱线截面的尺寸和位置是变化的。通过单一位置的纱线截面无法描述编织陶瓷基复合材料所有纱线的几何特征，然而对每一张切片截面都进行处理工作量太大。

本书根据椭圆形纱线截面长短轴尺寸和中心位置连续变化特点，将纱线沿轴线方

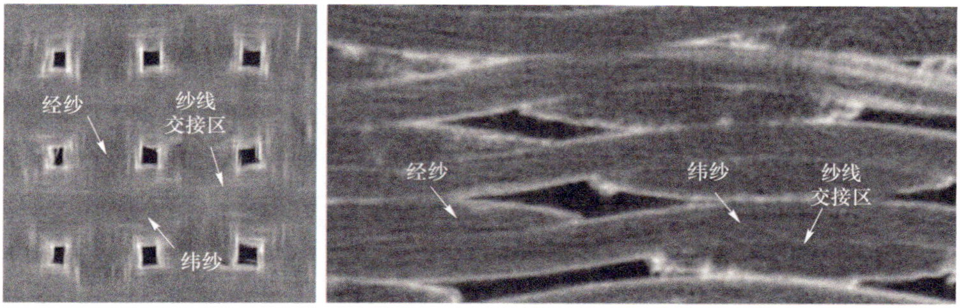

图 4.32　经纬纱交接处 XCT 切片图

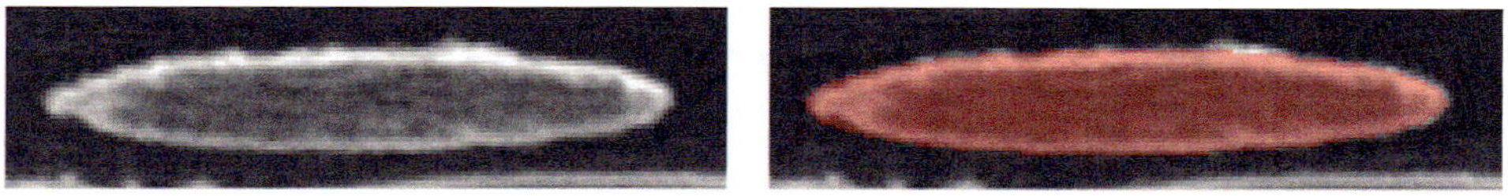

(a) 纱线截面切片图　　(b) 纱线截面拟合结果

图 4.33　纱线截面分割

向分成若干段。对于变化缓慢的区域设置较少的分割段数，变化较大的区域设置较多的分割段数。通过顶点法拟合不同分段交界处纱线横截面形状(图 4.34(a))，然后对所有拟合横截面进行插值得到连续变化的纱线截面，实现纱线的分割(图 4.34(b))。

纱线的分割段数不宜设置过多，因为分割截面距离太近时顶点的选取误差会导致插值后纱线边界呈现锯齿状分布，反而降低了纱线分割精度，不仅影响了高质量有限元网格的建立还增加了处理工作量。由于处于切口区域的纱线不完整，因此残缺部分无法利用提出的顶点法进行拟合。本书同样先将残缺纱线分成若干段，不同的是在残缺区域通过人工选取的方法分割交界处纱线截面。最后，与完整纱线一样通过插值运算的方式实现连续截面的分割。

(a) 不同位置的拟合纱线截面

(b) 纱线截面插值结果

图 4.34　纱线的分割

编织陶瓷基复合材料切口结构的分割结果如图 4.35 所示，可见本书提出的纱线分割方法所得结果与原始数据吻合较好。

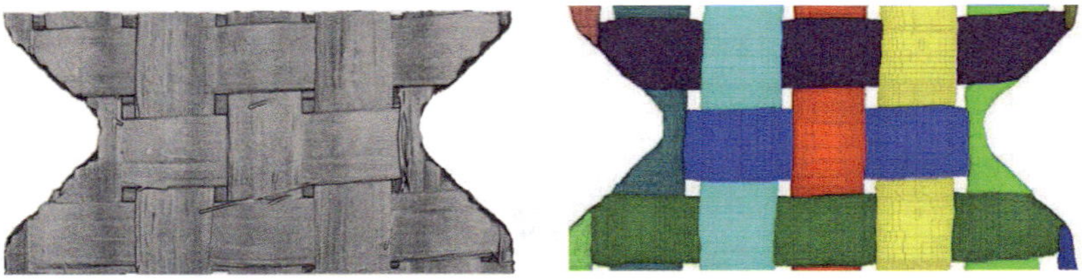

(a) 原始数据三维渲染图　　(b) 纱线分割结果

图 4.35　平纹编织陶瓷基复合材料切口结构纱线的分割

4.5.1.2　网格划分及单元主方向设定

编写程序读取 XCT 数据分割结果中的体素坐标和标记值即可建立基于体素的有限元网格模型。虽然该方法实施方便，但当 XCT 扫描分辨率较高时这种方法生成的网格数量很大，计算成本较高。例如，本书模型的 XCT 数据分辨率为 492×911×168 $voxels^3$，去掉切口区域后体素化有限元模型将包含 61174512 个网格，忽略编织陶瓷基复合材料纱线间的孔隙后体素化有限元模型网格数量能减少到 43383708 个，但这一网格数量依然很大不易直接进行有限元计算。

为解决网格量过大的问题，本书提出了如图 4.36 所示的网格重建方法。首先对体素化分割数据进行降采样处理将各方向分辨率缩减为原来的二分之一，此时模型的体素数量变为原来的八分之一。如果再忽略纱线间的孔隙，降采样处理后体素化模型网格数量缩减至 5415588 个。可见通过数据的降采样处理，可以大幅度降低网格数量。但需要注意的是，降采样程度越大分割区域失真越严重，通过大幅度降采样的方式无法建立高精度模型。因此本书仅对分割数据进行一次降采样处理，以此为基础生成三角形面网格模型后再对面网格的数量进行精简并优化网格质量，最后生成四面体网格达到降低网格量的目的。

由于图像分割存在误差纱线选区边界会产生锯齿形轮廓，不同纱线的交叠区域还会存在一些零散的空白区域(图 4.37(a)箭头处)。这些特征会导致模型生成复杂的形面，降低网格质量。因此本书在网格建立前先对分割结果进行优化，去除了纱线间的空白区域并对分割边界进行光滑处理。优化后的纱线选区如图 4.37(b)所示。

分割数据优化完成后，根据分割数据体素轮廓信息生成三角形面网格，初步生成的面网格数量共有 3253978 个并且网格形状不规则(图 4.38(a))。此时的网格还不宜直接用于数值模拟，需要对网格进行优化和重建。本书通过设定三角形网格边长的最大长度对网格数量进行缩减重建。设定的网格最大边长为 0.25 mm，简化后网格数量减少到 178614 个，简化结果如图 4.38(b)所示。对简化后网格质量进行优化，包括修复相互交叉网格、矫正网格方向、调整网格纵横比(外接圆半径和内切圆半径之比)、调整相邻网格二面角以及最大四面体纵横比(外接球半径和内切球半径之比)。优化时需要保证交叉网格和错误方向的网格数量为零，保证所有网格纵横比小于 20，相邻网格二面角大于 5，四面体纵横比小于 50。

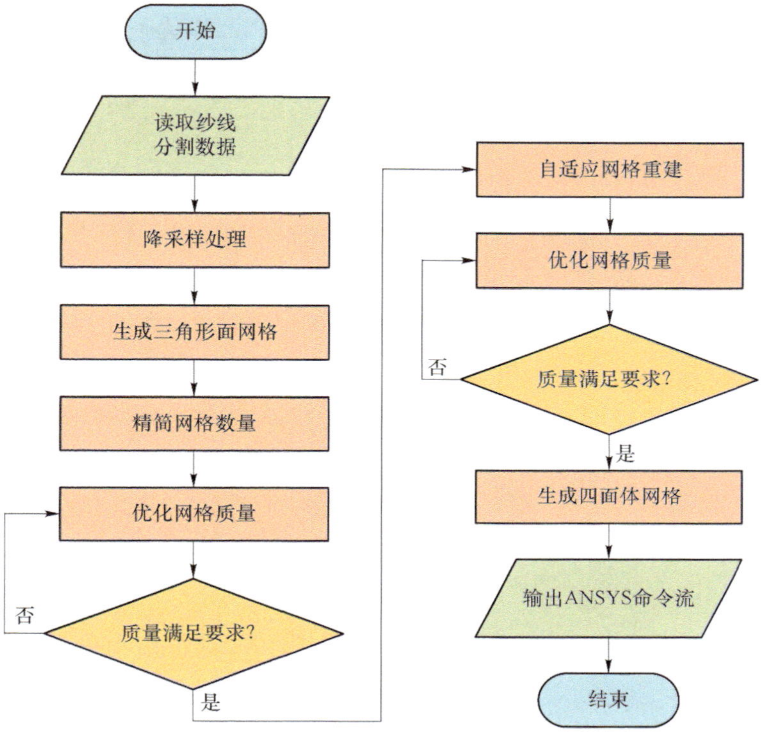

图 4.36　有限元网格建立流程图

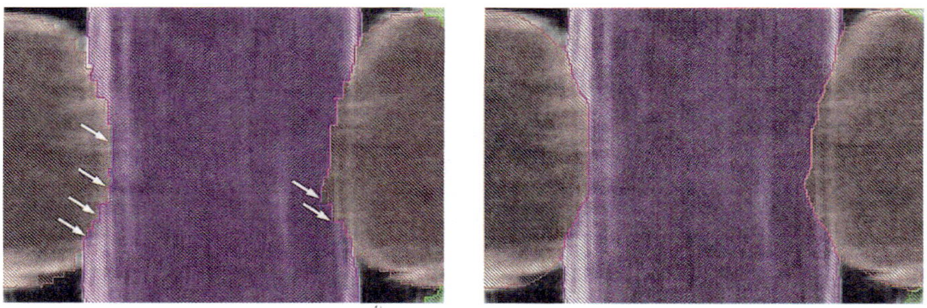

(a) 优化前　　(b) 优化后

图 4.37　分割数据的优化

使用自适应网格重建技术对简化后的网格进行优化并进一步减少网格数量。重建完成后再次检测网格质量，保证产生交叉和方向错误的网格数量为零，所有网格纵横比小于 10，相邻网格二面角大于 10，四面体纵横比小于 25，重建后的网格如图 4.38(c)所示。以重建的三角形面网格为基础生成了如图 4.39 所示的四面体网格模型，模型所用单元类型为 SOLID 185。通过上述方法，最终得到了单元数量为 327369 的网格模型，仅为体素化网格模型单元数量的 6.04%。

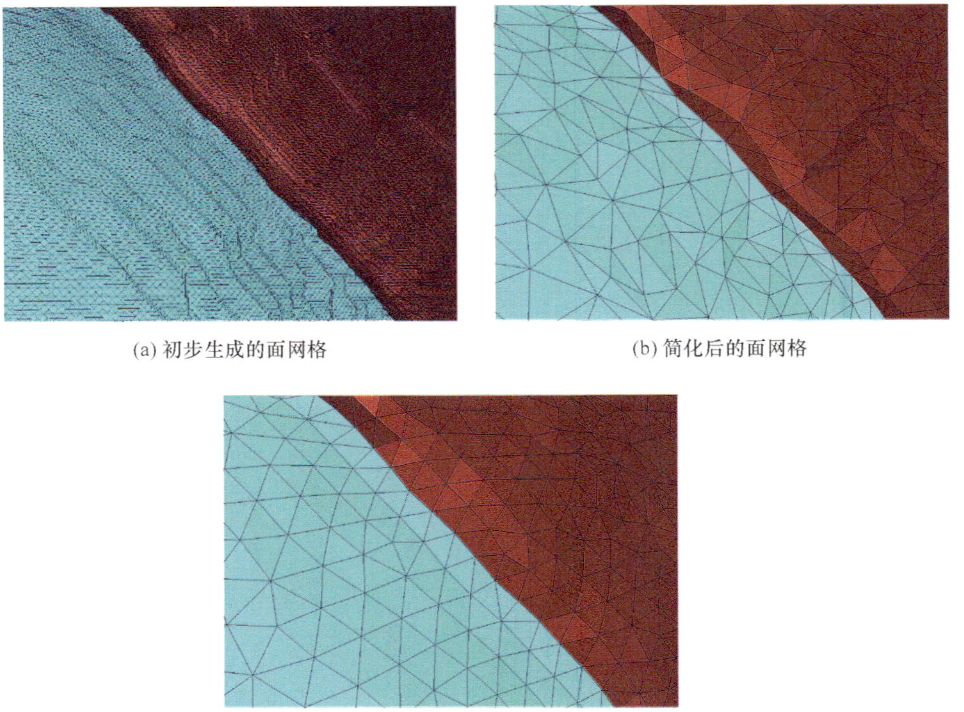

(a) 初步生成的面网格

(b) 简化后的面网格

(c) 优化后的面网格

图 4.38　面网格的生成与优化

图 4.39　平纹编织陶瓷基复合材料切口结构的高精度细观有限元网格模型

有限元网格模型建立后还需定义模型单元的材料主方向。通过对 XCT 扫描结果进行分析可以看出，平纹编织陶瓷基复合材料的纱线走向近似于正弦变化(图 4.40(a))。

因此可以使用正弦函数拟合出纱线路径的数学表达式，并以此计算纱线与总体坐标的夹角，确定单元的材料主方向。实际的编织材料中每根纱线的走向均存在差异，为了得到更加准确的单元材料主方向，本书对模型中每根纱线都进行了计算。

首先获取纱线单元中心位置的坐标值，然后将纱线沿宽度方向进行投影，得到纱线的正弦投影平面(图 4.40(b))。使用正弦函数(4.6)拟合得到纱线中心路径的表达式，然后由式(4.7)得到材料主方向与全局坐标系的夹角。对于有限元模型中的任意单元，通过其中心坐标即可算得主方向并建立单元坐标系(图 4.40(c))。由于本书编织陶瓷基复合材料中纱线的波动不大，在一定范围内单元的材料主方向变化较小。为减少单元坐标系数量，本书沿纱线长度方向进行分段，以每段中心坐标的计算结果作为该段内所有单元的局部坐标系。由于纱线路径不是规则的正弦曲线，因此本书使用多个正弦函数叠加的方式进行拟合，以提高结果的精度。

纱线走向方程，

$$y = \sum_{i=1}^{n} A_i \sin(B_i x + C_i) \tag{4.6}$$

纱线与全局坐标系 x 轴夹角的计算式，

$$\theta = \arctan\left(\sum_{i=1}^{n} A_i B_i \cos(B_i x + C_i)\right) \tag{4.7}$$

式中，x 和 y 表示纱线在全局坐标系中的坐标，A_i、B_i 和 C_i 表示待定系数，n 表示正弦函数叠加数。本书对于较长的纱线取 $n=5$，对于切口附近的残缺纱线取 $n=1$。x 和 y 坐标在此仅作示意，对于实际模型中纱线主方向的计算应根据需要进行坐标替换。

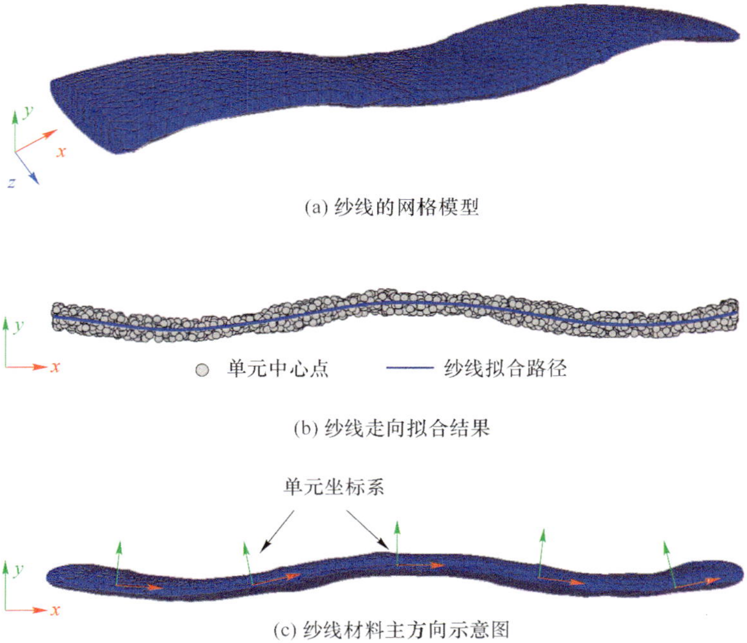

(a) 纱线的网格模型

(b) 纱线走向拟合结果

(c) 纱线材料主方向示意图

图 4.40　纱线单元材料主方向的建立

4.5.1.3 多尺度仿真分析方法

本书采用渐进损伤分析方法对编织陶瓷基复合材料切口结构的剪切破坏过程进行数值仿真，该方法主要包括：有限元模型的建立、单元应力和应变的求解、模型失效判断以及材料性能退化等步骤。本书多尺度仿真分析实现流程如图 4.41 所示。

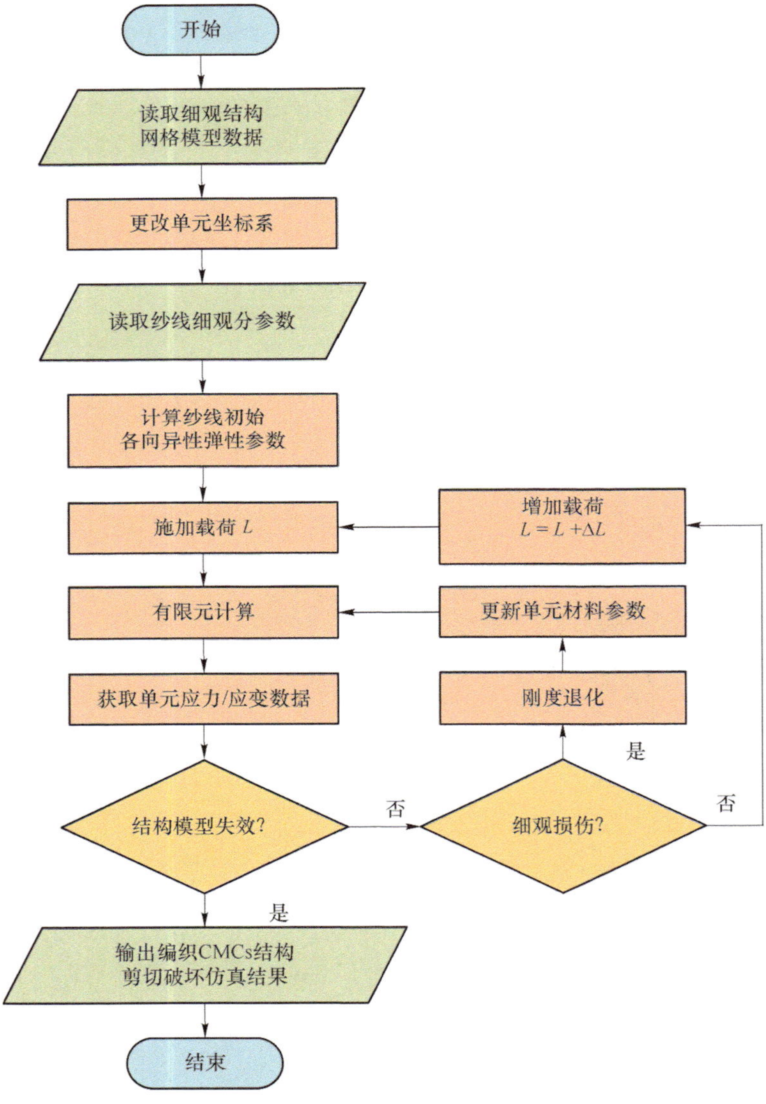

图 4.41 多尺度渐进损伤分析流程图

首先读取高精度细观有限元网格模型，然后设定模型单元坐标系。将编织陶瓷基复合材料纱线的细观组分参数带入建立的陶瓷基纤维束复合材料各向异性弹性本构模型中，计算出纱线材料的初始弹性参数(表 4.3)。计算弹性模量所需的细观组分参数包括编织陶瓷基复合材料纱线的基体体积净含量 v_m、界面体积净含量 v_{pyc}、纤维体积净含量 v_f 以及单独考虑不同类型孔隙时的孔隙率 $v_{p-A}\sim v_{p-D}$。

表 4.3　纱线组分参数及弹性参数

组分参数	参数值	弹性参数	参数值
v_m	35.00%	E_{11}^0	191.11 GPa
v_{pyc}	16.48%	E_{22}^0	5.66 GPa
v_f	48.52%	E_{33}^0	5.66 GPa
v_{p-A}	1.25%	v_{12}^0	0.20
v_{p-B1}	0.73%	v_{23}^0	0.30
v_{p-B2}	3.25%	v_{13}^0	0.20
v_{p-B3}	0.26%	G_{12}^0	14.78 GPa
v_{p-C}	0.52%	G_{23}^0	8.41 GPa
v_{p-D}	0.31%	G_{13}^0	14.78 GPa

有限元计算完成后提取模型的单元应力和应变数据，对模型是否完全失效进行判断。本书的模型失效判据为：1)约束端支反力持续下降，2)完成设定载荷步的计算。只要模型计算结果满足两者之一即可判定失效，输出计算结果后结束计算。如果模型没有满足失效判据，则进行细观结构的损伤判断。此时以本书第五章建立的各向异性非线性本构模型为基础，通过每个单元的基体裂纹密度和损伤变量计算损伤单元的割线模量。

本书的仿真分析方法中考虑了损伤单元泊松比的退化，以保证损伤柔度矩阵非对角元数值不变以及有限元求解中单元刚度矩阵的正定性要求。退化后泊松比的计算方法见式(4.8)。在细观结构损伤判断时除了依据非线性本构模型进行刚度折减外，本书还采用最大应变失效准则对单元进行失效判断。当单元应变分量满足失效准则后，单元在该方向上的弹性参数将折减为初始值的 1%。

$$\begin{cases} v_{12}^d = \dfrac{v_{12}^0 E_{11}^d}{E_{11}^0} \\ v_{13}^d = \dfrac{v_{13}^0 E_{11}^d}{E_{11}^0} \\ v_{23}^d = \dfrac{v_{23}^0 E_{22}^d}{E_{22}^0} \end{cases} \tag{4.8}$$

完成单元刚度矩阵退化后对有限元模型进行更新并重新求解。重复该过程，直到损伤单元数量不再变化或达到设定的迭代次数，此时存储计算结果完成该载荷步的计算。增加载荷，重复上述分析过程，直至满足模型失效判据结束计算。

4.5.1.4 剪切应力-应变响应仿真结果及分析

平纹编织陶瓷基复合材料切口结构剪切应力-应变响应仿真结果如图 4.42 所示。与试验结果相比，本书模型对结构剪切弹性模量的计算误差为 7.50%，对剪切应力-应变响应非线性段的最大计算误差为 4.52%，对剪切失效应力的计算误差为 1.00%，对剪切失效应变的计算误差为 3.79%。图中计算结果还可以看出，如果不考虑陶瓷基纤维束复合材料的各向异性非线性行为，当编织结构处于复杂应力状态时计算结果将产生较大误差。

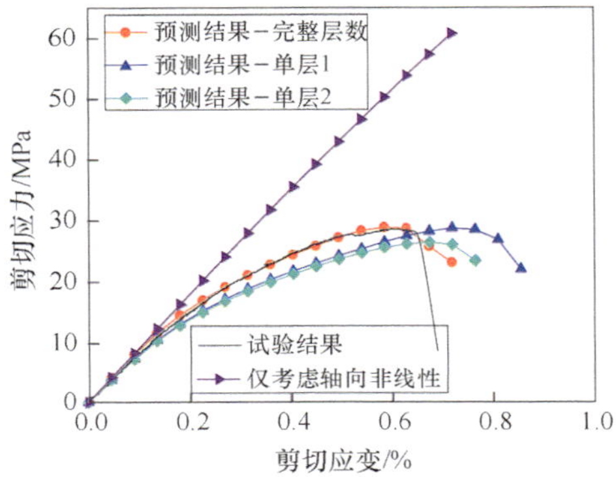

图 4.42　平纹编织陶瓷基复合材料切口结构剪切应力-应变响应仿真结果

将模型五层编织结构中不同位置的两层单独分离出来进行计算，通过与完整层数模型的结果进行对比可以看出平纹编织陶瓷基复合材料具有明显的层叠复合效应。层叠编织结构与单层编织结构剪切响应的变化趋势相同并且三者的弹性模量相差不大，但剪切响应的非线性阶段有较大区别，单层平纹编织结构刚度退化速度较快并且失效变形更大。这是因为编织预制体具有周期性几何结构，因此其力学性能也具有周期性的强弱分布。多层编织结构层叠时由于层间纱线位置的偏移对结构力学性能薄弱位置产生了补强效应，提高了编织结构总体的力学性能，该结论可为编织陶瓷基复合材料结构预制体的设计提供借鉴。对比不同位置单层平纹编织结构的计算结果可以看出，随着非线性程度的增大两者之间的差别也逐渐扩大，这主要是因为不同单层编织结构中纱线的排布和尺寸存在差异。

4.5.2 复杂应力状态下编织陶瓷基复合材料切口结构的细观破坏分析

4.5.2.1 应变场演化分析

图 4.43～图 4.45 分别为编织陶瓷基复合材料切口结构 xy 面内剪切应变、x 方向正应变和 y 方向正应变的应变场云图随总体剪切变形的变化关系。其中，x 方向

表示水平方向，y 方向表示竖直方向。

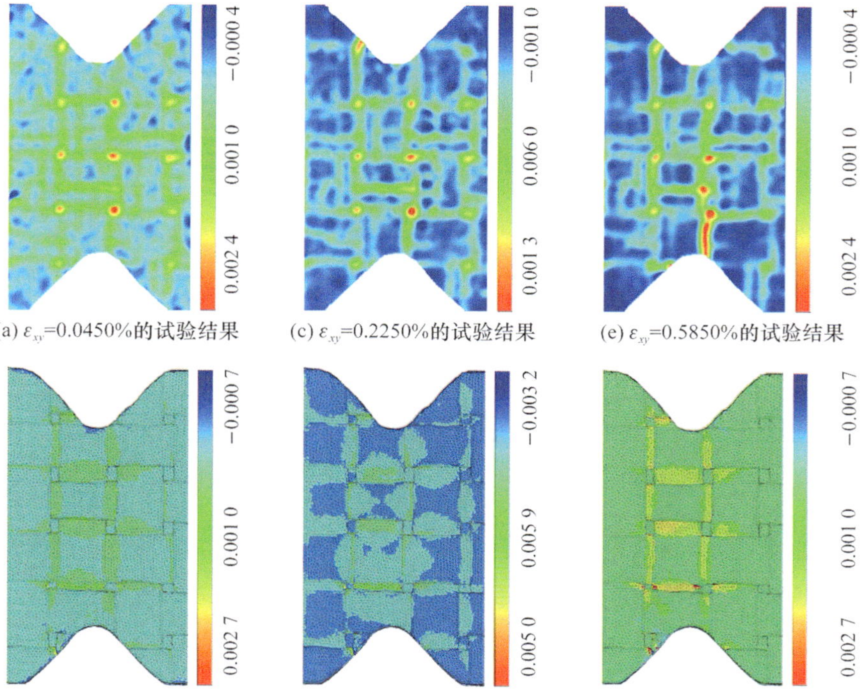

(a) ε_{xy}=0.0450%的试验结果　(c) ε_{xy}=0.2250%的试验结果　(e) ε_{xy}=0.5850%的试验结果

(b) ε_{xy}=0.0450%的仿真结果　(d) ε_{xy}=0.2250%的仿真结果　(f) ε_{xy}=0.5850%的仿真结果

图 4.43　xy 面内剪切应变云图

在剪切载荷下编织陶瓷基复合材料切口结构的三种应变场均表现出不均匀的分布特性并且有应变集中现象，随着载荷的增加剪切应变集中效应逐渐凸显。xy 剪切应变场(图 4.43)分布的不均匀性最为明显，剪切应变集中区域主要位于经纬纱交叉边界之间，这是因为经纬纱交叉边界的几何形貌变化大而且整体抗剪刚度较小。x 方向正应变(图 4.44)的集中区域主要位于切口处的纬纱端部。除切口附近外，其余区域应变场分布相对均匀，但随着载荷的增加其均匀程度降低。y 方向正应变的分布(图 4.45)和演化过程与 x 方向类似，但应变集中区域主要位于切口附近的经纱端部。x 方向和 y 方向的正应变集中主要是因为切口处几何形貌变化大并且纱线的横向刚度小。

应变场的数值仿真结果与试验结果吻合较好，说明本书数值模型准确反映了编织陶瓷基复合材料切口结构剪切破坏过程中的变形规律，模型对应变集中区域的指示最为敏感和准确。对于非应变集中区域试验结果的不均匀性要略大于数值结果，这主要是受到测试噪声、试样表面粗糙度和材料局部细观缺陷的影响。通过应变场云图还可以看出，虽然编织陶瓷基复合材料切口结构总体上仅受剪切载荷的作用，但是其局部区域并非纯剪状态。因此编织陶瓷基复合材料细观结构的损伤形式也是多样的。

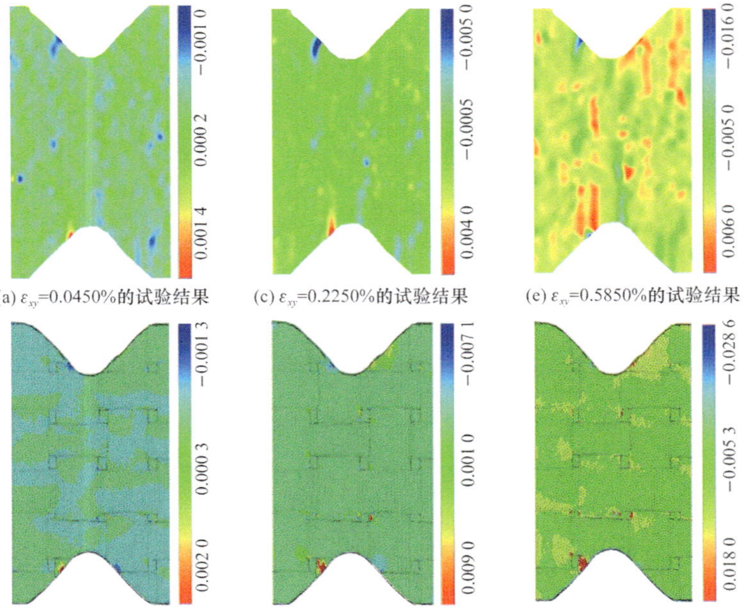

(a) ε_{xy}=0.0450%的试验结果　(c) ε_{xy}=0.2250%的试验结果　(e) ε_{xy}=0.5850%的试验结果

(b) ε_{xy}=0.0450%的仿真结果　(d) ε_{xy}=0.2250%的仿真结果　(f) ε_{xy}=0.5850%的仿真结果

图 4.44　x 方向正应变场云图

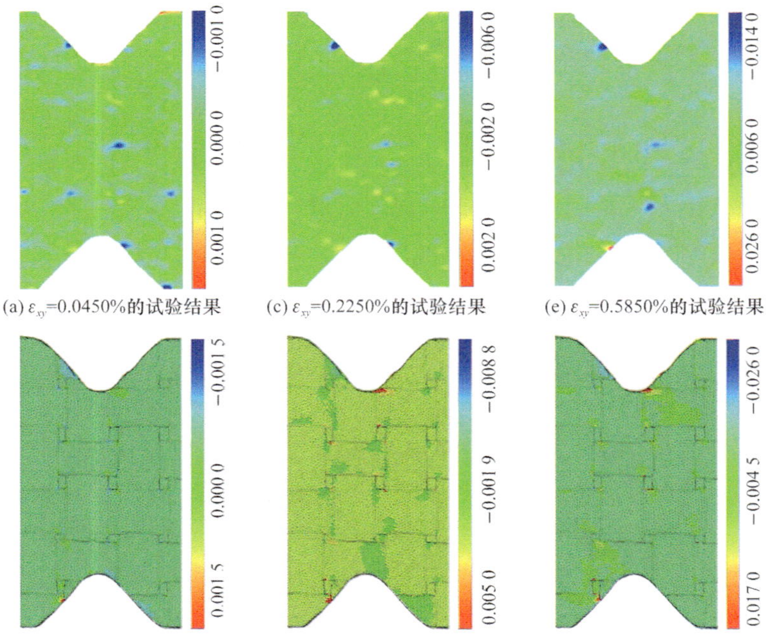

(a) ε_{xy}=0.0450%的试验结果　(c) ε_{xy}=0.2250%的试验结果　(e) ε_{xy}=0.5850%的试验结果

(b) ε_{xy}=0.0450%的仿真结果　(d) ε_{xy}=0.2250%的仿真结果　(f) ε_{xy}=0.5850%的仿真结果

图 4.45　y 方向正应变场云图

4.5.2.2　基体裂纹的分布及演化过程

由图 4.46 可以看出，纱线 1 方向（纱线的轴向）受局部拉伸载荷时，基体裂纹沿着经纬纱交界区域的边缘和孔隙附近萌生。随着总体剪切变形的增加裂纹沿交接边界扩展，切口结构对 1 方向拉伸基体裂纹演化过程的影响不明显。

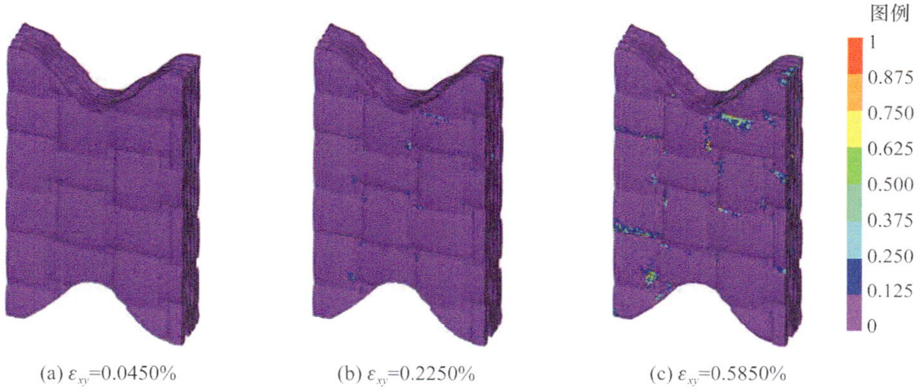

图 4.46　纱线 1 方向归一化基体裂纹密度演化图

如图 4.47 所示，纱线 2 方向（xy 平面内，垂直于纱线的轴向）在局部拉伸载荷作用下基体裂纹在较低载荷下就开始出现，裂纹萌生位置起初主要位于切口边缘以及经纬纱线交接区域的孔隙附近。总体剪切变形增加后基体裂纹向结构内部扩展，结构层间接触区域的裂纹密度增加较快。切口附近裂纹的扩展速度要大于其他区域，距离切口越近其裂纹密度越大。

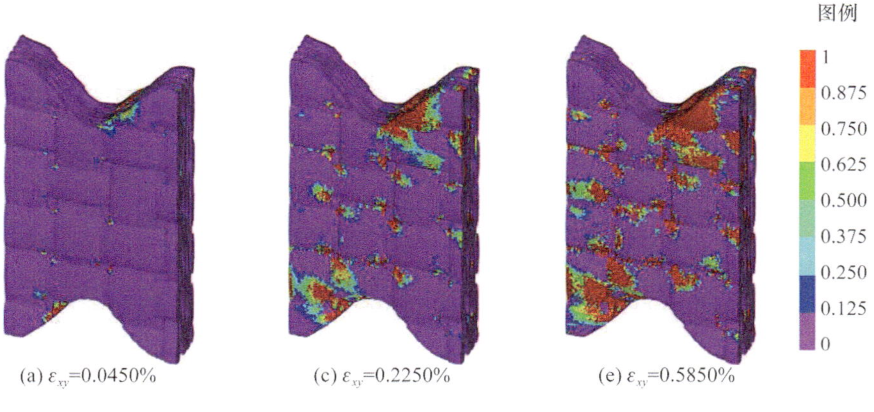

图 4.47　纱线 2 方向归一化基体裂纹密度演化图

如图 4.48 所示纱线 3 方向（沿厚度方向并垂直于纱线的轴向）基体裂纹萌生的位置与 2 方向类似，但是扩展规律不同。纱线 3 方向切口位置的裂纹主要沿切口表面扩展,经纬纱交接区域的裂纹主要向纱线中心扩展。此外,分布于表面的 3 方向基体裂纹的密度小于内部,这是因为结构外层为自由表面没有垂直于厚度方向的载荷而结构内部却存在层间的相互作用力,因此基体裂纹密度更大。

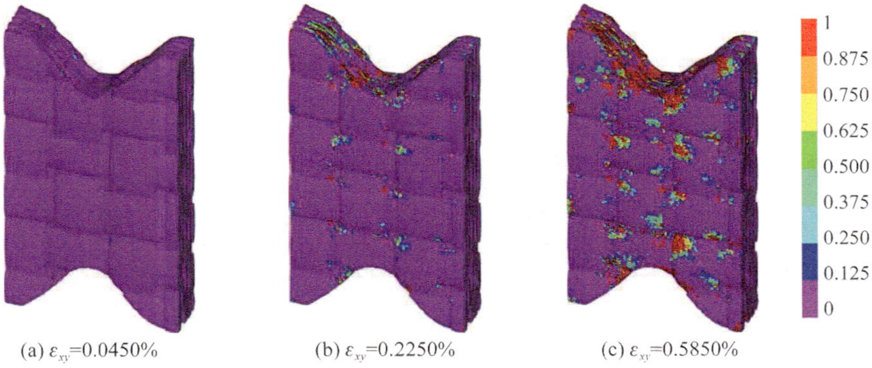

图 4.48 纱线 3 方向归一化基体裂纹密度演化图

如图 4.49 所示,结构 12 面内剪切基体裂纹萌生于经纬纱交接边界之间的区域,裂纹随总体剪切变形的增加逐渐向内扩展。这主要是因为经纬纱交接区域之间仅有一个方向的纤维没有正交纤维来补强和分担载荷,因此该区域纤维承受的平均载荷较大。从整个结构来看,切口之间区域的基体裂纹密度大于两侧,这是因为切口处横截面较小,其平均剪切应力水平较大于两侧区域。切口结构在 13 面内的剪切基体裂纹密度很小并且扩展速度较慢,裂纹主要分布于切口、经纬纱交接边界以及交接边界的孔隙附近,如图 4.50 所示。

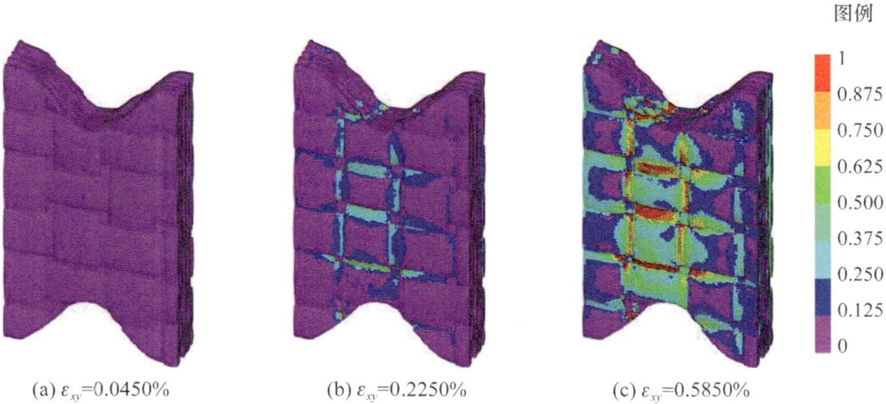

图 4.49 纱线 12 面内剪切归一化基体裂纹密度演化图

实际使用中陶瓷基复合材料结构处于热力氧耦合的工作环境,基体裂纹会成为氧气进入材料内部的通道,导致材料发生严重氧化降低使用寿命。本书模型对编织

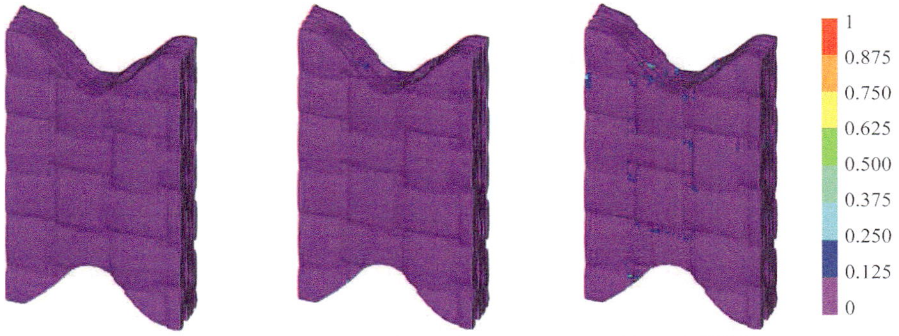

(a) ε_{xy}=0.0450%　　(b) ε_{xy}=0.2250%　　(c) ε_{xy}=0.5850%

图 4.50　纱线 13 面内剪切归一化基体裂纹密度演化图

陶瓷基复合材料各类型基体裂纹密度的分布及演化规律的仿真能力可为编织陶瓷基复合材料氧化性能的计算提供接口。由于编织陶瓷基复合材料经纬纱交叉边界附近非常容易产生基体裂纹，因此在热力氧耦合环境下该区域会成为编织陶瓷基复合材料结构的短板，通过对该区域的合理设计可以提高编织陶瓷基复合材料结构的抗氧化能力。

图 4.46～图 4.50 直观地给出了细观结构中基体裂纹的演化情况，在此基础上本书通过计算结构的平均归一化基体裂纹密度表示结构总体基体开裂水平与载荷的关系。平均归一化基体裂纹密度采用体积平均法计算，

$$NCD = \frac{1}{V}\int_V NCD^i \mathrm{d}V \tag{4.9}$$

式中，V 表示模型的体积，NCD^i 表示第 i 个单元的归一化基体裂纹密度。

式(4.9)计算结果见图 4.51，随着剪切变形的增加编织陶瓷基复合材料切口结构各方向的平均基体裂纹密度均出现增长。其中 1 方向和 13 面内的基体裂纹密度很小，而 2 方向和 12 面内的基体裂纹密度较大，3 方向基体裂纹密度处于中间水平。对比 2 方向和 12 面内的基体裂纹密度可以看出，在加载初期 2 方向拉伸基体开裂占有主导地位。但是随着载荷的增加，12 面内的剪切基体裂纹密度增加较快，总体剪切变形达到 0.3150％后超过 2 方向的拉伸基体裂纹密度成为所有类型基体裂纹密度中的最大者。

如图 4.52 所示，载荷较小时不同类型基体裂纹的归一化密度在数量及分布范围上均有显著差异。载荷增大后由于裂纹的扩展，在相同归一化密度下不同类型的基体裂纹在数量上的差异缩小，归一化基体裂纹密度与单元数量为反向变化关系。直方图区间中的最大和最小值连线的斜率随载荷的增加而逐渐变小，这表明不同归一化基体裂纹密度所含单元数量的差异减小。

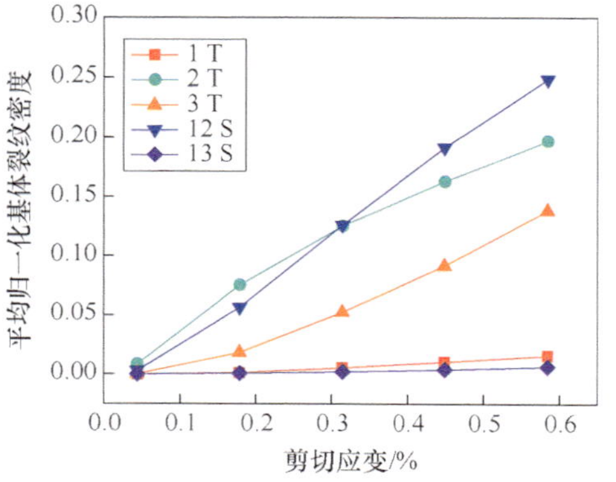

图 4.51　平均归一化基体裂纹密度的演化规律

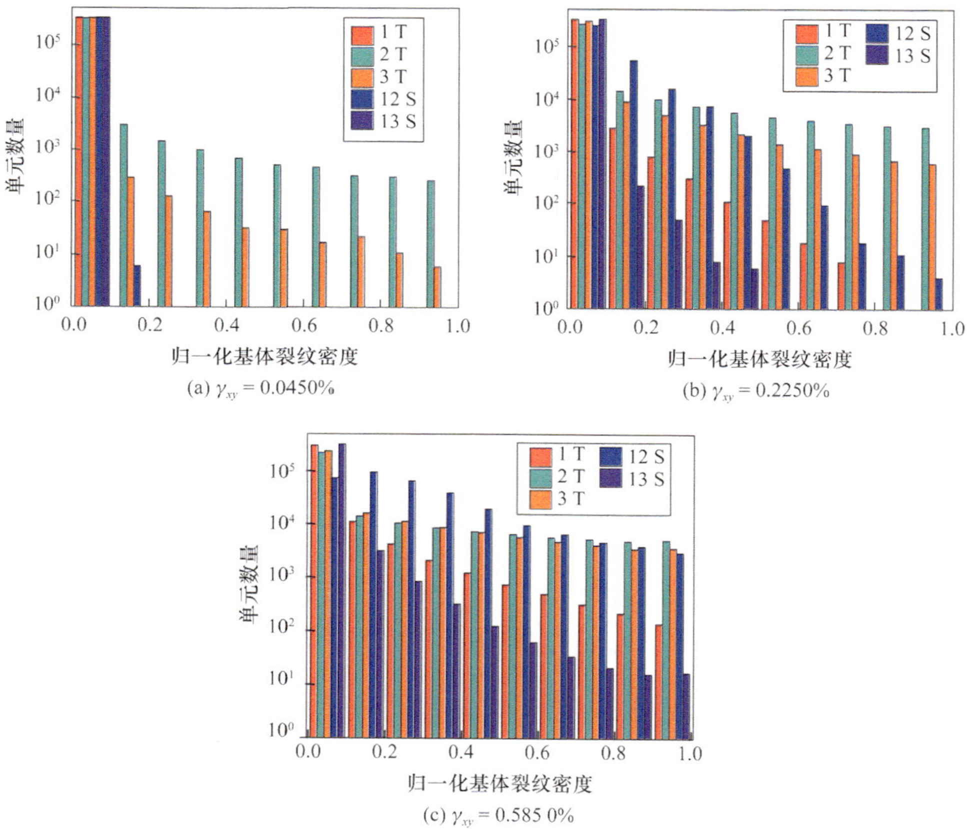

图 4.52　不同类型基体裂纹归一化密度演化直方图

4.5.2.3　细观结构的失效过程

图 4.53 为本书模拟的编织陶瓷基复合材料切口结构剪切载荷下的细观失效过程。失效区域起初主要出现在切口附近和纱线交叉的孔边位置，切口附近的失效面积较大。随着载荷的增加，失效区域逐步向周围扩展，不同层的失效过程类似。

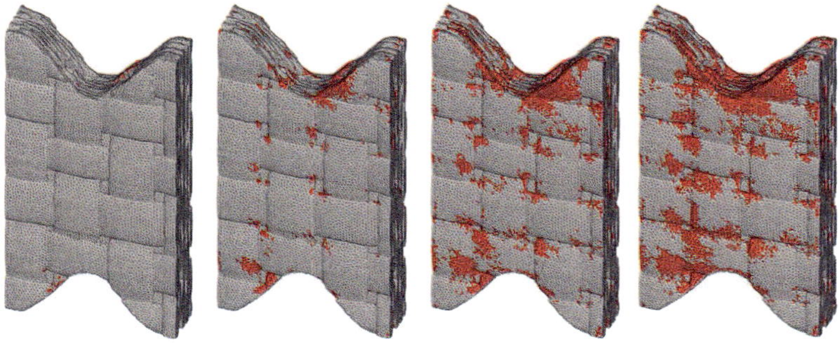

(a) ε_{xy}=0.0450%　(b) ε_{xy}=0.2250%　(c) ε_{xy}=0.5850%　(d) ε_{xy}=0.7200%

图 4.53　切口结构的剪切失效过程

仿真结果显示，编织陶瓷基复合材料切口结构在剪切失效过程中包含了多种纱线失效模式。当总体剪切应变达到 0.010%时开始出现 2 方向的拉伸失效并随之扩展。当总体剪切应变达到 0.030%时开始发生 3 方向的拉伸失效，并在剪切应变达到 0.045%时开始出现明显的扩展。当总体剪切应变达到 0.135%时出现 1 方向拉伸失效，并在总体剪切应变增加到 0.270%时出现进一步的扩展。对于纱线的剪切失效模式，在结构的总体剪切应变超过 0.180%时出现 13 面内剪切失效，超过 0.225%时出现 12 面内剪切失效，两者都在剪切应变超过 0.360%的时候出现明显扩展。

如图 4.54 所示单元的失效是逐步累积的过程，但是不同失效类型的扩展速度有差异。横向拉伸失效扩展速度最快，轴向拉伸和 13 面内剪切失效较慢。结构剪切失效时，发生 2 方向拉伸和 3 方向拉伸失效模式的单元数量最多，而发生 1 方向拉伸和 13 面内剪切失效的单元数量较少，除受力因素外纱线本身横向强度低轴向强度高也是一个重要的原因。纱线 12 面内剪切失效单元主要集中于经纬纱交叉边界之间的区域，12 面内剪切失效模式出现后结构的总体剪切刚度迅速下降并最终导致结构的破坏。可见提高纱线的横向拉伸强度，增强经纬纱交叉边界之间的抗剪能力有助于提高编织陶瓷基复合材料的剪切性能。

图 4.55(a)为本书模拟的编织陶瓷基复合材料切口结构的剪切破坏断口。模拟结果与试验结果(图 4.55(b))吻合，验证了本书提出的失效模拟方法的有效性。

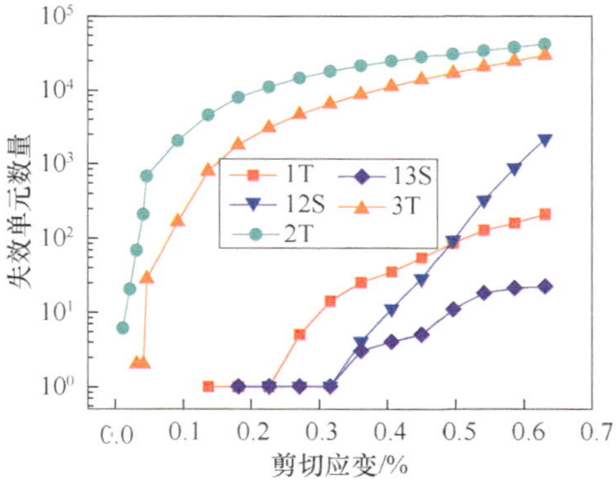

图 4.54　失效单元累积曲线

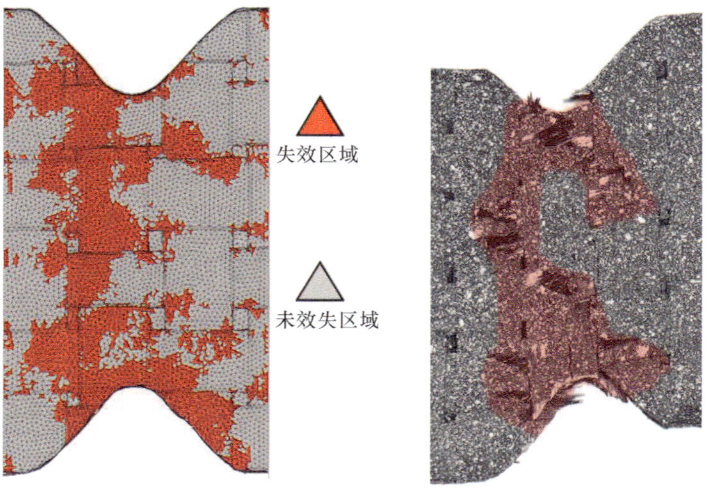

(a) 仿真结果　　(b) 试验结果

图 4.55　编织陶瓷基复合材料切口结构的剪切破坏断口

4.6　本章小结

本章首先介绍编织陶瓷基复合材料的力学行为与失效模式，然后着重阐述其力学建模方法，计算分析其力学行为的影响因素，最后介绍了复杂应力状态下的建模方法。主要结论如下：

（1）编织陶瓷基复合材料本构响应具有明显的非线性，其单向拉伸应力-应变曲线可以分为三个区间：初始线性段、非线性段和第二线性段。

（2）编织陶瓷基复合材料拉伸载荷下纤维束断裂基本发生在纤维束相交处，断口纤维拔出明显，存在基体开裂、界面脱粘和纤维断裂等细观损伤。

（3）提出了基于 XCT 的单胞细观结构建模方法，结合纤维束力学模型，建立了编织陶瓷基复合材料力学行为的多尺度有限元数值计算方法，拉伸应力-应变响应模拟结果与试验结果吻合较好。

（4）采用多尺度有限元数值计算方法分析了组分性能和细观结构对编织陶瓷基复合材料的力学行为的影响规律，发现通过提高纤维平均强度、界面剪应力、基体强度、纤维体积分数、纬纱密度、纤维布层厚等可以提高平纹编织陶瓷基复合材料经向强度。

第 5 章
纤维束复合材料疲劳行为与建模

5.1 引 言

纤维束复合材料是复杂预制体陶瓷基复合材料的基本承力单元，开展纤维束复合材料的疲劳行为与分析模型的研究是陶瓷基复合材料疲劳研究的基础。本章通过纤维束复合材料室温、高温以及空气和无氧环境下的疲劳试验，研究了其疲劳行为，获取基本细观失效模式，建立疲劳迟滞模型、疲劳极限和寿命预测模型，提出了模型参数的测试方法，分析影响纤维束疲劳性能的因素。由于航空发动机在时间服役过程中往往承受的是变幅疲劳载荷，为此，本章提出了变幅载荷下纤维束复合材料的疲劳寿命预测方法。

5.2 纤维束复合材料疲劳迟滞行为与损伤机理

因此纤维束复合材料在不同温度、气氛下表现出不同的疲劳迟滞行为。本节结合室温、高温以及空气和无氧环境下的纤维束复合材料疲劳试验结果，阐述纤维束复合材料不同环境下的疲劳迟滞行为与损伤机理。

5.2.1 纤维束复合材料疲劳迟滞行为

本节的试验材料是由 SiC 纤维、SiC 基体以及纤维与基体之间的界面相组成的纤维束复合材料，具体分类如表 5.1 所列。

表 5.1 SiC/SiC 纤维束复合材料分类

制造工艺 \ 界面	PyC	BN	PyC_SiC_PyC_SiC	SiC
CVI	0020、0021	0028	0031	0032
PIP	—	—	0029	—
MI	—	—	0034	0035

图 5.1 为 0020 纤维束复合材料室温疲劳载荷下力-位移曲线。从图中可以看出，疲劳力-位移曲线出现了很明显的迟滞现象。随着循环数增加，材料的残余应变增加，疲劳模量随循环数增加而减小，材料的迟滞耗散能增加。

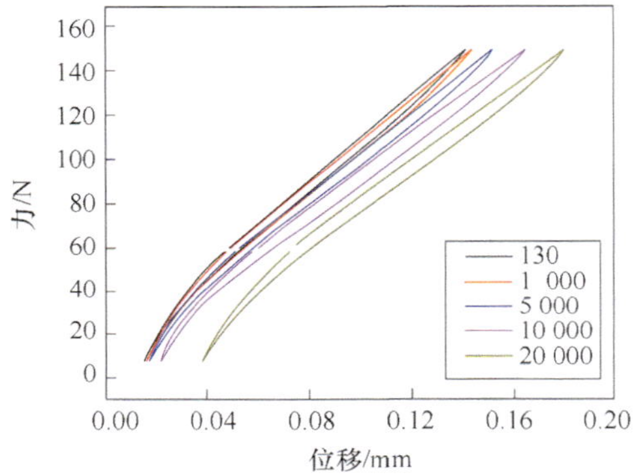

(a) 0020-003-019室温疲劳力-位移曲线

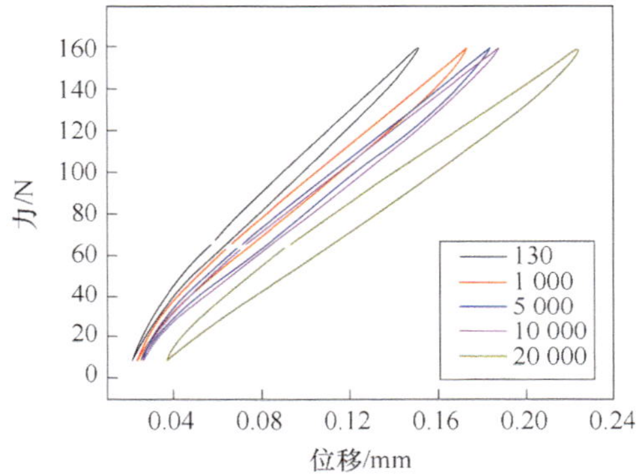

(b) 0020-003-021室温疲劳力-位移曲线

图 5.1 纤维束复合材料常温疲劳力-位移曲线

图 5.2 为纤维束复合材料在 1000℃有氧环境下的疲劳力-位移曲线。与室温情况相似，材料表现出了明显的迟滞现象。0028 试验件疲劳强度大于 0021 试验件，说明 0028 试验件的 BN 界面抗氧化性能优于 0021 试验件的 pyC 界面。

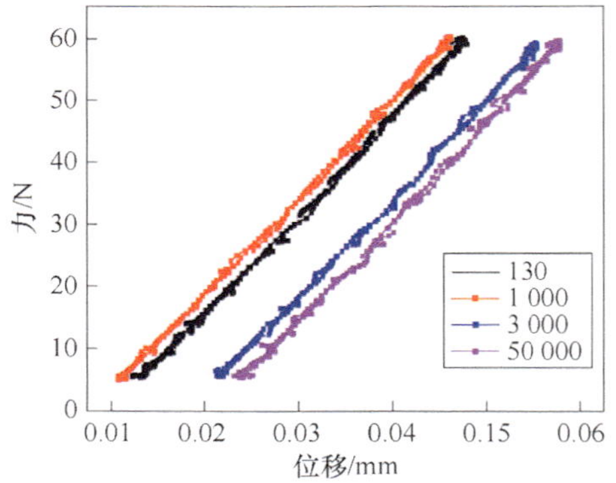

(a) 0021-015高温有氧疲劳力-位移曲线

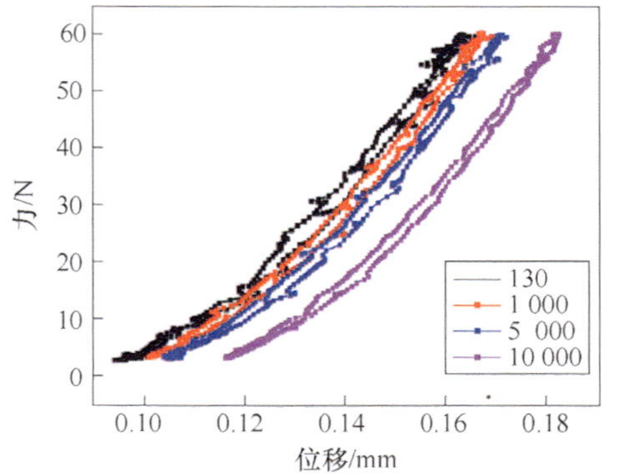

(b) 0028-001高温有氧疲劳力-位移曲线

图 5.2 纤维束复合材料高温有氧疲劳力-位移曲线

图 5.3 为高温无氧环境下纤维束复合材料疲劳力-位移曲线。可以看出，不同工艺、界面的纤维束复合材料在高温无氧环境下的疲劳力一位移曲线都表现出了很明显的迟滞现象，下面统一将疲劳力-位移曲线称为迟滞回线。

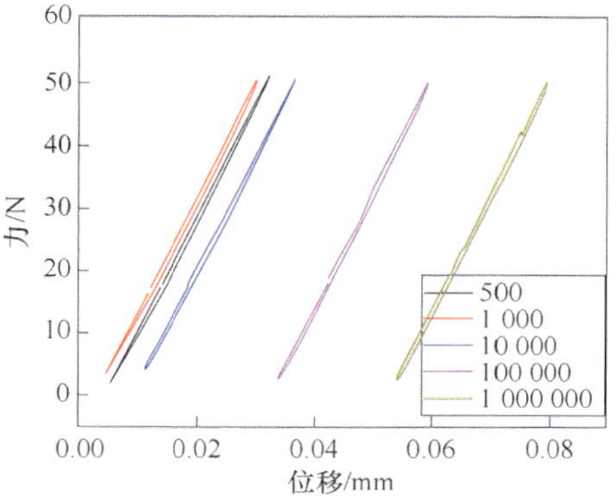

(a) 0021－089 800℃无氧疲劳迟滞回线

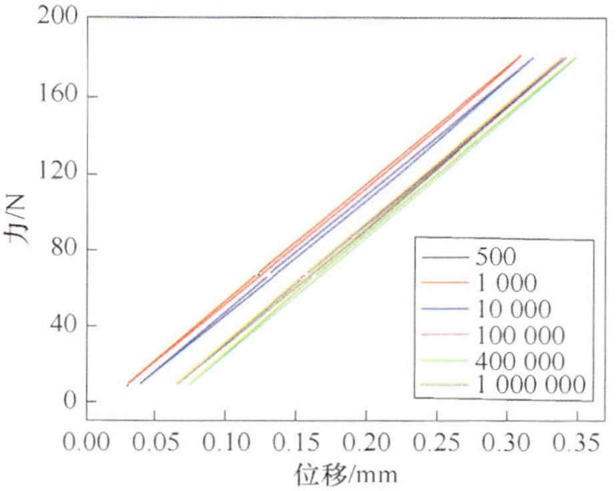

(b) 0029－016 800℃无氧疲劳迟滞回线

图 5.3　纤维束复合材料高温无氧疲劳迟滞回线

5.2.2　纤维束复合材料疲劳损伤机理

5.2.2.1　疲劳断口形貌

如图 5.4 中试样断口的微观形貌可以看出，高温无氧的疲劳断裂存在很明显的纤维拔出现象，并且纤维拔出长度不完全相同，呈阶梯形；如图 5.5(a)所示，一部分纤维断口比较平整，很明显能看出来纤维是脆性断裂，而从图 5.5(b)中发现一部分纤维断口不平整，存在纤维“劈裂”的情况，可能是因为在制备过程中纤维不平直，导致试件在受拉伸载荷时还额外承受了扭矩，在疲劳断裂时出现了图 5.5(b)所示的“劈裂”断口，在这种情况纤维依旧是脆性断裂。

(a) 断口形貌

(b) 局部断口形貌

图 5.4　高温无氧疲劳宏观断口形貌

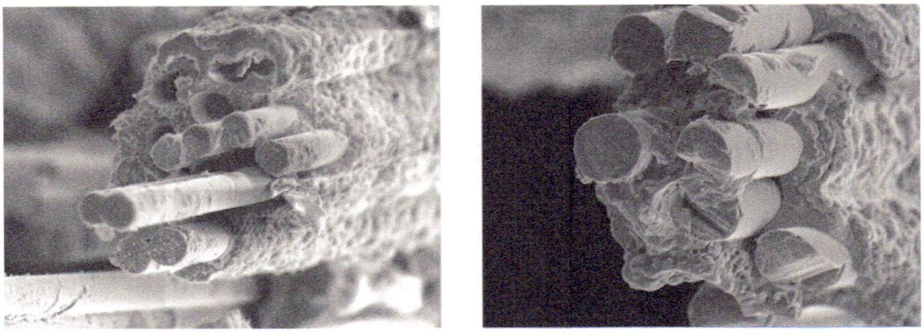

(a) 平整纤维断口　　(b) 不平整纤维断口

图 5.5　高温无氧疲劳纤维断口微观形貌

由前文试验结果可知，纤维束复合材料在疲劳载荷作用下，表现出明显的迟滞现象，曲线往右偏移，并且随着循环数增加，材料的残余应变增加，疲劳模量随着循环数增加而减小。疲劳断口存在很明显的纤维拔出现象，并且纤维拔出长度不完全相同，这是因为疲劳过程中脱粘区域充分发展，最后纤维断裂发生在脱粘区域的薄弱处，造成纤维拔出长度不同。纤维和基体之间反复摩擦，随着疲劳过程的进行脱粘界面趋于光滑，基体承受的力不断减小，造成材料的模量不断减小的现象，这也就是疲劳迟滞行为的形成机理。

5.2.2.2　基体裂纹

图 5.6 为试验时试件典型的基体裂纹增生的对比图片。

(a) HT－21循环1次状态　　(b) HT－21循环10^4次状态

图 5.6　高温无氧疲劳试验纤维束复合材料基体裂纹变化图片

同时，试验中也观察到随着循环数的增加，裂纹间隙随之变大。这是由于随着循环数的增加，基体和界面之间不断磨损，导致基体脱粘区域的长度增加，其承载能力逐渐下降，也就导致了基体裂纹间隙的增大。

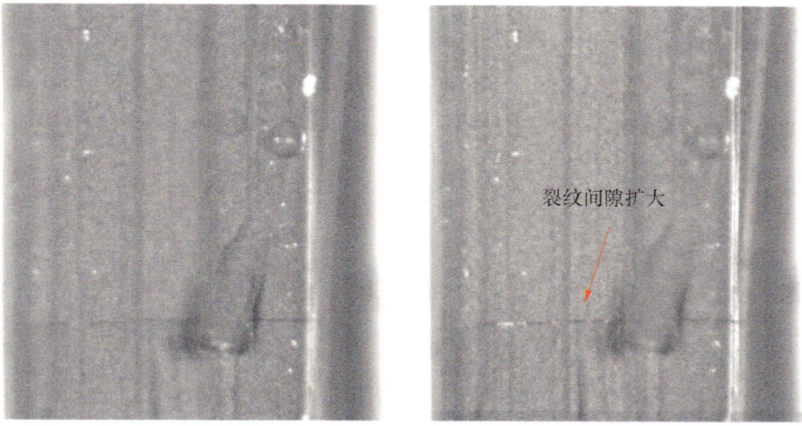

(a) HT－17循环1次状态　　(b) HT－17循环105次状态

图 5.7　HT－17 同一裂纹不同循环数下观测图

不同应力水平下，基体裂纹密度曲线如图 5.8 所示。从图可以看出，基体开裂损伤主要发生在疲劳初始阶段，这是由初始峰值应力载荷造成的，循环加卸载一次相当于试件经过了一次单拉，若载荷超过基体开裂应力，试件就会产生裂纹；若载荷超过单拉曲线中基体饱和应力，试件会直接进入裂纹饱和状态。不同的是，初始状态与循环数为 1 的状态相比，基体开裂主要是由峰值应力控制，而与高循环数下的试件相比，基体开裂的主要原因是疲劳迟滞带来的，残余应变的增加会使得裂纹未饱和试件萌生新的裂纹，微裂纹沿着材料的初始缺陷萌生并随着高频率的循环加卸载迅速横向扩展为整条裂纹，与此同时，因为近裂纹处的基体应力将卸载，所以会有新的裂纹出现在较长的黏结区域，直至饱和。但与首次加载造成的裂纹增生相比，由疲劳产生的基体裂纹会很少甚至为 0，例如图中 HT－15、HT－18 和 HT－19 曲线，裂纹数量在循环加载下几乎没有变化。

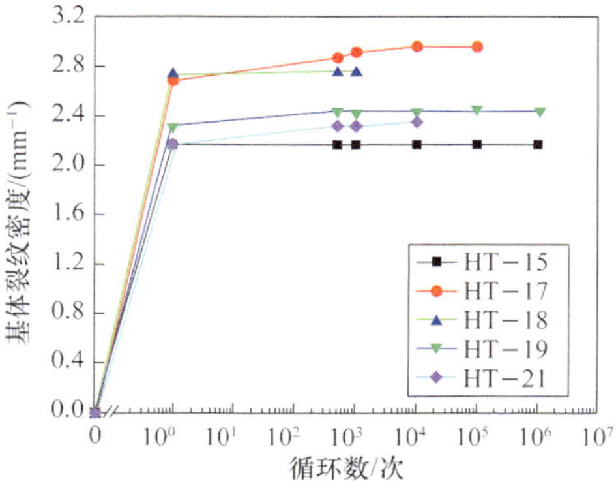

图 5.8　不同应力水平下基体裂纹密度随循环数变化点线图

5.2.2.3 界面磨损

进行高温 800℃无氧疲劳测试，计算其在不同循环数下界面剪应力。图 5.9 为纤维束复合材料界面剪应力归一化数据随循环数变化曲线。从图中可以看出，在常温疲劳加载试验中，材料的界面强度会随循环数逐渐下降，循环初期会有一个迅速退化的阶段，之后便会稳步下降，在对数坐标系下几乎呈线性下降趋势。

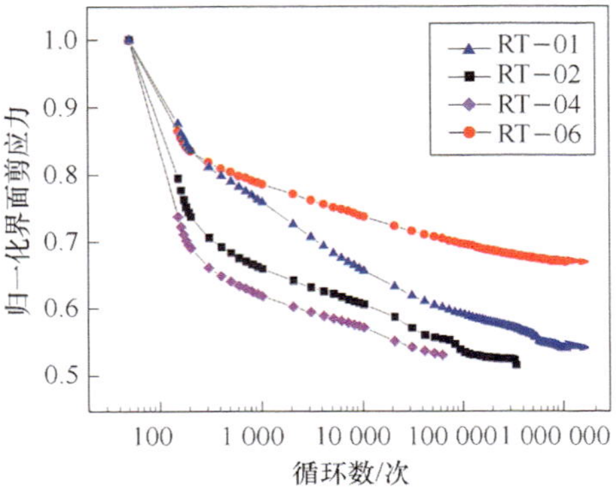

图 5.9 纤维束复合材料常温下界面剪应力退化曲线

相对的，在高温 800℃无氧环境下疲劳试验，其界面剪应力相比会略有增大。图 5.10 为界面剪应力归一化数据随循环数变化曲线。可以看出，在高温影响下，材料的界面剪应力会有所加强，这是由于基体/纤维径向热膨胀施加的热应力造成的。与常温下相同，其界面摩擦力会在初期较少循环数内迅速退化到一个较小值，但高温试验中下降幅度则更加显著。不同的是，部分试验件界面应力会发生稍有上升的情况，称为“疲劳强化”现象。本书猜想这是由于在没有氧化破坏的情况下，高温可能使界面与纤维和基体之间发生化学反应，从而界面强度变强，界面剪应力变大，但这种现象不会一直存在，在长时间的疲劳循环作用下，界面磨损退化会占主导，导致界面剪应力开始逐渐下降。

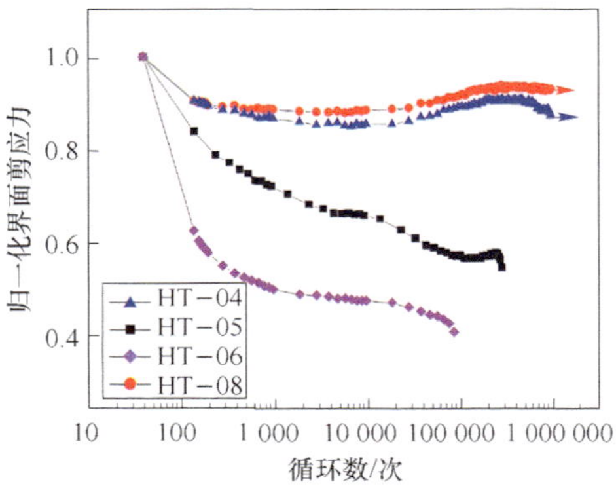

图 5.10 高温无氧下纤维束复合材料界面剪应力随循环数变化曲线

5.2.2.4　纤维断裂

对纤维束复合材料进行高温 800℃无氧环境疲劳声发射检测，获取不同应力水平下试件损伤声发射信号。图 5.11 所示为四种不同应力水平下试验时声发射检测试验所得纤维断裂率随循环数的水平梯度曲线。由图可以看出，在疲劳加载初期，纤维断裂率迅速增加进入平缓阶段，这意味着初始疲劳加载使得部分纤维在短时间内迅速断裂。在加载稳定期，纤维承载应力随界面脱粘程度和已断纤维会增加，但速率随界面磨损变化十分缓慢，基本达到平衡。最后，在材料失效前，纤维断裂会出现加速现象，直至最后所剩纤维无法承受很大的疲劳峰值应力而同时断裂，纤维断裂率达到 100%，材料失效。

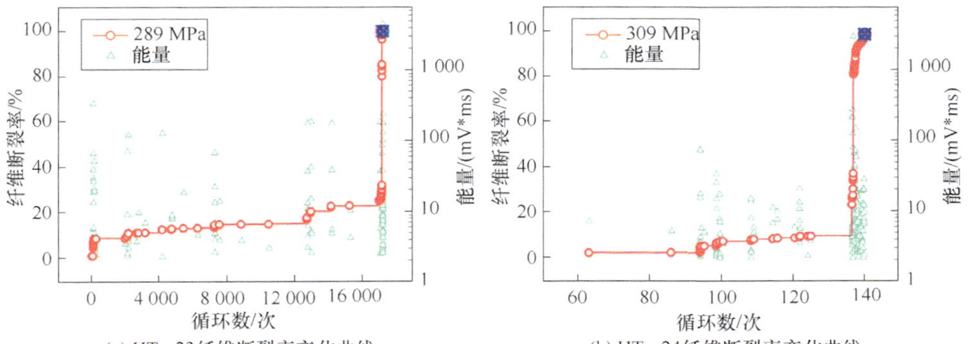

图 5.11　不同应力水平下失效试件的纤维断裂率演化

然而，根据测试发现，每次声发射监测试验参数会由于环境、操作过程和试件的不同而变化，并不一定相同，因此会直接导致所计算的试件断裂总累积能量值不相同，而无法利用当前累积能量除以总能量的方式获得未断裂试件的纤维断裂率。但是，由于在疲劳试验中断裂的试件，其断裂时对应的总能量总是对应着 100%纤维断裂率，因此，根据所得纤维断裂变化规律，本书基于已断裂试件的加载初期纤维断裂率随应力水平的关系，利用 Exponential 函数进行拟合，根据拟合曲线即可模拟得到一定应力水平高温疲劳试验下的初始纤维断裂率，计算得到 265 MPa 峰值应力下的初始纤维断裂率，得到如图 5.12 所示 HT - 25 完成循环试件的纤维断裂率变化曲线。

5.2.2.5　疲劳峰值载荷对迟滞回线的影响

图 5.13 为 0020 在室温下不同疲劳峰值载荷在循环数为 10000 时的迟滞回线，图 5.14 为不同工艺一界面的纤维束复合材料在高温无氧环境下不同疲劳峰值载荷、同一个循环数下的迟滞回线对比图。从整体趋势上看，不论是室温还是高温无氧迟滞回线，随着峰值载荷的增大，迟滞回线呈右移的趋势，割线模量降低，迟滞环围成的

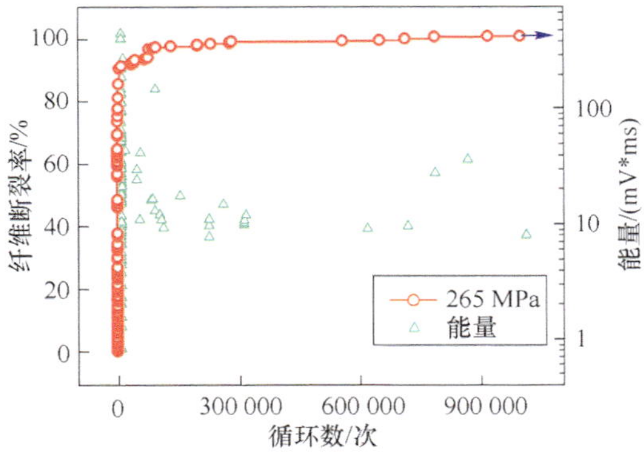

图 5.12 完成循环数试件 HT－25 纤维断裂率变化曲线

面积增大,滑移长度增长,残余应变增大。

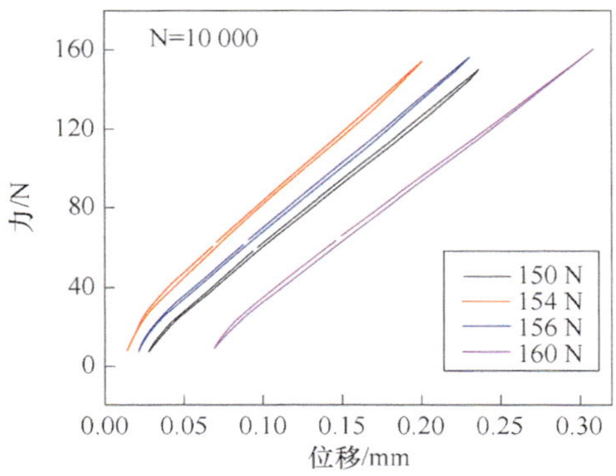

图 5.13 0020 室温不同疲劳峰值载荷迟滞回线

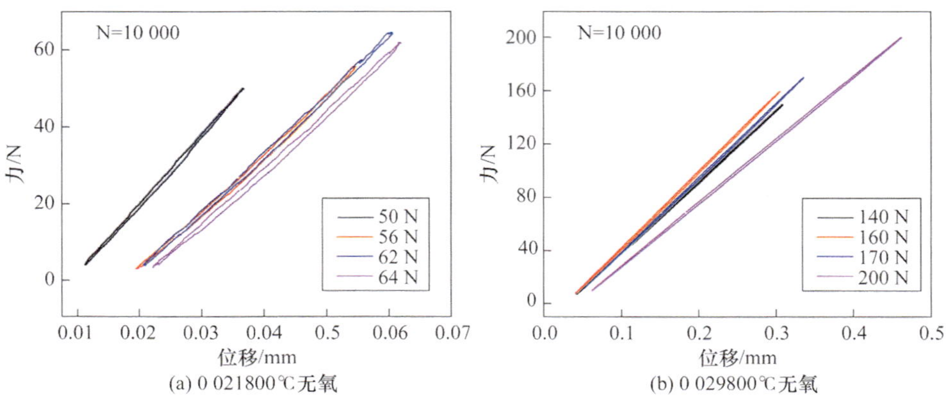

图 5.14 纤维束复合材料不同峰值疲劳载荷下迟滞回线

5.3　纤维束复合材料疲劳损伤分析模型

纤维束复合材料在疲劳过程中包含了基体开裂、界面脱粘、界面滑移、界面磨损以及纤维断裂等损伤模式，其中界面磨损是陶瓷基复合材料最关键的一种疲劳损伤。本节结合纤维束复合材料的疲劳细观失效机理，使用细观力学分析方法与数值拟合的方法研究纤维束复合材料内部的基体、纤维与界面的力学性能变化，建立各组分的细观损伤模型。

5.3.1　基体开裂模型

采用本书 3.3.1 节中的 CMSE 准则模拟疲劳载荷下的基体开裂。为了实现计算，首先需确定初始裂纹间距 L_0。其计算方法为，计算在应力为 σ_{cr} 下，U_m 随 L 的变化，然后使 $U_m(L)=U_{m,cr}$，便得到 L_0，一般 $U_{m,cr}$ 略大于 U_{m0}，针对本节材料，令 $U_{m0}=0.99U_{m,cr}$。

上述方法中，在循环计算过程中，主要是界面剪应力的变化和纤维断裂百分数的变化控制着所计算得到的平均裂纹间距 L，这就导致了，若代入的界面剪应力是始终下降的，那会使得计算出的裂纹间距是变大的，这不符合常理，而纤维断裂率的变化是十分微小的，对基体裂纹的影响也可以忽略不计，所以会导致最终计算出的裂纹密度是始终无变化的，在首次循环就已饱和。然而，这与前文试验得到的结果相比，有一定的偏差，主要体现在疲劳加载中期。

因此，本节建立了一种通过试验所得规律对模型的计算进行合理修正的方法。首先，在利用 CMSE 准则模拟疲劳计算过程中，将模型计算所得的 1 循环下的裂纹间距作为材料在首次循环加卸载后的平均裂纹间距。然后，根据前文试验结果，认为基体裂纹饱和密度为 2.693/mm，即平均裂纹间距为 0.371 3 mm。若疲劳峰值应力处于疲劳应力区间之内，则基体裂纹密度会在疲劳过程中，有一个指数递增的叠加，直至裂纹密度达到饱和。利用观测得到的基体裂纹密度随循环数变化规律，在指数坐标系下使用数学拟合的方法得到 1 次循环裂纹间距至饱和循环数裂纹间距之间的递增斜率，如图 5.15 所示，并认为疲劳应力区间中最小应力对应的递增斜率为 0，将其与最大斜率对应的应力水平做线性插值，得到裂纹叠加递增斜率与疲劳峰值应力的关系，并将其带入到计算模型中去。其效果如图 5.16 所示。

5.3.2　界面磨损模型

循环载荷作用下，纤维束复合材料中脱粘的界面相会发生磨损，导致纤维与基体间的界面逐渐光滑，摩擦系数减小，摩擦力减小，基体的承载作用减弱。当界面磨损

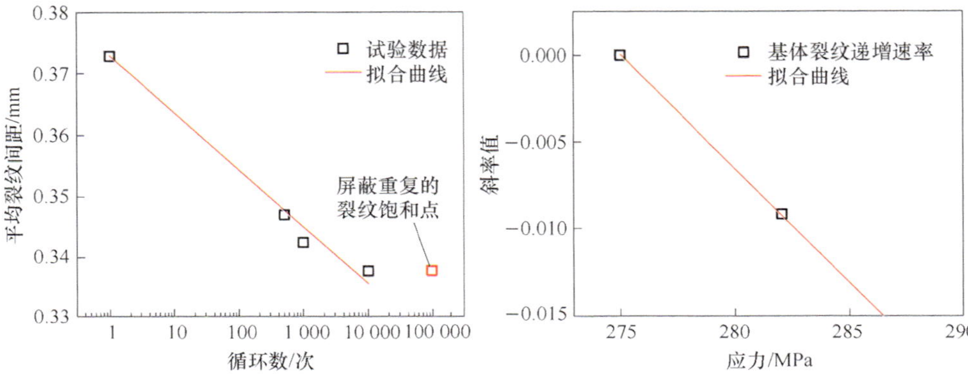

(a) 基体裂纹递增速率拟合曲线　　(b) 裂纹叠加递增速率与应力关系曲线

图 5.15　基体裂纹叠加递增速率与疲劳峰值应力关系拟合

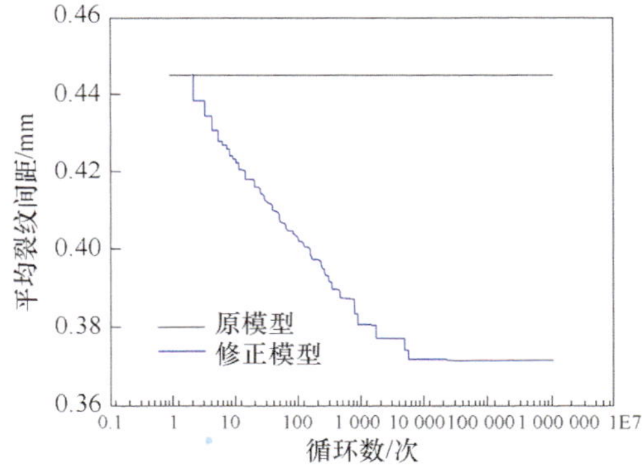

图 5.16　修正后的基体开裂模型模拟效果对比

到一定程度时，基体承载能力几乎完全失效，纤维独自承载，因此界面磨损成都是表征纤维束复合材料疲劳性能退化的主要因素。

由于实际疲劳试验中，在不同的疲劳峰值载荷下，材料完成的循环数不同，也并非都完成了 10^6 次循环数，导致不同峰值载荷的 $\tau-N$ 曲线中的 N 并不是完全相同的，使用这种曲线拟合出来的模型并不完整，于是本节对试验数据进行了修正，主要是两方面：(1)对于疲劳断裂失效的试件，取其断裂前较稳定的界面剪应力数值，持续至 1 000 000 循环。(2)高温下的疲劳试验，出现了常温没有的“界面强化”现象，本节在对这部分“界面强化”的 $\tau-N$ 曲线进行处理，由于在界面剪应力增大后纤维承载减小，更不易失效，所以对于界面剪应力出现上升的循环数，令其值等于上一循环数的界面剪应力。另外，认为对于同种试件，初始界面剪应力总是相等的，基于试验数据，取其数值为 4.365 MPa。本节基于三种不同疲劳峰值应力下 $\tau-N$ 曲线进行线性插值拟合，如图 5.17 所示。

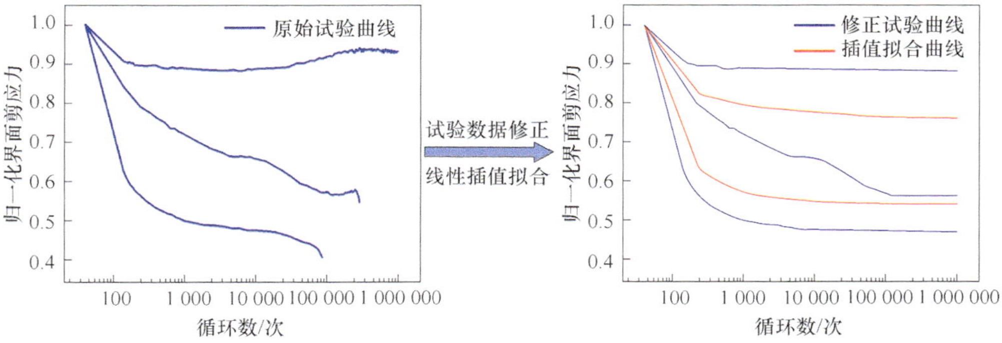

图 5.17　界面磨损模型模拟

5.3.3　纤维断裂模型

使用本书 3.3.2 节中的纤维缺陷分布模型模拟疲劳载荷下的纤维断裂。同样，为了得到 $P(B_j)$，需对原位纤维进行纤维单丝拉伸试验获取纤维的强度分布，然而高温无氧环境下的单丝强度试验十分困难，这里选择一种强度折减法，将 SiC/SiC 纤维束复合材料高温无氧环境下的强度与常温下的强度进行比较，获得折减系数，然后将常温下的单丝强度分布进行系数折减，得到高温下的原位单丝强度分布，本书中折减系数为 0.876。

随机选取 $N_l=120$ 根长度为 25 mm 的国产二代 SiC 纤维单丝，首先对纤维单丝进行高温无氧热处理(1000℃，500h)，认为其成为原位纤维，然后对原位纤维进行单丝拉伸试验，得到原位纤维的强度。测得最小强度值为 0.315 GPa，最大强度值为 4.144 GPa，将常温下得到的单丝强度值乘以高温折减系数后记录统计，获得的各缺陷参数的值如表 5.2 所示。

表 5.2　国产二代 SiC 纤维原位纤维单丝强度分布

等级	S_j/GPa	c_j	$P(B_j)$	等级	S_j/GPa	c_j	$P(B_j)$
1	0.310	4	0.033	26	1.987	5	0.042
2	0.377	2	0.017	27	2.054	6	0.050
3	0.444	2	0.017	28	2.121	7	0.058
4	0.511	2	0.017	29	2.188	1	0.008
5	0.578	4	0.033	30	2.255	3	0.025
6	0.645	1	0.008	31	2.322	11	0.092
7	0.712	0	0.000	32	2.389	9	0.075
8	0.779	2	0.017	33	2.456	1	0.008
9	0.846	0	0.000	34	2.523	2	0.017

续 表

等级	S_j/GPa	c_j	$P(B_j)$	等级	S_j/GPa	c_j	$P(B_j)$
10	0.913	2	0.017	35	2.590	1	0.008
11	0.981	2	0.017	36	2.657	3	0.025
12	1.048	0	0.000	37	2.725	3	0.025
13	1.115	0	0.000	38	2.792	0	0.000
14	1.182	0	0.000	39	2.859	3	0.025
15	1.249	0	0.000	40	2.926	1	0.008
16	1.316	3	0.025	41	2.993	1	0.008
17	1.383	3	0.025	42	3.060	2	0.017
18	1.450	2	0.017	43	3.127	1	0.008
19	1.517	1	0.008	44	3.194	4	0.033
20	1.584	3	0.025	45	3.261	1	0.008
21	1.651	4	0.033	46	3.328	1	0.008
22	1.718	1	0.008	47	3.395	1	0.008
23	1.785	5	0.042	48	3.462	0	0.000
24	1.853	6	0.050	49	3.529	0	0.000
25	1.920	3	0.025	50	3.596	1	0.008

将上述纤维强度分布应用到高温疲劳纤维断裂模拟当中去计算过程中，基于圆柱单胞中的纤维应力分布来判断纤维是否断裂。利用上述方法进行循环迭代计算，结果如图 5.18 所示，在计算过程中，纤维断裂率变化主要集中在加载初期和断裂加速期，这与试验结果相符。

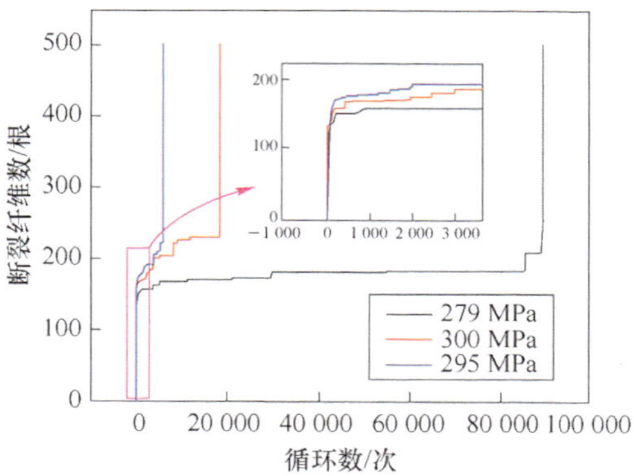

图 5.18　原模型断裂纤维数计算结果曲线

5.4　纤维束复合材料疲劳极限模型

疲劳极限是衡量陶瓷基复合材料疲劳性能的重要指标，目前鲜有针对纤维束复合材料疲劳极限的研究。本节基于细观力学方法建立了一种纤维束复合材料疲劳极限的预测模型，预测了纤维束复合材料疲劳极限。

5.4.1　基本思想

如图 5.19(a)所示，在纤维束复合材料疲劳的初始阶段，基体发生开裂，伴随着基体裂纹的出现，界面开始部分脱粘与滑移，同时界面发生磨损，界面剪应力下降，直至界面完全脱粘，如图 5.19(b)所示。

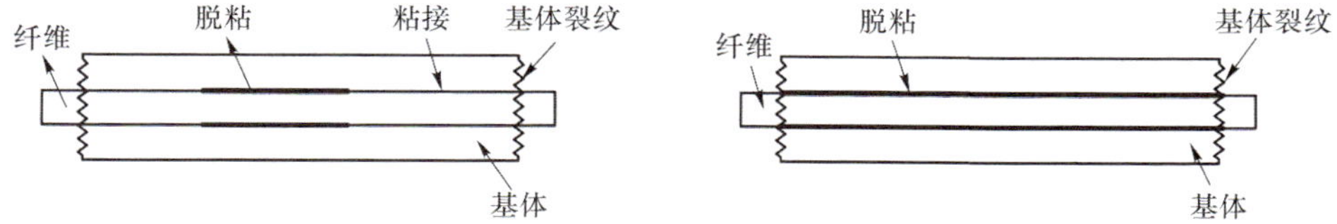

图 5.19　疲劳过程中界面状态

当界面剪应力下降到很小的时候，根据剪滞模型的理论，此时可以忽略界面剪应力对纤维与基体间的应力传递作用，可以将基体与纤维之间近似地看成是完全光滑的状态，材料完全由纤维承载，称此时的状态为纤维束复合材料的疲劳极限状态。

5.4.2　疲劳极限预测模型

在疲劳极限状态下，材料完全由纤维承载，而纤维在疲劳极限状态之前其实断裂的很少，大部分纤维都是在材料即将失效之前同时断裂，所以可以近似的认为处于疲劳极限状态下的纤维总数为材料原始的纤维总数，基于上述假设，本书提出了一种疲劳极限预测模型：

$$F/(K(1-D(n))\pi r^2)=\sigma_{n+1} \tag{5.1}$$

式中，F 是材料所受疲劳载荷，K 是纤维束复合材料内部的纤维单丝总数，$D(n)$是当纤维所受应力为.σ_n.时材料的纤维断裂百分数，r 为纤维单丝的半径。F 是需要预测的疲劳极限，K、r 在材料制备完成时已经得到，$D(n)$是通过试验方法测量的纤维单丝强度分布得到的。

疲劳极限预测模型的重要前提是纤维单丝的强度并不是完全一致的，纤维单丝在制备过程中可能因为不同程度的缺陷而表现出不同等级的强度。式(5.1)所示的应力迭代模型就是模拟纤维逐步断裂的过程，疲劳峰值载荷不变的情况小，强度较低的纤维总会提前断裂，导致整个材料受力面积减小，从而纤维承载增加，而纤维所受应力的增大会使一部分强度更高的纤维断裂，如此循环；在每一个峰值应力下，纤维会断裂到一个固定的数量而保持平衡，此时纤维不会发生断裂，纤维应力也不增加，当纤维断裂的固定数量为纤维总数时，此时的疲劳峰值载荷即材料的疲劳极限。疲劳极限预测的流程图如图 5.20 所示：

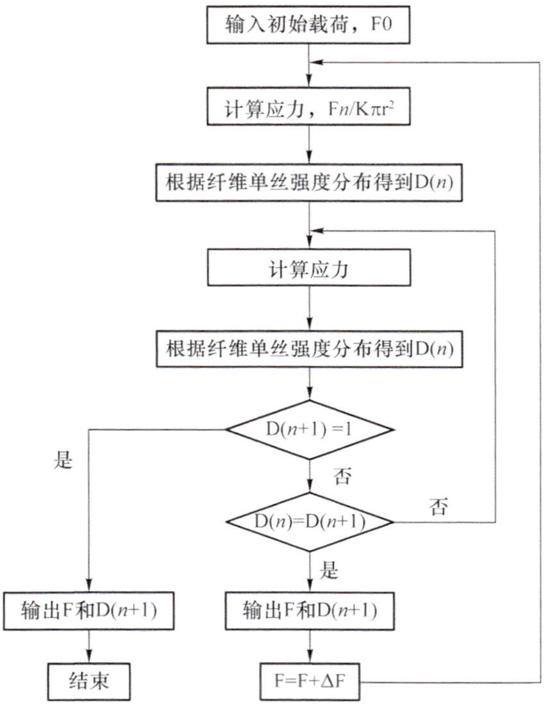

图 5.20　疲劳极限预测流程图

给定一个初始疲劳峰值载荷 F_0，此时纤维所受的应力 $\sigma_0=F_0/K\pi r^2$，将 σ_0 与纤维单丝强度分布进行对比得到新的纤维断裂百分数 $D(0)$，再将 σ_1 与纤维单丝强度分布进行对比得到新的纤维断裂百分数 $D(1)$，按照如此步骤迭代直到达到平衡，$\sigma_{n+1}-\sigma_n$ 小于一个极小值，此时 $D(n)=D(n+1)$，记录疲劳载荷 $F=F_0$；然后在 F_0 上加上一个载荷 ΔF 得到新的疲劳峰值载荷 F_1，然后重复上述步骤。按照这样的方法循环直到找到一个 F_{n+1} 使得无法完成上述迭代平衡，纤维断裂百分数 $D(n)$ 的值会达到 100%，即此时材料中纤维单丝全部断裂导致材料失效，这样就得到了疲劳极限载荷 $F=F_n$。

5.4.3　疲劳极限预测模型验证与分析

为了验证本书所预测的纤维束复合材料疲劳极限的有效性，采用本书提出的疲劳极限预测模型对 SiC/SiC 纤维束复合材料疲劳极限进行预测。预测结果与试验结果对比如图 5.21 所示。

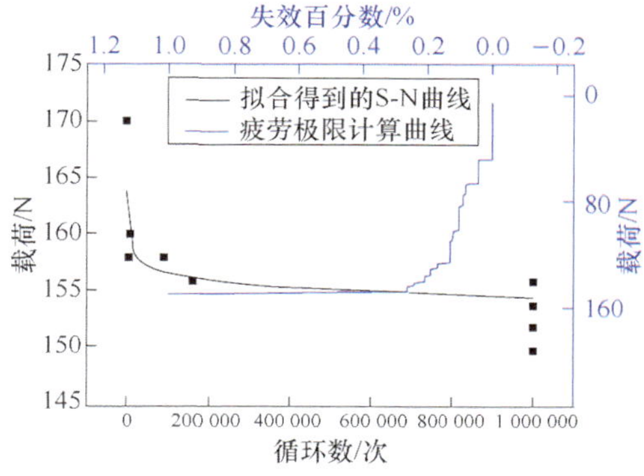

图 5.21　疲劳极限预测值与试验值对比

从图 5.21 中可以看出，疲劳极限的试验值为 155N 左右，本书疲劳极限预测模型的预测值为 150N 左右，本书的预测值与试验值误差为 3.2%，吻合较好。

5.5　纤维束复合材料疲劳寿命模型

5.5.1　纤维束复合材料疲劳寿命分析模型

本节的高温疲劳寿命分析模型主要是以剪滞模型为框架，结合上一小节中建立的细观损伤模型，实现纤维束复合材料高温无氧疲劳寿命的预测，该模型流程如图 5.22 所示。

上述模型中，首先输入材料的基本性能参数，其中高温无氧下的参数如纤维和基体弹性模量，可通过高温单拉应力-应变曲线识别得出。然后基于试验数据利用界面磨损模型获得所计算疲劳峰值应力下对应的 $\tau - N$ 数据。使用基体开裂模型计算基体裂纹间距 L，并对材料进行分段，通过纤维强度缺陷概率分布模型给每个纤维单元赋予强度，并与剪滞模型计算得到的纤维应力分布进行比较，判断失效纤维，直至纤维断裂率达到 100%，判断材料失效。

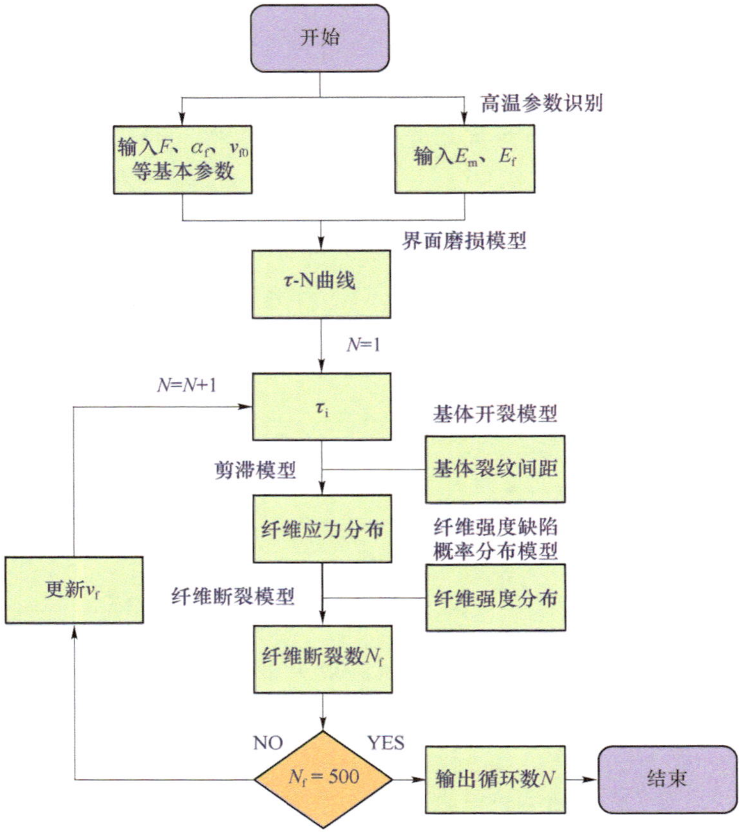

图 5.22　基于细观力学模型的高温疲劳寿命计算流程图

5.5.2　模拟试验结果对比

图 5.23(a)给出了 SiC/SiC 纤维束复合材料高温无氧疲劳寿命计算结果和试验 S－N 曲线。可以看出,计算结果趋势基本符合试验所获得的应力-寿命曲线,大部分试验结果都在预测寿命 5 倍分散带内,如图 5.23(b)所示,均在可接受范围内。

5.6　变幅载荷下纤维束复合材料疲劳损伤行为

通过大量研究者的研究成果,已经对陶瓷基复合材料的常幅疲劳特性和失效机理有了深入的认识。但针对陶瓷基复合材料的变幅疲劳特性和失效机理的研究还没有相关文献记载,纤维束复合材料是由单束纤维沉积界面和基体制作而成,因为纤维束复合材料的结构和力学模型相对简单,是研究陶瓷基复合材料疲劳寿命、迟滞行为

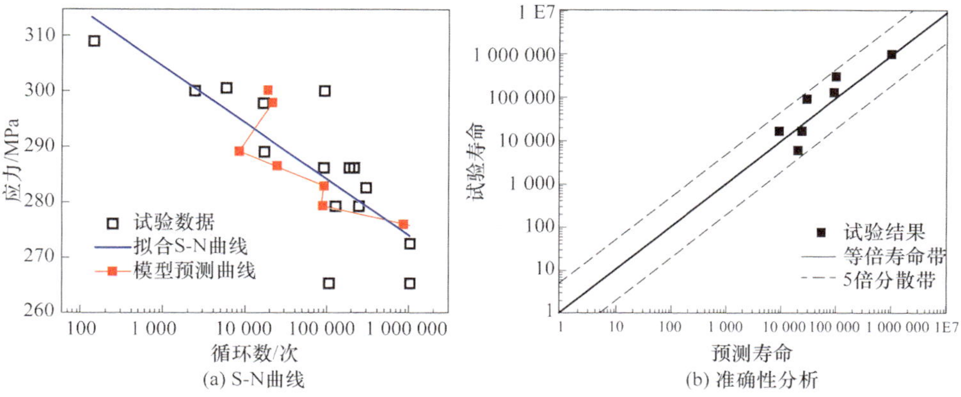

图 5.23　SiC/SiC 纤维束复合材料高温无氧疲劳寿命预测

和损伤机理的合适对象。

本节探索了适合陶瓷基复合材料的变幅循环加卸载试验方法，在室温和高温无氧环境下对纤维束复合材料开展变幅疲劳试验，探究了陶瓷基复合材料在变幅疲劳下的失效机理，研究了变幅疲劳下加载次序对于其疲劳寿命和迟滞行为的影响规律。

5.6.1　变幅循环加卸载疲劳试验

根据材料静态拉伸试验结果，选取$\sigma_1 < \sigma_2 < \cdots < \sigma_j$，共 j 个载荷幅值，试验分为变幅加载循环和长循环两个加载阶段。在变幅加载循环阶段，根据试验要求选取 i 个载荷幅值进行排列组合作为加载顺序，各载荷幅值分别进行 n 个循环；变幅加载循环阶段结束后，长循环阶段选取σ_i 作为循环载荷进行循环，直至两阶段总共循环达到 1 000 000次，认为试验件不会再发生疲劳破坏。

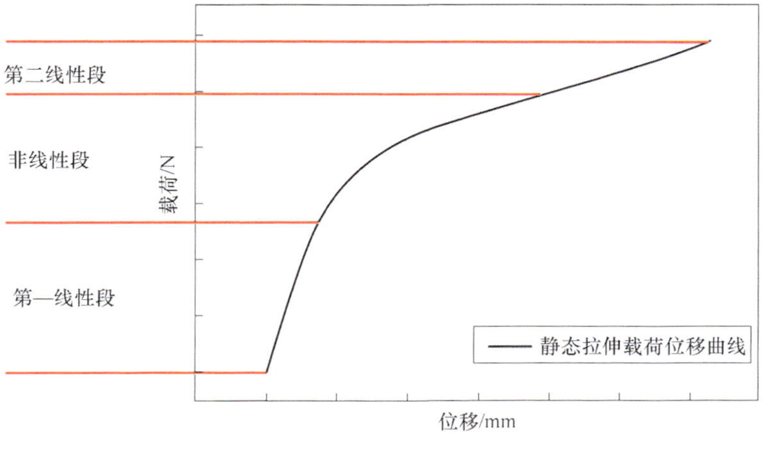

图 5.24　纤维束复合材料的静态拉伸位移-载荷曲线

对 0034、0215 两种纤维束复合材料分别进行室温和 1200K 高温静态拉伸试验后，选定载荷如表 5.3 所列。

表 5.3 变幅疲劳循环峰值载荷选取

试件类型	工艺	基体	界面	σ(N)
0215	CVI	SiC	PyC+SiC	60、65、70、75、80
0034	MI	SiC	PyC+SiC	150、160、170

每个加载阶段的循环数 n 最初定为 5 000，根据试验结果发现，n 值越小对试验件寿命以及后续迟滞行为影响越小，故 n 值在研究过程中也在根据研究重点进行调整。

5.6.2 加载顺序对材料疲劳寿命的影响

纤维束复合材料变幅疲劳试验结果(表 5.4)表明：变幅疲劳试验中加载次序对陶瓷基复合材料疲劳寿命存在影响。下表中试验方法一栏 $\sigma_x-\sigma_y-\sigma_{x\&ymax}-n$，其中 σ_x 表示第一个加载阶段的循环峰值载荷大小，σ_y 表示第二个加载阶段的循环峰值载荷大小。$\sigma_{x\&ymax}$ 表示 σ_x、σ_y 中的较大值，n 为第一、二个加载阶段的循环次数，第三阶段则循环至 10^6 次。根据试验结果发现，无论在室温还是高温无氧环境下，$i=2$ 时即两级变载荷循环加卸载试验中，小–大加载顺序的试验件寿命明显高于大–小加载顺序的试验件。

表 5.4 变幅疲劳试验件疲劳寿命结果

试验方法	试验温度	试验件编号	疲劳寿命/次	平均寿命/次
55-60-60-5000	1200K	0215-001	1000000	1000000
60-55-60-5000	1200K	0215-002	1000000	1000000
55-60-60-10000	1200K	0215-005	440000	440000
60-55-60-10000	1200K	0215-006	48000	44083
		0215-009	40166	
150-160-160-10000	1200K	0034-050	59745	204636
		0034-053	428888	
		0034-057	125275	
160-150-160-10000	1200K	0034-051	136733	134653
		0034-056	206526	
		0034-058	60699	
150-170-170-10000	1200K	0034-064	89436	89436
170-150-170-10000	1200K	0034-065	65581	65581

续 表

试验方法	试验温度	试验件编号	疲劳寿命/次	平均寿命/次
150 - 160 - 160 - 20000	1200K	0034 - 068	78731	78731
160 - 150 - 160 - 20000	1200K	0034 - 069	1000000	1000000
60 - 70 - 70 - 20000	1200K	0215 - 007	1000000	1000000
70 - 60 - 70 - 20000	1200K	0215 - 010	593786	593786
60 - 70 - 70 - 20000	室温	0215 - 018	1000000	1000000
70 - 60 - 70 - 20000	室温	0215 - 013	1000000	1000000
55 - 65 - 65 - 20000	1400K	0215 - 012	1000000	1000000
65 - 55 - 65 - 20000	1400K	0215 - 019	42959	435716
	1400K	0215 - 020	828472	

而且在试验过程中可以发现，大-小加载顺序的试验件在第一个变幅加载阶段，即使用σ_2载荷进行加载时就很容易发生断裂；而小-大加载顺序的试验件只要完成第一个变幅加载阶段，即使用σ_1载荷完成加载阶段就基本能够完成第二个变幅加载阶段进入长循环阶段。综合看来，可以确定小-大加载顺序的循环试验试验件的寿命要大于大-小加载顺序的循环试验试验件的寿命这一结论。

将变载荷循环加卸载试验试验件的寿命数据与常幅循环加卸载试验试验件寿命拟合得到 S-N 曲线对比，发现小-大加载顺序的变载荷循环试验试验件在经历过小载荷加载阶段后，能承载的大载荷循环数要远大于直接进行大载荷常幅循环的循环数，即小载荷对纤维束复合材料疲劳性能存在“锻炼效应”。但是由于纤维束复合材料的性能分散性，并不能得到小-大加载顺序能够加强纤维束复合材料疲劳性能这一结论，可能是比较薄弱的纤维束复合材料在小载荷σ_1的加载阶段就已经发生破坏，完成小载荷σ_1的加载阶段的纤维束复合材料是已经经过“筛选”的较强材料。综上，得到如果试验件完成变载荷循环阶段，那么此试验件再进行疲劳循环时疲劳寿命一般会大于直接进行相同载荷常幅疲劳试验的试验件这一结论。

5.6.3　加载顺序对材料迟滞行为的影响

图 5.25(a)中可以看出在经历过两级变幅加载阶段后，小-大加载顺序的试验件迟滞回线累积右移位置更小一些，这说明不同加载顺序进行疲劳试验对试验件造成的损伤时不同的，小-大加载顺序造成的损伤会更小一些。到了长循环阶段经历一定循环后，两者迟滞回线位置逐渐靠近，加载顺序对试验件疲劳进程的影响较小逐渐被大载荷循环的疲劳损伤消弭。图 5.25(b)中迟滞模量的变化也可以看出，在长循环初期小大载荷的迟滞模量会更大一些，经历一定循环后两试验件迟滞模量无明显差距。

增加每个变幅加载阶段循环数到 $n \geqslant 20000$，在 1 200 K 无氧环境和室温下对

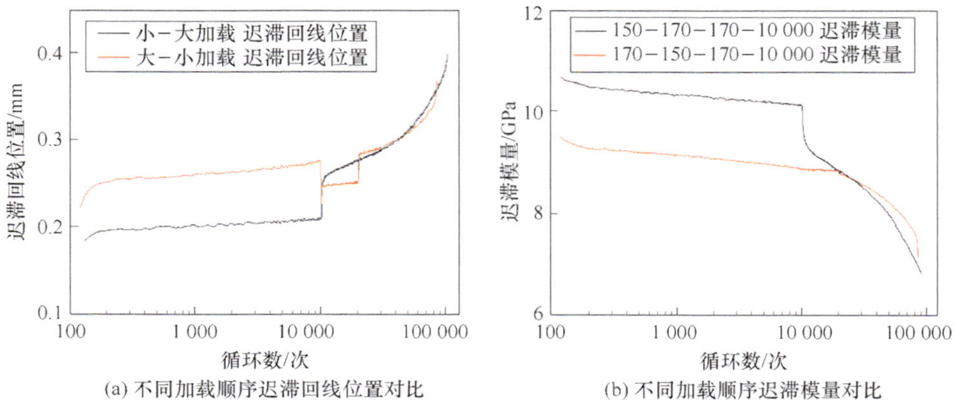

图 5.25 0034 材料 $\sigma_1=150$N、$\sigma_2=170$N、$n=10\ 000$ 迟滞行为

0215 材料进行静态拉伸试验后，选取$\sigma_1=60$N、$\sigma_2=70$N 进行变载荷循环加卸载试验，试验结果如图 5.26 所示。可以看出变载荷循环加卸载试验件的迟滞行为规律在室温环境和 1 200 K 无氧环境下并没有明显差异。但是在室温下，无论何种加载顺序的试验件在长循环过程中都短暂有迟滞回线左移、迟滞模量上升的情况出现，这说明在室温下试验件更易出现疲劳强化的现象。在高温环境下，试验件的迟滞回线右移倾向更为明显，且试验件的位移增长幅度确实也更大一些，其中大-小加载顺序的试验件迟滞回线右移迅速。而这些试验件迟滞模量并没有明显变化。

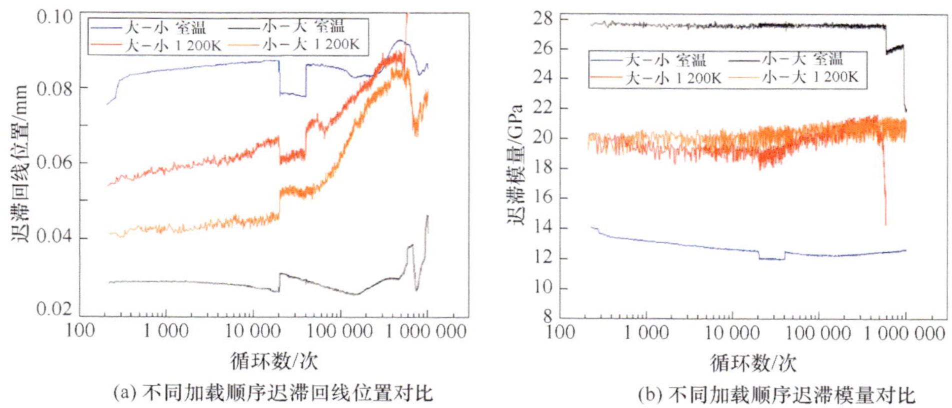

图 5.26 0215 材料 $\sigma_1=60$N、$\sigma_2=70$N、$n=2\ 0000$ 迟滞行为

设置多级载荷一$\sigma_1-\sigma_3-\sigma_2-\sigma_4-\sigma_1-\sigma_4-\sigma_2-\sigma_3-\sigma_1$和多级载荷二$\sigma_4-\sigma_2-\sigma_3-\sigma_1-\sigma_4-\sigma_1-\sigma_3-\sigma_2-\sigma_4$两种载荷在 1200K 无氧环境下进行试验。试验结果如图 5.27 所示。图中(a)和(b)是使用$\sigma_1=55$N 的小载荷作为第一级变幅加载阶段的循环载荷开始试验得到的试验数据，观察图中曲线可以看出除了第一阶段的σ_1小载荷循环时迟滞回线位置右移速度较快、迟滞模量下降幅度较大外，在经历过第二阶段

σ_3大载荷循环之后，只有σ_3、σ_4较大载荷进行循环时迟滞回线才有明显的右移倾向迟滞模量也会同时下降。经历几个变幅循环阶段后σ_1、σ_2这种比较小的载荷进行循环时迟滞回线右移迟滞模量下降幅度极小甚至不动。图 5.27(c)和(d)中是以σ_4为第一级变幅循环载荷进行试验得到的试验数据，可以看出在试验全程 9 个变幅加载阶段中只有使用σ_4载荷进行加载的阶段试验件迟滞回线位置右移和迟滞模量下降规律是呈现一般疲劳实验中的对数函数线型的，其中σ_3载荷加载阶段迟滞回线位置和迟滞模量虽然也有明显变化，但变化规律则区别于一般的疲劳试验表现为线性变化。

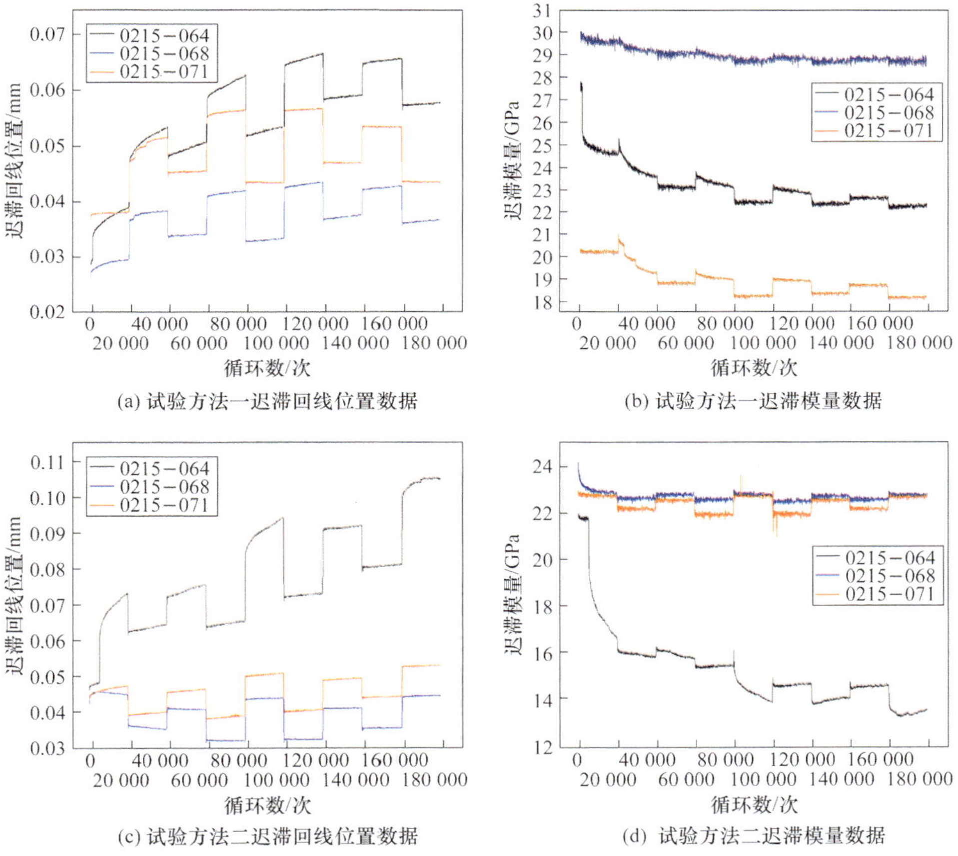

(a) 试验方法一迟滞回线位置数据　(b) 试验方法一迟滞模量数据

(c) 试验方法二迟滞回线位置数据　(d) 试验方法二迟滞模量数据

图 5.27　0215 材料 载荷个数 $j=4$，$n=20000$ 迟滞行为

因为上图中试验只循环了 9 个变幅加载阶段共 1.8×10^5 个循环数，为了确认高周期中不同载荷循环时试验件迟滞行为规律是否一致，调整上述实验方法一重复进行 5 次，整理试验数据如图 5.50，虽然试验件在循环 542652 次后发生破坏，仍可以发现疲劳试验到达比较高的循环数时变幅循环迟滞行为规律仍然与上文中一致，大载荷循环时迟滞回线右移和迟滞模量下降规律与常幅疲劳类似，更小的载荷循环时对试验件产生的损伤有限，循环过程中迟滞回线右移迟滞模量下降规律不明显。

在图 5.28 的试验中，变幅加载阶段循环数 $n=20000$ 次，变幅加载阶段结束后的长循环阶段虽然可以看出加载次序以及之前的循环载荷对其迟滞行为的影响，但比较来看也发现 20 000 次的前置变幅加载对其影响是有限的，最多在长循环阶段进行 10^5 个循环后前置变幅加载无论是载荷大小还是加载次序对其影响都逐渐消弭，不同前置变幅加载设置的试验件随着长循环进程不断推进迟滞行为逐渐归于一致。

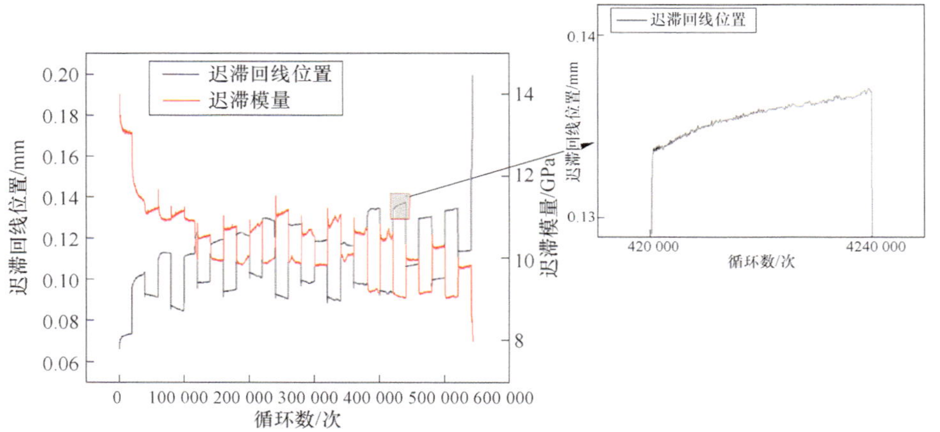

图 5.28　0215 $n=20000$ $j=4$ 高周期变幅循环试验结果

为研究变幅疲劳中前置的变幅加载条件对后续循环中试验件迟滞行为的影响范围，设置载荷幅值数 $j=3$，$\sigma_1=70\text{N}$、$\sigma_2=75\text{N}$、$\sigma_3=80\text{N}$，变幅加载阶段循环数 $n=3\times10^5$ 次，取消长循环阶段在 1200K 无氧环境下进行试验，观察试验件在各变幅加载阶段迟滞行为与本节上文中得到的规律是否一致。按照上述试验方法得到的试验数据如图 5.29 所示，图中(a)和(b)是先进行σ_1小载荷变幅加载的迟滞回线位置和迟滞模量数据。σ_1载荷加载阶段由于载荷相对较小试验件迟滞行为稳定迟滞回线位置和迟滞模量基本不变，与上文中得到的规律相同第二个变幅加载阶段的σ_3大载荷由于受到第一阶段σ_1小载荷加载的影响，在阶跃后最初的循环中迟滞回线位置和迟滞模量变化幅度相对较小，0215－059 试验件在大约 $2*10^5$ 次循环后迟滞行为才出现巨大变化，而 0215－060 试验件则是在大约 10^5 次循环后迟滞行为就开始变化，其中 0215－051 试验件迟滞行为则不同，它在变换幅值后迟滞回线位置就一直右移迟滞模量下降，但趋势是呈线性的与大载荷疲劳损伤的对数变换趋势不同，第一阶段σ_1小载荷循环对第二阶段σ_3大载荷循环的疲劳损伤有一定削弱。经历过σ_3大载荷循环后第三阶段σ_2载荷加载的迟滞行为在循环最初则保持稳定，经历大约 $2*10^5$ 次循环才有所变化。

图 5.29(c)和(d)是先进行σ_3大载荷循环加载的迟滞回线位置和迟滞模量数据。除了 0215－066 号试验件在第一阶段σ_3载荷循环过程中迟滞回线位置反而左移迟滞模量基本不变，表现出强烈的疲劳强化现象外，另外两试验件迟滞回线位置均有右移

迟滞模量下降。到了第二阶段σ_1小载荷循环时，迟滞回线停止右移迟滞模量也停止下降，0215－055 试验件因为第一阶段循环中疲劳损伤较为严重，此时甚至出现了迟滞回线左移、迟滞模量上升的“修复”现象，这些现象都与课题研究得到的变载荷循环中迟滞行为规律相符。第三阶段σ_2载荷加载，受到前置加载循环的影响，在加载之初并没有表现出疲劳损伤继续加深的倾向，0215－053 号试验件在第三阶段加载循环数达到约 15 万次后迟滞回线开始右移，迟滞模量在震荡中出现下降的趋势。

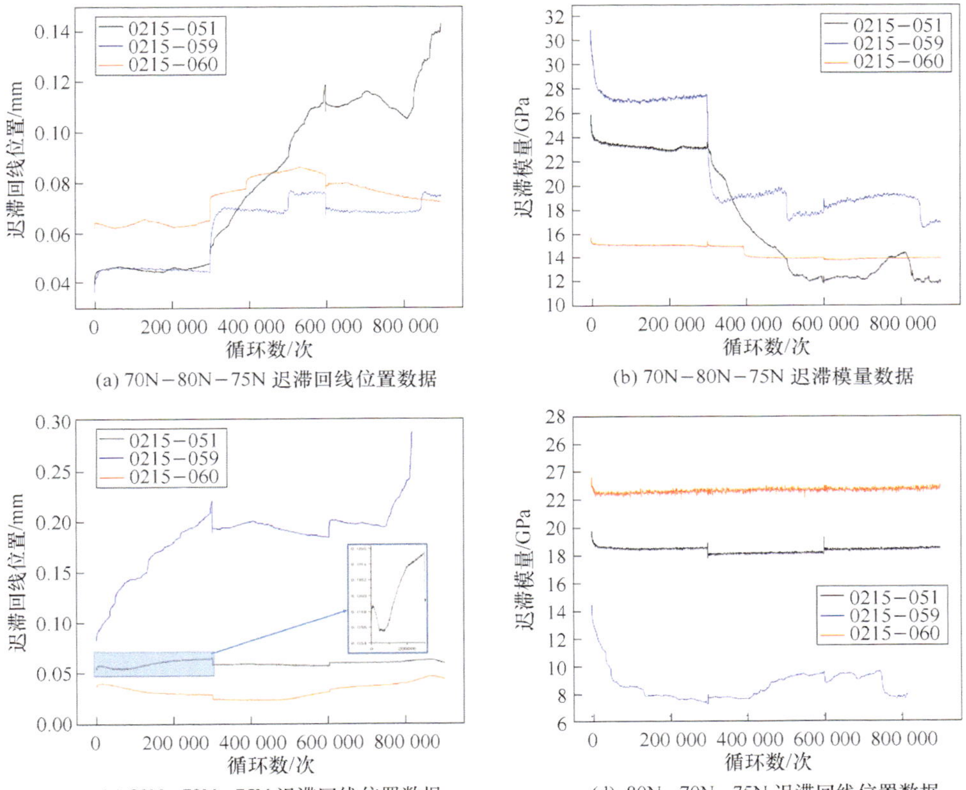

(a) 70N－80N－75N 迟滞回线位置数据　(b) 70N－80N－75N 迟滞模量数据

(c) 80N－70N－75N 迟滞回线位置数据　(d) 80N－70N－75N 迟滞回线位置数据

图 5.29　0215 材料 $\sigma_1=70N$、$\sigma_2=75N$、$\sigma_3=80N$ $n=3\times10^5$ 试验数据

综合上述试验研究，变载荷循环加卸载存在以下规律：

(1) 变幅循环加卸载试验中加载次序对材料的迟滞性能存在影响，从疲劳过程中迟滞行为的演化来看，先小后大的加载顺序相比先大后小的加载顺序材料累积的迟滞回线右移迟滞模量下降等损伤表现更少，更有利于材料疲劳寿命的延续。

(2) 如果目前循环的载荷是σ_x，之前所有变幅加载阶段的载荷为分别为σ_v($v=1,2,\cdots,x-1$)、σ_w($w=1,2,\cdots,x-1$)、……，即σ_x为到目前为止最大的循环载荷，此变幅加载阶段的迟滞回线会右移、迟滞模量会下降，且速度较快随循环数的增长呈对数曲线趋势变化。

(3) 如果目前循环的载荷是σ_x，如果在此变幅加载阶段之前有变幅加载阶段的载荷为$\sigma_y(\sigma_y \geqslant 1.2\sigma_x)$，此变幅加载阶段的迟滞回线和迟滞模量基本不变，迟滞模量甚至略微上升。

(4) 如果目前循环的载荷是σ_x，如果在此变幅加载阶段之前有变幅加载阶段的载荷为$\sigma_y(\sigma_x < \sigma_y \leqslant 1.2\sigma_x)$，此变幅加载阶段的迟滞回线会右移、迟滞模量会下降，但速度较慢随循环数的增长呈线性趋势变化。

(5) 在经历过超过 10^5 次循环后，前置的变幅加载对材料产生的影响会逐渐消失，材料迟滞行为会恢复为类似常幅疲劳加载进行疲劳演化。

5.6.4 变幅循环加卸载细观损伤分析

0215－060、0215－066 两试验件设置载荷幅值数 $j=3$，$\sigma_1=70$N、$\sigma_2=75$N、$\sigma_3=80$N，每个变幅加载阶段循环数 $n=3*10^5$ 次，试验加载顺序分别为$\sigma_1-\sigma_3-\sigma_2$和$\sigma_2-\sigma_1-\sigma_2$。0215－067、0215－069 两试验件设置载荷幅值数 $j=4$，$\sigma_1=60$N、$\sigma_2=65$N、$\sigma_3=75$N、$\sigma_4=80$N，每个变幅加载阶段循环数 $n=20\ 000$ 次，试验加载顺序分别为$\sigma_1-\sigma_3-\sigma_2-\sigma_4-\sigma_1-\sigma_4-\sigma_2-\sigma_3-\sigma_1$和$\sigma_4-\sigma_2-\sigma_3-\sigma_1-\sigma_4-\sigma_1-\sigma_3-\sigma_2-\sigma_4$。这四件试验件在变载荷循环加卸载试验过程中均同步使用声发射检测试验平台进行声发射信号检测。

根据之前的研究结果，声发射峰值频率主要分布在三个区域：0～100 kHz 范围内持续时间大于 200 μs 的信号对应纤维断裂损伤；150～300 kHz 范围内的信号对应界面层相关的损伤，持续时间一般在 50～150 us 上下；450～600 KHz 范围内持续时间小于 10 us 的信号对应基体开裂损伤。

图 5.30 是 0215－060 材料和 0215－066 材料在进行高温无氧变载荷循环加卸载试验过程中材料损伤信号。两图对比分析，首先是基体损伤，无论第一级加载的载荷是σ_1小载荷还是σ_3大载荷，基体损伤信号持续出现；不同的是到达第二个加载阶段时，图 5.30(a)中由于循环载荷增大集体裂纹密度继续上升整个σ_3大载荷加载阶段裂纹密度已经接近σ_3载荷下的饱和状态，到了第三阶段σ_2加载由于$\sigma_2<\sigma_3$基体裂纹自然不会继续增加；而先大后小加载顺序的试验件在第一阶段就承担σ_3载荷的循环加载且循环数 $n=3*10^5$ 次相对来说周期也比较长，基体裂纹已经达到了σ_3载荷下的饱和状态，所以后续的σ_1、σ_2载荷循环中基本不会再出现新的裂纹，即较低循环载荷切换至大载荷进行循环时会出现新的基体开裂，而大载荷切换为小载荷循环时由于裂纹已经饱和将不会产生新的基体裂纹。

而界面损伤和纤维断裂信号在两图中则出现了较大不同，在图 5.30(a)中疲劳初期就有少量界面和纤维损伤信号，应该是试验件中比较薄弱的纤维单丝和界面位置在循环开始时就有失效情况发生；在后续加载阶段的循环中出现纤维和界面损伤信号基本无规律，随循环数的增加脱粘区界面反复滑移导致界面完全脱粘失效，伴随着界面滑移失效纤维承载增加出现断裂现象。图 5.30(b)中界面和纤维的损伤信号集中在循环载荷比较大的第一阶段，且在循环数较低就密集出现后续反而信号稀疏，认为材料在循环初期有比较薄弱位置的界面和薄弱单丝失效。试验件迟滞回线在经历大约 1000 循环后持续左移迟滞模量略微上升，试验件出现了疲劳强化现象。这是由于研究所在制作纤维束复合材料过程中为了使材料保持平直，会在沉积过程中对 SiC 纤维施加一个微小的拉伸载荷，材料制作完成后在沉积温度以下时，材料内部存在应力集中基体承受压应力纤维承受拉应力，疲劳加载导致的细观损伤演化使得其内部应力进行重新分布，这一过程将消除原有应力集中，改善材料内部的承载能力。后续循环中包括第二、三阶段都没有界面和纤维损伤的信号出现。

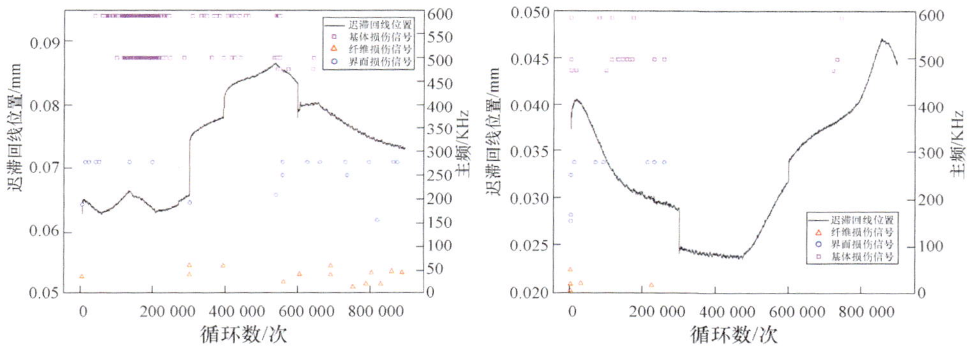

(a) 0215−060声发射信号检测结果　　(b) 0215−066声发射信号检测结果

图 5.30　0215 材料 $j=3,\sigma_1=70N、\sigma_2=75N、\sigma_3=80N,n=3*10^5$次 声发射信号检测结果

将声发射信号累积能量与循环数的关系制图如图 5.31 所示，两试验件按照不同加载顺序进行变载荷循环加卸载试验在前两加载阶段结束后能量累积值有明显差距。先大后小的加载顺序试验件在疲劳初期能量就快速累积，仅约 10^3 循环累积能量就达到了 23500 mV * mS，在第一个加载阶段后续循环中能量累积增长缓慢，进行到 $3*10^5$ 次循环完成第一加载阶段时累积能量为 24458.4 mV * mS，后续第二、三加载阶段几乎没有能量累积；先小后大的加载顺序试验件也在循环初始快速累积能量，后续能量累积速度减缓，第二加载阶段开始循环幅值变大时累积能量有阶跃，进行到 $6*10^5$ 次循环完成第一、二加载阶段时累积能量为 20555.7 mV * mS，为先大后小加载试验件累积能量的 84%。从细观损伤声发射信号能量累积的角度证明了第 2.3.2 节中“先小后大的加载顺序相比先大后小的加载顺序材料累积的迟滞回线右移迟滞模量下降等损伤表现更少，更有利于材料疲劳寿命的延续”的结论。但材料后续能量累积仍与各材料性能有关，0215－060 试验件虽在 $6*10^5$ 次循环累积能量仅为 0215－066 试验件的 84%，但 0215－066 在后续的循环中几乎没有损伤信号的出现，0215－060 在后续循环中损伤信号持续出现，到达约 $9*10^5$ 次循环前后累积能量已经大于 0215－066 试验件。

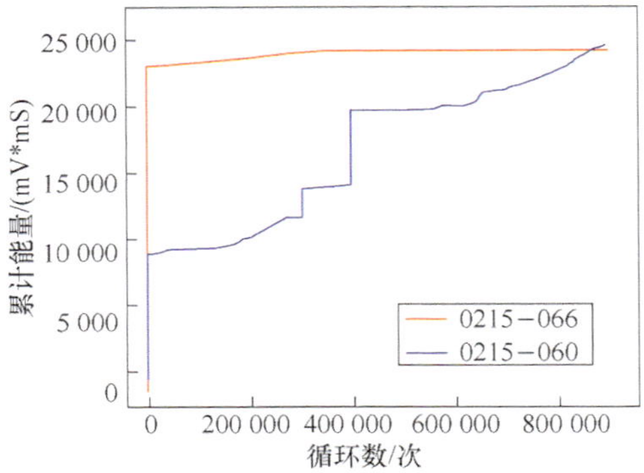

图 5.31　0215 材料 j=3,σ_1=70N、σ_2=75N、σ_3=80N,$n=3*10^5$次 声发射信号累积能量对比

0215-067、0215-069 两试验件设置载荷幅值数 $j=4$,$\sigma_1=60\text{N}$、$\sigma_2=65\text{N}$、$\sigma_3=75\text{N}$、$\sigma_4=80\text{N}$,每个变幅加载阶段循环数 $n=20\ 000$ 次,试验加载顺序分别为$\sigma_1-\sigma_3-\sigma_2-\sigma_4-\sigma_1-\sigma_4-\sigma_2-\sigma_3-\sigma_1$和$\sigma_4-\sigma_2-\sigma_3-\sigma_1-\sigma_4-\sigma_1-\sigma_3-\sigma_2-\sigma_4$。图 5.32(a)中 0215-067 材料加载顺序总体态势是载荷由小到大的,实验过程中基体开裂信号比较多,裂纹间距可由公式:

$$\frac{1}{L}=\frac{1}{L_{\text{sat}}}\left\{1-\exp\left[-\left(\frac{\sigma}{\sigma_0}\right)^m\right]\right\}\tag{5.2}$$

获得,其中 L 是基体开裂裂纹间距;L_{sat} 是饱和基体裂纹间距;σ_0 和 m 是统计参数。

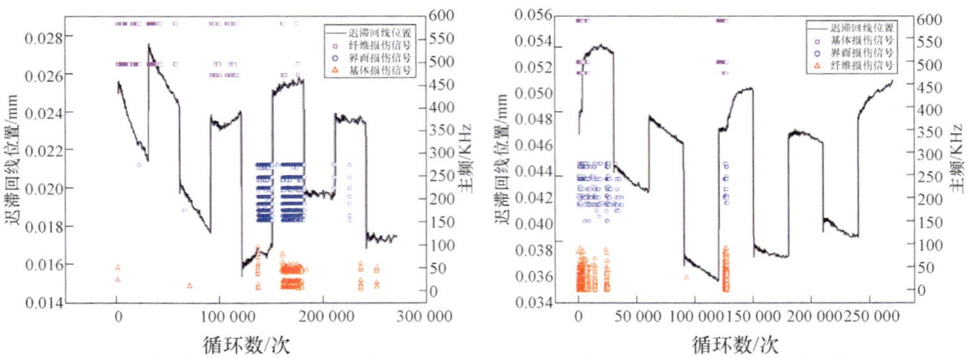

(a) 0215-067声发射信号检测结果　　(b) 0215-069声发射信号检测结果

图 5.32　0215 材料 $j=4$,σ_1=60N、σ_2=65N、σ_3=75N、σ_4=80N n=30000 声发射信号结果

界面损伤情况相比于基体开裂则更为复杂,图中界面损失信号集中出现在使用大载荷循环的加载阶段,但并不只出现在这些阶段。界面滑移是一个持续的过程,已有研究表明,材料的基本参数已知的情况下,$\xi_{\max}$、$\xi_{\min}$只与材料的界面剪应力有关,迟滞模量可表示为:

$$k_h = (\sigma_{max} - \sigma_{min}) / (\xi_{max} - \xi_{min}) \tag{5.3}$$

所以根据迟滞模量的变化规律，可以得到界面剪应力的变化规律。上文中试验数据得到的迟滞模量数据图可以看到，试验件在进行大载荷循环后，转为小载荷循环时迟滞模量会呈线性趋势略微上升，后续再进行相同大小的大载荷循环时初始的迟滞模量会略高于上一轮大载荷循环结束时的迟滞模量，试验件经历中间的小载荷循环阶段后出现了类似“界面修复”的现象。在经历过大载荷后基体裂纹密度已经固定的前提下，按照现有的剪滞模型计算，并不能很好的解释这种现象，故本书基于剪滞模型对这种现象的界面滑移情况提出假设。

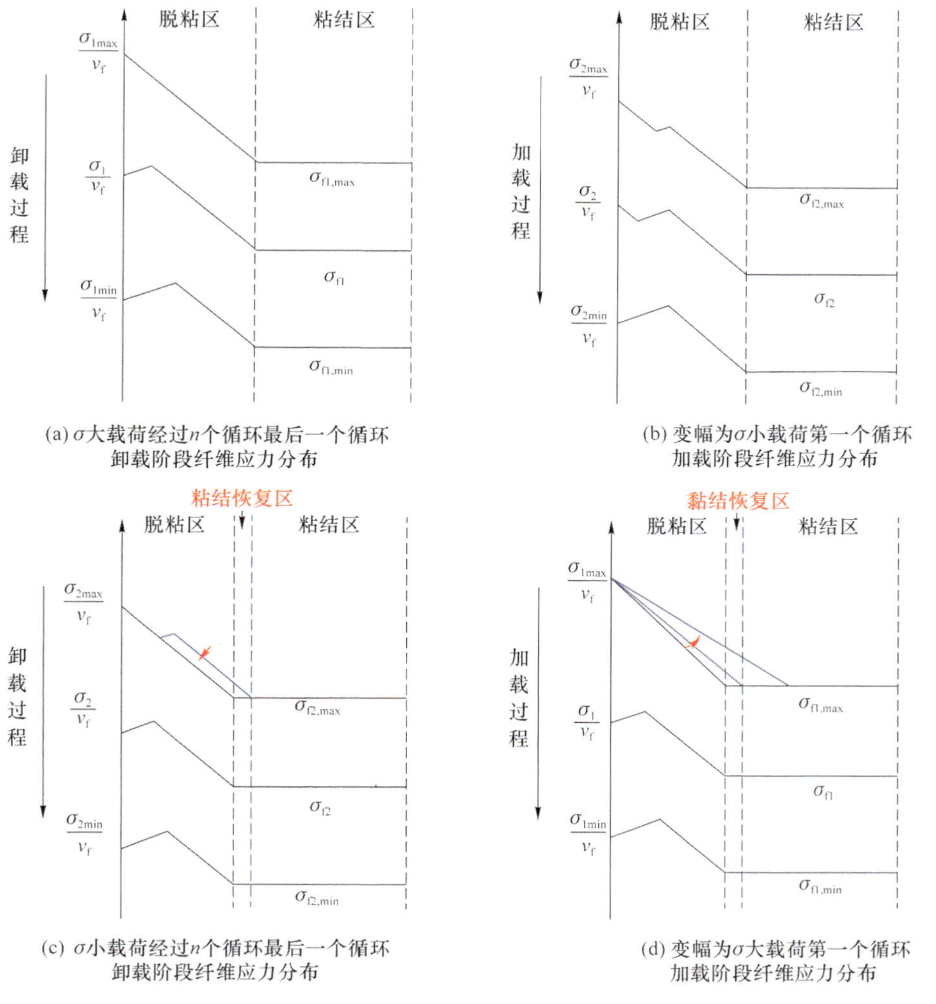

图 5.33　变幅循环中界面滑移纤维应力变化情况

如图 5.33 所示，在进行大载荷循环时基体裂纹密度基本已经固定，随着循环过程中界面反复滑移，黏结区会不断缩小。图 5.33(a)是大载荷 σ_1 循环的最后一个循环的卸载阶段，脱粘区存在正向滑移区和反向滑移区，大载荷循环中黏结区纤维正应力较大，小载荷循环中黏结区纤维正应力较小；图 5.33(b)是变幅后第一个小载荷 σ_2 的加载阶段，由于载荷缩小加载过程中产生的正向滑移区无法完全覆盖大载荷 σ_1 产生的反向滑移区，卸载阶段在基体裂纹附近会出现一个新的反向滑移区，由于应力减小相对滑动减弱靠近黏结区的纤维和基体几乎没有相对运动，在经历一定循环后会出现"黏结恢复"的区域，纤维应力会有一个重新分配如图 5.33(c)所示；图 5.33(d)是恢复大载荷 σ_1 循环后，随着循环数的增加黏结区逐渐脱粘长度减小直至消失，最终完全脱粘。

除了循环初期会有比较薄弱的纤维单丝会在较小载荷循环过程中就发生断裂，纤维损伤信号一般会伴随着界面损伤信号同步出现，随着界面滑移区不断扩大甚至完全脱粘，应力分布逐渐向纤维转移，纤维断裂概率越来越大，反复循环过程中纤维出现大量断裂。在 SEM 下对 0215 材料变载荷循环试验试验件断口进行观测如图 5.34 所示，低循环数破坏的试验件断口较为平直，界面较为完整纤维拔出长度较短且均匀，高循环数破坏的试验件断口凹凸不平，纤维拔出情况较为严重，说明界面磨损严重，断裂截面残留了许多纤维拔出后留下的孔洞。

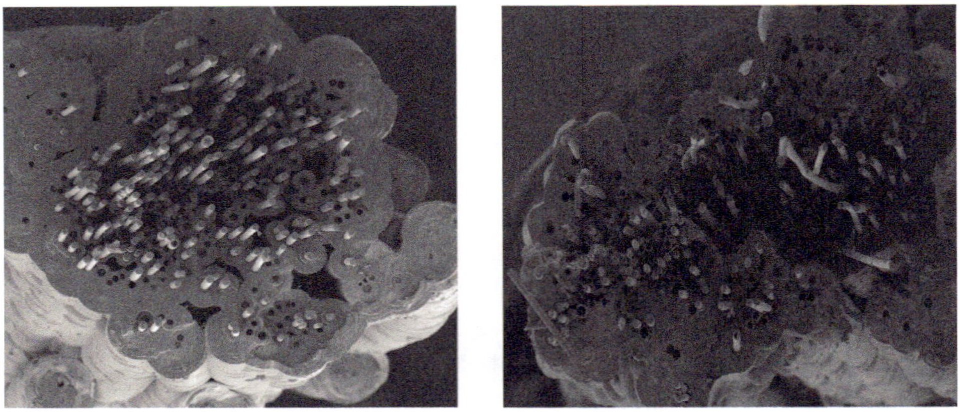

(a) 低循环数破坏试样断口　　(b) 高循环数破坏试样断口

图 5.34　高低循环数破坏试样断口对比

5.6.5　刚度退化规律

变幅循环载荷下，0215 材料归一化剩余刚度随循环数变化的曲线如图 5.35 所示。纤维束复合材料作为陶瓷基复合材料的最小单元相比于编织复合材料具有更大的分散性。不同情况的加载阶段归一化模量分层明显，情况三的加载阶段在循环中模量基本不会退化，甚至略有上升；情况二的加载阶段刚度退化速度也要小于常幅疲劳过程中的刚度退化速度。

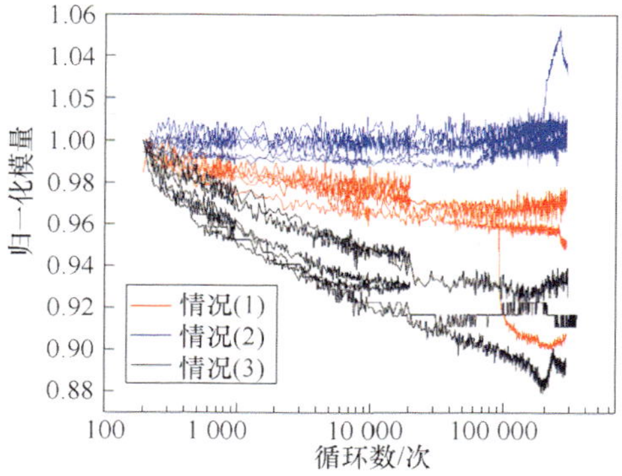

图 5.35　不同情况变载荷加载阶段正则化剩余刚度随循环数的变化规律

在不同情况加载过程中纤维束复合材料有着相同的刚度退化规律，且此规律与加载过程中的载荷大小以及试验温度无关。情况一、二更符合指数规律，情况三的变化规律则呈线性。

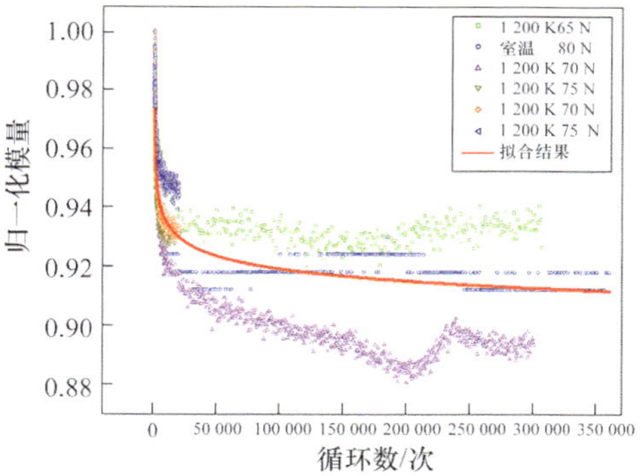

(a) 情况一加载阶段刚度退化试验数据和拟合结果

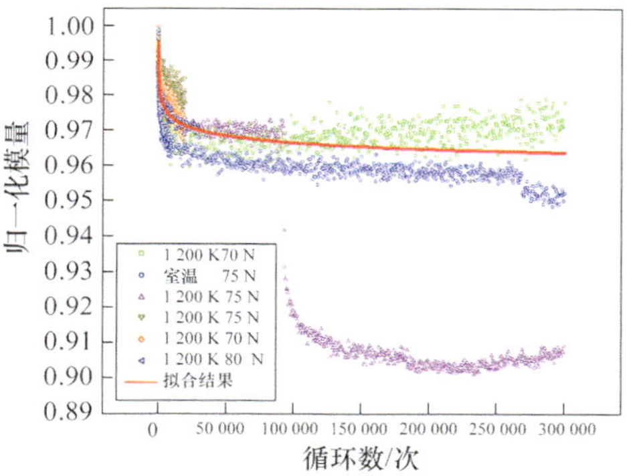

(b) 情况二加载阶段刚度退化试验数据和拟合结果

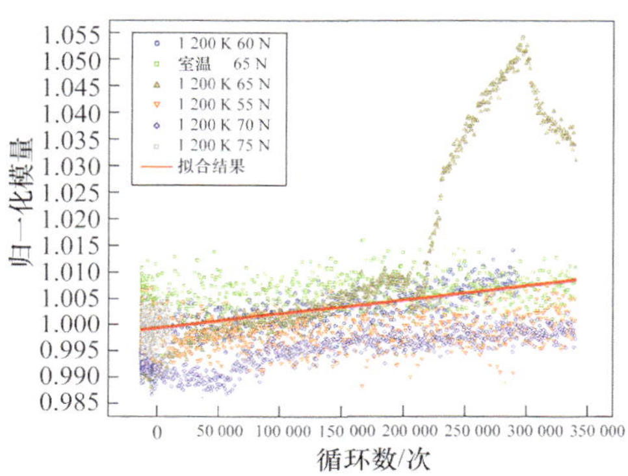

(c) 情况三加载阶段刚度退化试验数据和拟合结果

图 5.36　纤维束复合材料不同情况的加载阶段刚度退化试验数据和拟合结果

5.6.6 迟滞耗散能累积规律

陶瓷基复合材料在循环载荷作用下会得到迟滞回线，一个迟滞环所包围的面积被称作迟滞耗散能，从能量的角度来看，认为迟滞耗散能为材料在此循环中所损耗的

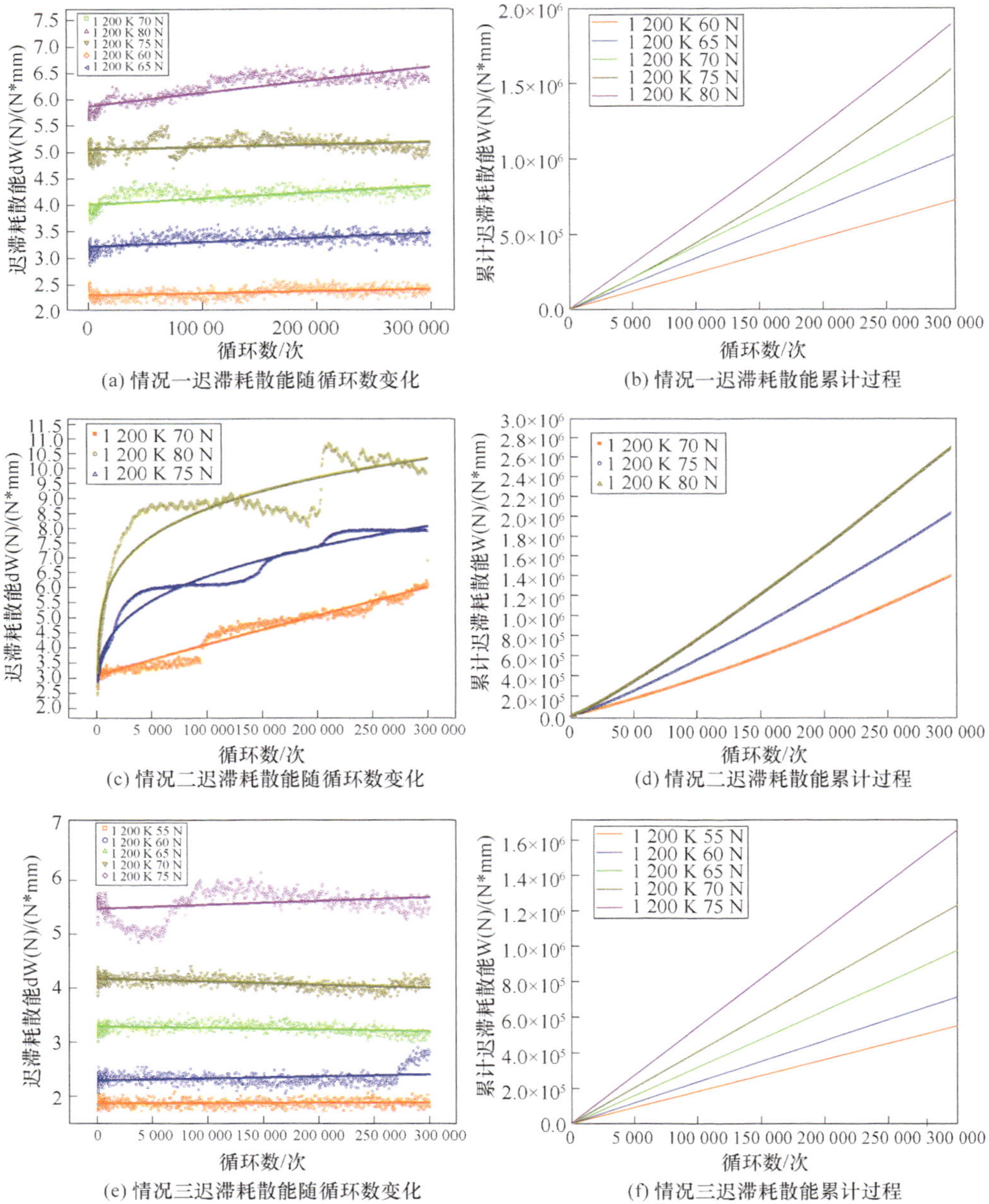

(a) 情况一迟滞耗散能随循环数变化

(b) 情况一迟滞耗散能累计过程

(c) 情况二迟滞耗散能随循环数变化

(d) 情况二迟滞耗散能累计过程

(e) 情况三迟滞耗散能随循环数变化

(f) 情况三迟滞耗散能累计过程

图 5.37 变幅疲劳载荷下陶瓷基复合材料迟滞耗散能

能量 $dW(N)$。材料经历循环载荷的能量越多，其力学性能衰减得越严重。本书采用了由迟滞环面积计算得到的材料累积迟滞耗散能 $W(N)$ 这一变量来表征材料的疲劳损伤程度。在前文中将变载荷循环加卸载中的加载阶段分为三种情况，三种加载阶段对材料造成的损伤程度会有所不同，本节分情况对陶瓷基复合材料迟滞耗散能累积过程进行分析。

图 5.37 中显示出了纤维束复合材料在不同情况的加载阶段下单个循环的迟滞耗散能变化和迟滞耗散能累积过程。三种加载阶段在不同峰值应力的迟滞模量分层明显，高应力水平下迟滞耗散能累积速度 dW 更快，代表高应力水平下材料疲劳损伤更加剧烈。

三种情况下的加载阶段迟滞耗散能随循环数的变化规律有所不同，其中第一、三种加载阶段的迟滞耗散能随循环数变化更接近于线性规律，首个加载阶段循环过程中迟滞耗散能会随着循环数增长速度 dW 缓慢增加，第三种情况加载阶段循环过程中迟滞耗散能会随着循环数增长速度 dW 缓慢下降，使用线性拟合：

$$\text{情况一}: dW_1 = \lambda_1 + \mu_1 N \tag{5.4}$$

$$\text{情况三}: dW_3 = \lambda_3 + \mu_3 N \tag{5.5}$$

式中，dW 是迟滞耗散能会随着循环数增长速度，N 为此加载阶段循环数，λ、μ 为待定的材料模型参数，μ 值一般较小数量级为 -8，如需简化计算可将这两种情况的迟滞耗散能视为定值 λ。使用 Power 函数拟合迟滞耗散能随循环数增长速度 dW 与峰值应力 σ 之间的关系：

$$dW = a \cdot \sigma^b \tag{5.6}$$

式中，dW 为单个迟滞环面积即迟滞耗散能，σ 为疲劳循环峰值载荷，a，b 为待定的材料模型参数，迟滞耗散能随峰值载荷变化规律如图 5.38 所示。

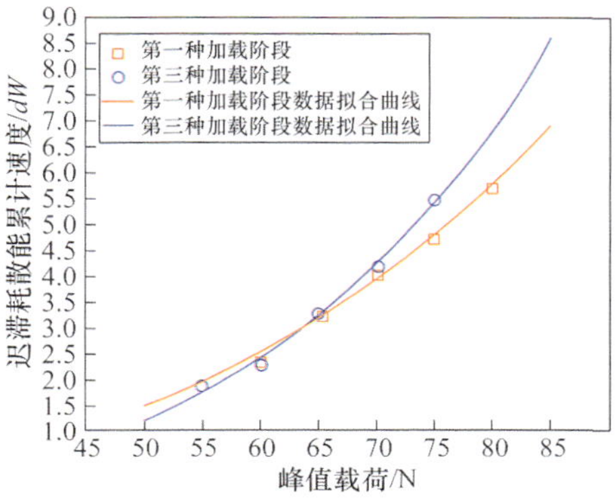

图 5.38 迟滞耗散能累积速度 dW 与峰值载荷关系

第二种加载阶段的迟滞耗散能增长趋势使用 Power 函数拟合结果较好：

$$dW_2 = aN^b + c \tag{5.7}$$

式中，dW_2 是第二种各循环下单个迟滞环的面积即迟滞耗散能的累积速度，N 为此加载阶段循环数，a、b、c 为待定的材料模型参数。经过研究对比发现，此式初始值大小即第二种加载情况初始迟滞耗散能是与此加载阶段的上一个加载阶段的循环峰值载荷相关，迟滞耗散能增长的初始值与上一个加载阶段结束时的迟滞耗散能相等：

$$dW_2(0) = a + c = dW_{1\&3}(N) \tag{5.8}$$

虽然第二种加载情况初始迟滞耗散能有规律可循，其增长规律用 Power 函数拟合效果也比较贴合，但在此种情况下循环前后期 dW 变化较大且其增长极限值并未找到规律；由于第二种情况下加载阶段无法选取较小的载荷进行循环，且试验中符合第二种情况的加载阶段循环次数大多不满 $3 * 10^5$ 次，无法得到较为完整的 $dW-N$ 曲线，使用这种曲线拟合出来的模型并不完整，于是在研究中并没有使用这部分循环数不相等的试验数据，本书选取了部分完成了 $3 * 10^5$ 次循环数的疲劳试验数据进行分析拟合如图 5.37(c)，使用这部分数据采用拉格朗日插值函数来对其他疲劳峰值载荷下的 $dW-N$ 曲线进行插值，具体表达式为：

$$dW(\sigma) = \sum^{n} dW(\sigma_x) \cdot L(\sigma) \tag{5.9}$$

式中，$L(\sigma)$ 为与疲劳峰值载荷相关的拉格朗日插值项，具体表达式为：

$$L(\sigma) = \frac{(\sigma-\sigma_1)(\sigma-\sigma_2)\cdots(\sigma-\sigma_{x-1})(\sigma-\sigma_{x+1})\cdots(\sigma-\sigma_z)}{(\sigma_x-\sigma_1)(\sigma_x-\sigma_2)\cdots(\sigma_x-\sigma_{x-1})(\sigma_x-\sigma_{x+1})\cdots(\sigma_x-\sigma_z)} \tag{5.10}$$

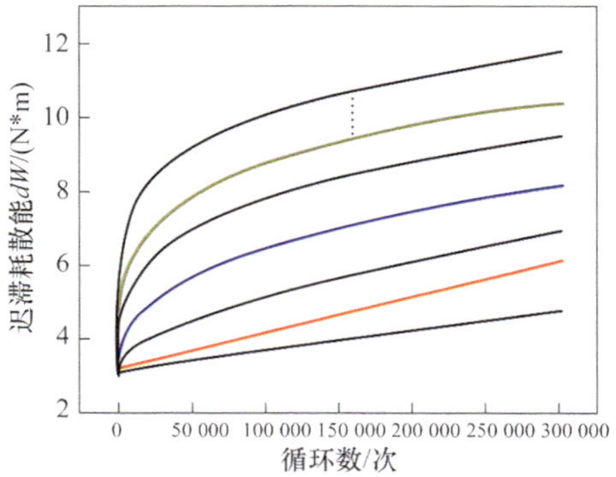

图 5.39　不同疲劳峰值载荷下迟滞耗散能累积速度曲线拟合

如此，本节将纤维束复合材料变幅疲劳三种循环加载情况下的剩余刚度退化规律与迟滞耗散能增长规律使用数学模型表示，使用数学模型能够更好地解释“先小后大的加载顺序相比先大后小的加载顺序材料累积损伤更小”等结论。

5.7　界面剪切应力的间接测量

5.7.1　界面剪应力识别方法

1. 基于迟滞环面积以及滑移应变的界面剪应力识别方法

剪滞模型是将细观力学损伤与陶瓷基复合材料宏观力学行为联系起来的最广泛使用的模型之一。基于剪滞模型，在卸载过程中，裂纹面处出现了反向滑移区，其长度随卸载应力的减小而增大。如果反向滑移区的长度等于脱粘长度，则界面完全滑移，否则界面部分滑移。重新加载过程中，裂纹面处产生了新的正向滑区，其长度随着加载应力的增加而增加。如果新的正向滑移区的长度等于平均基体裂纹空间的一半，则界面完全脱粘。由于界面滑移，复合材料的应力-应变曲线在卸载和重新加载过程中表现出明显的迟滞特性。卸载过程中的应变包括弹性应变和滑移应变。弹性应变的定义如下：

$$\varepsilon_e = \frac{\sigma_{\max} - \sigma_{\min}}{E_c} \tag{5.11}$$

式中，$\sigma_{\max}$，$\sigma_{\min}$表示疲劳峰值应力和谷值应力，E_c 表示复合材料等效弹性模量，滑移应变的表达式为：

$$\varepsilon_{slip} = \frac{\sigma_{\max} - \sigma_{\min}}{k_h} - \varepsilon_e \tag{5.12}$$

从式(5.12)可以发现，滑移应变可以体现迟滞环割线模量的特征。当界面滑移状态不同，界面剪应力与面积、滑移应变之间的函数关系将发生改变。

1）界面部分滑移

如果界面部分滑移，疲劳峰值、谷值应力以及平均基体裂纹间距之间将满足如下所示的关系：

$$L \geqslant y_{\max} \tag{5.13}$$

式中，L 表示平均基体裂纹间距，$y_{\max}$表示最大反向滑移长度的理论值，其表示如下所示：

$$y_{\max} = \frac{\Delta\sigma_{\max} C_1}{2\tan\theta} \tag{5.14}$$

式中，$\Delta\sigma_{\max}$表示疲劳峰值应力和谷值应力之间的差值，其表达式为 $\sigma_{\max} - \sigma_{\min}$，系数 C_1 的表达式为$\dfrac{1}{v_f} - \dfrac{E_f}{E_c}$，符号 $\tan\theta$ 的表达式为$\dfrac{2\tau_i}{r_f}$，θ 表示纤维应力分布与纤维轴向之间的夹角，τ_i 表示第 i 个循环的界面剪应力，r_f 表示纤维半径。在外载应力 σ_j 作用下，当界面部分脱粘部分滑移或者界面完全脱粘部分滑移时，加载过程中，在应力 σ_j 作用下，复合材料应变增量的表达式为：

$$\mathrm{d}\varepsilon = \frac{2\sin 2\theta y_x (y_{\max} - y_x)}{\cos^2\theta E_f L} \tag{5.15}$$

式中，y_x 表示应力 σ_i 作用下方向滑移区长度的理论值，其表达式为$\frac{(\sigma_{max}-\sigma_j)C_1}{2\tan\theta}$，$E_f$ 表示纤维弹性模量，v_f 表示纤维体积分数。迟滞环的面积可以表示为：

$$S=-\int_{\sigma_{max}}^{\sigma_{min}}\mathrm{d}\varepsilon\mathrm{d}\sigma \tag{5.16}$$

式中，$\mathrm{d}y_x$ 的表达式为$\frac{-C_1}{2\tan\theta}\mathrm{d}\sigma$。式(5.16)可以进一步表示为：

$$S=\int_0^{y_{max}}\frac{8\tan^2\theta y_x(y_{max}-y_x)}{E_fLC_1}\mathrm{d}y_x \tag{5.17}$$

式(5.17)的积分可以表示为：

$$S=\frac{k_1}{6}y_{max}^3 \tag{5.18}$$

式中，k_1 的表达式为：

$$k_1=\frac{8\tan^2\theta}{E_fLC_1} \tag{5.19}$$

将界面部分滑移时，迟滞环滑移应变的表达式为：

$$\varepsilon_{slip}=\frac{2y_{max}^2\tan\theta}{E_fL} \tag{5.20}$$

综合式(5.18)和式(5.19)，消除 y_{max}，界面剪应力和迟滞环面积、迟滞环滑移应变之间的关系为：

$$S=\frac{(\tan\theta)^{0.5}(\varepsilon_{slip})^{1.5}\left[\frac{4}{3}(E_fL)^{0.5}\right]}{2^{1.5}C_1} \tag{5.21}$$

2）界面完全滑移

当界面完全滑移时，疲劳峰值、谷值应力和平均基体裂纹间距之间满足关系：

$$\frac{L}{2}<y_{max} \tag{5.22}$$

在外载应力 σ_j 作用下，在卸载以及随后的加载过程中，纤维应力分布如图 5.65 劳峰值应力、谷值应力和平均基体裂纹间距之间满足的关系：

$$\frac{L}{2}\leqslant y_{max}<L \tag{5.23}$$

在外载应力 σ_j 作用下，卸载和重新加载过程中，复合材料应变增量可以表示为：

$$d\varepsilon=\begin{cases}\frac{2\sin 2\theta y_x(y_{max}-y_x)}{\cos^2\theta E_fL}-\frac{2\Delta l^2\tan\theta}{E_fL}\left[1-\left(\frac{\Delta l-y_x}{\Delta l}\right)^2\right], & y_x\in\left[0,y_{max}-\frac{L}{2}\right)\cup\left[\frac{L}{2},y_{max}\right]\\ \frac{2\sin 2\theta y_x(y_{max}-y_x)}{\cos^2\theta E_fL}-\frac{2\Delta l^2\tan\theta}{E_fL}, & y_x\in\left[y_{max}-\frac{L}{2},\frac{L}{2}\right)\end{cases} \tag{5.24}$$

其中，Δl 的表达式为 $y_{max}-L/2.$。将公式(5.24)带入公式(5.16)中，得到迟滞环面积的表达式为：

$$S=\frac{k_1}{6}y_{max}^3-\frac{2\Delta l^2\tan\theta}{E_fL}\left[\Delta\sigma_{max}-\frac{4\Delta l\tan\theta}{3C_1}\right] \tag{5.25}$$

应力分布，疲劳峰值应力、谷值应力以及平均基体裂纹间距之间满足的关系：

$$y_{\max} \geqslant L \tag{5.26}$$

在外载应力 σ_j 作用下，在卸载和重新加载过程中，复合材料应变增量可以表示为：

$$d\varepsilon=\begin{cases}\dfrac{L\tan\theta}{2E_f}\left(1-\left(\dfrac{L/2-y_x}{L/2}\right)^2\right), y_x\in\left[0,\dfrac{L}{2}\right)\cup\left(y_{\max}-\dfrac{L}{2},\dfrac{L}{2}\right]\\ d\varepsilon=\dfrac{L\tan\theta}{2E_f}, y_x\in\left[\dfrac{L}{2},y_{\max}-\dfrac{L}{2}\right)\end{cases} \tag{5.27}$$

将式(5.26)引入到式(5.27)中，迟滞环面积可以表示为：

$$S=\frac{L\tan\theta}{2E_f}\left[\Delta\sigma_{\max}-\frac{2L\tan\theta}{3C_1}\right] \tag{5.28}$$

当界面完全滑移时，迟滞环滑移应变可以表示为：

$$\varepsilon_{slip}=\frac{2\tan\theta}{E_f L}(y_{\max}^2-\Delta l^2) \tag{5.29}$$

综合式(5.24)、(5.25)和式(5.27)、(5.28)，对应界面完全滑移时的界面剪应力可以得到。

2. 基于迟滞环面积的界面剪应力识别方法

与上述方法相似，随着界面滑移状态的不同，界面剪应力与迟滞环面积之间的关系也将发生改变。将式(5.14)和(5.19)带入式(5.18)，得到当界面部分滑移时，界面剪应力和迟滞环面积之间的函数关系，其表达式为：

$$S=\frac{\Delta\sigma_{\max}^3 C_1^2}{6E_f L\tan\theta} \tag{5.30}$$

将式(5.14)和(5.19)带入式(5.25)和(5.28)，可以得到界面完全滑移时，界面剪应力与迟滞环面积之间的函数关系，如下所示：

$$S=\begin{cases}\dfrac{\Delta\sigma_{\max}^3 C_1^2}{6E_f L\tan\theta}-\dfrac{(\Delta\sigma_{\max}C_1-L\tan\theta)^2}{2E_f L\tan\theta}\left[\Delta\sigma_{\max}-\dfrac{2(\Delta\sigma_{\max}C_1-L\tan\theta)}{3C_1}\right], \dfrac{L}{2}\leqslant y_{\max}<L\\ \dfrac{L\tan\theta}{2E_f}\left[\Delta\sigma_{\max}-\dfrac{2L\tan\theta}{3C_1}\right], y_{\max}\geqslant L\end{cases} \tag{5.31}$$

3. 基于迟滞环割线模量的界面剪应力识别方法

相似的，随着界面滑移状态的不同，界面剪应力和割线模量之间的函数关系也将发生改变。将式(5.20)带入式(5.12)，可以得到界面部分滑移时，迟滞环割线模量与界面剪应力之间的关系为：

$$k_h=\frac{1}{\dfrac{1}{E_c}+\dfrac{C_1^2\Delta\sigma_{\max}}{2\tan\theta E_f L}} \tag{5.32}$$

将式(5.29)带入式(5.12)，可以得到当界面完全滑移时，界面剪应力与迟滞环割线模量之间的函数关系为：

$$k_h=\frac{1}{\dfrac{1}{E_c}+\dfrac{2\Delta\sigma_{\max}C_1-\tan\theta L}{2E_f}} \tag{5.33}$$

5.7.2 界面剪应力识别算例

利用三种不同方法识别界面剪应力,结果如图 5.40 所示。从中可以发现,基于迟滞环滑移面积和迟滞环滑移应变的界面剪应力识别方法得到的界面剪应力随循环数的增加而逐渐减小。然而,基于迟滞环面积的方法识别出的界面剪应力随着循环次数的增加而增加,这与实际情况不符。理论上,迟滞环面积和界面剪切应力之间的关系如图 5.41 所示。从中可以发现,对于本书研究的材料和疲劳载荷,当界面剪应力大于 0.385 MPa 时,随着界面剪应力的增加,界面部分滑移,迟滞环面积减小。

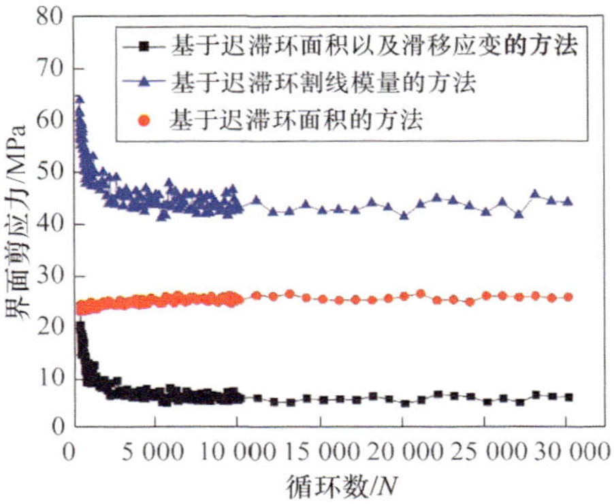

图 5.40 三种识别方法得到的界面剪应力随加载循环数的变化

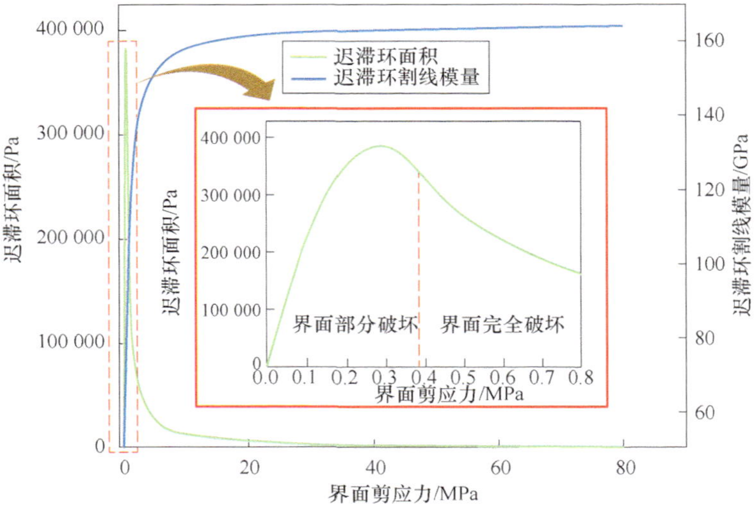

图 5.41 迟滞环面积和迟滞环割线模量随界面剪应力的变化

5.7.3 识别结果准确定对比

为了对不同识别方法的差异,将界面剪应力识别结果带入剪滞模型,模拟了不同循环下的迟滞回线。迟滞回线模拟结果和实验数据如图 5.42 所示。从中可以发现，当循环次数小于 10 000 次时，三种方法效果均较好；但当循环数大于 10 000 次时，仅方法一能准确模拟。这主要是因为复合材料的应变可以表示为与未损伤复合材料的应变相等的弹性应变和由细观损伤引起的伪塑性应变之和。当循环次数较少时，复合材料的应变主要由弹性应变组成，3 种识别方法识别的界面剪应力数值都较高。随着循环次数的增加，界面滑移和磨损严重，导致界面剪应力降低，伪塑性应变占复合材料总应变的比例增加。第一种识别方法确定的界面剪应力值是合适的，而其他两种方法确定的界面剪应力值仍然很高，导致迟滞环模拟结果较差。因此，可以得出结论，在本节提供的复合材料参数下，第一种界面剪应力识别方法比基于迟滞环面积或迟滞环割线模量的识别结果更合理。

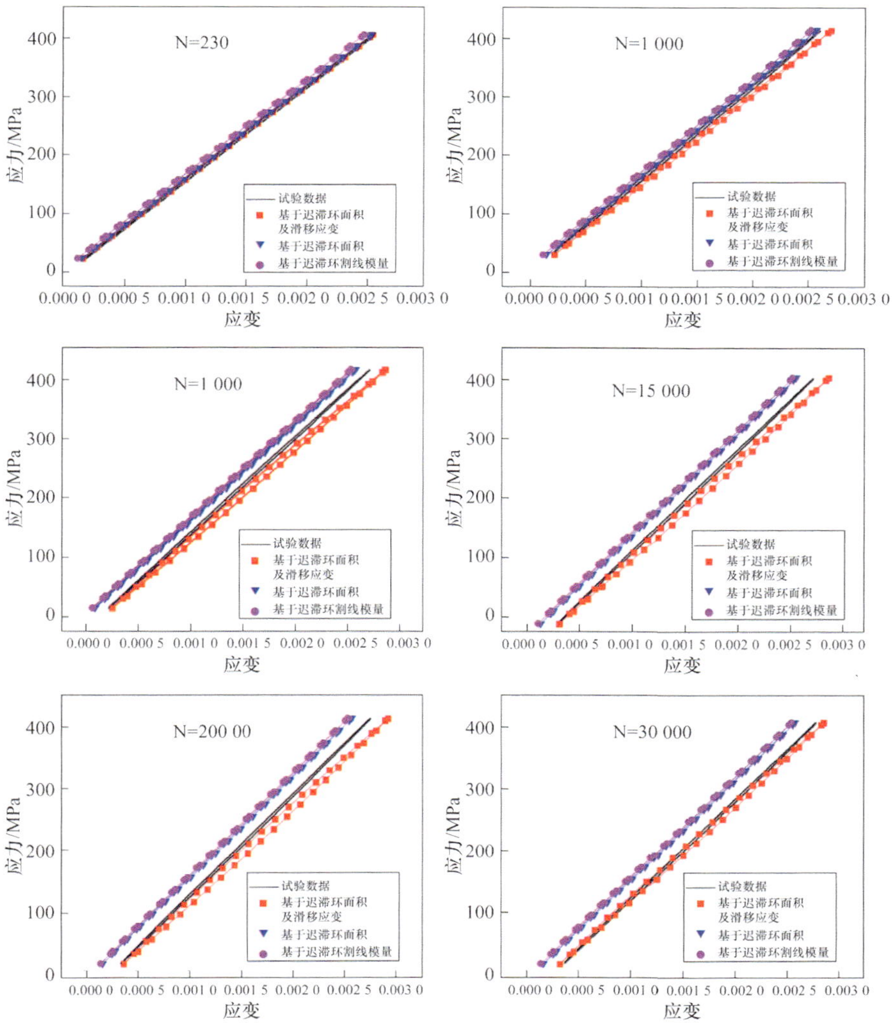

图 5.42　三种方法模拟的迟滞环曲线与实验数据的比较

5.8 本章小结

本章以剪滞模型为框架，建立高温疲劳细观损伤模型，实现了纤维束复合材料高温无氧疲劳寿命的模拟预测，具体如下：

(1) 研究高温循环载荷对纤维束复合材料细观损伤的影响机理与规律，对高温800 ℃无氧环境下疲劳试验中基体裂纹密度、界面剪应力和纤维断裂率进行测量，绘制与随循环数变化的曲线，得到高温疲劳载荷下细观力学参数的退化规律。

(2) 建立了纤维束复合材料高温疲劳细观损伤模型。根据纤维束复合材料的疲劳细观损伤机理与规律，分别建立了高温疲劳状态下的基体开裂模型、界面磨损模型及纤维断裂模型，将试验得到的高温疲劳状态下的基体裂纹密度演化规律和界面剪应力退化规律输入到模型中去，并利用试验得到的纤维断裂规律对纤维断裂模型进行合理化修正。

(3) 建立了室温环境下纤维束复合材料的疲劳极限预测模型。基于纤维束复合材料室温疲劳失效机理，建立了一种疲劳极限状态，在此状态下界面完全脱粘并只考虑纤维承载，提出了一种适用于纤维束复合材料的室温疲劳极限预测模型，并将模型预测值与试验值进行对比，结果吻合较好，证明本书疲劳极限预测模型的合理性。

(4) 将上述细观损伤模型代入剪滞模型，建立纤维束复合材料高温无氧疲劳寿命预测模型。在高温疲劳基体开裂模型、高温疲劳界面磨损模型以及高温疲劳纤维断裂模型的基础上，考虑界面脱粘和滑移状态，实现了对纤维束复合材料高温无氧环境下的疲劳寿命预测，并将模拟数据与试验结果对比，分析模型准确性，预测结果在5倍寿命分散带内，证明了模型的可行性。

第 6 章
编织陶瓷基复合材料疲劳行为与建模

6.1 引 言

目前,国际上已经建立了单向陶瓷基复合材料和十字铺层陶瓷基复合材料疲劳迟滞行为的力学模型,以此为基础发展了相应的疲劳寿命预测方法。然而,与单向和铺层陶瓷基复合材料相比较,编织陶瓷基复合材料的细观结构更加复杂,其疲劳迟滞行为与编织体几何特性、组分材料性能、纱线自身力学性能、纱线之间以及纱线与基体间的界面特性等细观结构密切相关,比单向和铺层陶瓷基复合材料要复杂得多。编织陶瓷基复合材料疲劳迟滞行为的力学建模是陶瓷基复合材料疲劳领域的前沿,目前研究工作十分有限。本章基于课题组前期研究工作,从编织陶瓷基复合材料的迟滞行为出发,探讨了引起迟滞现象的微观机理,建立了迟滞理论模型,并发展了疲劳寿命预测方法,分析了影响疲劳性能的相关因素,涉及的编织陶瓷基复合材料包括2D 编织、2.5D 编织、3D 编织陶瓷基复合材料和针刺陶瓷基复合材料。

6.2 编织陶瓷基复合材料疲劳迟滞行为与损伤机理

与单向陶瓷基复合材料一样,编织陶瓷基复合材料在疲劳循环载荷作用下也呈现出明显的迟滞行为。编织预制体作为增强相可以改善材料厚度方向的力学性能,但预制体的复杂细观结构同时也使得其迟滞机理比单向陶瓷基复合材料更为复杂。本节以 2.5D 编织陶瓷基复合材料和针刺陶瓷基复合材料为研究对象,阐述编织复合材料的迟滞行为特点并分析迟滞机理。

6.2.1 编织陶瓷基复合材料疲劳迟滞行为

图 6.1 给出了室温下 2.5D 编织 C/SiC 复合材料试件拉-拉疲劳应力-应变曲

线，应力水平为 80%UTS。从图上可以看出应力-应变曲线出现了明显的迟滞现象，且残余应变随着循环加载次数增加而增加；疲劳模量随着循环次数增加而减小。在该应力水平下，2.5D 编织 C/SiC 复合材料试样进行了 5281 次循环后发生疲劳失效，疲劳失效应变为 0.41%。

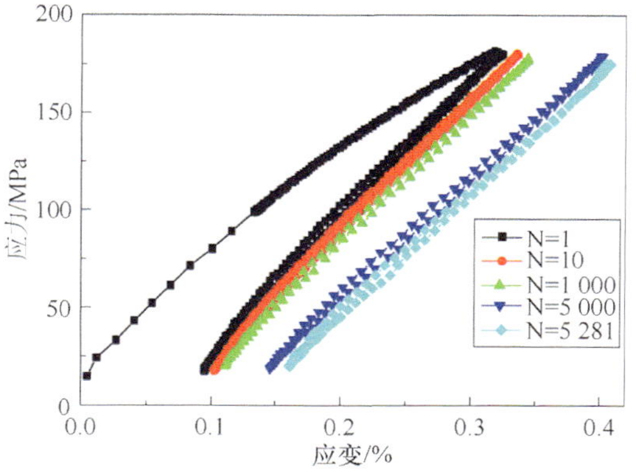

图 6.1　2.5D 编织 C/SiC 拉-拉疲劳试验典型应力-应变曲线

图 6.2 为针刺 C/SiC 复合材料疲劳峰值应力 180MPa 的拉-拉循环载荷作用下的迟滞回线。可以看出，该材料在拉-拉循环载荷作用下存在明显的迟滞现象，其迟滞环随着循环数的增大不断右移，且偏斜程度不断增大，迟滞环包围面积也不断增大。

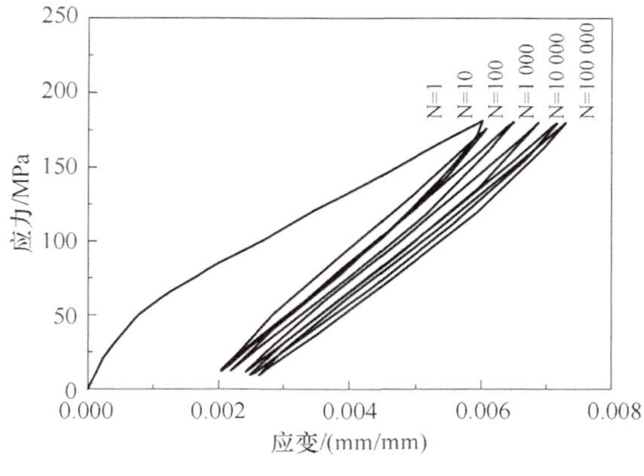

图 6.2　针刺 C/SiC 复合材料拉-拉疲劳应力-应变曲线

6.2.2　编织陶瓷基复合材料疲劳损伤机理

陶瓷基复合材料疲劳失效过程本质上是细观损伤萌生与发展的结果，因此在陶瓷基复合材料疲劳研究中，细观失效机理是最为核心而基础的问题。本节将采用光学显微镜和扫描电子显微镜对失效试件的断口形貌和微观机制进行观察，并在此基础上对其失效机理作出讨论。

图 6.3 和图 6.4 分别给出了室温下 2.5D 编织 C/SiC 复合材料单轴拉伸试样和拉-拉疲劳试样断口显微照片。拉伸和疲劳断裂位置多出现在经纱和纬纱交叉处，也有些出现在经纱中部或是纬纱内部，断口附近裂纹扩展严重，远离断口附近裂纹扩展较轻。拉伸断口和疲劳断口都极不平整，均以纤维束的破坏为主。但是拉伸断口和疲劳断口也存在很大差异：疲劳失效后，试样断口的纤维拔出长度比拉伸断口试样纤维拔出长度稍长，且被拔出的纤维表面没有被基体外壳包裹，裸露的纤维表面仅附着一些细小基体碎屑，界面脱粘较拉伸严重。这是试样在疲劳过程中纤维/基体在界面处反复磨损产生的结果。在有关文献中对平纹编织 C/SiC 复合材料疲劳特性的研究也得出了相似的结论。

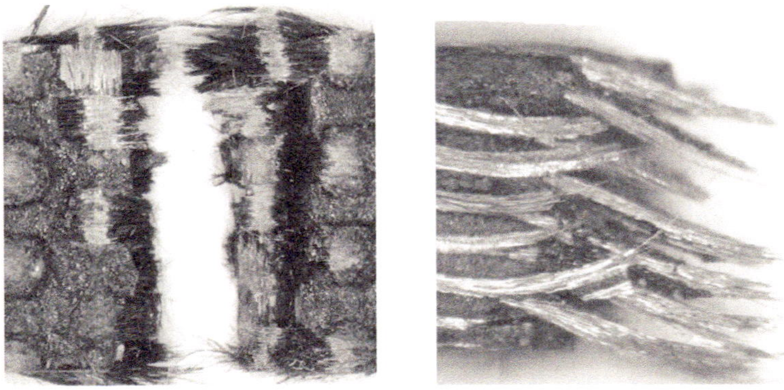

图 6.3　2.5D 编织 C/SiC 静拉伸失效断口形貌

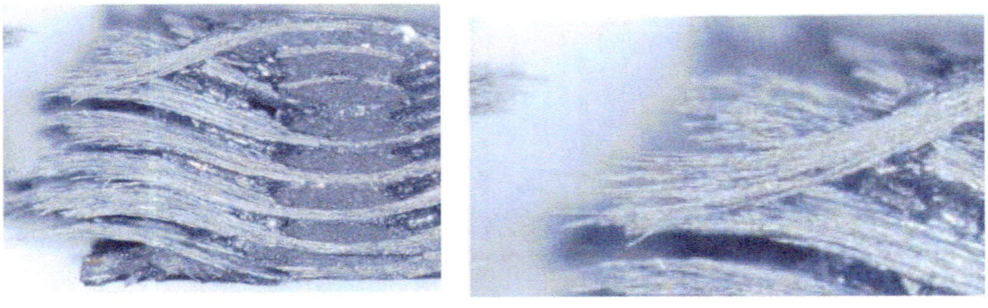

图 6.4　2.5D 编织 C/SiC 拉-拉失效断口形貌

图 6.5 为针刺 C/SiC 复合材料静拉伸失效和疲劳-剩余拉伸失效试件的断口宏观形貌照片。可以发现：所有失效试件断口皆为参差不齐，且层与层之间存在不同程度的拔出现象；各层内部存在纤维簇的拔出现象，拔出纤维簇一般呈宝塔状，每个拔出纤维簇一般包含若干纤维束。同样还发现，未经疲劳加载的试件的失效断口相对较齐整，经过疲劳加载历程的疲劳-剩余拉伸试件的断口表面更为“毛刺”，其拔出纤维簇更加细长。

(a) 静拉伸试件

(b) 疲劳-剩余拉伸试件

图 6.5　针刺 C/SiC 复合材料断口宏观形貌

如前所述，通过断口整体形貌的对比发现，静拉伸试件和疲劳-剩余拉伸试件的失效断口主要区别在于拔出纤维簇的形态。图 6.6 为采用 SEM 拍摄的两种断口中拔出纤维簇的形态对比，其中左列为静拉伸试件，右列为经过疲劳加载历程的试件。可以看出，相比未经疲劳加载历程的静拉伸试件(图 6.6)，经过疲劳加载历程的试件(图 6.6)失效断口中拔出纤维簇更为细长；拔出纤维簇内的纤维更加参差不齐；拔出纤维簇表面附着的基体更少。连续纤维增强陶瓷基复合材料的拉伸强度主要是由增强纤维决定的，基体则通过纤维与基体之间的界面传递相邻纤维之间的载荷。未经过疲劳载荷历程的静拉伸试件，界面相对较强，排列紧密的纤维簇被基体包裹，形成一个整体，易发生局部的纤维簇脆性断裂；而在经历疲劳载荷历程之后，纤维与基体脱粘更充分，这样纤维与基体之间的相对滑动也更容易；在外力作用下，纤维的取向或者整体排布变得更为均匀，这样复合材料整体的承载能力得到增强。因此，由于循环载荷后存在更多的界面脱粘和纤维基体相对滑动，纤维的失效位置更为随机，拔出的纤维簇就更为细长。

(a) 基体附着情况

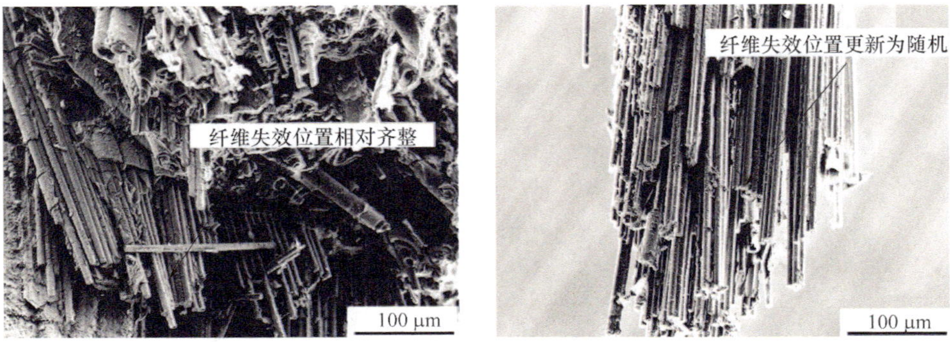

(b) 纤维失效位置

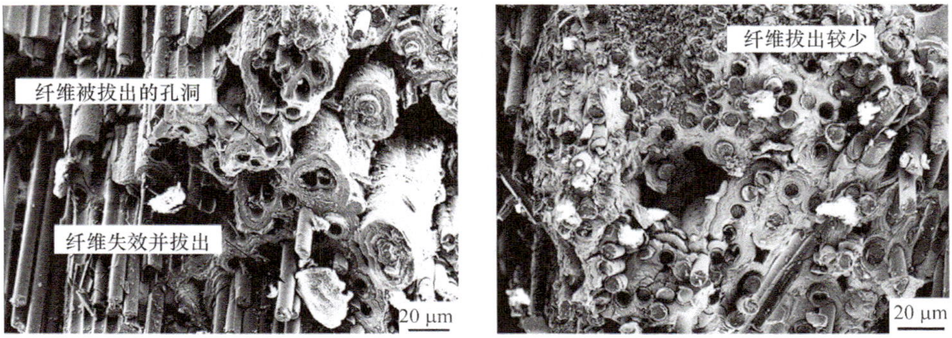

(c) 纤维拔出程度

图 6.6 针刺 C/SiC 复合材料断口内拔出纤维簇形貌

通过对比静拉伸失效和疲劳–剩余拉伸失效两种断口的细观特征可以发现，在经历过疲劳加载历程的失效断口内存在更多的纤维拔出、纤维桥接、基体裂纹和基体剥离等细观失效机制。图 6.7 给出了经历过疲劳加载历程的针刺 C/SiC 复合材料失效断口典型细观结构特征的 SEM 照片。如图 6.7(a)、(c)和(d)所示，在 0°单向纤维层内由于主要承受沿纤维方向的载荷，其细观失效机制主要有基体裂纹、纤维拔出和纤维桥接；如图 6.7(b)所示，在 90°单向纤维层内由于主要承受垂直纤维方向的载荷，其细观失效机制主要有纤维/基体剥离。

6.3 编织陶瓷基复合材料疲劳迟滞模型

本节对编织陶瓷基复合材料的迟滞回线进行研究，分别采用细观力学方法和多尺度方法建立迟滞模型。

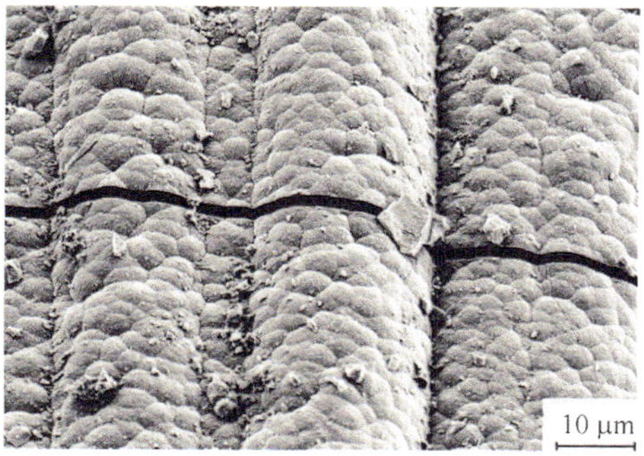

(a) 0°单向纤维层基体裂纹

(b)90°单向纤维层纤维/基体剥离

(c) 0°单向纤维层纤维拔出

(d) 0°单向纤维层纤维桥接

图 6.7　针刺 C/SiC 复合材料疲劳细观损伤 SEM 照片

6.3.1　基于细观力学方法的迟滞模型

与单向陶瓷基复合材料类似，编织陶瓷基复合材料初始加载到峰值应力，基体出现裂纹，纤维/基体界面发生脱粘。在随后卸载和重新加载过程中，纤维相对基体在界面处滑移，使得卸载/重新加载应力-应变曲线出现迟滞现象。本节采用基于细观力学方法的迟滞理论分析以下三种情况下的迟滞回线。

(1) 界面部分脱粘，纤维相对基体在界面处部分滑移

当 $\sigma_{\max}<\sigma_{b}$，初始加载到疲劳峰值应力时，界面部分脱粘。

$$\sigma_b=\frac{f_f^0}{1-f_f^0}\frac{E_{inner0}}{E_{m-\mathrm{mini}}}\frac{L}{r_f}\tau_i-\sigma_{th} \tag{6.1}$$

特征体元分为界面脱粘区（$x\in[0,\ L_d]$）和黏结区（$x\in[L_d,\ L/2]$）。卸载时，纤维相对基体在界面脱粘区发生反向滑移，界面脱粘区分为反向滑移区（$x\in[0,\ y]$）和滑移区（$x\in[y,\ L_d]$）。卸载时纤维轴向应力分布为

$$\begin{cases}\sigma_f(x)=\dfrac{\sigma}{f_f^0}+\dfrac{2\tau_i}{r_f}x, x\in(0,y)\\ \sigma_f(x)=\dfrac{\sigma}{f_f^0}+\dfrac{2\tau_i}{r_f}(2y-x), x\in(y,L_d)\\ \sigma_f(x)=\dfrac{E_f}{E_c}\sigma+\dfrac{(1-f_f^0)E_{m-\min i}}{f_f^0E_{inner0}}\sigma_{th}, x\in(L_d,L/2)\end{cases}\tag{6.2}$$

式中，卸载界面反向滑移长度 y 为

$$y=\frac{r_f}{4\tau_i}\frac{1-f_f^0}{f_f^0}\frac{E_{m-\min i}}{E_{inner0}}(\sigma_{\max}-\sigma)\tag{6.3}$$

重新加载到应力 $\sigma(\sigma_{\min}<\sigma<\sigma_{\max})$时，纤维相对基体在裂纹平面处再次出现滑移，此时界面脱粘区分为新滑移区($x\in[0,\ z]$)、反向滑移区($x\in[z,\ y]$)和滑移区($x\in[y,\ L_d]$)。重新加载时纤维轴向应力分布为

$$\begin{cases}\sigma_f(x)=\dfrac{\sigma}{f_f^0}+\dfrac{2\tau_i}{r_f}x, x\in(0,z)\\ \sigma_f(x)=\dfrac{\sigma}{f_f^0}+\dfrac{2\tau_i}{r_f}(2z-x), x\in(z,y)\\ \sigma_f(x)=\dfrac{\sigma}{f_f^0}+\dfrac{2\tau_i}{r_f}(2y-z)-\dfrac{2\tau_i}{r_f}x, x\in(y,L_d)\\ \sigma_f(x)=\dfrac{E_f}{E_c}\sigma+\dfrac{(1-f_f^0)E_{m-\min i}}{f_f^0E_{inner0}}\sigma_{th}, x\in(L_d,L/2)\end{cases}\tag{6.4}$$

式中，重新加载界面新滑移长度 z 为

$$z=y-\frac{r_f}{4\tau_i}\frac{1-f_f^0}{f_f^0}\frac{E_{m-\min i}}{E_{inner0}}(\sigma_{\max}-\sigma)\tag{6.5}$$

(2) 界面完全脱粘，纤维相对基体在界面处部分滑移

当 $\sigma_b<\sigma_{\max}<\sigma_p$，初始加载为疲劳峰值应力时，界面完全脱粘，且卸载/重新加载时纤维相对基体在界面脱粘区部分滑移。

$$\sigma_p=2\frac{f_f^0}{1-f_f^0}\frac{E_{inner0}}{E_{m-\min i}}\frac{L}{r_f}\tau_i+\sigma_{\min}\tag{6.6}$$

卸载时纤维轴向应力分布为

$$\begin{cases}\sigma_f(x)=\dfrac{\sigma}{f_f^0}+\dfrac{2\tau_i}{r_f}x, x\in(0,y)\\ \sigma_f(x)=\dfrac{\sigma}{f_f^0}+\dfrac{2\tau_i}{r_f}(2y-x), x\in(y,L/2)\end{cases}\tag{6.7}$$

式中，卸载界面反向滑移长度见式(6.3)。

重新加载时纤维轴向应力分布为

$$\begin{cases} \sigma_f(x)=\dfrac{\sigma}{f_f^0}+\dfrac{2\tau_i}{r_f}x, x\in(0,z) \\ \sigma_f(x)=\dfrac{\sigma}{f_f^0}+\dfrac{2\tau_i}{r_f}(2z-x), x\in(z,y) \\ \sigma_f(x)=\dfrac{\sigma}{f_f^0}+\dfrac{2\tau_i}{r_f}2(y-z)-\dfrac{2\tau_i}{r_f}x, x\in(y,L/2) \end{cases} \tag{6.8}$$

式中，重新加载新界面滑移长度见式(6.4)。

(3) 界面完全脱粘，纤维相对基体在界面处完全滑移。

当 $\sigma_p<\sigma_{max}$ 时，卸载到应力 $\sigma_{tr\_fu}(\sigma_{tr\_fu}>\sigma_{min})$ 时，卸载界面反向滑移长度 y 达到半基体裂纹间距 $L/2$，即 $y(\sigma_{tr\_fu})=L/2$。

$$\sigma_{tr\_fu}=\sigma_{max}-2\frac{f_f^0}{1-f_f^0}\frac{E_{inner0}}{E_{m-min\,i}}\frac{L}{r_f}\tau_i \tag{6.9}$$

当 $\sigma>\sigma_{tr\_fu}$ 时，卸载界面反向滑移长度 y 小于半基体裂纹间距 $L/2$，即 $y<L/2$，纤维轴向应力分布如式(6.7)，卸载界面反向滑移长度如式(6.3)；当 $\sigma<\sigma_{tr\_fu}$ 时，卸载界面反向滑移长度 y 达到半基体裂纹间距 $L/2$，即 $y=L/2$，在随后卸载过程中，界面反向滑移长度将不再变化，即 $y(\sigma_{tr\_fu})=y(\sigma_{min})$。

重新加载到应力 $\sigma_{tr\_fr}(\sigma_{tr\_fr}<\sigma_{max})$ 时，重新加载新界面滑移长度 z 达到半基体裂纹间距 $L/2$，即 $z(\sigma_{tr\_fr})=L/2$。

$$\sigma_{tr\_fu}=\sigma_{min}+2\frac{f_f^0}{1-f_f^0}\frac{E_{inner0}}{E_{m-min\,i}}\frac{L}{r_f}\tau_i \tag{6.10}$$

当 $\sigma<\sigma_{tr\_fr}$ 时，重新加载新界面滑移长度 z 小于半基体裂纹间距 $L/2$，即 $z<L/2$，纤维轴向应力分布如式(6.8)，重新加载新界面滑移长度如式(6.4)；当 $\sigma>\sigma_{tr\_fr}$ 时，重新加载新界面滑移长度 z 达到半基体裂纹间距 $L/2$，即 $z=L/2$，在随后重新加载过程中，新界面滑移长度将不再变化，即 $z(\sigma_{tr\_fr})=z(\sigma_{min})$。

当复合材料出现损伤时，假设复合材料应变为未损伤纤维应变，界面部分脱粘时，卸载应力-应变关系为

$$\varepsilon=\frac{\sigma}{E}+\frac{1-f_f^0}{f_f^0}\frac{E_{m-min\,i}}{E_fE_{inner0}}\frac{L_d}{L}(\sigma+\sigma_{th})\left[3-2\left(1-\frac{y}{L_d}\right)^2\right] \tag{6.11}$$

重新加载应力-应变关系为

$$\varepsilon=\frac{\sigma}{E}+\frac{1-f_f^0}{f_f^0}\frac{E_{m-min\,i}}{E_fE_{inner0}}\frac{L_d}{L}(\sigma+\sigma_{th})\left\{1+2\left[\left(\frac{z}{L_d}-1\right)^2-\left(\frac{y}{L_d}-1\right)^2\right]\right\} \tag{6.12}$$

当界面完全脱粘，且卸载和重新加载纤维相对基体在界面脱粘区部分滑移时，卸载应力-应变关系为

$$\varepsilon=\frac{\sigma}{E}+\frac{1-f_f^0}{f_f^0}\frac{E_{m-min\,i}}{E_fE_{inner0}}\frac{L_d}{L}(\sigma+\sigma_{th})\left[\frac{3}{2}-\left(1-\frac{2y}{L}\right)^2\right] \tag{6.13}$$

重新加载应力-应变关系为

$$\varepsilon=\frac{\sigma}{E}+\frac{1-f_f^0}{f_f^0}\frac{E_{m-min\,i}}{E_fE_{inner0}}\frac{L_d}{L}(\sigma+\sigma_{th})\left\{\frac{1}{2}+\left[\left(\frac{2z}{L_d}-1\right)^2-\left(\frac{2y}{L_d}-1\right)^2\right]\right\} \tag{6.14}$$

当卸载/重新加载界面完全滑移，卸载到应力 $\sigma(\sigma<\sigma_{tr\_fu})$ 时，卸载应变仅需令式(6.13)中 $y=L/2$ 即可；重新加载到应力 $\sigma(\sigma>\sigma_{tr\_fr})$ 时，重新加载应变仅需令式(6.14)中 $z=L/2$ 即可。

Wang 等在室温下对层-层浅交直联 2.5D 编织 C/SiC 复合材料沿经纱方向进行了卸载/重新加载拉伸试验。采用本书提出的方法对 2.5D 编织 C/SiC 复合材料准静态加载、卸载/重新加载应力-应变曲线进行预测，并与试验数据进行对比(图 6.8)。从图中可以看出，预测的准静态加载应力-应变曲线、不同峰值应力($\sigma_{max}=$ 155、195、230 和 265MPa)下的卸载/重新加载应力-应变曲线与试验数据相吻合。

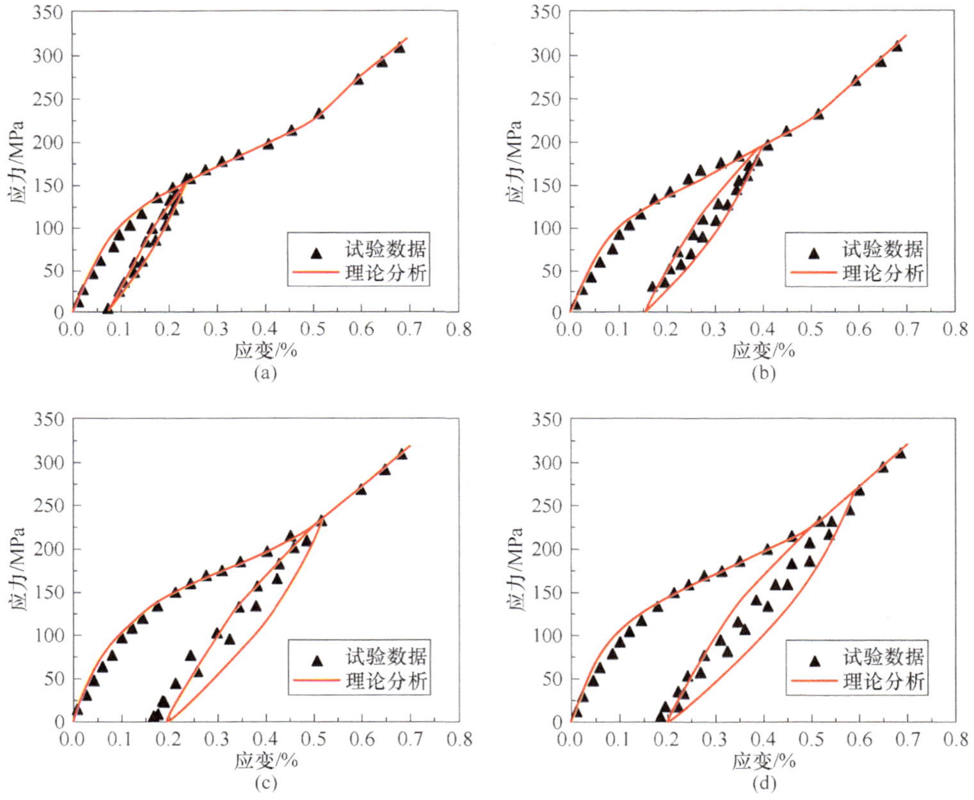

图 6.8　2.5D 编织 C/SiC 复合材料准静态加载、卸载/重新加载试验与预测的应力-应变曲线

6.3.2　基于双尺度方法的迟滞模型

将 2.5D 编织陶瓷基复合材料中经纱和纬纱等效为复合材料杆。该复合材料杆与单向纤维增强复合材料的不同之处在于复合材料杆在空间上有波动，本书采用正弦曲线描述这种波动。在分析过程中，将复合材料杆离散成若干个微元块，并且假设每个微元块中纤维都是以直线形式存在，不发生扭转。这样就可以将这些微元块看

作是单向纤维增强复合材料。基于以上假设，本节从微观尺度和单胞尺度对编织复合材料疲劳迟滞行为进行了研究。

基于双尺度的疲劳迟滞回线模拟的核心思想是：在某一循环下，先采用纤维/基体/孔隙组成微观尺度模型计算该循环下的疲劳应力-应变曲线，得到复合材料杆单元本构关系，然后将其带入经纱/纬纱/孔洞组成的单胞模型，对不同边界条件下单胞模型进行相应的刚度折减，统计单胞模型平均应力和平均应变，从而得到了该循环数下单胞尺度疲劳迟滞回线。当该循环计算结束后，判断是否失效，如果未发生疲劳失效，则进行下一个循环模拟；否则，程序终止。

2.5D 编织陶瓷基复合材料在制造过程中，经纱和纬纱内纤维不可避免地发生变形；经向纤维束经过挤压等工艺呈正方形，而纬纱界面呈椭圆形。在实际计算中，若根据纤维束实际截面形状建立模型，细观参数多，同时给网格划分带来困难。因此需要对纤维束模型截面形状进行一定简化，做如下假设：

(1) 经纱为矩形截面、纬纱为双凸透镜形，且沿长度方向是均匀的，没有扭转；

(2) 所有经纱尺寸相同，纬纱尺寸也相同，且为横观各向同性材料；

(3) 经纱以余弦曲线形状排布。

根据周期性特点，选取单胞模型如图 6.9(a)所示。该单胞模型共 5 个参数。J_s 为经纱跨度；J_h 为经纱高度；J_w 为经纱宽度；W_w 为纬纱宽度；W_h 为纬纱高度，尺寸参数通过显微照片测得。根据周期性特点，2.5D 编织 C/SiC 复合材料完整单胞模型分为两部分，经纱轴线采用余弦函数描述，前半部分经纱轴向采用式(6.15)表示，后半部分经纱轴向采用式(6.16)表示。

$$\theta_1 = \arctan\left[(J_h + W_h)\frac{2\pi}{J_s}\sin\left(\frac{2\pi X}{J_s}\right)\right] \tag{6.15}$$

$$\theta_2 = \arctan\left[-(J_h + W_h)\frac{2\pi}{J_s}\sin\left(\frac{2\pi X}{J_s}\right)\right] \tag{6.16}$$

式中：θ_1 为单胞模型前半部分经纱中某一单元纤维轴向与 X 轴夹角；θ_2 为单胞模型后半部分经纱中某一单元纤维轴向与 X 轴夹角；X 为单胞模型中单元 x 坐标。通过商用软件得到了 2.5 D 编织 C/SiC 复合材料细观结构模型，编织结构几何尺寸见表 3.1。

在进行单胞模型有限元分析过程中，本书选用的是商用有限元软件包中的 Solid 45 三维实体单元对单胞模型进行网格划分，该单元有 8 个节点，且每个节点具有三个方向自由度：即沿 X、Y 和 Z 三个方向平动自由度。图 6.9(b)给出了浅交弯联 2.5D编织复合材料完整的单胞模型和网格划分结果，该单胞共有 1408 个单元，2005 个节点。

材料属性随纤维束方向变化而改变，因此需要对有限元模型中各个单元材料属性分别定义。在 2.5 D 编织复合材料中，纬纱是按直线形式排布，而经纱是按余弦曲线形式排布。对于经纱，取单元质心坐标，根据该单元体所属纤维束轨迹方程，定义

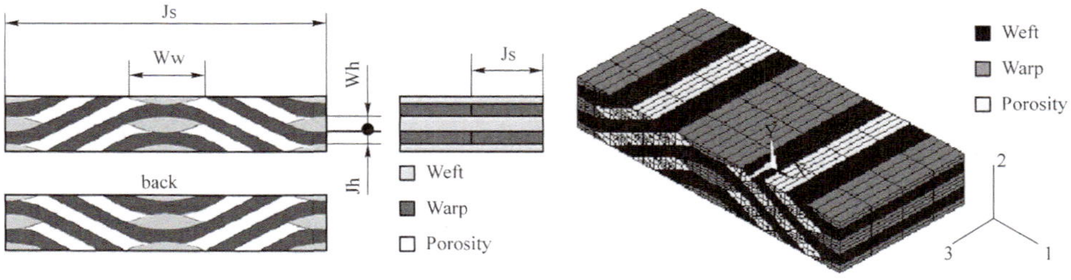

(a) 单胞模型示意图　　(b) 有限元模型

图 6.9　2.5D 编织 C/SiC 单胞几何模型及有限元模型

质心点的切线方向即为单元材料主方向。

计算单胞加-卸载应力-应变时，对图 6.9 所示的 2.5 D 编织复合材料单胞模型施加周期性边界条件：

$$\boldsymbol{u}_i(\varepsilon_j)=\boldsymbol{u}_i(\varepsilon_j+L_j) \tag{6.17}$$

式中，$\boldsymbol{u}_i(\varepsilon_j)$为单胞中一点位移，$L_j$为单胞长度。

2.5D 编织复合材料初始加载到疲劳峰值载荷后，纬向纤维束发生纬纱开裂，因此其弹性模量和剪切模量下降到很小值。纬纱横向开裂是属于基体占主导地位的破坏，其破坏准则为最大拉应力破坏准则：

$$\sigma>\sigma_{m\_\max} \tag{6.18}$$

式中，$\sigma_{m_\max}$为基体开裂应力。

当 2.5D 编织复合材料纬纱开裂后，在随后卸载/重新加载过程中，复合材料载荷主要是经纱承载，因此研究经纱上所含单元刚度折减规律尤为重要。

经纱主要是由纤维承载，拉伸方向拉伸破坏属于纤维占主导地位的破坏。纤维破坏准则是纤维统计破坏准则，即：

$$P_f>q^* \tag{6.19}$$

式中，P_f为纤维断裂概率，q^*为纤维断裂临界值。当材料满足上式时，纤维束发生破坏。

通过商用有限元软件计算分析得到单胞模型应力-应变场，然后给出经纱内单元材料主方向，得到经向纱线内单元在材料主方向应力和应变。结合微观尺度，计算得到纤维束应力-应变关系，从而得到纤维束沿单元材料主方向的拉伸模量 $E_L{}^d$。在单元坐标系下，2 和 3 方向弹性模量以及材料剪切模量按照式(6.20)进行折减。

$$\left.\begin{aligned}E_i^d&=\frac{E_L^d}{E_L^0}\cdot E_i^0\\G_i^d&=\frac{E_L^d}{E_L^0}\cdot G_i^0\end{aligned}\right\},\quad i=2,3 \tag{6.20}$$

式中，$E_i{}^d$为纤维束在方向 2 或 3 上折减后的弹性模量；$E_i{}^0$为纤维束在方向 2 或 3 上初始弹性模量；$G_i{}^d$为纤维束折减后的剪切模量；$G_i{}^0$为纤维束的初始剪切模量。特别注意的是，纤维束初始弹性模量和剪切模量都采用刚度平均法得到。表 6.1 给出了室温条件下纤维和基体弹性性能参数。

表 6.1　纤维和基体的弹性性能

	E_1/GPa	E_2/GPa	E_{12}/GPa	E_{23}/GPa	V_{12}	V_{23}
C	230	13.8	9	4.8	0.2	0.25
SiC	350	350	140	140	0.25	0.25

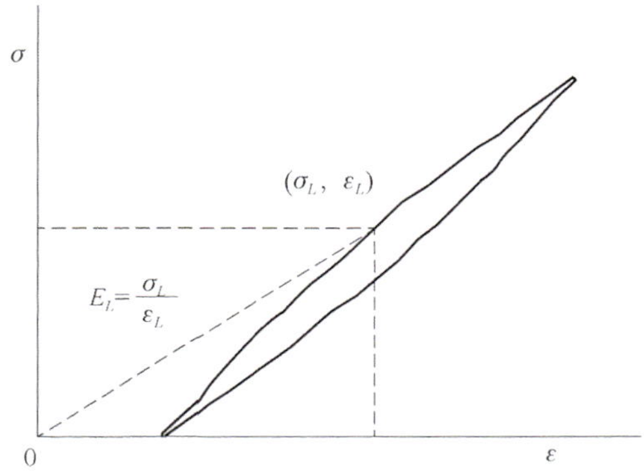

图 6.10　微观尺度拉伸模量示意图

采用提出的方法分别对室温下 2.5D 编织 C/SiC 复合材料发生疲劳失效和未发生疲劳失效两种情况时疲劳迟滞回线进行模拟。表 6.2 给出了室温纤维束基本材料属性。

表 6.2　室温下 C/SiC 纤维束材料基本属性

材料属性	数值	材料属性	数值
E_f(GPa)	230	E_m(GPa)	350
V_f	65%[12][68]	V_m	30%
$\alpha_f(10^{-6}/℃)$	1.0	$\alpha_m(10^{-6}/℃)$	2.8
$r_f(\mu m)$	3.5	ΔT(℃)	−1000
τ_1(MPa)	6.1	$\xi_d(J/m^2)$	0.3

图 6.11 给出了 2.5D 编织 C/SiC 复合材料疲劳迟滞回线理论预测值与试验值对比曲线，其中疲劳应力为 157.5 MPa，应力比 R 为 0.1。从图中可以看出，理论预测曲线能够较好地反映复合材料加卸载过程。随着循环次数增加，残余应变增大，割线模量减小。尤其在循环加载后半段（循环数为 400000 后），理论预测曲线与试验曲线吻合得相当好，能够较为有效地模拟复合材料疲劳损伤过程。

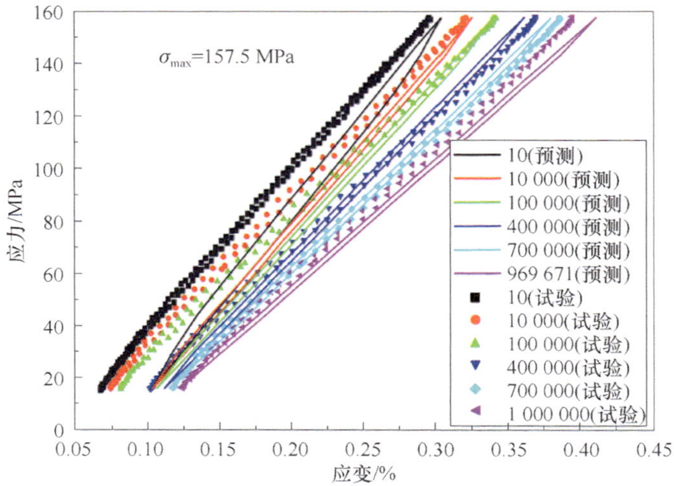

图 6.11　迟滞回线的理论预测值与试验值的对比曲线

6.3.3　编织陶瓷基复合材料界面磨损参数估计

界面剪应力在纤维和基体之间传递载荷，是影响陶瓷基复合材料疲劳迟滞回线形状、位置和面积的关键参数。在疲劳载荷作用下，界面剪应力由于界面磨损随循环衰减，对陶瓷基复合材料疲劳损伤和疲劳失效产生重要影响。目前测量纤维/基体界面剪应力的方法主要包括纤维拔出、纤维推入和推出等，但上述方法存在许多不足，首先，上述测量方法仅针对单根纤维的界面性能，无法体现陶瓷基复合材料的整体界面性能；其次，上述测量方法很难在高温环境下测量界面参数；最后，上述方法主要用于测量单向加载时的界面性能，无法得到疲劳载荷下的界面性能。本小节在编织陶瓷基复合材料疲劳迟滞理论基础上提出一种预测陶瓷基复合材料疲劳载荷下界面剪应力退化规律的方法。

定义迟滞回线包围面积，即单位体积迟滞耗散能 S 为

$$S = \int_{\sigma_{min}}^{\sigma_{max}} [\varepsilon_c^{unload}(\sigma) - \varepsilon_c^{reload}(\sigma)] d\sigma \tag{6.21}$$

式中，$\varepsilon_c{}^{unload}$ 为卸载应变，$\varepsilon_c{}^{reload}$ 为重新加载应变，将卸载和重新加载应变代入式(6.21)中，即得到各种情况下的迟滞耗散能。通过将理论计算的迟滞耗散能与试验测量值相对比，获得编织陶瓷基复合材料在疲劳载荷下的界面剪应力。

图 6.12 给出了 2.5D 编织 C/SiC 在疲劳峰值应力 $\sigma_{max}=200$ MPa 作用下，界面剪应力对迟滞回线形状及迟滞回线包围面积(即迟滞耗散能)的影响。图 6.12(a)给出了三种不同界面剪应力下的迟滞回线，分别对应三种界面滑移情况。图 6.12(b)给出了在该峰值应力下，迟滞耗散能随界面剪应力($\tau_i=1\sim50$ MPa)变化曲线，从图中可以看出，当 $\tau_i=10.5\sim50$ MPa 时，即曲线 AB 段，迟滞耗散能随界面剪应力减小

而增加，由于界面剪应力较高，界面部分脱粘（$L_d < L/2$，图 6.12(c)），完全卸载时界面部分滑移（$y < L_d$，图 6.12(d)）；当 $\tau_i = 4.8 \sim 10.5$ MPa 时，即曲线 BC 段，迟滞耗散能随界面剪应力减小而增加，界面完全脱粘（$L_d = L/2$，图 6.12(c)），卸载时界面部分滑移（$y < L_d$，图 6.12(d)）；当 $\tau_i = 1 \sim 4.8$ MPa 时，即曲线 CD 段，迟滞耗散能随界面剪应力减小而先增加后减小，界面完全脱粘（$L_d = L/2$，图 6.12(c)），卸载时界面完全滑移（$y = L_d$，图 6.12(d)）。

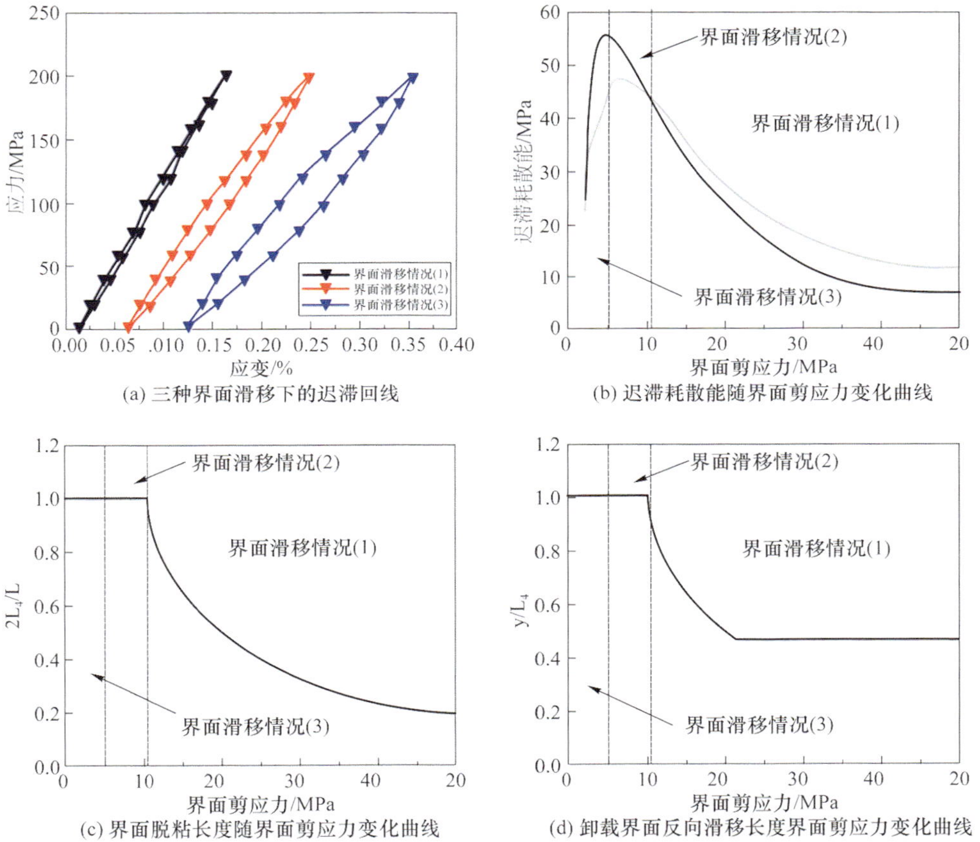

(a) 三种界面滑移下的迟滞回线　(b) 迟滞耗散能随界面剪应力变化曲线

(c) 界面脱粘长度随界面剪应力变化曲线　(d) 卸载界面反向滑移长度界面剪应力变化曲线

图 6.12　2.5D 编织 C/SiC 复合材料疲劳迟滞回线及迟滞耗散能随界面剪应力变化曲线

Dalmaz 等在 600℃惰性气体环境下对 2.5D－C/SiC 陶瓷基复合材料进行了拉-拉疲劳试验，疲劳加载峰值应力 $\sigma_{max} = 230$ MPa，谷值应力 $\sigma_{min} = 0$ MPa，加载频率 $f =$ 1 Hz。图 6.13(a)给出了 2.5D－C/SiC 陶瓷基复合材料在第 10、10^4 和 10^5 次循环时的应力-应变迟滞回线及迟滞耗散能。图 6.13(b)给出了预测的 2.5D－C/SiC 陶瓷基复合材料迟滞耗散能随界面剪应力变化曲线，基本材料参数为：$r_f = 3.5$ μm，$E_f =$ 230 GPa，$E_m = 350$ Gpa，$E_c = 125$ GPa，$f_f = 42\%$，$f_p = 20\%$，$\alpha_{lf} = 1 \times 10^{-6}$/℃，$\alpha_{rf} = 7 \times 10^{-6}$/℃，$\alpha_{lm} = 2 \times 10^{-6}$/℃，$\alpha_m = 4.6 \times 10^{-6}$/℃，$\Delta T = -1000$℃。由于纤维轴向热膨

胀系数低于基体($\alpha_{lf}<\alpha_{lm}$),材料从制备温度冷却到室温时,SiC 基体内部存在大量微裂纹;纤维径向热膨胀系数高于基体($\alpha_{rf}<\alpha_{rm}$),纤维/基体界面存在热残余拉应力,当材料从制备温度冷却到室温时,纤维/基体界面大量脱粘,且界面剪应力较低。结合图 6.13(a)中相应循环数时的迟滞耗散能,可以获得不同循环数时的界面剪应力。第 10 次循环时的迟滞耗散能为 33 KPa,其界面剪应力为 2.2 MPa;第 10^4 次循环时的迟滞耗散能为 29 KPa,其界面剪应力为 1.9 MPa;第 10^5 次循环时的迟滞耗散能为 19 KPa,其界面剪应力为 1.2 MPa。2.5D－C/SiC 在 230 MPa 疲劳峰值应力作用下,迟滞耗散能随循环数增加而减小,迟滞回线相应于界面完全脱粘,卸载/重新加载时纤维相对基体在界面处完全滑移情况,界面剪应力从第 10 次循环时的 2.2 MPa 衰减到第 10^5 次循环时的 1.2 MPa。

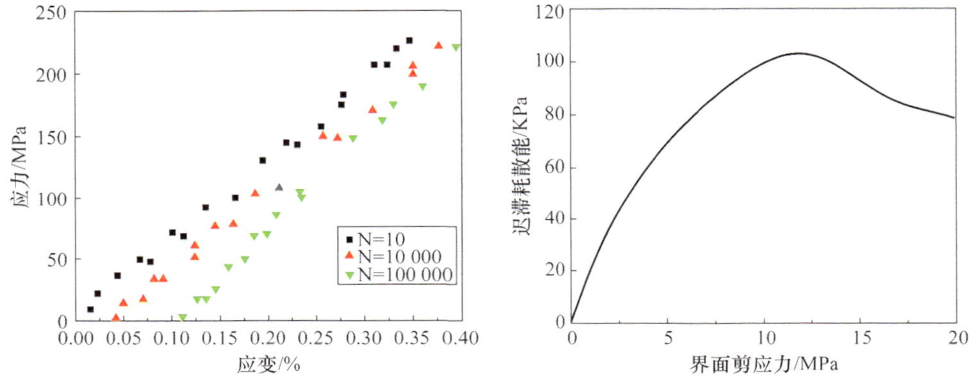

(a) 不同循环数下的迟滞回线　　(b) 迟滞耗散能随界面剪应力变化曲线

图 6.13　2.5D 编织 C/SiC 复合材料

6.4　编织陶瓷基复合材料疲劳寿命预测方法

目前,陶瓷基复合材料疲劳寿命预测方法分为宏观唯象方法、细观力学方法和多尺度方法。宏观唯象方法是建立在大量试验基础上,需要耗费大量时间和成本。此外,当材料结构变化、纤维体积含量等发生变化时,宏观唯象方法便不能较好预测其寿命,所以本节主要介绍后两种方法。

6.4.1　细观力学方法

在高疲劳峰值应力作用下,初始加载到疲劳峰值应力时,90°方向纬纱和纱线外基体出现裂纹,0°方向经纱内基体开裂且纤维/基体界面发生脱粘。在随后的疲劳加载过程中,经纱内纤维/基体界面发生磨损,界面剪应力和纤维强度随循环衰退,纤维承载随循环增加，纤维断裂概率增加。

经纱内纤维失效概率 $P(T)$ 满足

$$P(T)=1-\exp\left\{-\left(\frac{T}{\sigma_c}\right)^{m_f+1}\left(\frac{\sigma}{\sigma_0(N)}\right)^{m_f}\frac{\tau_i}{\tau_i(N)}\right\} \tag{6.22}$$

经纱内完好纤维承担应力 T 为

$$\frac{\sigma}{f_f^0}=T\left(\frac{\sigma_c}{T}\right)^{m_f+1}\left(\frac{\sigma_0(N)}{\sigma_0}\right)^{m_f}\frac{\tau_i(N)}{\tau_i}\left\{1-\exp\left[-\left(\frac{T}{\sigma_c}\right)^{m_f+1}\left(\frac{\sigma_0}{\sigma_0(N)}\right)^{m_f}\frac{\tau_i}{\tau_i(N)}\right]\right\} \tag{6.23}$$

当疲劳峰值应力保持常数，即 $\sigma=\sigma_{\max}=$ 常数时，由式(6.23)可以确定完好纤维承担应力 T 随循环变化，结合式(6.22)可以确定疲劳载荷下纤维失效概率随循环变化，当纤维失效体积百分数达到临界值时，完好纤维承担应力达到最大，复合材料疲劳失效。

Rouby 和 Reynaud 在室温下对 2D－SiC/SiC 陶瓷基复合材料进行了拉-拉疲劳试验，疲劳峰值应力 $\sigma^{\max}=50\sim175$ MPa，谷值应力 $\sigma_{\min}=0$，加载频率 $f=1$ Hz，疲劳极限为 10^6 次。图 6.14(a)给出了采用界面剪应力衰减模型预测的界面剪应力随循环衰减曲线，其中 $\tau_{io}=56$ MPa，$\tau_{i\min}=5$ MPa，$\omega=0.04$，$\lambda=1.0$，从图中可以看出，界面剪应力在初始的 200 次循环内从 56 MPa 衰减到 5 MPa。图 6.14(b)给出了采用纤维强度衰退模型预测的纤维强度随循环衰退曲线，其中 $p1=0.025$，$p2=1.0$。图 6.14(c)给出了基于界面磨损机理预测的 2D－SiC/SiC 陶瓷基复合材料在 160 MPa、150 MPa 和 140 MPa 三个疲劳峰值应力下纤维失效体积百分数随循环变化曲线，从图中可以看出，初始加载到疲劳峰值应力时，纤维失效体积百分数随峰值应力增加而增加，在随后循环过程中，受界面剪应力衰减和纤维强度衰退的影响，纤维失效体积百分数随循环数增加而增加，当纤维失效体积百分数达到临界值 $P=q*=50\%$($q^*=2/(m_f+2)$，$m_f=2.0$)时，复合材料疲劳失效。当 $\sigma_{\max}=160$ MPa 时，复合材料在界面剪应力衰退到稳定值前失效，失效循环数 $N_f=122$；当 $\sigma_{\max}=150$ MPa 和 140 MPa 时，其失效循环数分别为 $N_f=933$ 和 $N_f=24316$，均高于界面剪应力衰减到稳定值时的循环数，这使得其纤维随循环失效曲线明显分为两段：当 $N<200$ 时，界面剪应力尚未衰减到稳定值，纤维失效受界面剪应力衰减和纤维强度衰退的影响而随循环数迅速增加；当 $N>200$ 时，界面剪应力衰减到稳定值，纤维失效仅受纤维强度衰退的影响而随循环缓慢增加。图 6.14(d)给出了试验和预测的 2D－SiC/SiC 疲劳寿命 $S-N$ 曲线，从图中可以看出，预测的 $S-N$ 曲线分为两段，AB 段 $S-N$ 曲线受界面剪应力和纤维强度衰退的影响；而 BC 段 $S-N$ 曲线仅受纤维强度衰退的影响，从图中可以看出，预测的 $S-N$ 曲线与试验数据相吻合。

6.4.2　多尺度方法

细观力学方法是基于疲劳与断裂细观损伤机理建立起来的，该方法的建立为结

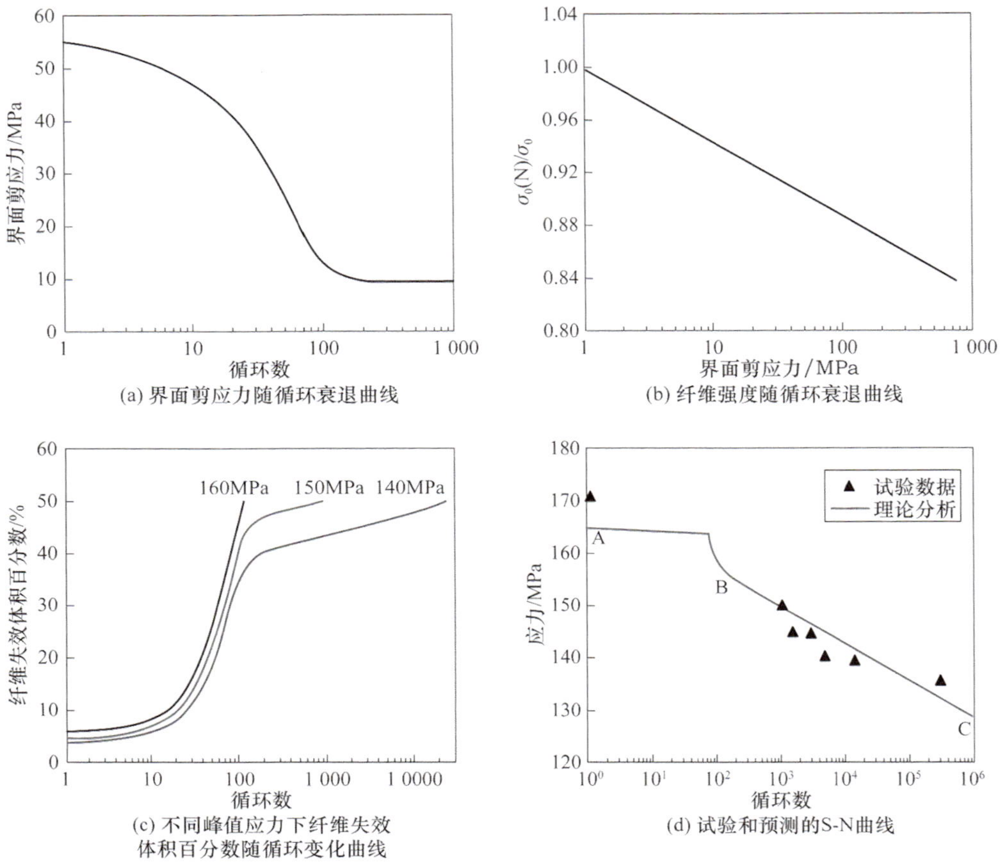

图 6.14　室温下 2D－SiC/SiC 陶瓷基复合材料疲劳寿命预测

构和材料的发展奠定了一定的基础。迄今为止，采用细观力学方法对单向和正交铺设陶瓷基复合材料疲劳寿命预测方面有了较为深入的研究。但是对于细观结构较为复杂的复合材料（如编织复合材料），由于难以直接得到解析表达式，之前的细观力学方法不能直接应用于预测复杂细观结构材料的疲劳寿命。多尺度方法将复合材料的力学分析分解到不同的尺度上，在不同尺度上分别采用对应的细观力学模型或宏观力学模型，从而建立复合材料的细观组分性能与宏观力学响应之间的联系。

图 6.15 给出了编织陶瓷基复合材料疲劳寿命多尺度预测的流程图。该算法首先依据复杂预制体陶瓷基复合材料的细观几何形貌，建立其单胞结构有限元模型，随后赋予单胞内的纱线细观组分材料参数，包括不同界面成分的剪应力及热处理后的纤维强度分布等，最终实现不同界面成分、预制体结构类型以及热处理工艺的复杂预制体陶瓷基复合材料疲劳寿命预测。单胞内的应力最大单元被视为危险单元。一旦危险单元发生失效，即认为陶瓷基复合材料疲劳失效；而若循环数达到 10^6 时陶瓷基

复合材料仍未失效，即认为其具有无限寿命。其主要步骤如下：

(1) 初始化模型，$N=1$；

(2) 计算代表体元在疲劳最大应力水平下的应力应变场，对首次加载到疲劳最大应力水平的过程进行准静态加载分析；

(3) 提取承受平行纤维方向载荷的纤维束复合材料单元在疲劳最大应力水平下的应力应变，并计算出疲劳最小应力水平下的应力应变，记录为各单元的载荷历程；

(4) 找到应力最大的纤维束复合材料单元，并提取其整个载荷历程，采用细观力学方法对该单元进行整个载荷历程的损伤分析；

(5) 判断该单元是否失效，若失效则进入下一步，若未失效，则给定循环增量 $N=N+\Delta N$，并进行单元刚度折减(图中上标 2 表示疲劳损伤演化导致的刚度渐进折减)，然后回到(2)；

(6) 判断复合材料整体是否失效，若失效，即结束程序，获得疲劳寿命 $N_f=N$，若未失效，则对第(5)步判定的失效单元进行刚度折减(图中上标 1 表示静失效导致刚度的突然折减)，然后回到(2)。

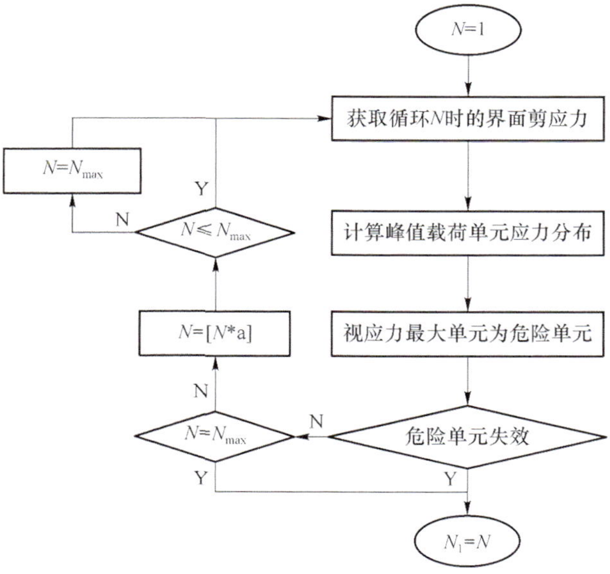

图 6.15　编织陶瓷基复合材料疲劳寿命多尺度预测流程图

如图 6.16 所示，平纹编织 SiC/SiC 复合材料在经纱方向的最大应力出现在经纱与纬纱交界处，这与图 6.17 中的试验观测结果相一致。受周期性边界条件的影响，单胞的应力分布表现出周期对称性。图 6.18 给出了平纹编织 SiC/SiC 复合材料的应力-应变响应和强度结果。可以看出，预测结果与试验结果吻合地较好。

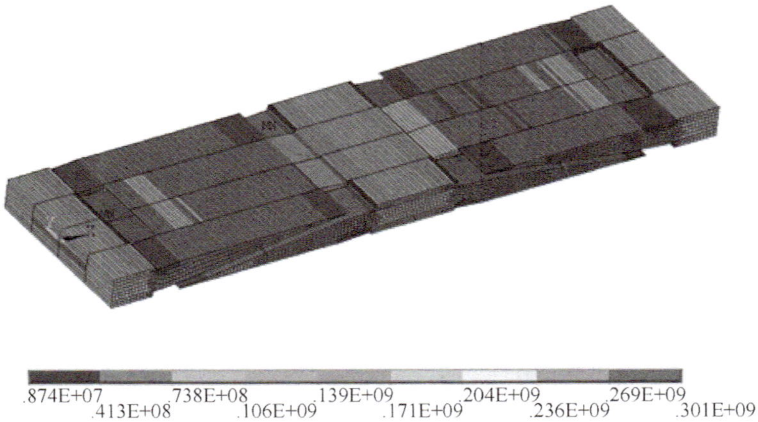

图 6.16　平纹编织 SiC/SiC 复合材料经纱方向单胞应力云图

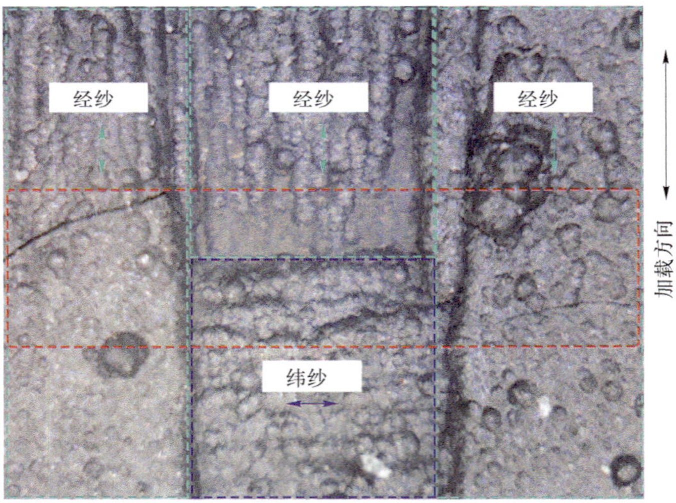

图 6.17　平纹编织 SiC/SiC 复合材料基体横向裂纹显微图像

图 6.19 给出了平纹编织 SiC/SiC 复合材料在 180 MPa 应力水平下不同循环数时的单胞应力云图，可以看出不同循环数下的单胞应力分布表现出明显的不同。这表明在平纹编织 SiC/SiC 复合材料等幅疲劳载荷的过程中，纱线单元却经历了变幅疲劳载荷过程。随着循环数的增加，单胞的应力分布更加均匀，也就是说，单胞的应力集中得到了释放，因而最大应力表现出了下降的趋势。

图 6.20 给出了编织 SiC/SiC 复合材料拉-拉疲劳 $S-N$ 曲线。可以看出，预测的 $S-N$ 曲线与试验结果吻合地较好。绝大多数的预测结果都在平均试验结果的 6 倍分散带内。本课题中的疲劳循环数加速因子为 1.5，完成 10^6 次疲劳循环数所需时间可控制在 24 小时内。

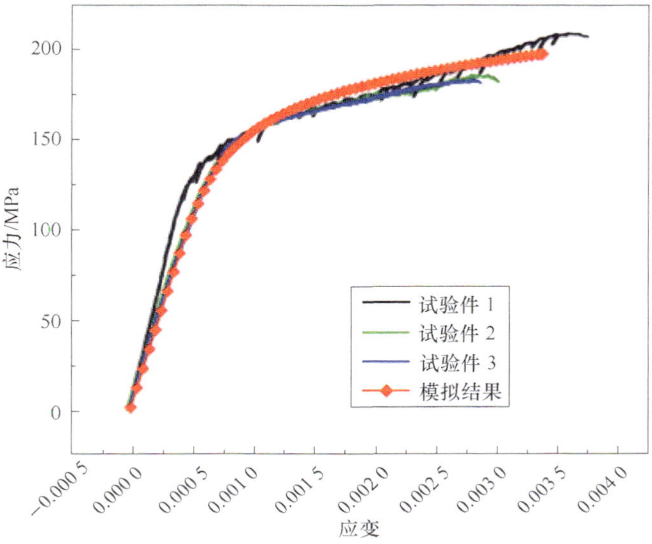

图 6.18　平纹编织 SiC/SiC 复合材料的应力-应变响应和强度

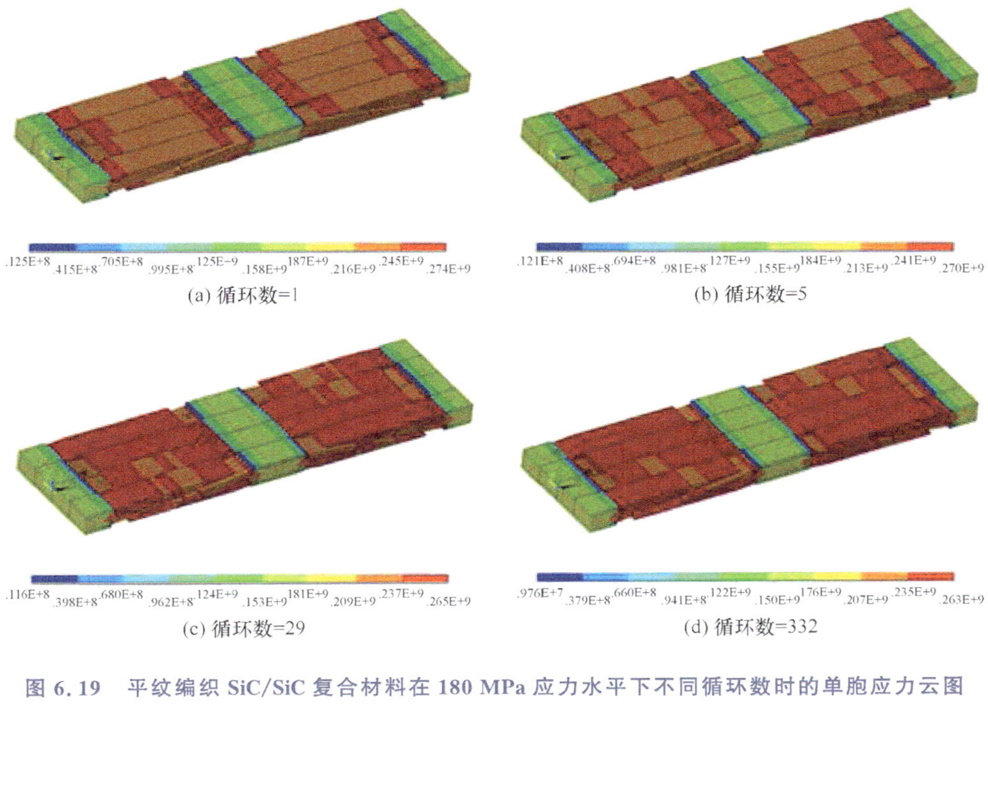

图 6.19　平纹编织 SiC/SiC 复合材料在 180 MPa 应力水平下不同循环数时的单胞应力云图

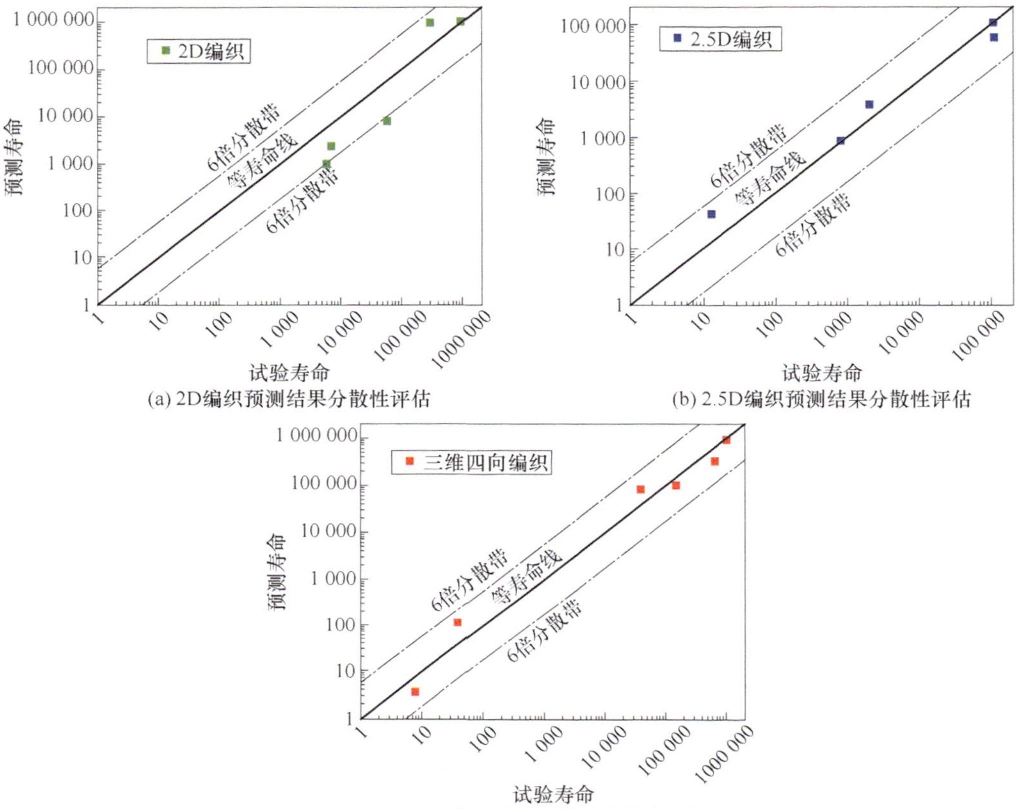

(a) 2D编织预测结果分散性评估

(b) 2.5D编织预测结果分散性评估

(c) 三维四向预测结果分散性评估

图 6.20 编织 SiC/SiC 复合材料拉-拉疲劳寿命预测

6.5 编织陶瓷基复合材料疲劳性能的影响因素分析

6.5.1 预制体构型对编织陶瓷基复合材料疲劳性能的影响

为研究预制体结构对编织陶瓷基复合材料疲劳性能的影响,开展了如图 6.21 所示三种预制体构型陶瓷基复合材料的单向拉伸和拉-拉疲劳试验,所有试验载荷沿试验件经纱方向。从图 6.22 中的试验结果可以看出,三维四向编织陶瓷基复合材料的经向拉伸性能最强,而平纹编织陶瓷基复合材料与 2.5D 编织陶瓷基复合材料的经向拉伸性能基本相当。这一方面是因为三维四向编织陶瓷基复合材料的经向纱线密度明显高于后两者,另一方面,三维四向编织避免了类似于平纹编织和 2.5D 编织的经纱波折,使其可以更好地避免了应力集中。这与对三种预制体构型陶瓷基复合材料力学性能仿真的结果相一致。

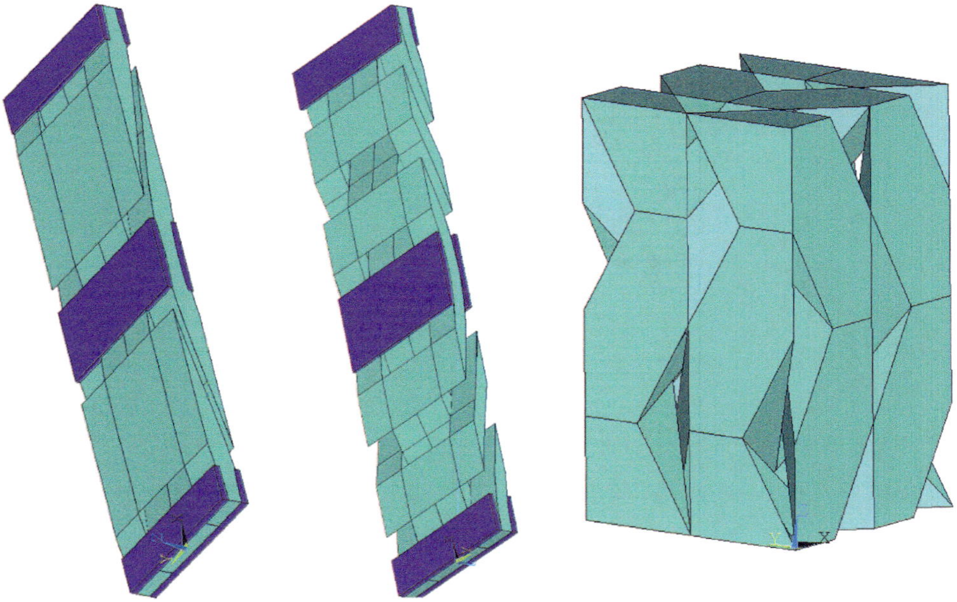

(a) 平纹编织　　(b) 2.5D编织　　(c) 三维四向编织

图 6.21　三种预制体构型陶瓷基复合材料的单胞几何模型

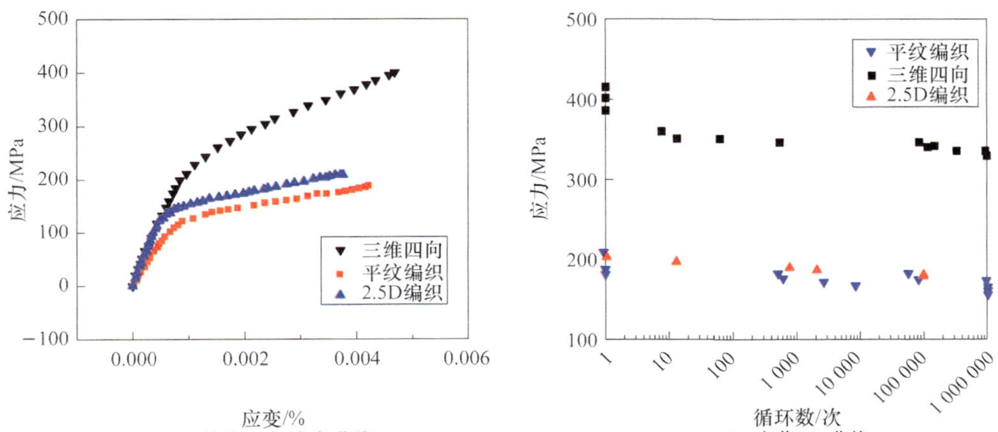

(a) 单拉应力-应变曲线　　(b) 疲劳S-N曲线

图 6.22　三种预制体构型陶瓷基复合材料的力学性能对比

图 6.22 给出了不同编织形式陶瓷基复合材料的 S－N 曲线。可以发现，预制体构型对陶瓷基复合材料力学性能有一定的影响。图 6.23 对比了不同预制体编织陶瓷基复合材料的细观应力分布，不同预制体构型间的差异主要体现在经纱与经向夹

角的不同，进而影响陶瓷基复合材料力学性能。通过不同预制体对力学性能的影响机制理论分析，得出了以下结论：

（1）无论是改变纱线厚度还是经纱波长，都将影响纱线的弯曲角，进而影响平纹编织陶瓷基复合材料力学性能。因而，纱线弯曲角是影响平纹编织陶瓷基复合材料力学性能的直接因素。

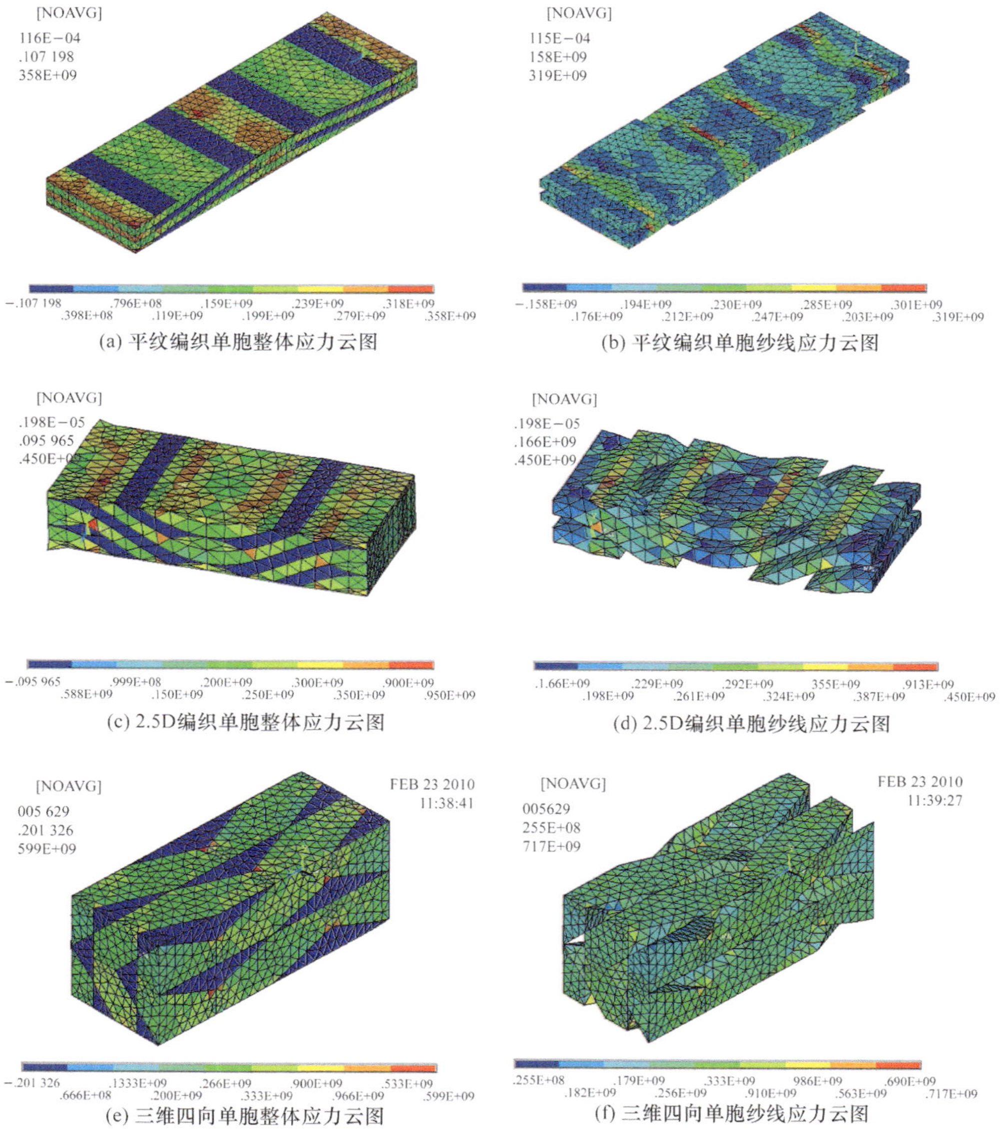

(a) 平纹编织单胞整体应力云图

(b) 平纹编织单胞纱线应力云图

(c) 2.5D编织单胞整体应力云图

(d) 2.5D编织单胞纱线应力云图

(e) 三维四向单胞整体应力云图

(f) 三维四向单胞纱线应力云图

图 6.23　不同预制体构型细观应力计算结果

(2) 无论是改变纱线厚度还是经纱跨度，都将影响纱线的弯曲角，进而影响2.5D编织陶瓷基复合材料力学性能。因而，纱线弯曲角是影响 2.5D 编织陶瓷基复合材料力学性能的直接因素。

(3) 随着经纱编织角增加，三维四向陶瓷基复合材料的刚度呈上升趋势。

(4) 对比不同预制体构型的力学性能计算结果发现，预制体构型对陶瓷基复合材料力学性能有一定的影响，不同预制体构型间的差异主要体现在经纱与经向夹角的不同，进而影响陶瓷基复合材料力学性能。

6.5.2 温度对编织陶瓷基复合材料疲劳性能的影响

图 6.24 给出了 800℃空气环境下 2.5D 编织 C/SiC 复合材料试件拉-拉疲劳应力-应变曲线，其应力水平为 60%UTS。与图 6.1 的常温迟滞回线对比可以看出，高温拉-拉疲劳迟滞回线也出现了明显的迟滞现象，且复合材料残余应变随着循环次数增加而增加；疲劳模量随着循环次数增加而减小。在该应力水平下，循环加载 11128 次后发生疲劳失效，其疲劳失效应变为 0.69%。

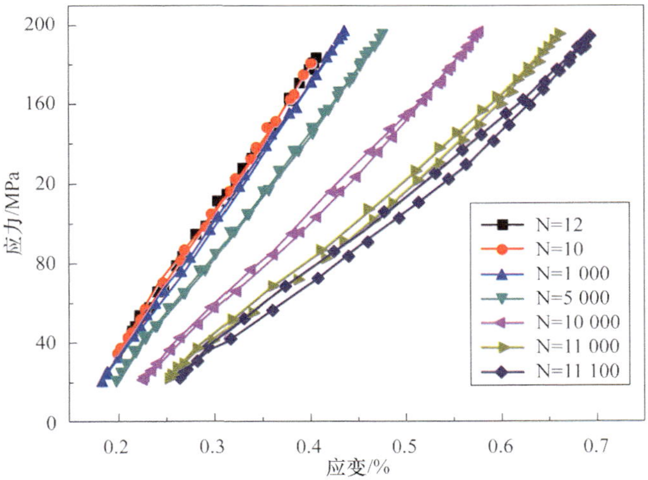

图 6.24　800℃ 空气环境下 2.5D 编织 C/SiC 复合材料拉-拉疲劳试验典型应力-应变曲线

图 6.25 给出了 2.5D 编织 C/SiC 复合材料在循环数为 1000 时不同应力水平下迟滞环对比曲线，其中图 6.25(a)是室温疲劳曲线，图 6.25(b)为 800℃空气环境下疲劳曲线。从两幅图中可以看出，不管是室温疲劳还是高温疲劳试验，所有试验疲劳迟滞回线的切线模量随着应力水平增大而降低，迟滞环宽度随着应力水平增大而增大。王锟等对 2D 平纹编织 C/SiC 复合材料拉—拉疲劳特性进行了试验研究，也获得了相似的现象。并指出疲劳迟滞环宽度主要由应力幅值和峰值共同决定。疲劳应

力幅值决定纤维沿界面滑移的长度，疲劳峰值应力则确定材料滑移面积大小和剪切力衰减水平。

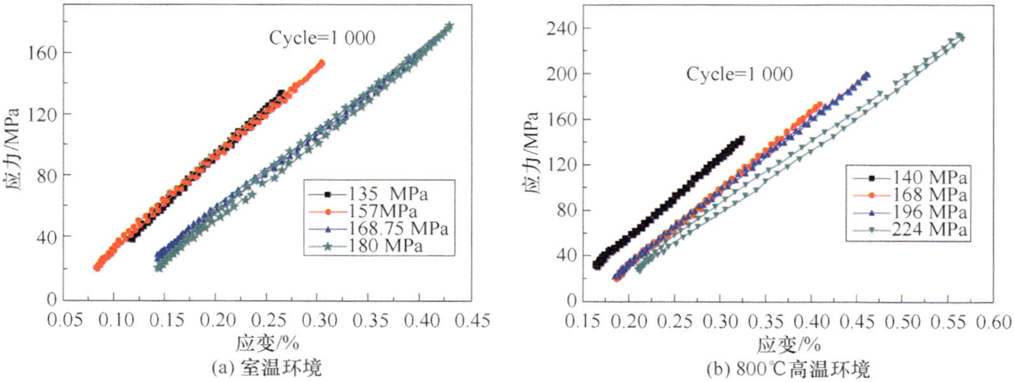

图 6.25　不同温度下迟滞回线对比

在疲劳载荷作用下，复合材料损伤不断累积，宏观上表现为弹性模量下降和承载能力降低。因此疲劳条件下弹性模量变化常用于表征疲劳损伤程度。图 6.26 给出了不同载荷水平条件下，2.5D 编织 C/SiC 复合材料正则化模量（该循环模量/初始弹性模量）随循环次数变化曲线，其中图 6.26(a)为室温环境下的变化曲线；图 6.26(b)为 800℃空气环境下变化曲线。从图中可看出，不管是室温疲劳还是高温疲劳下弹性模量变化可大致分为三个阶段：1）在疲劳加载前 20 个循环，疲劳模量下降很快；2）疲劳加载 20 个循环至断裂前，疲劳模量下降速度较缓，且模量下降与循环数在对数坐标系中呈线性关系；3）断裂前直至试件断裂，材料弹性模量出现了较为明显的下降。

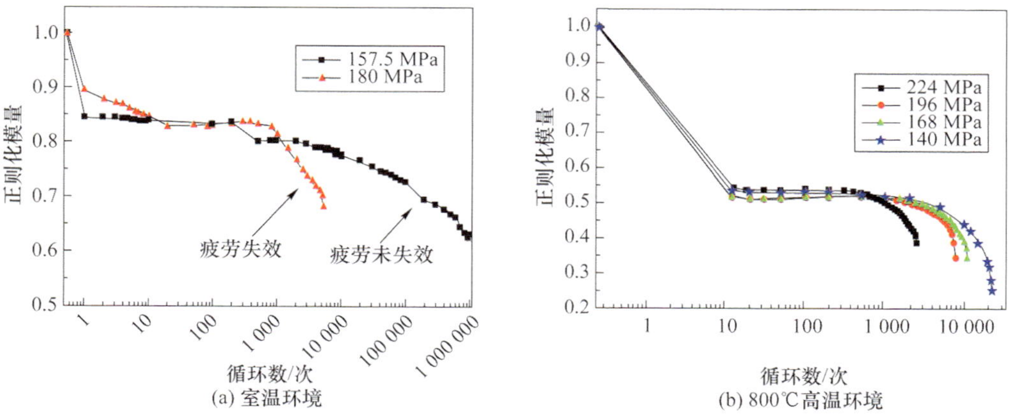

图 6.26　不同温度下正则化模量随循环次数的变化曲线

通过断口分析发现，高温疲劳试样断口与高温拉伸试样断口特征基本类似。只是纤维和纤维束拔出长度有差异，且疲劳断口纤维氧化非常严重。另外，疲劳试样损伤也比较严重。从试样表面显微形貌可以看出，疲劳试样表面产生了大量基体裂纹，且裂纹形式呈多样化。有横向基体裂纹，纵向基体裂纹，还有横向和纵向裂纹的组合。

6.6　本章小结

经过几十年发展，陶瓷基复合材料经历了单层板向多向铺层层合板、二维编织和三维编织复合材料发展过程。本章总结了课题组近年来对编织陶瓷基复合材料疲劳迟滞行为及力学模型的研究。编织陶瓷基复合材料疲劳迟滞行为研究领域的重要发展趋势是：(1)在建模的理论框架方面，突破剪滞模型的限制，建立从微观→细观→宏观的多尺度力学模型以模拟复杂细观结构。(2)在细观层次失效和滑移模型方面，考虑载荷对基体裂纹的影响，建立复杂载荷下基体裂纹演化模型和复杂界面的滑移模型；考虑循环加载过程中，所有脱粘界面滑移对迟滞行为的影响，建立纱线/纱线、纱线/基体界面滑移模型；考虑氧化、湿热等环境因素的影响建立界面脱粘和纤维断裂的细观失效模型。

第 7 章
陶瓷基复合材料力-热-氧耦合环境下的力学行为与建模

7.1　引　言

航空发动机陶瓷基复合材料热端部件的服役环境为热(高温)-力(载荷)-氧(氧化性气氛)耦合的复杂极端环境。在高温和持续载荷的作用下,这些热端部件会发生蠕变。蠕变是指固体材料在一定温度,保持应力不变的条件下,应变随着时间延长而增加的现象。对于涡轮转子叶片,在高温下要承受自身高速旋转产生的巨大离心力,蠕变现象更加明显,从而引起发动机效率下降,还会造成叶尖和机匣摩擦甚至断裂,导致整台发动机报废,严重限制了陶瓷基复合材料在航空发动机热端部件的可靠应用。航空发动机涡轮叶片蠕变氧化失效见图 7.1。

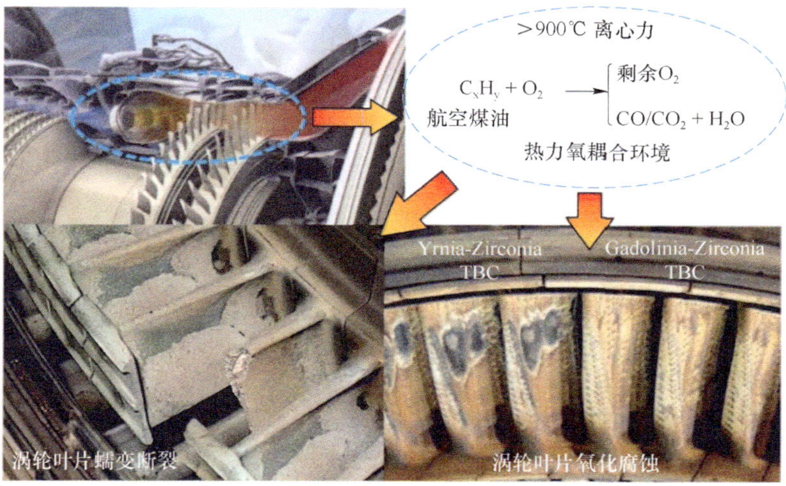

图 7.1　航空发动机涡轮叶片蠕变氧化失效

对于 SiC/SiC 复合材料热端部件，除了蠕变损伤以外，氧化损伤也是影响其寿命的重要因素。在高温、载荷的共同作用下，由于环境障碍涂层（EBC）与 SiC 基体热膨胀系数不匹配以及载荷的持续作用，EBC 和 SiC 基体不可避免地会出现裂纹并扩展到材料内部。这些裂纹成为氧化性气体扩散进入材料内部的快捷通道，造成界面和 SiC 纤维的氧化，导致材料力学性能退化和使用寿命衰减。

多年来，国内外基于氧化动力学模型与力学模型已开展了许多陶瓷基复合材料氧化的研究，主要技术难点在于：(1)陶瓷基复合材料结构存在多个尺度的气流通道，难以定量表征其尺寸及分布，目前没有模拟结构内部的气体扩散情况的模型；(2)陶瓷基复合材料内部有编织交错的纱线、外围基体以及孔隙，目前没有氧化计算方法，用于耦合扩散—氧化过程，并为材料的性能退化计算提供参数；(3)陶瓷基复合材料构件在宏观尺度上处于温度、气压、载荷梯度变化的耦合环境，难以模拟由此导致的结构氧化损伤梯度分布，实现陶瓷基复合材料构件在宏观尺度上的力学性能分析。

在热-力-氧耦合环境下，SiC/SiC 复合材料的蠕变和氧化损伤交互作用，失效机理极其复杂，目前对于 SiC/SiC 复合材料的氧化、蠕变交互机制目前还研究较少。本章围绕氧化动力学模型的技术难点，将介绍陶瓷基复合材料结构件的氧化模拟与力学性能计算的多尺度分析方法。首先介绍陶瓷基复合材料中气体的多尺度扩散理论；在此基础上分别讨论陶瓷基复合材料在力、热、Ar 气氛下的蠕变模型和在力、热、空气环境下的蠕变氧化行为；然后给出陶瓷基复合材料的蠕变氧化寿命的预测模型以及试验验证；最后以陶瓷基复合材料尾喷管调节片为例，展示氧化寿命模型在陶瓷基复合材料构件上的应用。

7.2 陶瓷基复合材料多尺度气体扩散研究

陶瓷基复合材料制备过程中存在的初始孔隙缺陷与载荷作用时导致的基体裂纹，均氧气进入内部提供了气流通道。本节采用了数值分析法进行扩散模拟，结合有限差分法对扩散方程组进行数值计算，确定结构中的气体浓度分布情况。技术路线如下图所示。

7.2.1 气体扩散机理

陶瓷基复合材料中大量的孔隙、裂纹等影响了气体在其中的扩散，因此氧气的气相扩散过程用气体在多孔固体中的扩散来描述。如图 7.3 所示，气体分子由多孔固体边界 1 处向 2 处扩散，孔隙通道的几何尺寸与气体分子平均自由程之间的关系直接决定了扩散特征与扩散机理。

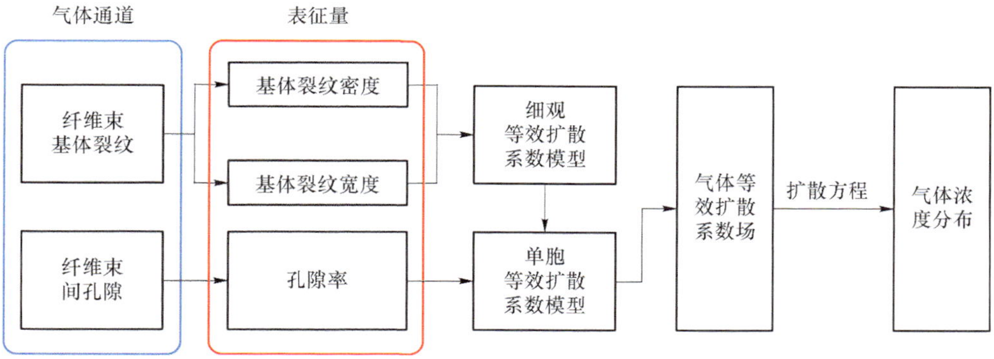

图 7.2　陶瓷基复合材料多尺度气体扩散研究技术路线

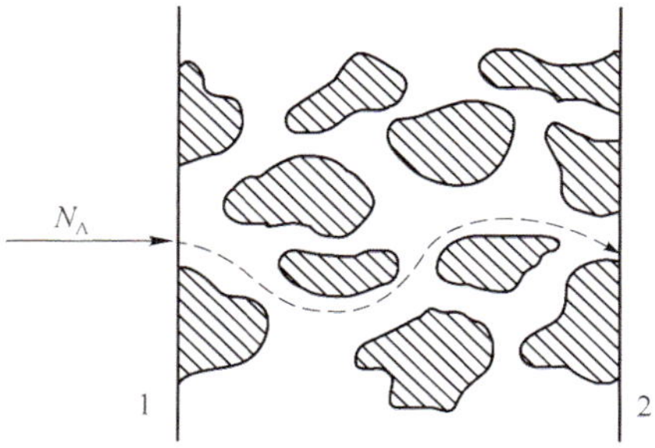

图 7.3　多孔固体中的扩散示意图

7.2.1.1　气体分子平均自由程

在理想状态下，气体分子在两次碰撞之间行经的路程即为自由程。但由于分子间碰撞为随机过程，自由程差异较大，因此常使用所有自由程的均值作为表征量，即气体分子平均自由程，用 λ 表示。

对于单一组分气体，其平均自由程可用如下公式进行计算：

$$\lambda=\frac{k_B T}{\sqrt{2}\pi d^2 P} \tag{7.1}$$

对于 N 种粒子混合气体，第 i 种气体分子的平均自由程可用下式计算：

$$\lambda=\left[\sum_{j=1}^{N}\sqrt{1+\frac{M_i}{M_j}}\pi\left(\frac{d_i+d_j}{2}\right)^2 n_i\right]^{-1} \tag{7.2}$$

$$n_i=\frac{P_i}{k_B T} \tag{7.3}$$

7.2.1.2　多孔固体中的扩散类型

根据气体分子平均自由程与多孔固体内部孔道直径之间的关系，气体在多孔固体中存在三种不同类型的扩散机制，如图 7.4 所示。

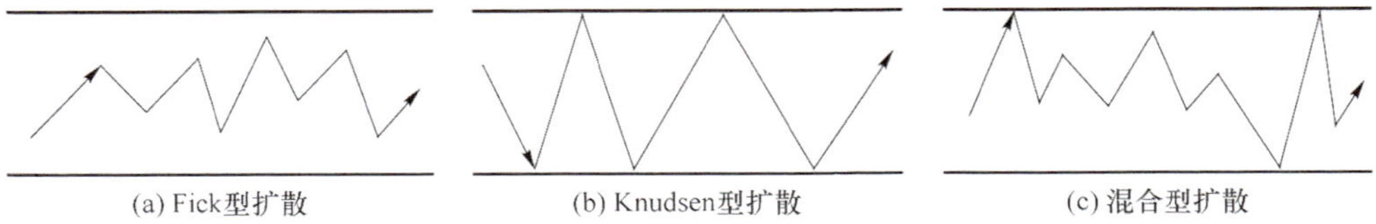

图 7.4　多孔固体中的扩散类型

图 7.4(a)表示孔道直径较大时的 Fick 型扩散。该情况下，孔道直径(d_c)大于 100 倍的分子平均自由程(即 $d_c \geqslant 100\lambda$)，碰撞主要发生在分子间。此时扩散遵循 Fick 定律，扩散系数由以下经验公式进行计算：

$$D_F = \frac{0.00143T^{1.75}}{P\overline{M}^{0.5}\left[(\Sigma_V)_A^{1/3} + (\Sigma_V)_B^{1/3}\right]^2} \tag{7.4}$$

式中，Σ_V 为分子的扩散体积，$\overline{M}$ 为混合气体的摩尔质量，在二元扩散体系中可由下式确定：

$$\overline{M} = \frac{2}{M_A^{-1} + M_B^{-1}} \tag{7.5}$$

图 7.4(b)表示孔道直径较小的 Knudsen 型扩散。该情况下气体分子的平均自由程大于孔道直径的 10 倍(即 $\lambda \geqslant 10d_c$)，碰撞主要发生在气体分子与孔道壁面之间。对于某截面为 S，截面周长为 Pe 的孔道，Knudsen 扩散系数可表示为：

$$D_K = \frac{4}{3}\left(\frac{8R_gT}{\pi M_A}\right)^{0.5}\frac{S}{Pe} \tag{7.6}$$

图 7.4(c)表示当孔道直径在 0.1～100 个分子平均自由程的时候(即 $0.1\lambda \leqslant d_c \leqslant 100\lambda$)，分子间碰撞和分子与孔道壁面间碰撞的概率相近。这类扩散既包括 Fick 型又包括 Knudsen 型，称为混合型扩散。扩散系数可以用下面的关系式进行计算：

$$\overline{D}^{-1} = D_F^{-1} + D_K^{-1} \tag{7.7}$$

7.2.1.3　在陶瓷基复合材料中的扩散

在 1atm 空气环境、0～1500℃温度范围内氧气分子的平均自由程如下图。在上述条件下氧气分子的平均自由程均落在10^{-7} m 的数量级。

考虑到纤维束间孔隙的尺度约为 100 μm，大于 100 倍的氧气分子平均自由程，因此氧气在纤维束间孔隙中的扩散属于 Fick 型，其扩散系数可以根据上述公式进行计算。

基体裂纹的尺度在10^{-7} m 的数量级，因此氧气在基体裂纹中的扩散属于混合型扩散。其中，假设基体裂纹宽度为 e，长度为 l，且 $l \gg e$，则 $S=el$，$Pe=2(e+l)$，则：

$$D_K = \frac{2}{3}\left(\frac{8R_gT}{\pi M_A}\right)^{0.5} e \tag{7.8}$$

从中可以看出，当基体裂纹是氧气的扩散通道时，其中的扩散系数与环境温度及

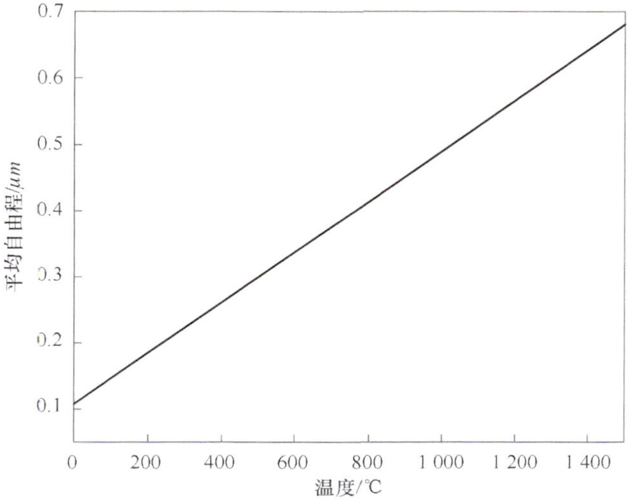

图 7.5　氧气分子平均自由程计算结果

裂纹宽度等因素密切相关。

7.2.2　等效扩散系数模型

考虑陶瓷基复合材料作为多孔固体时内部的气体扩散通道,以及应力-氧化过程导致的气流通道变化(如图 7.6 所示),提出了等效扩散系数模型的概念。该模型将等效扩散系数与基体裂纹、孔隙的几何特征建立了数学关系,可计算氧气在编织陶瓷基复合材料内的扩散情况,同时可以描述编织陶瓷基复合材料在热-力-氧环境下气体扩散通道形貌变化对气体扩散的影响。

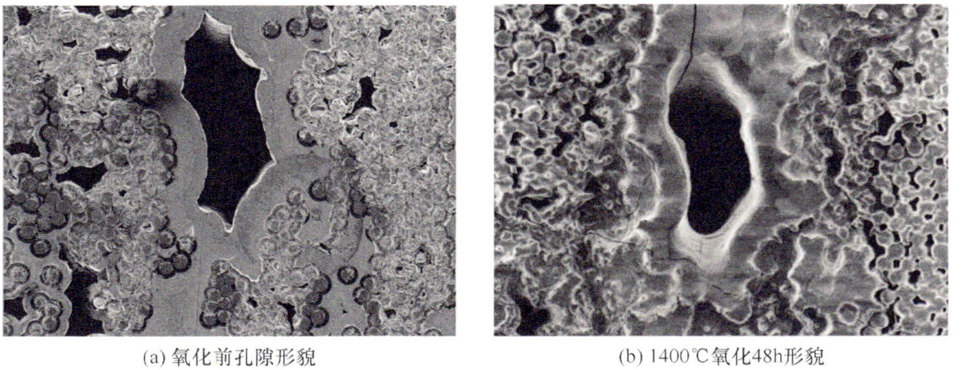

(a) 氧化前孔隙形貌　　(b) 1400℃氧化48h形貌

图 7.6　陶瓷基复合材料孔隙通道形貌演化

7.2.2.1 细观等效扩散系数模型

本部分从编织陶瓷基复合材料细观尺度进行分析，通过建立气体扩散与基体裂纹密度及宽度变化之间的数学关系，实现了氧气在细观尺度气流通道中的扩散表征。图 7.7 为细观几何模型构建过程。

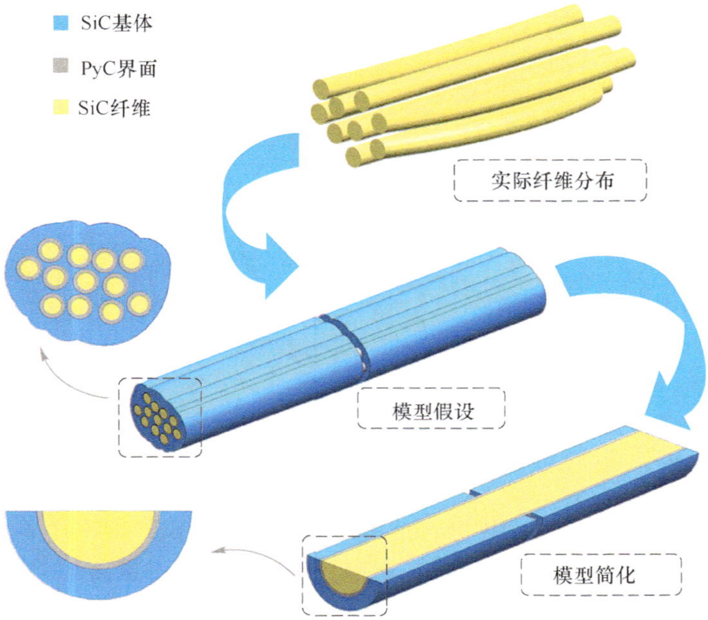

图 7.7 陶瓷基纤维束复合材料几何模型构建

在该尺度下，氧气(组分 A)首先扩散至界面并发生反应，使此处氧气分压减小。而气体(组分 B)分压增加，组分 B 由界面向环境中的气相主体反向扩散。因此组分 A 的传递过程包含了两部分：一部分是由于浓度差异导致的分子扩散，另一部分是由于主体流动导致的对流扩散。

如图 7.8 所示，选取了一段稳态扩散控制体。组分 A 向右扩散，组分 B 向左扩散。在距 1 截面 x 处，取一微元体 dx，组分 A 扩散通量为分子扩散和对流通量两项之和：

$$N_A = N_{AM} + N_{AO} \tag{7.9}$$

N_{AM}为浓度梯度引起的分子扩散通量，根据 Fick 定律表示如下：

$$N_{AM} = -D_{AB}\frac{dc_A}{dx} \tag{7.10}$$

N_{AO}为伴随总体流动的对流通量，根据 Stefan - Maxwell 方程表示如下：

$$N_{AO} = \chi_A(N_A + N_B) \tag{7.11}$$

根据反应方程式，组分 A 与组分 B 存在下式关系：

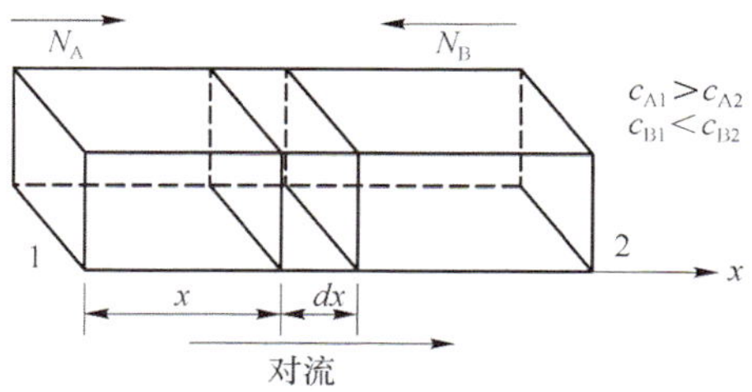

图 7.8　二元扩散示意图

$$N_B=-\alpha N_A \tag{7.12}$$

整理可得：

$$N_A=-\frac{D_{AB}c_0}{c_0-c_A(1-\alpha)}\frac{dc_A}{dx} \tag{7.13}$$

根据扩散通量定义，可衡量扩散进行的快慢，其定义表达式如下：

$$N_A=\frac{dm}{Adt} \tag{7.14}$$

考虑陶瓷基纤维束复合材料模型，单位时间内通过单条裂纹通道的气体扩散量即为：

$$\left.\frac{dm}{dt}\right|_1=A_1N_{A1} \tag{7.15}$$

考虑基体裂纹分布，在轴向长度为 L_c 的陶瓷基纤维束复合材料中，基体裂纹宽度为 e，基体裂纹密度为 ρ_{crack}，即单位时间内陶瓷基纤维束复合材料中气体的扩散总量为：

$$\frac{dm}{dt}=A_1N_{A1}\rho_{crack}L_c \tag{7.16}$$

对单位长度陶瓷基纤维束复合材料内的流通气体量进行平均计算：

$$N_A=\frac{dm}{Adt}=\frac{A_1N_{A1}\rho_{crack}L_c}{A} \tag{7.17}$$

则细观等效扩散系数：

$$D_{eff}^{bundle}=\rho_{crack}eD_{AB} \tag{7.18}$$

氧气在单裂纹通道中的扩散，属混合型扩散，因此 $D_{AB}=\overline{D}$，整理得：

$$D_{eff}^{bundle}=\frac{0.00572\sqrt{2}R_g^{0.5}T^{1.75}\rho_{crack}e^2}{4\sqrt{2}P\,\overline{M}^{0.5}[(\sum_V)_A^{1/3}+(\sum_V)_B^{1/3}]^2R_g^{0.5}e+0.00429(\pi M_A)^{0.5}T^{1.25}} \tag{7.19}$$

如图 7.9 所示，在 0－200 MPa 加载条件、不同温度下，细观等效扩散系数随着基体裂纹宽度的增加呈近似线性形式增长，随着基体裂纹密度的增加呈近似抛物线形式增长。

因此，公式(7.19)反映了载荷、温度条件对气体扩散的耦合影响。当陶瓷基复合材料受到热-力-氧耦合作用时，细观结构的改变将导致裂纹分布的变化，进一步引起细观等效扩散系数改变，实现细观尺度扩散变化的表征。

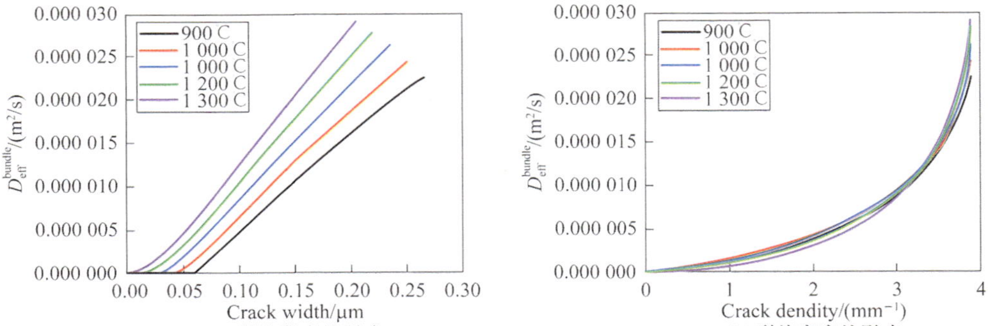

(a) 裂纹宽度的影响　　(b) 裂纹密度的影响

图 7.9　细观等效扩散系数随裂纹分布变化曲线

7.2.2.2　单胞等效扩散系数模型

在细观尺度下建立纱线、孔隙组成的编织单胞几何模型，将纱线看作均质陶瓷基纤维束复合材料，使用上一节的细观等效扩散系数模型代入，建立单胞尺度的等效扩散系数模型。采用 XCT 技术获取陶瓷基复合材料的内部细观结构，如图 7.10 所示。通过对 XCT 切片图的图像识别，可以确定单胞模型及其纱线的几何参数。

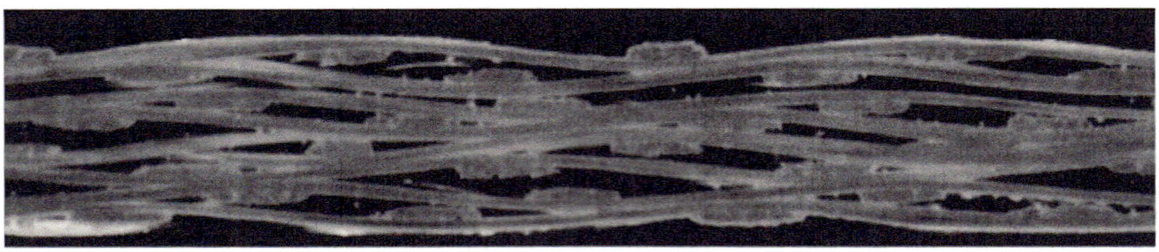

图 7.10　编织 SiC/SiC 复合材料 XCT 切片图

基于此，本章选取了如图 7.11 所示的编织陶瓷基复合材料单胞模型。模型中的纤维束排布与实际材料结构相同，经纱走向采用余弦函数进行描述，纬纱则以直线形式分布。下面，通过分析编织陶瓷基复合材料内部结构的气体扩散，建立单胞尺度的等效扩散系数模型。

假设单胞模型中任意陶瓷基纤维束复合材料单元 i 的长度为 L_i，应力值为 σ_i，则该单元的基体裂纹宽度 ρ_{crack}^i、基体裂纹宽度为 e^i 可通过上述计算，各单元中的等效扩散系数表示如下：

$$D_{eff}^i = \rho_{crack}^i e^i \overline{D}^i \tag{7.20}$$

则单胞模型中各陶瓷基纤维束复合材料基体裂纹通道内的气体扩散量：

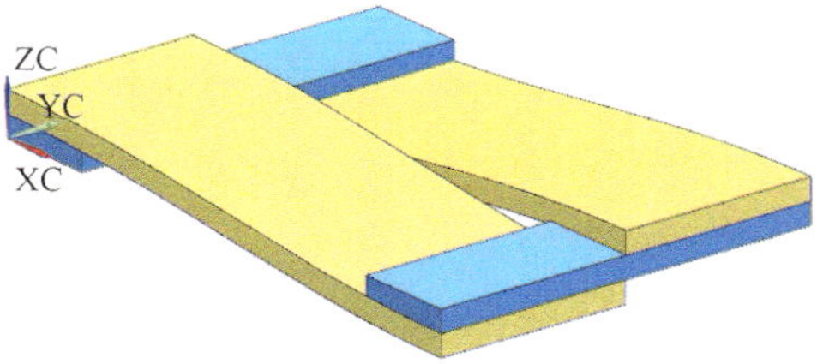

图 7.11 单胞模型

$$\frac{dm_1}{dt}=\sum A_i N_A^i=\sum -A_i D_{\text{eff}}^i \frac{c_0}{c_0-c_A(1-\alpha)}\frac{dc_A}{dx} \tag{7.21}$$

单胞模型中孔隙内的气体扩散为分子扩散，气体扩散量为：

$$\frac{dm_2}{dt}=-A_{\text{pore}}D_F\frac{c_0}{c_0-c_A(1-\alpha)}\frac{dc_A}{dx} \tag{7.22}$$

根据上述公式，即可计算获得单胞模型中的气体扩散总量：

$$\frac{dm}{dt}=\frac{dm_1}{dt}+\frac{dm_2}{dt} \tag{7.23}$$

根据垂直于扩散方向的截面积 A，平均计算流通气体量，则单胞中的气体扩散通量为：

$$N_A=\frac{dm}{Adt}=-\frac{\left(\sum A_i \overline{D}^i+A_{\text{pore}}D_F\right)}{A}\frac{c_0}{c_0-c_A(1-\alpha)}\frac{dc_A}{dx} \tag{7.24}$$

单胞模型的等效扩散系数即：

$$D_{\text{eff}}=\frac{\left(\sum A_i \overline{D}^i+A_{\text{pore}}D_F\right)}{A} \tag{7.25}$$

式中，$\overline{D}^i$ 与基体裂纹分布相关。

如图 7.12 所示。在材料孔隙率相同，0 - 200 MPa 加载条件、不同温度下，单胞等效扩散系数随着基体裂纹宽度的增加呈近似线性形式增长，随着基体裂纹密度的增加呈近似抛物线形式增长。

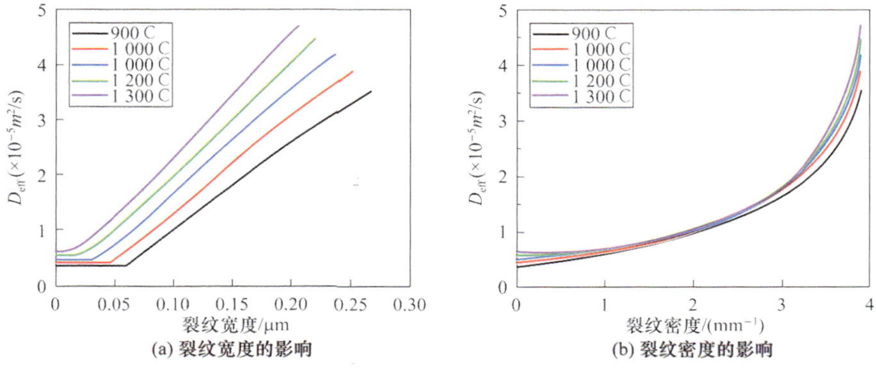

(a) 裂纹宽度的影响　　(b) 裂纹密度的影响

图 7.12 单胞等效扩散系数随裂纹分布变化曲线

如图 7.13 所示，不同温度下，当基体裂纹密度、基体裂纹宽度确定时单胞等效扩散系数随着孔隙率的增大呈近似线性增长。

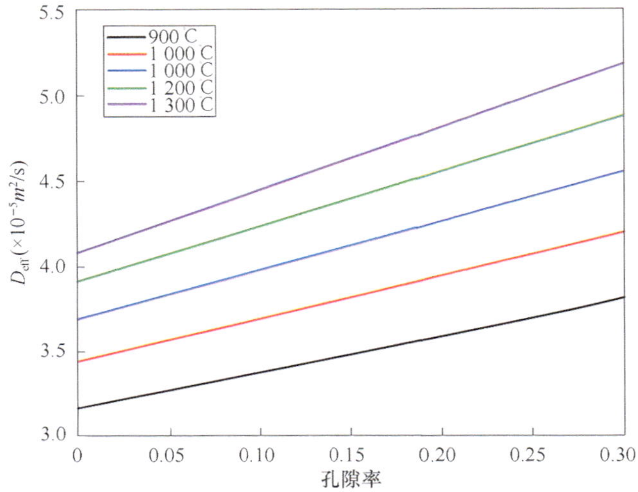

图 7.13　单胞等效扩散系数随孔隙率变化曲线

因此，上述模型建立了单胞等效扩散系数与纤维束间孔隙及纤维束基体裂纹特征的数学关系，反映了载荷、温度条件以及材料自身属性对气体扩散的耦合影响。

7.2.3　编织陶瓷基复合材料中的气体浓度分布计算

要实现陶瓷基复合材料结构的氧化模拟，关键步骤是求解陶瓷基复合材料内部各气流通道内的氧气浓度分布情况。陶瓷基复合材料反应-扩散过程中扩散与氧化动力学之间的关系可通过质量守恒定律描述，采用偏微分方程描述，可表示为：

$$\frac{\partial}{\partial t}(\varepsilon c_A)=\nabla N_A-\varepsilon R_A \tag{7.26}$$

式(7.26)考虑了完整三维稳态传质过程，基于一维传质的基本假设，该方程可简化为：

$$\frac{\partial}{\partial t}(\varepsilon c_A)=-D_{eff}\frac{\partial^2 c_A}{\partial x^2}-\varepsilon R_A \tag{7.27}$$

其中，

$$R_A=c_A k_0 \exp\left(-\frac{E}{R_g T}\right) \tag{7.28}$$

因此，整理可得：

$$\frac{\partial}{\partial t}(\varepsilon c_A)=-D_{eff}\frac{\partial^2 c_A}{\partial x^2}-\varepsilon c_A k_0 \exp\left(-\frac{E}{R_g T}\right) \tag{7.29}$$

在微小时间增量内，浓度不随时间变化，即有$\frac{\partial}{\partial t}(\varepsilon c_A)=0$，上式即可化简为：

$$D_{\mathrm{eff}}\frac{\partial^2 c_{\mathrm{A}}}{\partial x^2}+\varepsilon c_{\mathrm{A}}k_0\exp\left(-\frac{E}{R_{\mathrm{g}}T}\right)=0 \tag{7.30}$$

随着反应-扩散过程的进行，ε、c_{A} 以及 D_{eff} 均会随之变化。当且仅当有关参数随反应过程变化，并在给定边界条件下才能进行求解。本模型中的边界条件为：

$$\begin{cases} c_{\mathrm{A}}=c_{\mathrm{A0}} & x=H\text{（外表面）} \\ \dfrac{\partial c_{\mathrm{A}}}{\partial x}=0 & x=0\text{（内表面）} \end{cases} \tag{7.31}$$

对偏微分方程采用有限差分法，其差分形式如下：

$$\begin{aligned} \frac{\partial^2 c_{\mathrm{A}}}{\partial x^2}&=\frac{c(x+\Delta x)-2c(x)+c(x-\Delta x)}{\Delta x^2}+o(\Delta x^2) \\ \frac{\partial c_{\mathrm{A}}}{\partial x}&=\frac{c(x)-c(x-\Delta x)}{\Delta x}+o(\Delta x) \end{aligned} \tag{7.32}$$

式中，$o(\Delta x)$、$o(\Delta x^2)$ 为高阶无穷小量，可忽略，因此

$$D_{\mathrm{eff}}(n)\frac{c(n+1)-2c(n)+c(n-1)}{\Delta x^2}-\varepsilon c(n)k_0\exp\left(-\frac{E}{R_{\mathrm{g}}T}\right)=0 \tag{7.33}$$

式中，Δx 为单元厚度，$\Delta x=H/N$，n 为单元编号，最内层单元的编号为 1，最外层单元的编号为 N。

根据边界条件，当 $n=1$ 时，有：

$$\frac{\partial c}{\partial x}=\frac{c(n)-c(n-1)}{\Delta x}=0 \tag{7.34}$$

所以：

$$\frac{c(n)-c(n-1)}{\Delta x^2}=0 \tag{7.35}$$

因此，各单元的差分方程可用以下方程组来描述：

$$\begin{cases} D_{\mathrm{eff}}(n)\dfrac{c(n+1)-c(n)}{\Delta x^2}-\varepsilon k_0\exp\left(-\dfrac{E}{R_{\mathrm{g}}T}\right)c(n)=0 & n=1 \\ D_{\mathrm{eff}}(n)\dfrac{c(n+1)-2c(n)+c(n-1)}{\Delta x^2}-\varepsilon k_0\exp\left(-\dfrac{E}{R_{\mathrm{g}}T}\right)c(n)=0 & 2\leqslant n<N \\ D_{\mathrm{eff}}(n)\dfrac{c_{\mathrm{A0}}-2c(n)+c(n-1)}{\Delta x^2}-\varepsilon k_0\exp\left(-\dfrac{E}{R_{\mathrm{g}}T}\right)c(n)=0 & n=N \end{cases} \tag{7.36}$$

令 $\varepsilon k_0\exp\left(-\dfrac{E}{R_{\mathrm{g}}T}\right)=A$，$\dfrac{D_{\mathrm{eff}}(n)}{\Delta x^2}=B(n)$，可得矩阵方程：

$$\boldsymbol{Q}\begin{bmatrix} c(1) \\ c(2) \\ \vdots \\ c(N-1) \\ c(N) \end{bmatrix}=\begin{bmatrix} 0 \\ 0 \\ \vdots \\ 0 \\ -B(N)c_0 \end{bmatrix} \tag{7.37}$$

其中，系数矩阵 Q 表达如下：

$$Q=\begin{bmatrix} -(A+B(1)) & B(1) & & & & \\ B(2) & -(A+2B(2)) & B(2) & & & \\ & B(3) & -(A+2B(3)) & B(3) & & \\ & & \ddots & \ddots & & \\ & & & B(N-1) & -(A+2B(N-1)) & B(N-1) \\ & & & & B(N) & -(A+2B(N)) \end{bmatrix} \tag{7.38}$$

即可获得任意时刻下陶瓷基复合材料内部沿传递方向的各单元氧气浓度分布。

7.3 陶瓷基复合材料高温无氧环境下力学行为

材料的蠕变破坏，是随着时间的增加，损伤不断积累，最终导致破坏的过程，一般采用应变—时间曲线刻画某种材料的蠕变过程。对于陶瓷基复合材料，由于其内部组织结构、不同应力、不同温度产生不同的变化规律，蠕变过程比较复杂。以往对编织陶瓷基复合材料的蠕变研究表明，陶瓷基复合材料蠕变先后经历两个阶段——减速蠕变阶段和稳态蠕变阶段，分别为图 7.14 所示的 OA 段和 AB 段。在减速蠕变阶段下应变增加随时间减慢，而在稳态蠕变阶段下应变随时间均匀增加，一般情况下没有传统金属材料在最后蠕变速率增大的加速蠕变阶段。

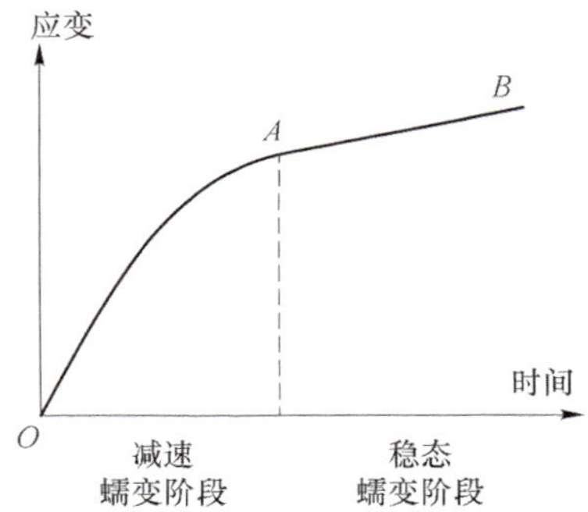

图 7.14　陶瓷基复合材料的蠕变曲线

然而，编织陶瓷基复合材料由于结构复杂，其多样化的细观结构对复合材料蠕变行为有较大影响，不利于进一步研究陶瓷基复合材料的蠕变行为。而纤维束陶瓷基复合材料由于结构相对简单，纤维方向基本一致，减少了细观结构多样性对蠕变行为的影响，界面脱粘和滑移能直接影响材料的蠕变行为，便于进一步的研究。从本节开始将针对纤维束陶瓷基复合材料的蠕变行为和机理展开论述。本节介绍纤维束复合材料在高温环境下的蠕变行为和机理，不考虑氧化等其他外界因素。

7.3.1 纤维束复合材料蠕变曲线

图 7.15 为 SiC/PyC/SiC 纤维束复合材料在 1400℃、惰性气体环境下的蠕变应变—时间曲线。图中的蠕变曲线能较为显著地区分出减速蠕变阶段和稳态蠕变阶段，与编织陶瓷基复合材料的蠕变行为相同。

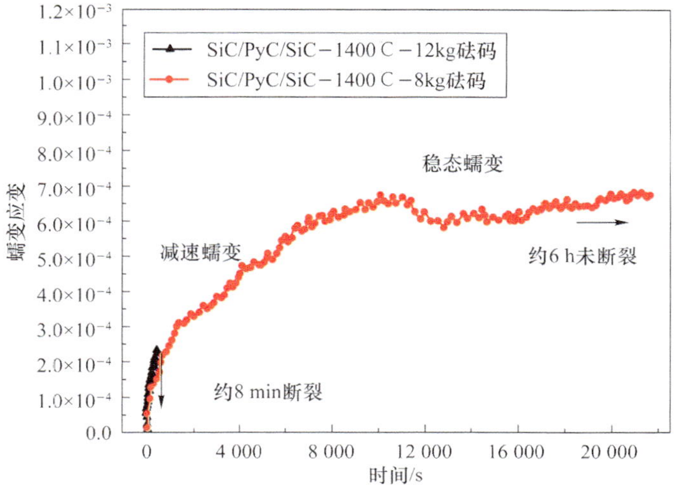

图 7.15　SiC/PyC/SiC 纤维束复合材料在 1400℃ 惰性气体环境下的蠕变曲线

图 7.16 为 SiC/PyC+SiC/SiC 纤维束复合材料在 1400℃、惰性气体环境下的蠕变应变—时间曲线。通过趋势线可以判断该复合材料蠕变应变速率总体呈现随时间逐渐减小的趋势，即蠕变曲线反映了减速蠕变阶段。但该蠕变曲线不能反映出稳态蠕变阶段，也不能反映出传统材料具有的加速蠕变阶段。

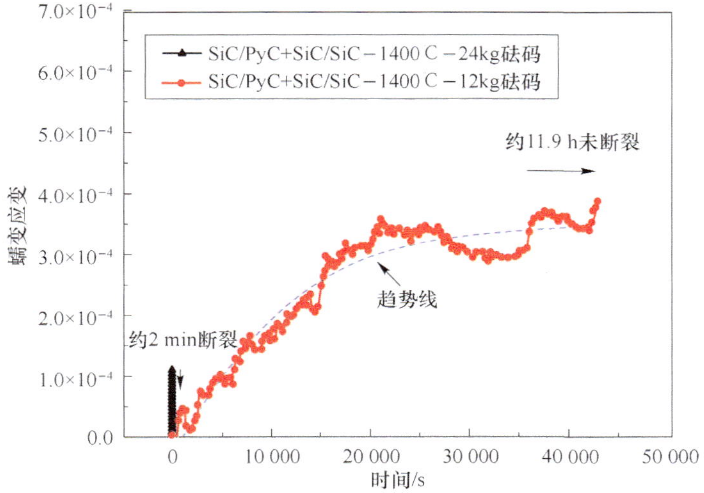

图 7.16　SiC/PyC+SiC 纤维束复合材料在 1400℃ 惰性气体环境下的蠕变曲线

综上所述，上述纤维束复合材料蠕变曲线和编织陶瓷基复合材料蠕变的过程类似，都首先进入减速蠕变阶段，对某些复合材料在蠕变试验进行一定时间后进入稳定蠕变阶段，最终都没有进入加速蠕变阶段。

7.3.2 纤维束复合材料断口分析

图 7.17 为 SiC/PyC/SiC 纤维束复合材料在 700℃高温、惰性气体环境下承受不同载荷的蠕变试样断口。可以看出，随着载荷的增加，断口先从齐整形态转变为纤维拔出形态，最后回归齐整形态。

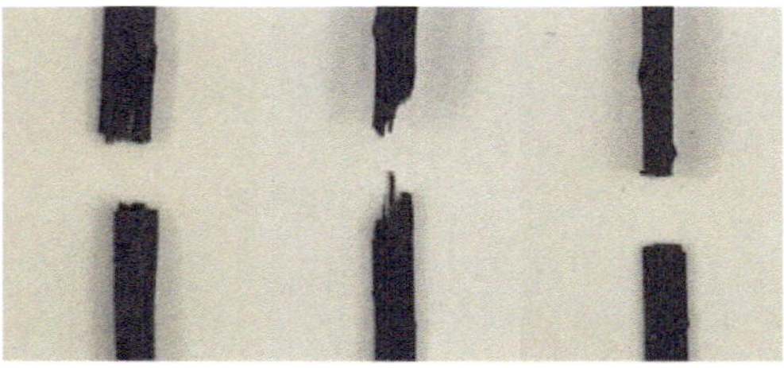

图 7.17　SiC/PyC/SiC 纤维束在 900℃惰性气体下蠕变试样的断口形貌

如图 7.18(a)所示，将呈现拔出形态的断口试样进行扫描电镜分析发现，复合材料试样的纤维连同完整的界面一齐拔出，且纤维从基体拔出的程度很低。更广泛的试验结果表明，SiC/PyC/SiC 纤维束复合材料在高温惰性气体环境下的断口形式以基体、纤维和界面的脆性断裂为主。在某些情况下此类复合材料会发生纤维拔出，但拔出的程度很低。

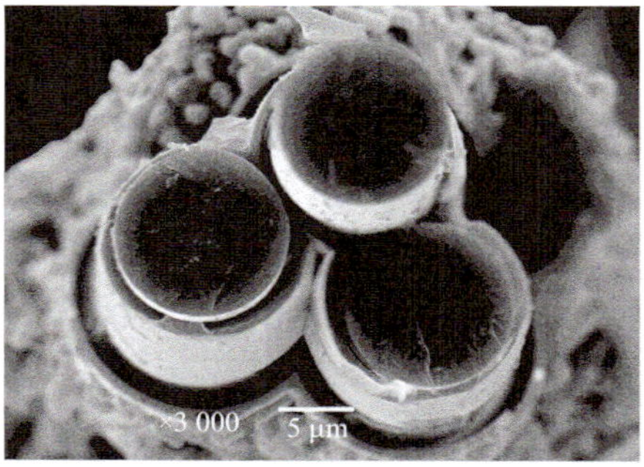

(a) 900 ℃, 8 kg

(b) 1 000 ℃, 7 kg

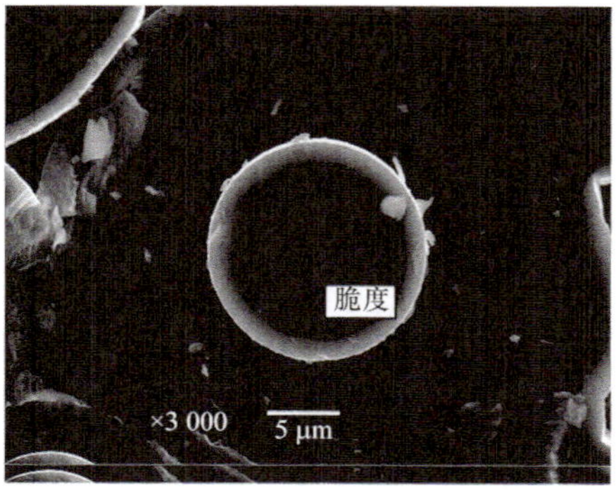

(c) 1 400 ℃, 12 kg

图 7.18　三种温度和载荷下 SiC/PyC/SiC 纤维束复合材料蠕变试样断口电镜照片

图 7.19 展示了 SiC/PyC+SiC/SiC 复合材料在高温、惰性气体环境下承受载荷的试样断口。从图中可看出该复合材料断口并不平整，能看到纤维的断裂。这与 SiC/PyC/SiC 纤维束复合材料蠕变试样的断口差异较大。

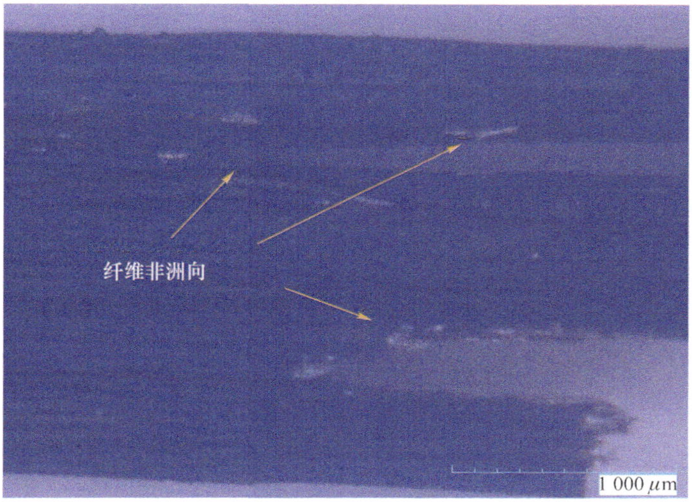

图 7.19　SiC/PyC+SiC/SiC 复合材料在 1400℃、惰性气体环境下承受 24 kg 载荷的断口

7.3.3　纤维束复合材料高温蠕变机理

一般而言，纤维束复合材料的蠕变失效机理主要从纤维束复合材料的三类组分——纤维、基体和界面考虑，理论上包含基体开裂、界面滑移、纤维断裂等机理，如图 7.20 所示。而实际上，SiC/SiC 纤维束复合材料主要由纤维承受载荷，而且在同等应力条件下 SiC/SiC 纤维束复合材料中的 SiC 纤维比 SiC 基体更容易产生蠕变，且 SiC 纤维的蠕变速率大于 SiC 基体的蠕变速率。因此在蠕变过程中的 SiC 基体蠕变可以忽略不计。

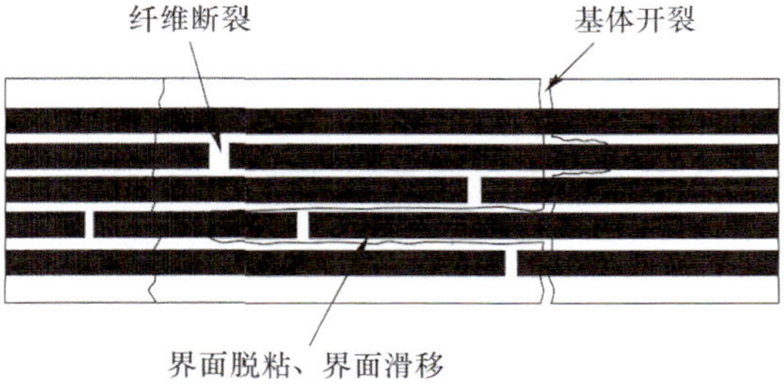

图 7.20　纤维束复合材料的蠕变失效机理示意图

SiC 纤维属于晶体结构，在制备时存在缺陷，导致晶界和位错的存在。在外部载荷

和高温环境作用下，纤维内部晶体中的分子被热激活，进而发生晶界位移、位错滑移和位错攀岩等。纤维的主要蠕变机理是基于扩散的晶界滑移。纤维内部的缺陷会影响晶界滑移的快慢，例如某些区域的空位缺陷甚至会通过影响晶界滑移而随后引起纤维内部裂纹的缓慢增长，而某些微小颗粒的存在则有可能会成为同样应力比较集中的裂纹生成源，或者作为粘滞剂，减慢晶界的滑移流动。与此同时，内部缺陷也会使得空位成核、生长、进一步引起裂纹缓慢增长，也在一定程度上影响纤维的蠕变行为。

在纤维发生蠕变的过程中，由于纤维蠕变程度大于基体蠕变，纤维有足够的应力传递到基体上，当基体承受应力达到一定程度时在其缺陷处产生微裂纹并扩展。当裂纹扩展到界面后发生界面脱粘，导致脱粘区域纤维应力增加，最后导致纤维断裂，使材料发生蠕变失效。

此外，由不同界面的纤维束复合材料蠕变试样断口形貌差异较大可知，界面对纤维束复合材料蠕变行为产生较大影响。仍以 SiC/PyC/SiC 纤维束复合材料和 SiC/PyC＋SiC/SiC 纤维束复合材料为例。在蠕变失效过程中，SiC/PyC/SiC 复合材料的基体横向裂纹可穿过 PyC 界面层，随后穿过纤维，最终引起该纤维束复合材料在横向基体裂纹面处发生脆性断裂，且断口相对平齐，如图 7.21(a)所示。而 SiC/PyC＋SiC/SiC 复合材料在蠕变失效过程中，裂纹在 PyC＋SiC 界面附近发生了较大程度的偏移，界面起到了缓冲作用，因此断口呈现出“劈开”式的形态，如图 7.21(b)所示。

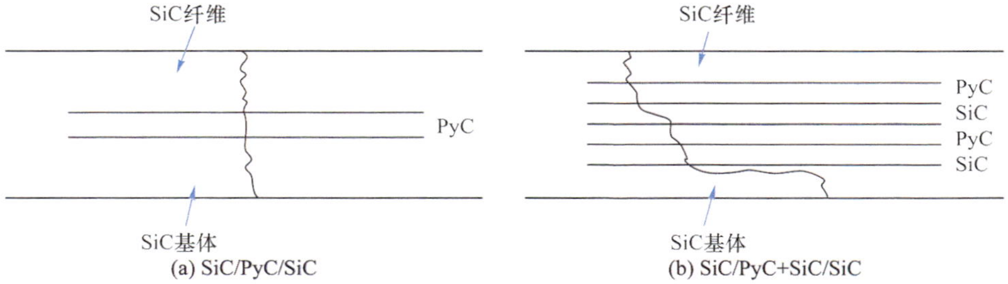

图 7.21　不同界面的 SiC/SiC 纤维束复合材料裂纹示意图

综上所述，纤维束复合材料蠕变机理为：先发生纤维和基体的蠕变，然后由于纤维发生蠕变程度较大，基体承受较多应力发生开裂，裂纹传递到界面发生界面脱粘，最后在发生界面脱粘处的纤维承受更多应力导致断裂。不同的界面对纤维束复合材料蠕变产生较大影响。

7.3.4　纤维束复合材料细观力学蠕变模型

纤维束复合材料细观力学蠕变模型主要基于剪滞模型，并在此基础上考虑纤维和基体的蠕变规律，以及纤维、基体和界面的失效准则。纤维、基体和界面的失效准则参见 3.3 节，剪滞模型的基本理论参见 3.4.2 小节，这里不再赘述。本小节主要针对纤维和基体的蠕变规律和纤维束复合材料细观力学蠕变模型的计算流程进行介绍。

首先简要介绍纤维和基体的蠕变规律。对于纤维的蠕变律，J. J. Sha 等人指出，纤维蠕变律采用幂函数形式，即纤维蠕变应变的表达式取为

$$\varepsilon_f = 0.01 A_{f0} \sigma_f t^p \tag{7.39}$$

式中，ε_f 为纤维蠕变应变，σ_f 为纤维承受的真应力，t 为时间，A_{f0} 和 p 为由纤维属性决定常数。对于基体的蠕变规律，由于大多数材料的经典蠕变规律可以用幂函数形式进行表征，即基体蠕变应变的表达式取为

$$\varepsilon_m = 0.01 A_{m0} \sigma_m t^q \tag{7.40}$$

式中，ε_m 为纤维蠕变应变，σ_m 为纤维承受的真应力，t 为时间，A_{m0} 和 q 为由基体属性决定常数。由于纤维束复合材料的 SiC 基体蠕变可以忽略不计，因此可以假设 $A_{m0}=0$，进而基体蠕变应变 $\varepsilon_m=0$。

实际应用过程中，将纤维蠕变律(7.1)和基体蠕变律(7.2)代入剪滞模型，结合临界基体应变能失效准则和纤维强度缺陷概率分布模型建立纤维束复合材料细观力学蠕变模型。

7.4　陶瓷基复合材料高温有氧环境下力学行为

7.4.1　纤维束复合材料蠕变氧化曲线

SiC/SiC 纤维束复合材料 900℃在空气条件下的蠕变、氧化试验结果如图 7.22 所示，从图中可以看出蠕变曲线大致可以分为三个阶段，第一个阶段的蠕变速率较大，第二阶段的蠕变速率较小，第三阶段蠕变速率快速增大直至材料失效。由图可以看出，相同温度下，载荷越大，材料的变形越大，且越容易发生断裂。

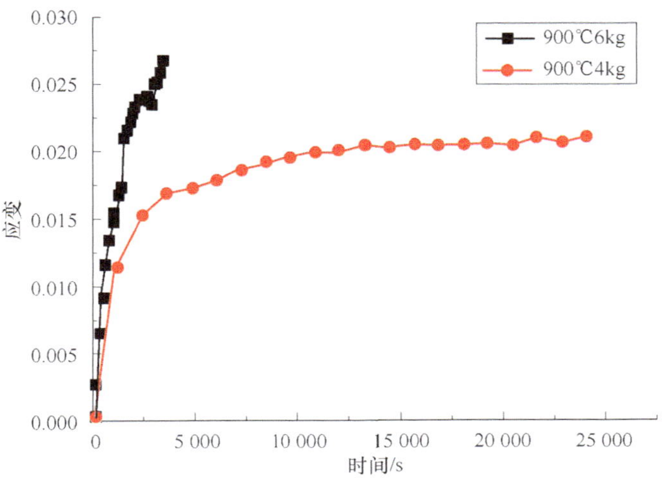

图 7.22　SiC/SiC 纤维束复合材料高温空气环境下蠕变曲线

7.4.2 纤维束复合材料蠕变氧化断口分析

氧化条件下 SiC/SiC 复合材料蠕变试样断口如图 7.23 所示，可以很明显地看到，小载荷的断口有非常明显的长纤维拔出。这是由于在小载荷下，试样的热解碳界面层受到长时间的氧化，界面的传力作用逐渐消失，纤维独自承力，这将导致严重的纤维拔出。

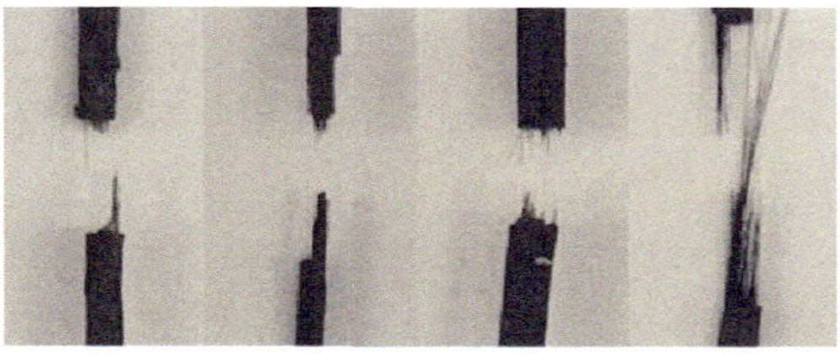

图 7.23 900℃ 空气条件下 SiC/SiC 蠕变试样断口

氧化条件下的 SiC/SiC 蠕变试样断口的扫描电镜图如图 7.24 和图 7.25 所示，由扫描电镜照片可以清楚地观察到，在高温有氧条件下，SiC/SiC 纤维束复合材料的热解碳界面层被氧化分解，留下纤维与基体之间的空隙。

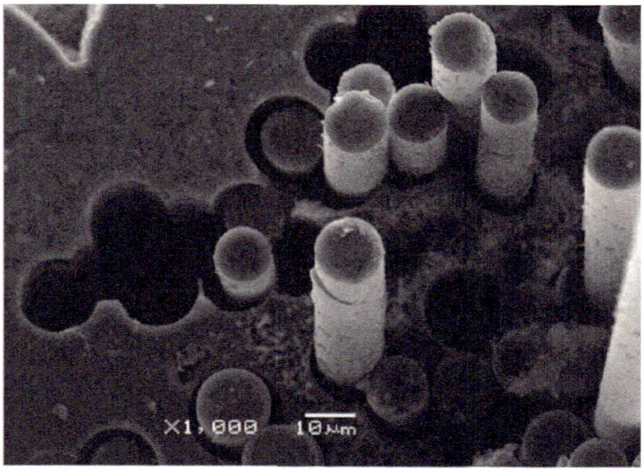

图 7.24 SiC/SiC 纤维束复合材料 900℃，6 kg 有氧条件下的断口扫描电镜照片

7.4.3 纤维束复合材料蠕变氧化机理

完整的碳界面层对于维持纤维束复合材料的强度和抗蠕变能力，是至关重要的。因为在碳界面层的作用下，虽然纤维和基体存在一定的蠕变不匹配，但是通过界面层的载荷传递作用，使纤维和基体共同承力，整个材料不至于出现过早断裂。PyC 界

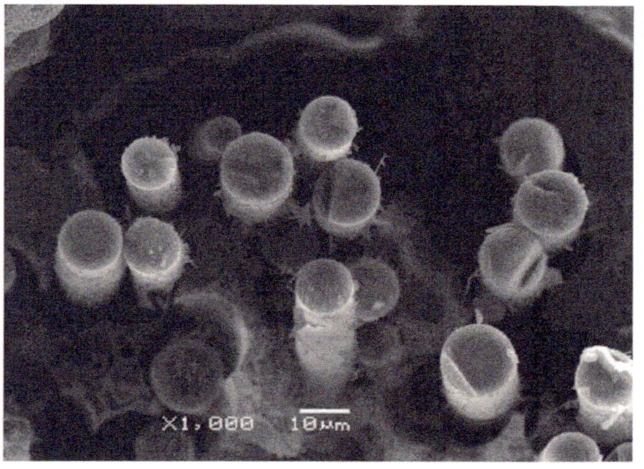

图 7.25 SiC/SiC 纤维束复合材料 900℃,4kg 有氧条件下的断口扫描电镜照片

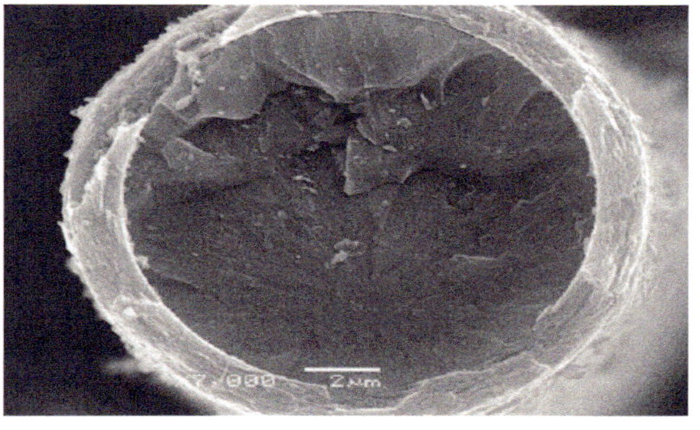

图 7.26 未氧化的 SiC/SiC 纤维束复合材料单根纤维的扫描电镜照片

面在 900℃的氧化消耗速率远高于 SiC 纤维和基体,导致界面消耗长度远大于纤维表面的 SiO_2层厚度,导致纤维应力分布增大,进而导致纤维失效概率增大。当断裂纤维数量达到临界值时,剩下的纤维不能承受多余的载荷瞬间断裂。

7.5 陶瓷基复合材料蠕变氧化寿命模型

7.5.1 含基体裂纹氧化动力学模型

在 Filipuzzi 等建立的从端面氧化扩散的单向 SiC/PyC/SiC 复合材料氧化动力

学模型基础上，我们可以建立基于质量守恒和稳态扩散传质理论的沿基体裂纹和材料端面同时扩散的氧化动力学模型。其中，对于 O_2 沿基体裂纹的扩散和氧化可以分为两个阶段：(1) O_2 首先沿基体裂纹扩散，对裂纹通道两侧基体进行氧化，然后继续向下扩散与裂纹底部界面接触，开始对 PyC 界面进行氧化；(2) 当裂纹底部 PyC 界面氧化消耗至纤维表面暴露后，O_2 开始对基体裂纹两侧界面通道内的纤维、基体以及界面进行氧化。然而，建立 O_2 沿基体裂纹扩散的两阶段氧化动力学模型需要解决以下几个难题：(1) O_2 沿基体裂纹向内扩散，既会与基体裂纹内壁反应，也会与 PyC 界面内壁反应，如何构建 O_2 在这两个区域扩散的平衡微分方程？(2) 如何建立从第一阶段向第二阶段过渡的边界条件？(3) 如何将第一阶段不规则的界面形状转化为第二阶段的初始界面消耗长度？(4) 当界面被 SiO_2 相填封愈合而基体裂纹未愈合时，如何建立基体裂纹氧化的边界条件？含基体裂纹的氧化动力学模型为这些难题的解决提供了一种有效途径。

7.5.1.1 第一阶段氧化动力学模型

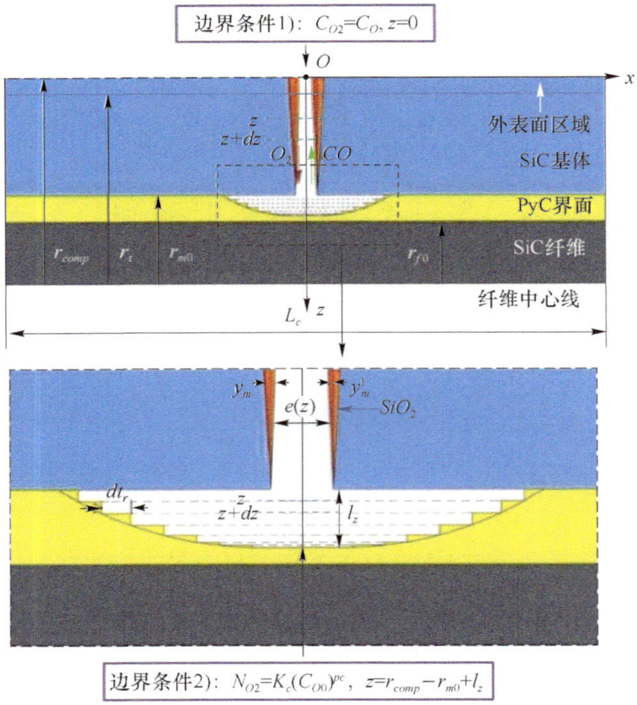

图 7.27 第一阶段氧化动力学模型示意图

基于实验观测确定初始试验件表面基体裂纹个数 N_c，然后结合试验件总长度 l_t 进一步确定基体平均裂纹间距 L_c，取长度为 L_c 的单胞模型。

以基体裂纹入口中心处为原点，以平行于纤维轴向方向为 x 轴，以垂直于纤维轴向方向为 z 轴建立直角坐标系。在第一阶段，O_2 首先扩散至基体裂纹区域，对两侧的基体造成氧化生成 CO。根据质量守恒定律，在 t 时刻，通过 z 和 $z+dz$ 两个截面的 O_2 的摩尔数等于界面通道两侧纤维、基体氧化消耗的 O_2 的摩尔数，可以表示为：

$$\frac{S(z)N_{O_2}(z)-S(z+dz)N_{O_2}(z+dz)}{dz}=R_{O_2}(z) \tag{7.41}$$

式中，$S(z)$ 为基体裂纹通道的横截面积，可以表示为：

$$S(z)=2\pi(r_{comp}-z)e(z) \tag{7.42}$$

式中，$e(z)$ 表示坐标 z 处的基体裂纹宽度，$R_{O2}(z)$ 表示单位长度的基体裂纹内壁在单位时间内消耗的 O_2 的摩尔数，其单位为 $\mathrm{mol \cdot m^{-1} \cdot s^{-1}}$。当 dz 趋近于 0 时，可以表示成：

$$\frac{d(SN_{O_2})}{dz}+R_{O_2}=0 \tag{7.43}$$

式中 N_{O2} 为 O_2 的摩尔通量（单位：$\mathrm{mol \cdot m^{-2} \cdot s^{-1}}$），可以表示为：

$$N_{O_2}=-D_{O_2}\frac{dC_{O_2}}{dz}+\frac{C_{O_2}}{C_0}\sum_i N_i \tag{7.44}$$

从中可以看出，O_2 的摩尔通量包括两部分，第一部分为 Fick 第一定律中定义的分子扩散摩尔通量，第二部分为由于裂纹内壁氧化过程中气体的摩尔总数不断变化导致的 Stefan 流。在被动氧化过程中，SiC 氧化的产物主要以 CO 气体为主，因此本书假设气体氧化产物为 CO。CO 与 O_2 构成二元扩散体系，D_{O2} 为 O_2 在二元扩散体系中的有效扩散系数，其可以表示为：

$$D_{O_2}=(D_M^{-1}+D_K^{-1})^{-1} \tag{7.45}$$

式中，D_M 为二元扩散系数，即 O_2 在 CO 或 CO 在 O_2 中的扩散系数。D_K 为克努森扩散系数。D_M 可以通过 Fuller 等提出的公式来计算：

$$D_M=\frac{0.00143T^{1.75}}{PM_{OC}^{1/2}\left[\left(\sum v\right)_{O_2}^{1/3}+\left(\sum v\right)_{CO}^{1/3}\right]^2} \tag{7.46}$$

式中，$(\sum v)_{O2}$ 和 $(\sum v)_{CO}$ 分别表示 O_2 和 CO 分子的扩散体积，M_{OC} 可以表示为：

$$M_{OC}=\frac{2}{M_{O_2}^{-1}+M_{CO}^{-1}} \tag{7.47}$$

式中，M_{O2} 和 M_{CO} 分别是 O_2 和 CO 的摩尔质量。D_K 可以表示为：

$$D_K=\frac{4}{3}v_a\frac{S}{P_e} \tag{7.48}$$

式中，S 和 P_e 分别为基体裂纹扩散通道的横截面积和周长，v_a 是气体分子的平均速度，可以表示为：

$$v_a=\left(\frac{8RT}{\pi M}\right)^{1/2} \tag{7.49}$$

式中，M 为气体分子的摩尔质量。因此，对于基体裂纹扩散通道，D_K 可以重新表示为：

$$D_K=\frac{2}{3}e(z)\left(\frac{8RT}{\pi M}\right)^{1/2} \tag{7.50}$$

对于只包含 O_2 和 CO 二元扩散的 Stefan 流，其可以表示为：

$$\frac{C_{O_2}}{C_0}\sum_i N_i=\frac{C_{O_2}}{C_0}(N_{O_2}+N_{CO}) \tag{7.51}$$

由于在基体裂纹内，只有两侧基体与 O_2 反应，而在界面处，只有 PyC 界面与 O_2 反应，因此 O_2 与 CO 的摩尔通量之间存在一定的比例系数，即：

$$N_{CO}=-\alpha N_{O_2} \tag{7.52}$$

比例系数 α 可以表示为：

$$\alpha=\frac{a_m n_{Om}+a_c n_{Oc}}{n_{Om}+n_{Oc}} \tag{7.53}$$

式中，n_{Om} 及 n_{Oc} 分别表示单位时间单位长度的 SiC 基体、PyC 界面氧化消耗的 O_2 的摩尔数，a_m 及 a_c 分别表示 SiC 基体、PyC 界面氧化消耗 1 摩尔 O_2 生成的 CO 的摩尔数。结合以上公式，N_{O2} 可以表示为：

$$N_{O_2}=\frac{-D_{O_2}C_0}{C_0-C_{O_2}(1-\alpha)}\frac{dC_{O_2}}{dz} \tag{7.54}$$

假设 SiC 基体的氧化速率被 O_2 在 SiO_2 中的扩散控制，基体表面 SiO_2 层的生成速率可以分别表示为：

$$\frac{d[y_m(t)]}{dt}=\frac{B_m^*\left(\frac{C_{O_2}}{C^*}\right)^{p_m}}{2y_m(t)} \tag{7.55}$$

在基体区域($0\leqslant z\leqslant r_{comp}-r_{m0}$)，可以进一步表示为：

$$\frac{d}{dz}\left[(r_{comp}-z)e(z)\frac{-D_{O_2}C_0}{C_0-C_{O_2}(1-\alpha)}\frac{dC_{O_2}}{dz}\right]+\frac{g_m(r_{comp}-z)\rho_s B_m^*\left(\frac{C_{O_2}}{C^*}\right)^{p_m}}{y_m M_s}=0 \tag{7.56}$$

式中，g_m 表示 SiC 基体氧化生成 1mol SiO_2 所需要消耗的 O_2 的摩尔数。

当 O_2 扩散至基体裂纹底部区域，开始对 PyC 界面进行氧化，假设在同一 z 坐标平面内 O_2 浓度相等，PyC 界面的氧化速率可以表示为：

$$\frac{d(l_r)}{dt}=-bD_{O_2}(l_r)\frac{M_c}{\rho_c}\left(\frac{dC_{O_2}(z)}{dz}\right)_{l_r}\frac{C_0}{C_0-C_{O_2}(l_r)[1-\alpha(l_r)]} \tag{7.57}$$

因此在第一阶段的界面区域，即 $r_{comp}-r_{m0}\leqslant z\leqslant r_{comp}-r_{f0}$，在 t 时刻，基于 z 和 $z+dz$ 两个截面的 O_2 的摩尔数等于两侧 PyC 界面氧化消耗的 O_2 的摩尔数，该平衡方程可以表示为：

$$\frac{d}{dz}\left[(r_{comp}-z)l_r(z)\frac{-D_{O_2}C_0}{C_0-C_{O_2}(1-\alpha)}\frac{dC_{O_2}}{dz}\right]+\frac{g_c(r_{comp}-z)\rho_c(dl_r(z))}{M_c}=0$$

(7.58)

式中，g_c表示氧化 1mol 碳消耗的 O_2 的摩尔数。在第一阶段，需要定义两个边界条件，首先基体裂纹入口处的边界条件可以表示为：

$$C_{O_2}=C_0,\quad z=0 \tag{7.59}$$

在界面缺口底面处的边界条件为：

$$\frac{-D_{O_2}C_0}{C_0-C_{O_2}(1-\alpha)}\frac{dC_{O_2}}{dz}=K_cC_{O_2},\quad z=r_{comp}-r_{m0}+l_z \tag{7.60}$$

基于边界条件，采用四阶龙格库塔积分法可以求解得到 O_2 浓度沿 z 向的变化。基于 O_2 浓度沿 z 向的变化，可得到不同时刻 PyC 界面的氧化长度 l_r 和深度 l_z。

当 O_2 沿 z 向将基体裂纹底部的界面消耗完全时，裂纹底部的纤维表面暴露在 O_2 中。此时，氧化动力学模型进入第二阶段，然而由于界面形状为圆弧状，在 O_2 沿着 x 方向扩散时，不方便计算 PyC 界面的消耗长度。因此本书采用体积等效的方式来计算第二阶段的初始界面消耗长度 l_{r0}（如图 7.28），即（1）首先通过积分求得圆弧状界面缺口的体积 V_{arc}，其可以表示为：

$$V_{arc}=\int_{r_{comp}-r_{m0}}^{r_{comp}-r_{f0}}2\pi(r_{comp}-z)l_r(z)dz \tag{7.61}$$

以一侧初始基体裂纹平面为起点，将其等效为圆环状界面缺口的体积，即可得到第二阶段的初始界面消耗长度 l_{r0}：

$$l_{r0}=\frac{V_{arc}}{\pi(2r_{f0}d+d^2)} \tag{7.62}$$

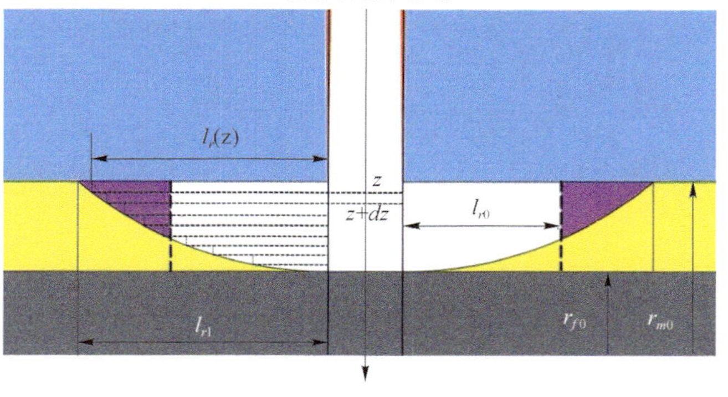

图 7.28　初始界面长度体积等效示意图

7.5.1.2　第二阶段氧化动力学模型

从第一阶段到第二阶段，存在一个过渡区域，即基体裂纹底部区域。为了获取第二阶段进口位置的初始 O_2 浓度，需要给出过渡区域的边界条件。根据质量守恒定律，本书给出了过渡区的边界条件，即单位时间内从裂纹底部扩散至过渡区的 O_2 摩尔数，等于向左右两侧界面通道中扩散的 O_2 摩尔数与过渡区中纤维氧化消耗的 O_2 摩尔数之和。该过渡区的边界条件可以表示为：

$$S_{zl}N_{O_2}(z)=2S_{x0}N_{O_2}(x)+R_{f0} \tag{7.63}$$

式中，S_{zl} 和 S_{x0} 分别表示过渡区入口和出口处的面积，其可以分别表示为：

$$S_{zl}=2\pi r_m(x)e_0,\quad x=e_0/2 \tag{7.64}$$

$$S_{x0}=\pi(r_m^2(x)-r_f^2(x)),\quad x=e_0/2 \tag{7.65}$$

SiC 纤维表面 SiO_2 层的生成速率可以表示为：

$$\frac{d[y_f(t)]}{dt}=\frac{B_f^*\left(\frac{C_{O_2}}{C^*}\right)^{p_f}}{2y_f(t)} \tag{7.66}$$

R_{f0} 表示单位时间内裂纹底部纤维消耗的 O_2 摩尔数，其可以表示为：

$$R_{f0}=\frac{\pi g_f r_{f0}\rho_s e_0 B_f^*\left(\frac{C_{O_2}}{C^*}\right)^{p_f}}{y_f M_s} \tag{7.67}$$

式中，g_f 表示 SiC 纤维氧化生成 1 mol SiO_2 所需要消耗的 O_2 的摩尔数。

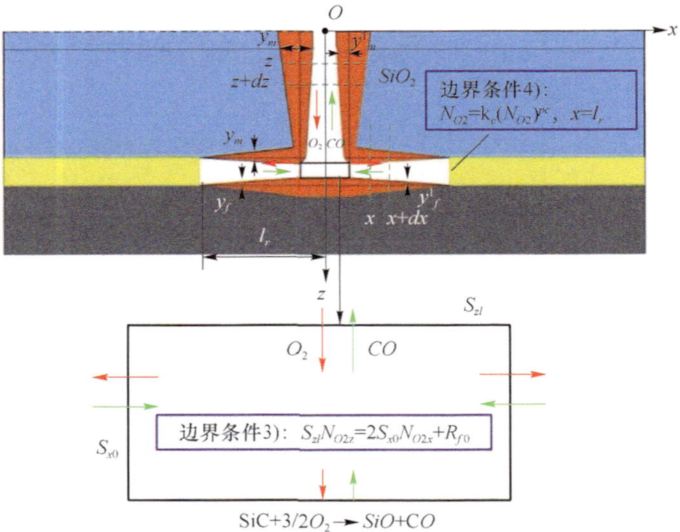

图 7.29　第二阶段氧化动力学模型示意图

（1）氧化动力学方程。在稳态扩散模式下，在界面通道内沿 x 轴方向取两个横截面，坐标分别为 x 和 $x+dx$。基于质量守恒定律，在 t 时刻，通过 x 和 $x+dx$ 两个截面的 O_2 的摩尔数等于界面通道两侧纤维、基体氧化消耗的 O_2 的摩尔数，可以表示为：

$$\frac{S(x)N_{O_2}(x)-S(x+\mathrm{d}x)N_{O_2}(x+\mathrm{d}x)}{\mathrm{d}x}=R_{O_2}(x) \tag{7.68}$$

式中，$S(x)$为界面通道的横截面积，可以表示为：

$$S(x)=\pi(r_m^2(x)-r_f^2(x)) \tag{7.69}$$

式中，$r_m(x)$表示纤维半径中心线到基体 SiO_2 层下边缘的距离，$r_f(x)$表示纤维半径中心线到纤维 SiO_2 层上边缘的距离。

在单位时间 dt 内、单位长度 dx 孔壁（界面通道两侧的纤维和基体）消耗 O_2 的摩尔数可以表示为：

$$R_{O_2}=\frac{\pi g_m r_{m0}\rho_s B_m^*\left(\dfrac{C_{O_2}}{C^*}\right)^{p_m}}{y_m M_s}+\frac{\pi g_f r_{f0}\rho_s B_f^*\left(\dfrac{C_{O_2}}{C^*}\right)^{p_f}}{y_f M_s} \tag{7.70}$$

则 O_2 沿界面通道扩散的二阶平衡微分方程：

$$\frac{\mathrm{d}}{\mathrm{d}x}\left[(r_m^2-r_f^2)\frac{-D_{O_2}C_0}{C_0-C_{O_2}(1-\alpha)}\frac{dC_{O_2}}{dx}\right]+\frac{\pi g_m r_{m0}\rho_s B_m^*\left(\dfrac{C_{O_2}}{C^*}\right)^{p_m}}{y_m M_s}+\frac{\pi g_f r_{f0}\rho_s B_f^*\left(\dfrac{C_{O_2}}{C^*}\right)^{p_f}}{y_f M_s}=0 \tag{7.71}$$

(2) 边界条件。根据扩散至界面处的 O_2 摩尔通量等于 PyC 界面氧化消耗的 O_2 摩尔通量，可以建立起边界条件为：

$$\frac{-D_{O_2}C_0}{C_0-C_{O_2}(1-\alpha)}\frac{\mathrm{d}C_{O_2}}{\mathrm{d}x}=K_c(C_{O_2})^{p_c},\quad x=l_r \tag{7.72}$$

通过边界条件求解微分方程(7.33)，可以得到 O_2 沿着界面通道的浓度场，可以计算任意时刻的界面消耗长度 l_r。

上述边界条件适用于界面没有完全氧化的情况，若界面完全被 O_2 氧化，则界面通道变成了两端开通的直通孔。在这种情况下，考虑到模型的对称性，在模型长度 1/2 处 O_2 的摩尔通量应为 0，即：

$$\frac{\mathrm{d}C_{O_2}(x)}{\mathrm{d}x}=0,\quad x=\frac{L_c}{2} \tag{7.73}$$

(3) 数值解法。采用经典的四阶龙格库塔法来求解上述微分方程，可以求得每一时刻 t 对应的基体裂纹和界面通道内沿 z 和 x 方向的 O_2 浓度场。基于此可以求得每一时刻 t 对应得到基体裂纹内壁 SiO_2 层的厚度、界面氧化消耗长度、界面通道内纤维、基体表面 SiO_2 层厚度等形貌尺寸。

(4) 基体裂纹和界面通道愈合的判别条件。如图 7.30 所示，在材料氧化的过程中，存在以下两种情形：(1)随着界面通道两侧纤维和基体的氧化，SiO_2 层厚度逐渐增大，当界面通道入口处纤维和基体表面的 SiO_2 层互相粘接时，此时界面通道愈合。界面通道愈合的判别条件可以表示为：

$$y_f^1(x)+y_m^1(x)=d,\quad x=e_0/2 \tag{7.74}$$

(5) 随着裂纹两侧基体表面 SiO_2 层厚度逐渐增大,当裂纹入口处两侧 SiO_2 层相互接触时,基体裂纹愈合。基体裂纹愈合的判别条件为:

$$2y_m^1(z)=e_0,\quad z=r_{comp}-r_t \tag{7.75}$$

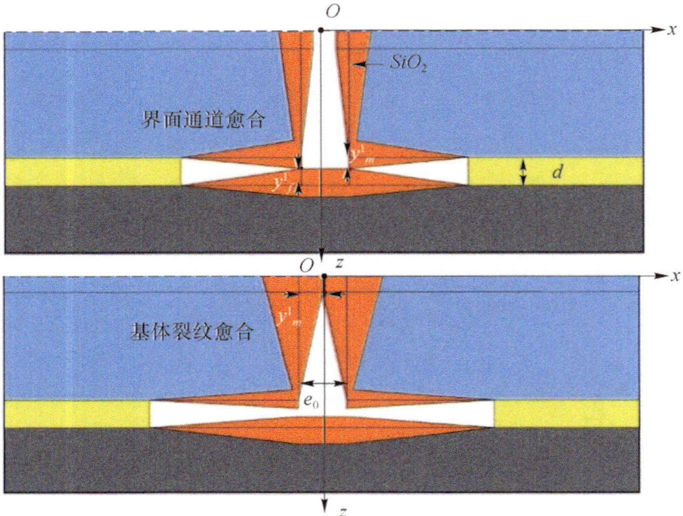

图 7.30　界面通道和基体裂纹填封示意图

在氧化过程中,基体裂纹和界面通道的愈合顺序,一方面取决于 SiC 纤维和基体的氧化速率高低,另一方面也与界面厚度和初始基体裂纹宽度直接相关。当基体裂纹愈合后,假设 O_2 沿基体裂纹的扩散终止,基体裂纹内部及界面通道内的氧化形貌尺寸保持不变。当界面通道愈合而基体裂纹未愈合时,假设界面通道内氧化形貌尺寸保持不变,而基体裂纹内壁将继续氧化,只是边界条件变为下式:

$$\frac{dC_{O_2}(z)}{dx}=0,\ z=r_{comp}-r_{m0} \tag{7.76}$$

7.5.2　基体开裂模型

7.5.2.1　基体平均裂纹间距

在拉伸载荷作用下,当载荷大于临界基体开裂应力时,SiC/SiC 复合材料基体不可避免地会出现贯穿裂纹,如图 7.31 所示。在无应力条件下,材料的两个端面、基体微裂纹以及孔洞是 O_2 扩散的主要通道,对内部的界面和纤维造成氧化。在应力氧化条件下,由于材料的两端没有暴露在氧化环境下,因此可以认为基体裂纹和孔洞是 O_2 扩散的唯一通道。

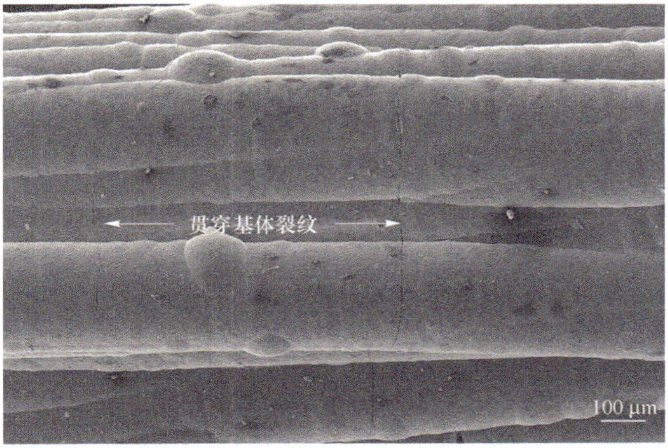

图 7.31 SiC/PyC/SiC 纤维束复合材料拉伸后基体表面裂纹形貌

基体裂纹个数随着载荷的增大逐渐增加，直至达到饱和。为了获取不同应力水平下的裂纹个数，可以采用临界基体应变能（CMSE）准则来模拟基体裂纹个数和拉伸应力水平之间的关系。基于 CMSE 准则，所有基体裂纹间距相等。两条相邻基体裂纹之间的基体应变能存在一个临界值 U_{cr}。随着载荷增加，当基体应变能达到 U_{cr} 时，基体不能承担更多载荷，基体中将产生新的裂纹，从而使基体应变能保持恒定。基于上述假设，CMSE 准则可以表示为：

$$U_m = U_{cr} \tag{7.77}$$

式中，U_m 表示基体应变能，其可以表示为：

$$U_m = \iint\limits_{V\ \varepsilon} \sigma_m(x) \mathrm{d}\varepsilon \mathrm{d}V \tag{7.78}$$

基于剪滞模型，考虑裂纹宽度时，基体沿轴向的应力 $\sigma_m(x)$ 分为 3 个部分，分别是基体裂纹宽度和界面消耗区对应的区域，基体应力为 0；界面脱粘区域，基体应力从界面消耗区末端通过界面剪应力逐渐恢复到黏结区应力大小，黏结区基体应力保持不变。

$$\sigma_m(x) = \begin{cases} 0, & 0 < x \leqslant e/2 + l_r \\ \dfrac{2V_f\tau}{V_m r_{f0}}(x - e/2 - l_r), & e/2 + l_r < x \leqslant e/2 + l_r + l_d \\ \sigma_{m0}, & e/2 + l_r + l_d < x \leqslant L_c/2 \end{cases} \tag{7.79}$$

假设基体达到临界应变能 U_{cr} 时，对应的基体应力为 σ_{mcr}，此时可以认为材料临界开裂的状态但未开裂。为了推导方便，后面用单位体积的基体应变能密度代替基体应变能。因此，此时临界基体应变能密度 u_{cr} 可以表示为如下所示的公式：

$$u_{cr} = \frac{\sigma_{mcr}^2}{E_m} \tag{7.80}$$

当基体应力超过临界基体应变能对应的基体应力时，基体上产生裂纹，则此时基体应

变能密度 u_m 可以表示为：

$$u_m = \frac{2}{E_m L_c}\int_0^{L_c/2} \sigma_m^2(x)dx \tag{7.81}$$

得到考虑基体裂纹宽度 e 和界面消耗长度 l_r 的基体平均裂纹间距计算公式：

$$L_c = \frac{\frac{4}{3\tan\theta_m}\sigma_{m0} + e + 2l_r}{1-\left(\frac{\sigma_{mcr}}{\sigma_{m0}}\right)^2} \tag{7.82}$$

其中，$\tan\theta_m$ 表示界面脱粘区域的基体应力变化斜率(图 7.32)，其表达式为：

$$\tan\theta_m = \frac{2\tau V_f}{r_{f_0} V_m} \tag{7.83}$$

从中可以发现，基体平均裂纹间距 L_c 与基体裂纹宽度 e 成正相关。

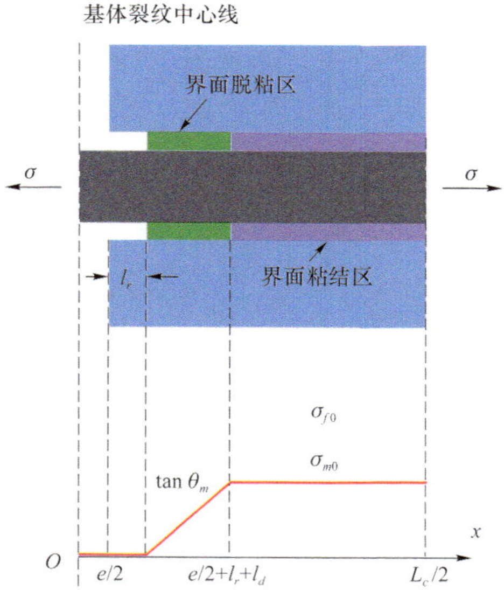

图 7.32 界面黏结区和脱粘区应力分布示意图

此外，上述方法只适用于计算界面部分脱粘时基体平均裂纹间距，而当界面完全脱粘后，基体上应力将保持不变，基体裂纹也将达到饱和。因此，需要计算界面刚好完全脱粘时对应的基体应力，从而用来判断当前载荷状态下，基体裂纹是否达到饱和，以及基体裂纹饱和时对应的基体平均裂纹间距。界面刚好完全脱粘时，基体平均裂纹间距和基体黏结区应力之间将满足如下所示的关系：

$$L_c = \frac{2\sigma_{m0}}{\tan\theta_m} + e + 2l_r \tag{7.84}$$

得到界面恰好完全脱粘时，黏结区基体应力满足的等式，如下所示：

$$\frac{\sigma_{m0}^3}{3\tan\theta_m} - \frac{\sigma_{cr}^2\sigma_{m0}}{\tan\theta_m} - \frac{(e+2l_r)\sigma_{cr}^2}{2} = 0 \tag{7.85}$$

求解方程得到界面完全脱粘时对应的基体应力，可得到饱和基体裂纹间距。当黏结区基体应力小于该应力时，可以计算得到基体平均裂纹间距，反之，基体平均裂纹间距等于饱和基体裂纹间距，且不随加载应力的变化而变化。

7.5.2.2　基体裂纹宽度

除了基体裂纹个数，基体裂纹宽度对于材料内部的氧化也是一个重要参数。此外，在上述公式中，基体裂纹宽度也是与温度和应力有关的参数。对于高温拉伸载荷下的基体裂纹宽度，Sun 等将其进行了推导，可以表示为：

$$\frac{e}{e_0}=\frac{1}{T_0}\left(\Delta T+\frac{1}{E_f V_m(\alpha_m-\alpha_f)}\sigma\right) \tag{7.86}$$

7.5.3　应力氧化动力学模型

在含基体裂纹氧化动力学模型的基础上，可以通过基体平均裂纹间距与应力函数关系对初始和蠕变氧化过程中的基体平均裂纹间距进行修正。通过基体裂纹宽度与应力函数关系对含基体裂纹氧化动力学模型中的初始基体裂纹宽度进行修正，建立应力氧化动力学模型，并基于该模型模拟了材料内部的氧化形貌尺寸随时间变化。

7.5.4　蠕变氧化寿命模型

7.5.4.1　纤维强度退化模型

对于纤维束复合材料中的 SiC 纤维，由于 SiC 基体和 PyC 界面的保护，其氧化呈现出非均匀氧化的特点，即靠近基体裂纹的一部分发生氧化，被称为氧化区，另一部分未发生氧化的部分被称为未氧化区。在第四章无应力氧化剩余强度模型中，纤维氧化区和未氧化区分开处理，然而在蠕变氧化过程中，纤维氧化区和未氧化区彼此相邻（图 7.33）。另一方面，未氧化区的纤维强度随时间连续变化，因此纤维剩余强度 σ_c 可以表示为：

$$\sigma_c(x,t)=\begin{cases}\sigma_0, & a_c\geqslant y_f(x,t)\\ \dfrac{K_{IC}}{Y\sqrt{y_f(x,t)}}, & a_c<y_f(x,t)\\ \gamma\,(D(T,t))^{\xi}, & l_r<x\leqslant L_c/2\end{cases} \tag{7.87}$$

7.5.4.2　纤维和基体应力分布

在应力氧化环境下，O_2 会沿着基体裂纹进入材料内部与界面反应，使得纤维暴露在 O_2 环境下，从而影响纤维和基体的应力分布。剪滞模型是一种可以较好描述陶瓷基复合材料轴向加载过程中应力分布的经典细观力学模型。在剪滞模型的基础上，可以考虑界面氧化消耗对纤维、基体应力分布的影响，描述氧化过程中纤维和基

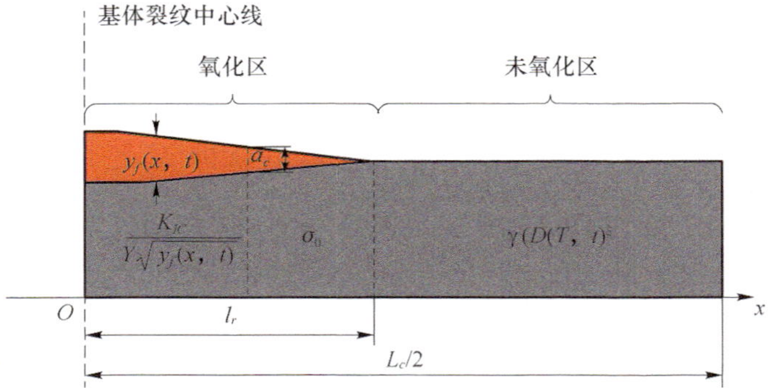

图 7.33　纤维强度退化区域尺寸示意图

体的应力分布，如图 7.34 所示。

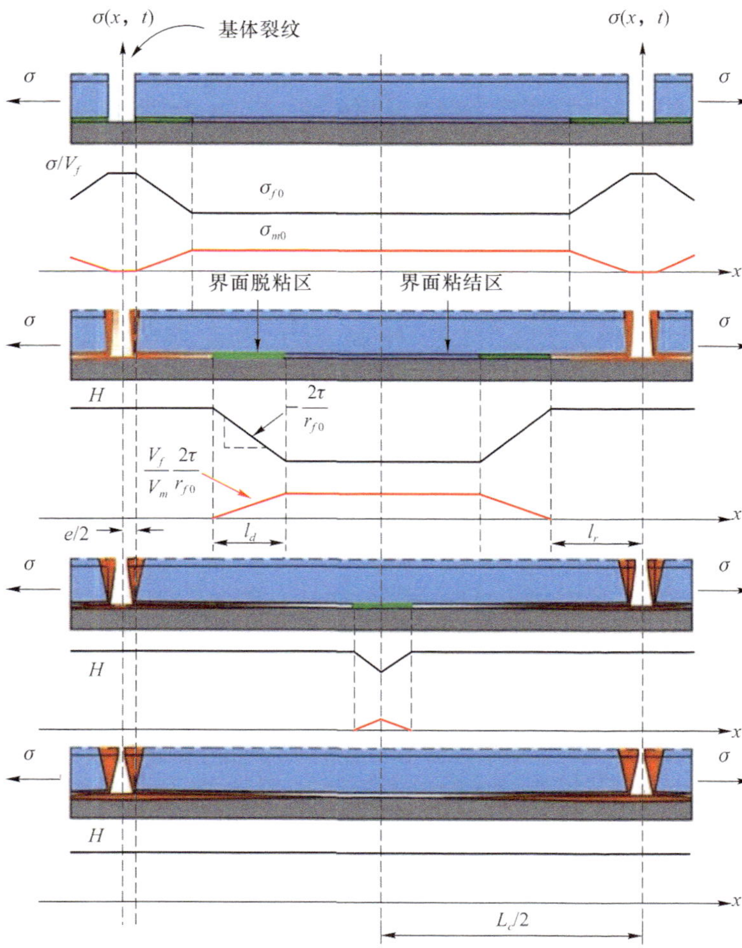

图 7.34　纤维和基体应力分布示意图

由于对称性，我们取长度为基体裂纹间距一半（$L_c/2$）的模型进行应力分析。纤维轴向方向设定为 x 轴，在应力 σ 下的初始基体裂纹宽度为 e，界面氧化消耗长度为 l_r，界面脱粘区长度为 l_d，界面黏结区长度为 $L_c/2-e/2-l_r-l_d$。基于 PyC 界面在氧化过程中的消耗情况，纤维和基体应力分布有以下 4 种形式。

（1）在材料初始未氧化情况下，纤维和基体的应力分布可以分别表示为：

$$\sigma_f(x)=\begin{cases}\sigma/V_f, & x\in[0,e/2)\\ \sigma/V_f-\dfrac{2\tau}{r_{f0}}x, & x\in[e/2,e/2+l_d)\\ \sigma_{f0}, & x\in(e/2+l_d,L_c/2]\end{cases}\tag{7.88}$$

$$\sigma_m(x)=\begin{cases}0, & x\in[0,e/2)\\ \dfrac{V_f}{V_m}\dfrac{2\tau}{r_{f0}}x, & x\in[e/2,e/2+l_d)\\ \sigma_{m0}, & x\in(e/2+l_d,L_c/2]\end{cases}\tag{7.89}$$

（2）当界面开始氧化消耗时，由于界面的氧化长度 l_r 是时间 t 的函数，因此纤维和基体的应力分布是 t 和 x 的函数，其可以表示为：

$$\sigma_f(x,t)=\begin{cases}H, & x\in[0,e/2+l_r)\\ H-\dfrac{2\tau}{r_{f0}}(x-e/2-l_r), & x\in[e/2+l_r,e/2+l_r+l_d)\\ \sigma_{f0}, & x\in(e/2+l_r+l_d,L_c/2]\end{cases}\tag{7.90}$$

$$\sigma_m(x,t)=\begin{cases}0, & x\in[0,e/2+l_r)\\ \dfrac{\sigma}{V_m}-\dfrac{V_f}{V_m}\left[H-\dfrac{2\tau}{r_{f0}}(x-d-l_r)\right], & x\in[e/2+l_r,e/2+l_r+l_d)\\ \sigma_{m0}, & x\in(e/2+l_r+l_d,L_c/2]\end{cases}\tag{7.91}$$

（3）当氧化后的界面只剩下界面脱粘区时，纤维和基体的应力分布可以表示为：

$$\sigma_f(x,t)=\begin{cases}H, & x\in[0,e/2+l_r)\\ H-\dfrac{2\tau}{r_{f0}}(x-e/2-l_r), & x\in[e/2+l_r,L_c/2]\end{cases}\tag{7.92}$$

$$\sigma_m(x,t)=\begin{cases}0, & x\in[0,e/2+l_r)\\ \dfrac{\sigma}{V_m}-\dfrac{V_f}{V_m}\left[H-\dfrac{2\tau}{r_{f0}}(x-d-l_r)\right], & x\in[e/2+l_r,L_c/2]\end{cases}\tag{7.93}$$

（4）当界面被完全氧化消耗时，纤维和基体的应力可以表示为：

$$\sigma_f(x,t)=H,\quad x\in[0,L_c/2]\tag{7.94}$$

$$\sigma_m(x,t)=0,\quad x\in[0,L_c/2]\tag{7.95}$$

H 为氧化过程中的纤维最大应力，其随着纤维失效概率的增大而增加。根据 Curtin 提出的全局载荷分担模型（简称 GLS 模型），假设断裂纤维周围不存在应力集中，断裂纤维承担的载荷被均匀分别到其他完好的纤维上。因此，可以建立如下的应力平衡方程：

$$\frac{\sigma}{V_f}=H(1-\varphi_L)+\frac{2\tau}{r_{f0}}\lambda\varphi_L \tag{7.96}$$

式中，τ 为界面剪切强度，λ 表示纤维平均拔出长度，φ_L 表示纤维在周期性边界条件 $0\sim L_c/2$ 范围内的失效概率，也可以认为是纤维在此范围的失效比例，其可以表示为：

$$\varphi_L(t)=1-\exp\left[-\frac{2l_{mc}}{L_c l_0}\int_0^{L_c/2}\left(\frac{\sigma_f(x,t)}{\sigma_c(x,t)}\right)^{m_f}\mathrm{d}x\right] \tag{7.97}$$

式中，l_{mc} 为试验件标距段长度，l_0 为试验件参考长度，m_f 为纤维威布尔模量，$\sigma_c(x,t)$ 表示纤维的剩余强度。

由于界面粘接区结构完整，没有出现脱粘，因此在界面粘接区的应力分布服从混合率公式，即：

$$\sigma=\sigma_{f0}(1-\varphi_L)V_f+\sigma_{m0}V_m \tag{7.98}$$

此外，由于界面黏结区纤维和基体的变形是同步的，即纤维在界面黏结区的应变等于基体的应变，可以表示为：

$$\varepsilon_f^e+\varepsilon_f^c+\varepsilon_f^T=\varepsilon_m^e+\varepsilon_m^c+\varepsilon_m^T \tag{7.99}$$

式中，ε_f^e、ε_f^c、ε_f^T 分别表示纤维的弹性应变、蠕变应变以及热残余应变，ε_m^e、ε_m^c 以及 ε_m^T 分别表示基体的弹性应变、蠕变应变以及热残余应变。式中纤维和基体的弹性应变 ε_f^e 和 ε_m^e 可以分别表示为：

$$\varepsilon_f^e=\frac{\sigma_{f_0}}{E_f} \tag{7.100}$$

$$\varepsilon_m^e=\frac{\sigma_{m0}}{E_m} \tag{7.101}$$

纤维和基体的蠕变应变可以采用简化的 Bailey 型关系式来表示，即：

$$\varepsilon_f^c=A_{f0}\sigma_{f0}t^{p_f} \tag{7.102}$$

$$\varepsilon_m^c=A_{m0}\sigma_{m0}t^{p_m} \tag{7.103}$$

式中，A_{f0}、p_f、A_{m0}、p_m 分别表示纤维和基体的蠕变参数。纤维和基体的热残余应变可以分别表示为：

$$\varepsilon_f^T=-\alpha_f\Delta T \tag{7.104}$$

$$\varepsilon_m^T=-\alpha_m\Delta T \tag{7.105}$$

联立以上公式，可以得到 σ_{f0} 和 σ_{m0} 的表达式为：

$$\sigma_{f0}=\frac{\sigma\left(\frac{1}{E_m}+A_{m0}t^{p_m}\right)+V_m(\alpha_f-\alpha_m)\Delta T}{(1-\varphi_L)V_f\left(\frac{1}{E_m}+A_{m0}t^{p_m}\right)+\frac{V_m}{E_f}+A_{f0}t^{p_f}V_m} \tag{7.106}$$

$$\sigma_{m0}=\frac{\sigma\left(\frac{1}{E_f}+A_{f0}t^{p_f}\right)-(\alpha_f-\alpha_m)\Delta T(1-\varphi_L)V_f}{(1-\varphi_L)V_f\left(\frac{1}{E_m}+A_{m0}t^{p_m}\right)+\frac{V_m}{E_f}+A_{f0}t^{p_f}V_m} \tag{7.107}$$

7.5.4.3　复合材料应变

在拉伸载荷作用下，基体开裂会导致基体应变不连续，而纤维变形满足连续性条件，因此可以用纤维应变等效为 SiC/SiC 纤维束复合材料的平均应变，即：

$$\varepsilon_c(t)=\varepsilon_f(t)=\varepsilon_f^e+\varepsilon_f^c+\varepsilon_f^T \tag{7.108}$$

式中，ε_c表示为复合材料的平均应变，将纤维弹性应变、蠕变及热残余应变分别代入上述公式，材料的平均应变可以表示为：

$$\varepsilon_c(t)=\frac{2}{L_c}\int_0^{L_c/2}\frac{\sigma_f(x)}{E_f}\mathrm{d}x+\frac{2}{L_c}\int_0^{L_c/2}A_{f0}\sigma_f(x)t^{p_f}\mathrm{d}x+(\alpha_c-\alpha_f)\Delta T \tag{7.109}$$

即为 SiC/PyC/SiC 纤维束复合材料蠕变氧化模型。基于该公式可以模拟出材料在一定温度、蠕变载荷下的总应变随时间的变化曲线。基于纤维失效概率 φ_L 是否达到临界值 φ_c，即可得到材料的蠕变氧化寿命。

7.6　陶瓷基复合材料结构氧化寿命研究

本节计算陶瓷基纤维束复合材料氧化后的剩余刚度。将细观纤维束力学性能作为单胞中纱线单元的材料参数，通过均匀化方法，计算编织陶瓷基复合材料单胞在应力-氧化损伤后的剩余刚度。根据陶瓷基复合材料结构的几何模型、载荷分布，进行氧化模拟。将内部各点处的损伤程度差异，作为局部材料性能的时变演化纳入有限元模拟的单元材料属性迭代中，最终实现陶瓷基复合材料结构的氧化寿命分析。技术路线如下。

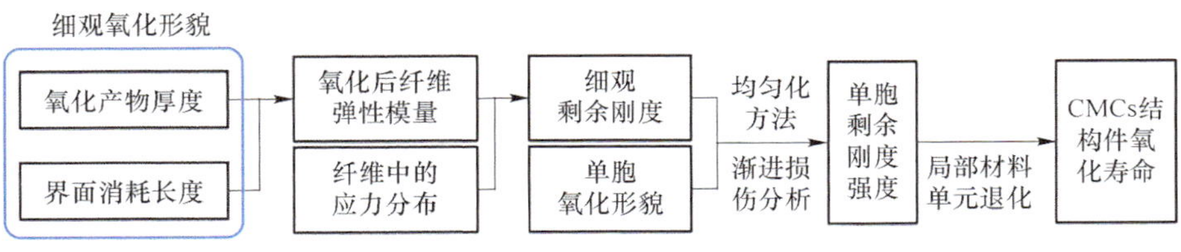

图 7.35　陶瓷基复合材料构件氧化寿命分析研究技术路线

7.6.1　编织陶瓷基复合材料氧化后拉伸性能计算

7.6.1.1　陶瓷基纤维束复合材料剩余刚度计算

陶瓷基纤维束复合材料作为陶瓷基复合材料中的主要承力单元，其力学性能很大程度上影响了陶瓷基复合材料的力学性能。在高温空气环境下，氧气通过基体裂纹通道扩散进入材料内部，与 PyC 界面层发生氧化反应，PyC 界面沿纤维轴向氧化

消耗长度距离为 l_r，SiC 纤维消退厚度为 z_{SiC}。根据混合率公式，氧化后的纤维弹性模量可用 SiC 纤维及其表面的 SiO_2 氧化层的弹性模量表示，计算方法如下：

$$E'_f = E_f v_f + E_o v_o \tag{7.110}$$

则在氧化区间内某一位置 x 处取微元体 dx，有氧化后的纤维半径：

$$r_f(x,t) = r_{f0} - z^f_{SiC} \tag{7.111}$$

微元体内的纤维体积含量为：

$$v_f(x) = \frac{\pi r_f^2(x,t)\mathrm{d}x}{\pi\,(r_{f0} + dz^f)^2\mathrm{d}x} \tag{7.112}$$

因此，该处的纤维弹性模量可以表示为：

$$E'_f = E_f v_f(x) + E_o(1 - v_f(x)) \tag{7.113}$$

类似的，氧化后的基体弹性模量：

$$E'_m = E_m v_m(x) + E_o(1 - v_m(x)) \tag{7.114}$$

式中，微元体内的基体体积含量为：

$$v_m(x) = \frac{\pi(r_c^2 - r_m^2(x,t))\mathrm{d}x}{\pi {r_{m0}}^2\mathrm{d}x} \tag{7.115}$$

氧化后的基体半径为：

$$r_m(x,t) = r_{m0} + z_{SiC} \tag{7.116}$$

除了氧化会导致的纤维材料性能退化，由于外加应力的存在，还存在界面脱粘段的影响。建立如图 7.36 所示的模型，计算陶瓷基纤维束复合材料在氧化后的力学性能。

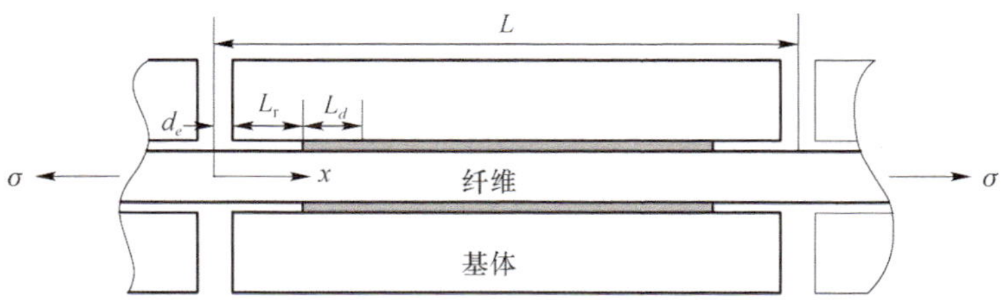

图 7.36　细观力学分析模型

图中，裂纹中面为坐标原点，纤维轴向为 x 轴，基体平均裂纹间距为 L，受到的外加应力为 σ，界面脱粘长度为 l_d，基体裂纹宽度的一半为 d_e。

在实际工况中可认为脱粘区未重合，纤维也不发生断裂，则纤维中的应力分布为：

$$\sigma_f(z) = \begin{cases} \sigma/v_f & z \in (0, d_e + l_r) \\ \sigma/v_f - 2\tau(z - d_e - l_r)/r_c & z \in (d_e + l_r, d_e + l_r + l_d) \\ \sigma_f^{\infty} & z \in (d_e + l_r + l_d, L/2) \end{cases} \tag{7.117}$$

当 $z = d_e + l_r + l_d$ 时，有：

$$\sigma_f(z) = \sigma_f^{\infty} \tag{7.118}$$

故脱粘区长度为：

$$l_d = \frac{r_c \sigma}{2\tau}\left(\frac{1}{v_f} - \frac{E'_f}{E'_c}\right) \tag{7.119}$$

在外加应力的作用下，纤维的平均应变可用下式计算：

$$\varepsilon_f = \frac{2}{L}\left[\int_{L/2} \frac{\sigma_f(z)}{E'_f(z)}\right] \tag{7.120}$$

在位移加载的条件下，由于纤维未断裂，此时平均应变与纤维平均应变一致，即：

$$\varepsilon_c = \varepsilon_f \tag{7.121}$$

于是，细观尺度陶瓷基纤维束复合材料氧化后的轴向剩余刚度为：

$$E'_1 = \frac{\sigma}{\varepsilon_c} \tag{7.122}$$

具体地：

$$E'_1 = \frac{E'_f v_f E'_c L}{(2d_e + 2l_r + l_d)E'_c + (L - 2d_e - 2l_r - l_d)E'_f v_f} \tag{7.123}$$

陶瓷基纤维束复合材料在氧化前的轴向弹性模量为 E_1^0，根据等比例折减法，则在其余方向上的氧化后剩余刚度可以表示为：

$$E'_i = \frac{E'_1}{E_1^0} E_i^0$$

$$G'_{ij} = \frac{E'_1}{E_1^0} G_{ij}^0 \tag{7.124}$$

7.6.1.2 编织陶瓷基复合材料剩余刚度计算

通过上节的计算可以获得陶瓷基纤维束复合材料在热-力-氧耦合环境中的剩余刚度，将其作为纱线的材料参数，代入单胞模型中的纱线单元，根据均匀化理论计算编织陶瓷基复合材料单胞模型的剩余刚度，流程如图 7.37 所示。

基于标准的均匀化过程，采用体积平均法，定义单胞模型的宏观应力 $\bar{\sigma}$ 以及宏观应变 $\bar{\varepsilon}$：

$$\bar{\sigma} = \frac{1}{V}\int_V \sigma \, dV$$

$$\bar{\varepsilon} = \frac{1}{V}\int_V \varepsilon \, dV \tag{7.125}$$

基于等应变假设与刚度平均法，材料的弹性本构关系可以表示为：

$$\begin{bmatrix} \bar{\varepsilon}_{11} \\ \bar{\varepsilon}_{22} \\ \bar{\varepsilon}_{33} \\ \bar{\gamma}_{23} \\ \bar{\gamma}_{13} \\ \bar{\gamma}_{12} \end{bmatrix} = \begin{bmatrix} S_{11} & S_{12} & S_{13} & S_{14} & S_{15} & S_{16} \\ S_{21} & S_{22} & S_{23} & S_{24} & S_{25} & S_{26} \\ S_{31} & S_{32} & S_{33} & S_{34} & S_{35} & S_{36} \\ S_{41} & S_{42} & S_{43} & S_{44} & S_{45} & S_{46} \\ S_{51} & S_{52} & S_{53} & S_{54} & S_{55} & S_{56} \\ S_{61} & S_{62} & S_{63} & S_{64} & S_{65} & S_{66} \end{bmatrix} \cdot \begin{bmatrix} \bar{\sigma}_{11} \\ \bar{\sigma}_{22} \\ \bar{\sigma}_{33} \\ \bar{\sigma}_{23} \\ \bar{\sigma}_{13} \\ \bar{\sigma}_{12} \end{bmatrix} \tag{7.126}$$

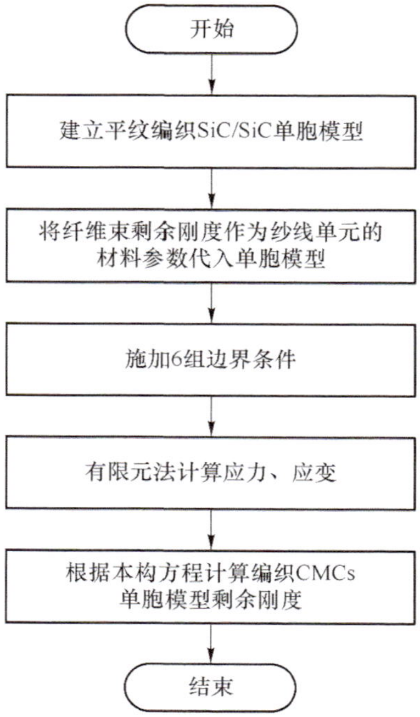

图 7.37　编织复合材料剩余刚度计算方法

对单胞模型施加周期性边界条件(列于表 7.1),进行有限元分析,计算单胞中的应力、应变分布,再由上述公式计算多组材料的应力-应变响应,进而求解柔度矩阵$[S_{ij}]$。

$$[S_{ij}]=\{\bar{\varepsilon}\}\cdot\{\bar{\sigma}\}^{-1} \tag{7.127}$$

根据柔度矩阵的定义,即可计算出单胞模型在各方向上的等效弹性模量。

$$\begin{aligned}&E_1=\frac{1}{S_{11}},E_2=\frac{1}{S_{22}},E_3=\frac{1}{S_{33}}\\&G_{23}=\frac{1}{S_{44}},G_{13}=\frac{1}{S_{55}},G_{12}=\frac{1}{S_{66}}\\&\nu_{12}=-S_{12}\cdot E_1,\nu_{13}=-S_{13}\cdot E_1,\nu_{23}=-S_{23}\cdot E_2\end{aligned} \tag{7.128}$$

表 7.1　周期性边界条件

No.	$S(0,y,z)$	$S(l,y,z)$	$S(x,0,z)$	$S(x,w,z)$	$S(x,y,0)$	$S(x,y,h)$
1	$u_x=0$	$u_x\cdot 0.1\cdot l$	$u_y=0$	$u_y=0$	$u_z=0$	$u_z=0$
2	$u_x=0$	$u_x=0$	$u_y=0$	$u_y=0.1\cdot w$	$u_z=0$	$u_z=0$
3	$u_x=0$	$u_x=0$	$u_y=0$	$u_y=0$	$u_z=0$	$u_z=0.1\cdot h$
4	$u_x=0$	$u_x=0$	$u_z=0$	$u_z=0$	$u_y=0$	$u_y=0.1\cdot h$
5	$u_z=0$	$u_z=0$	$u_y=0$	$u_y=0$	$u_x=0$	$u_x=0.1\cdot h$
6	$u_y=0$	$u_y=0$	$u_x=0$	$u_x=0.1\cdot w$	$u_z=0$	$u_z=0$

7.6.1.3　编织陶瓷基复合材料剩余强度计算

采用渐进损伤方法计算编织陶瓷基复合材料单胞模型的剩余强度。该方法基于连续介质损伤力学，将复合材料的失效作为一种损伤，采用材料退化模型描述材料受损伤后的力学行为。具体计算流程如图 7.38 所示。

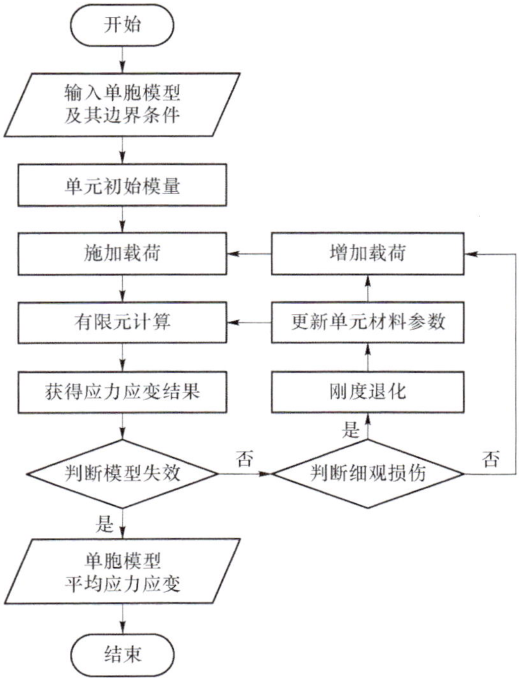

图 7.38　渐进损伤分析流程图

失效准则是渐进损伤分析中重要的组成部分之一，用于评估在给定载荷条件下失效是否发生。复合材料失效计算中使用最广泛的三种失效准则有：最大应力失效准则，Tsai - Wu 失效准则和 Hashin 失效准则。陶瓷基复合材料作为一种脆性材料，考虑到失效准则与材料退化模型密切相关，且参数较少、使用简单的原因，选取最大应力失效准则。该准则认为，材料各主方向应力值不超过各自方向的强度极限，否则就认为发生破坏，并且各种破坏模式之间互不影响。

陶瓷基复合材料的应力-应变响应具有明显的非线性，因此本节采用突降退化模型和连续退化模型相结合的方式，用五次方程拟合材料的应力-应变曲线，对单元的刚度进行对应的折减。当单元满足最大应力准则失效后，对单元进行突降退化，认为单元已经失效破坏。

$$\sigma_{ij}=a_0+a_1\varepsilon_{ij}+a_2\varepsilon_{ij}^2+a_3\varepsilon_{ij}^3+a_4\varepsilon_{ij}^4+a_5\varepsilon_{ij}^5 \tag{7.129}$$

将两种退化模型相结合，既能模拟材料的非线性属性，又可以模拟结构的破坏过程。其中，突降退化模型采用材料局部衰减方式，仅退化与失效模式相关的项，突降退化参数为 0.2，其他未达到失效准则的材料属性值保持不变。

7.6.1.4 结果验证

针对高温平板拉伸试验件，在 1200℃空气环境、60 MPa 拉伸应力作用下，氧化 24 h 后拉断测定其剩余强度，其应力-应变曲线如图 7.39 所示。其初始弹性模量约为 24.34 GPa，拉伸强度约为 56.06 MPa。

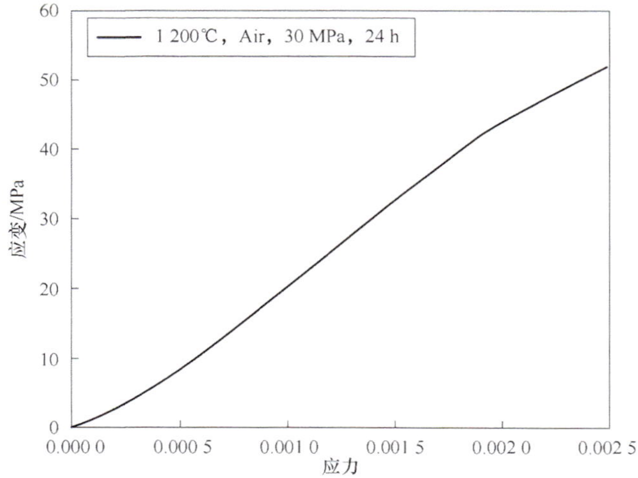

图 7.39 氧化 24 h 后的应力-应变曲线

将该试验结果与其他试验条件下的结果进行对比，分析材料性能退化情况。参照试验包括：室温下拉伸的试验，其试验结果如图 7.40 所示。

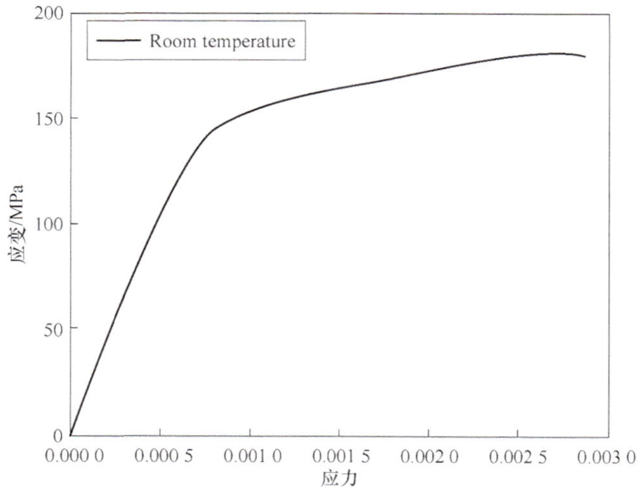

图 7.40 室温单向拉伸应力-应变曲线

根据试验条件，对模型展开力学性能模拟，可先后计算出各单元的刚度退化情况。单胞尺度的计算结果如图 7.41 所示。

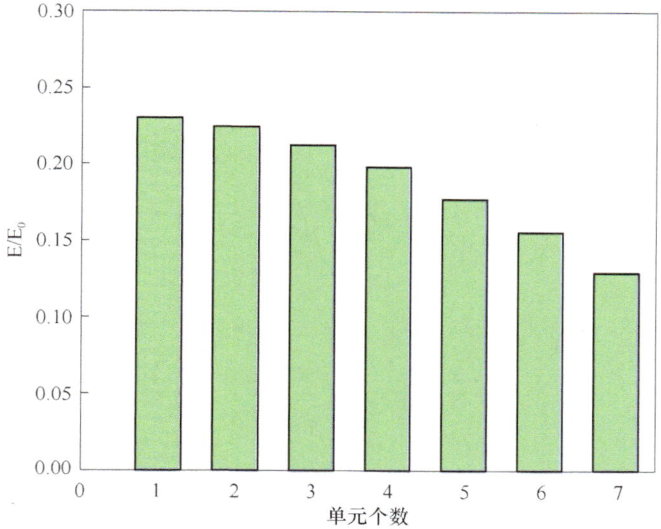

图 7.41　单胞尺度各单元刚度折减模拟结果

进一步计算陶瓷基复合材料剩余强度。考虑到平板拉伸试验件结构简单，受力均匀，在模拟其应力-应变响应时，可直接通过单胞模型进行模拟。材料的力学参数如表 7.2 所示，采用均匀化与渐进损伤分析法，得到宏观应力应变响应。

表 7.2　陶瓷基纤维束复合材料氧化后力学参数模拟结果

材料参数	数值	材料参数	数值	材料参数	数值
E_1(GPa)	53.63	E_2(GPa)	28.97	E_3(GPa)	28.97
G_{12}(GPa)	11.43	G_{23}(GPa)	9.47	G_{13}(GPa)	11.43
v_{12}	0.2	v_{23}	0.3	v_{13}	0.2

考虑到加载时材料的非线性特征，其性能退化模型参考图 7.42。

将试验曲线进行多项式拟合，作为材料非线性特征进行渐进损伤分析中的材料退化模型。曲线的拟合结果列于表 7.3。

表 7.3　曲线拟合的多项式参数

多项式参数	数值	多项式参数	数值
a_0	7.26066	a_1	1.05959×10^5
a_2	-1.14681×10^8	a_3	7.22679×10^{10}
a_4	-2.13476×10^{13}	a_5	2.34476×10^{15}

基于上述方法与参数的确定，进行渐进损伤分析，模拟获得的 1200℃，60 MPa，

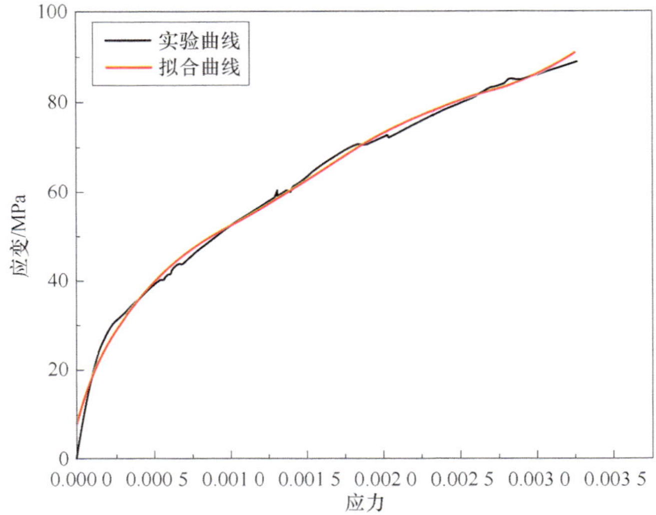

图 7.42　高温下陶瓷基纤维束复合材料应力-应变曲线

空气环境中氧化 24 h 后的高温平板试件宏观应力-应变响应曲线如图 7.43 所示。

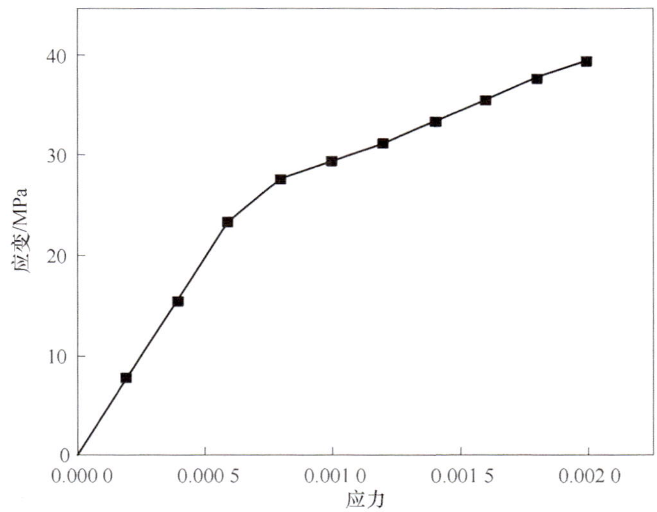

图 7.43　编织陶瓷基复合材料氧化后单向拉伸应力-应变响应模拟结果

模拟结果与试验结果进行比较，结果如表 7.4 所示。通过对比可知，两项结果存在一定的误差，但力学响应整体变化趋势较为一致。由于热-力-氧耦合环境下的试验比较复杂，影响因素较多，转换夹具的引入可能导致对中存在偏差，对结果造成了影响。模拟过程中为了简化运算，参考杨成鹏等的分析方法，忽略了纤维断裂比例的影响，因此剩余强度模拟值可能略偏小。

表 7.4　陶瓷基复合材料力学性能模拟值与试验值对比

	试验值	模拟值
初始弹性模量（GPa）	24.34	33.33
剩余强度（MPa）	56.06	39.58

7.6.2　陶瓷基复合材料调节片氧化寿命研究

为了进一步验证之前提出的方法可用于实际结构件的氧化模拟及氧化寿命分析，将前述陶瓷基复合材料扩散-反应模型及氧化后的力学模型进行应用，针对某陶瓷基复合材料尾喷管调节片进行氧化寿命分析。

7.6.2.1　陶瓷基复合材料调节片有限元模型

如图 7.44 所示，该模型简化了调节片的结构，取一半对称结构对模型进行网格划分。

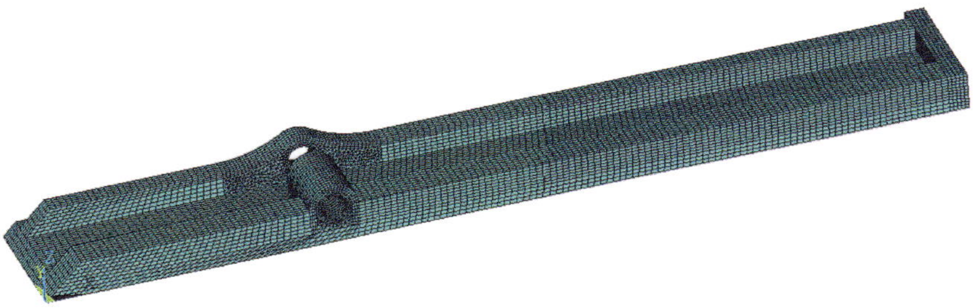

图 7.44　调节片有限元模型

结合平纹编织 SiC/SiC 复合材料结构特征设置单元主方向，初始状态下参数选取列于表 7.5。根据实际施加位移固定约束；在调节片外表面施加均布压强 $p_0=2.35$ kPa，内表面施加线性插值分布的压强；沿轴向施加线性变化的温度，如图 7.45 所示。

表 7.5　宏观模型材料参数

材料参数	数值	材料参数	数值	材料参数	数值
E_x(GPa)	227.4	E_y(GPa)	227.4	E_z(GPa)	50.0
G_{xy}(GPa)	90.985	G_{yz}(GPa)	17.7	G_{xz}(GPa)	17.7
v_{xy}	0.14	v_{yz}	0.25	v_{xz}	0.19
X_T(MPa)	220.19	Y_T(MPa)	220.19	X_C(MPa)	613.88
S(MPa)	166.9	R(MPa)	38.2	Q(MPa)	38.2

根据以上模型以及对应的载荷条件，进行有限元计算，获取调节片的温度场与应力场，如图 7.46 所示。

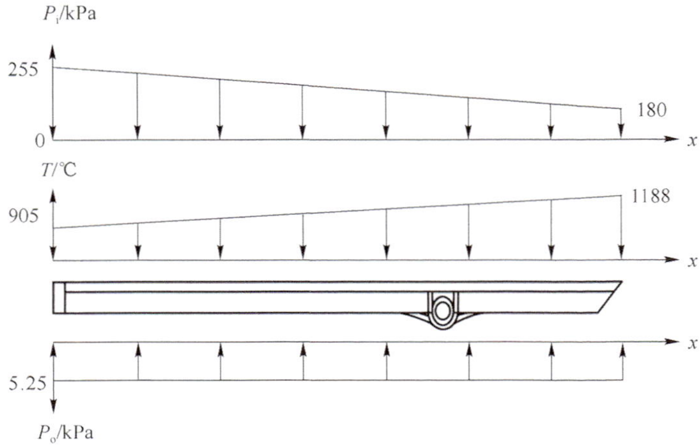

图 7.45　载荷施加示意图

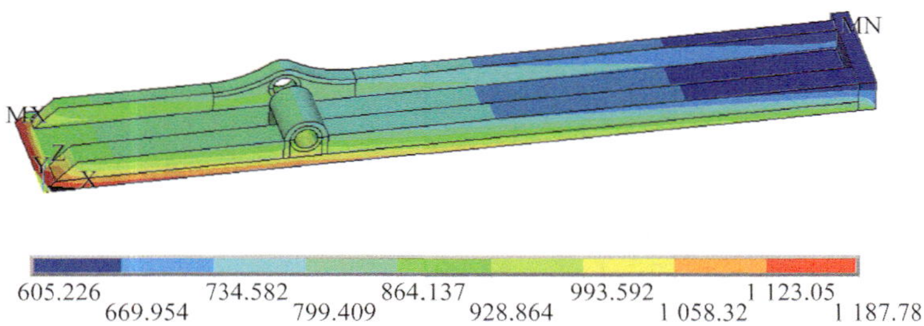

(a) 温度场(单位：℃)

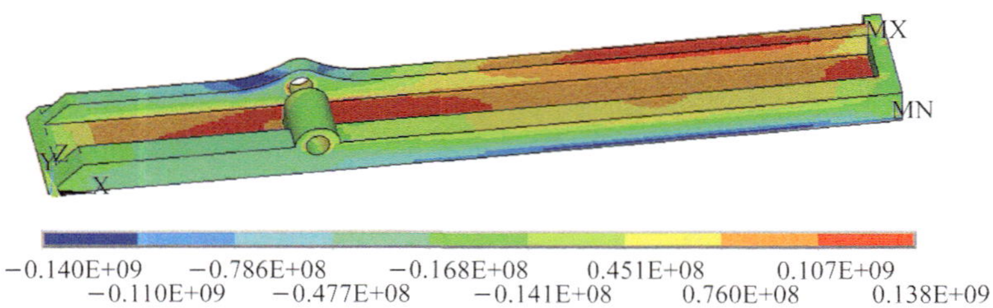

(b) 应力场(单位：Pa)

图 7.46　调节片模型有限元计算结果

7.6.2.2　陶瓷基复合材料调节片氧化模拟

根据调节片的几何模型，结合气压分布情况，按照陶瓷基复合材料扩散-反应分析方法，可对内部的扩散-氧化过程进行模拟，计算出结构内部各单元的氧化形貌。

首先，进行等效扩散系数场的计算。初始情况下，整体结构还未受到应力-氧化损伤，等效扩散系数在调节片模型内部处处相等，计算值为 $1.91\times10^{-5}\ m^2/s$，如图

7.47(a)所示，此时等效扩散系数仅与细观结构相关。随着热-力-氧耦合作用的不断叠加，基体开裂、氧化反应逐渐开始发生，造成结构内部各处的气体通道随之发生不同程度地形貌演化，导致等效扩散系数产生不同分布，如图 7.47(b)所示。

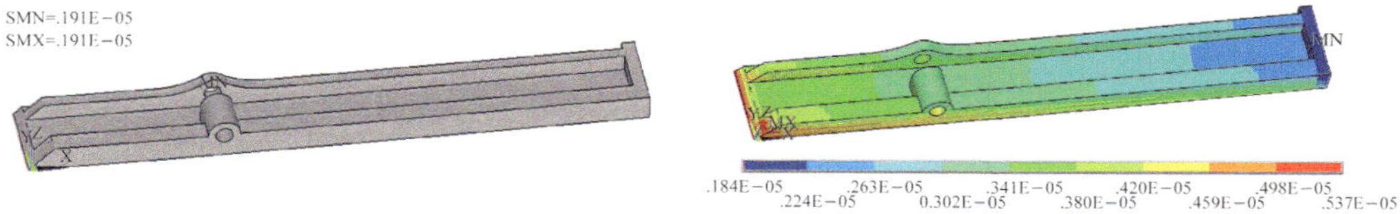

(a) 初始状态下　　(b) 热-力-氧耦合作用下

图 7.47　等效扩散系数分布云图(单位：m^2/s)

根据等效扩散系数分布场，对扩散方程的数值求解，即为此时陶瓷基复合材料调节片内的气体浓度分布，参考氧化动力学方程展开结构内部的氧化模拟，即为此时陶瓷基复合材料调节片各区域处的氧化程度分布。

图 7.48 为不同氧化阶段的氧化产物分布情况。整体来看，由于调节片外表面温度低，气体压强小，氧化程度小；而内表面温度高，气体压强大，氧化程度较大。但随着时间的增长，内表面氧化程度最高，导致气体扩散通道逐渐封闭，因此在长时间氧化后，沿扩散方向上，氧化程度相对减弱。

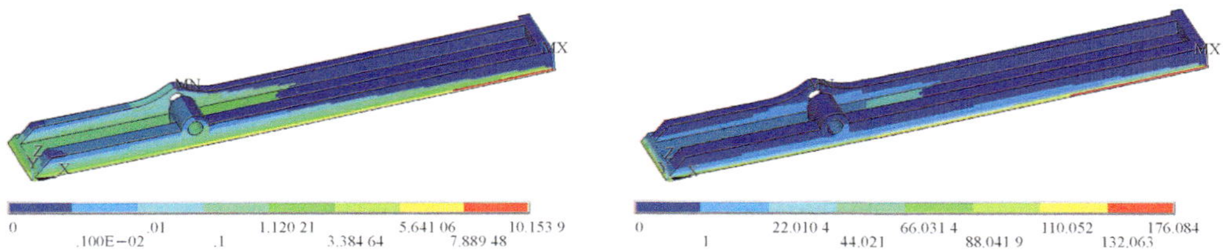

(a) 氧化1 min　　(b) 氧化5 h

图 7.48　氧化产物分布云图(单位：nm)

7.6.2.3　陶瓷基复合材料调节片氧化寿命分析

为了简化计算过程，仅考虑陶瓷基复合材料调节片模型拉伸破坏的失效模式，采用最大应力失效准则进行单元失效判断。分析流程如图 7.49 所示。

图 7.50 为氧化 5 h 后，陶瓷基复合材料调节片的单元刚度退化云图。与结构的氧化情况基本相对应，氧化程度越大的区域，单元刚度退化越严重，单元的轴向弹性模量折减至原材料的 43.14%，而在温度较低，氧化并不明显的区域，其单元刚度几乎没有折减。

对宏观模型中的编织单胞模型进行渐进损伤分析，为了简化计算量，计算了几组单元的剩余强度如图 7.51，其余采用插值法进行计算。

如图 7.52 所示材料强度退化云图，在氧化程度较轻的地方，强度退化程度较低，

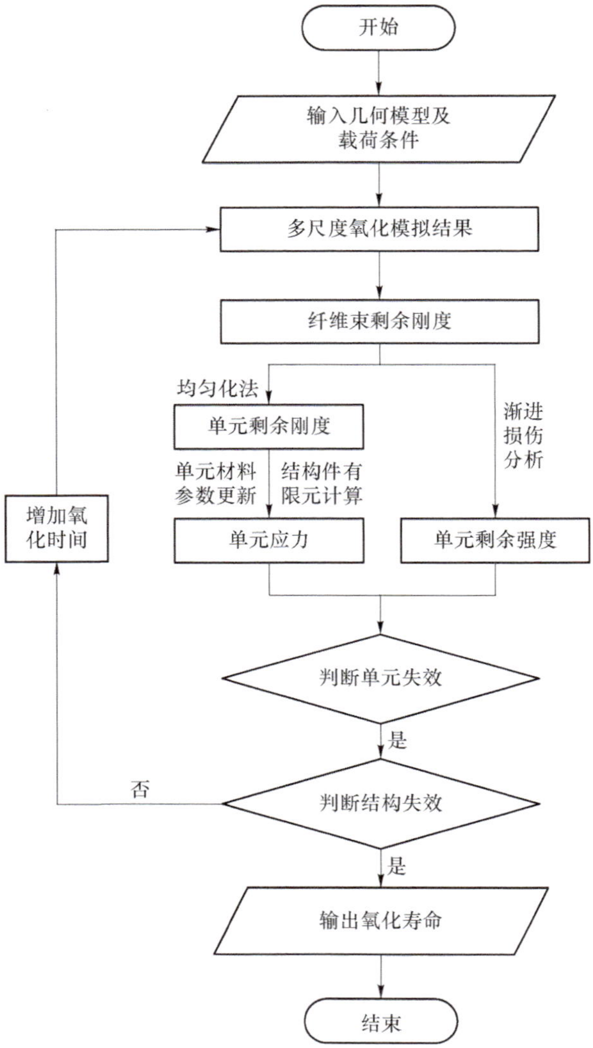

图 7.49　陶瓷基复合材料构件氧化寿命分析方法

拉伸强度计算结果约为 226.915 MPa，与原材料试验测得的拉伸强度 225.5 MPa 接近，而在内表面氧化程度较严重的区域，强度退化严重，氧化损伤最严重的单元其强度退化至 103.924 MPa，退化系数高达 45.8%。

将各结构中单元在其余方向上的材料参数按照图 7.53 的计算结果进行等比例折减(其中，泊松比保持不变)，赋值给单元材料参数进行更新，重新计算调节片在氧化后的应力分布。如图 7.53 所示，为陶瓷基复合材料调节片在氧化后的应力分布有限元计算结果。

此时，根据最大应力失效准则对调节片内部各单元进行失效判断，用红色标记出

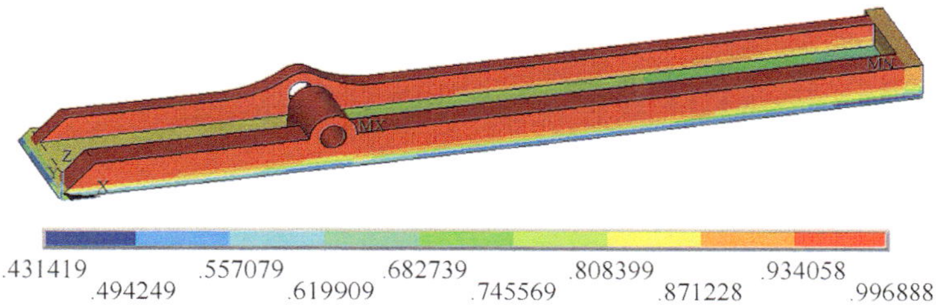

图 7.50　刚度退化情况

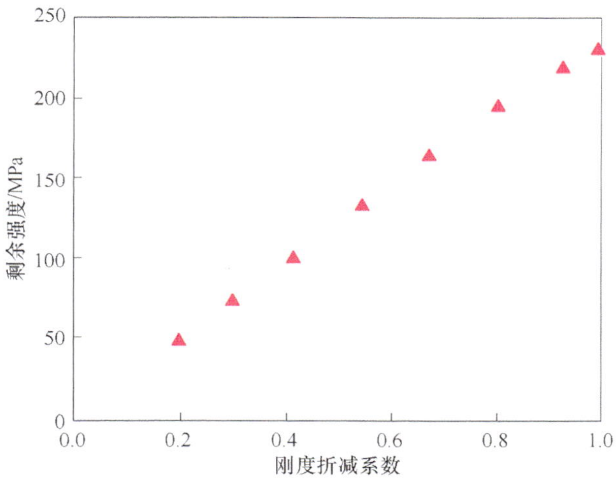

图 7.51　单元材料剩余强度计算结果

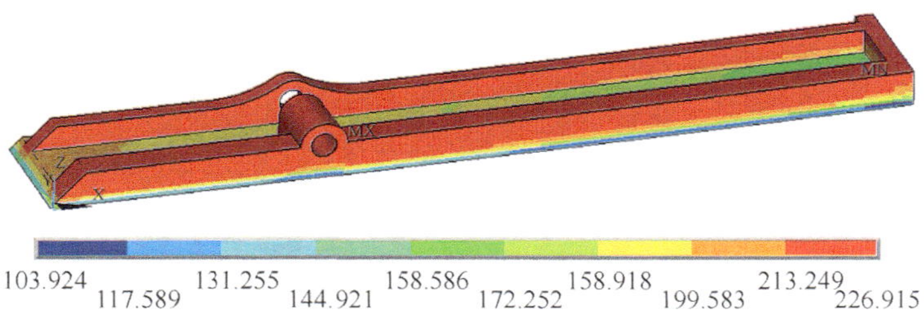

图 7.52　强度退化情况(单位:*MPa*)

失效单元。在上述的计算条件下氧化 5 h 后,还未出现单元失效。继续增加氧化时间,重复以上过程。随着氧化时间的延长,失效单元不断累积,直至整体结构失效,失效单元累积过程如图 7.54 所示。

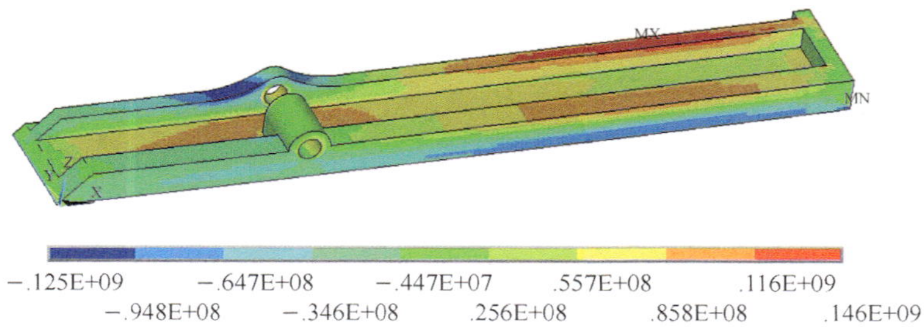

图 7.53　氧化后调节片应力分布计算(单位:Pa)

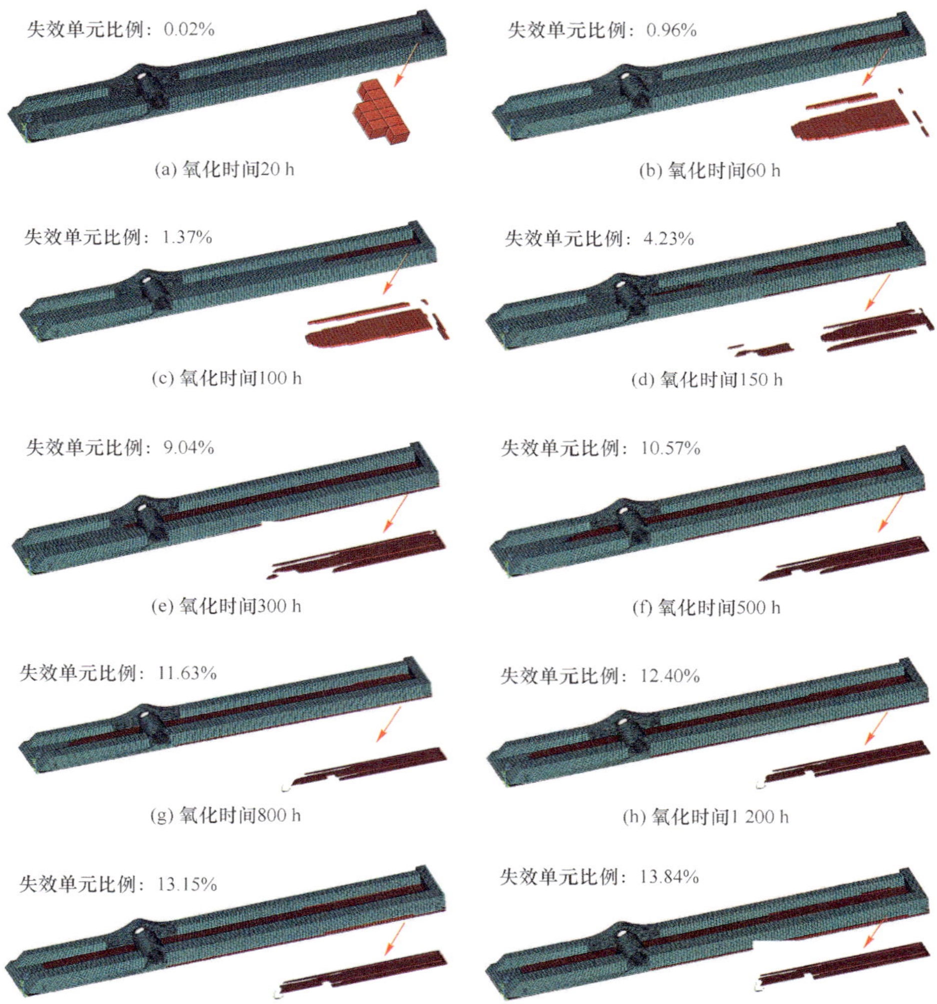

(a) 氧化时间20 h　(b) 氧化时间60 h

(c) 氧化时间100 h　(d) 氧化时间150 h

(e) 氧化时间300 h　(f) 氧化时间500 h

(g) 氧化时间800 h　(h) 氧化时间1 200 h

(i) 氧化时间1 600 h　(j)氧化时间2 000 h

图 7.54　失效单元累积过程

从图中可以看出，在氧化 20 h 时，结构中的单元开始失效，随着时间增加，失效单元区域沿调节片轴向与厚度方向不断扩展，在前 500 h 内失效单元增加速度较快，随后速度明显减缓，当氧化时间达到 1200 h 时，失效单元几乎将要覆盖整个平面，此后增加速率更小。因此，在模拟工况下，陶瓷基复合材料调节片在受到应力-氧化等耦合损伤后的氧化寿命可以预测为 1200 h。

7.7　本章小结

在高温环境中长时间服役时，陶瓷基复合材料的微观结构会发生变化，影响 SiC/SiC 复合材料的损伤形式和力学性能。本章以陶瓷基复合材料结构为研究对象，提出了一种陶瓷基复合材料构件氧化寿命分析的方法。该方法基于多尺度分析，集成了陶瓷基复合材料中气体浓度分布、组分材料消耗氧化、氧化动力学建模、力学性能退化的耦合演化。

陶瓷基复合材料结构内部存在多个尺度的气流通道，包括纤维束间孔隙、纤维束上基体裂纹以及纤维束内部微小孔隙。在热-力-氧环境下，这些缺陷均能够成为氧化性气体进入陶瓷基复合材料结构内部并与组分材料发生氧化的气流通道，造成结构的氧化损伤，影响其强度。我们基于多孔固体中的传质理论，分别从细观尺度以及单胞尺度，研究陶瓷基复合材料内部的气体扩散，提出了等效扩散系数模型，用于表征结构内部的气流通道分布。等效扩散系数模型间接将陶瓷基复合材料中的气体扩散与温度分布、应力分布联系，实现了陶瓷基复合材料内部气流通道的表征。结合边界条件，通过有限差分法对扩散方程组进行数值求解，计算获得了陶瓷基复合材料结构中的气体浓度分布情况。

在纤维束复合材料的蠕变失效过程中，纤维和基体首先发生蠕变，其中纤维的蠕变程度较大，导致纤维在界面黏结区的应力传递到基体，使基体从缺陷处产生裂纹并扩展到界面。裂纹扩展到界面后发生界面脱粘，纤维承受更多应力，进而断裂。我们根据纤维束陶瓷基复合材料的蠕变机理，结合剪滞模型，建立了考虑纤维蠕变的 SiC/SiC 纤维束复合材料的细观力学模型。模型假设基体没有发生蠕变，纤维蠕变律为幂函数形式，并考虑了基体开裂、界面脱粘和纤维断裂的影响。基于细观结构变化，计算陶瓷基纤维束复合材料氧化后的剩余刚度。在单胞尺度，将细观纤维束的力学参数，赋值给单胞中纱线单元的材料属性，通过均匀化方法，计算编织单胞在应力-氧化损伤后的弹性模量与剩余强度。在宏观尺度上，根据结构件的几何模型、环境参数分布，计算出各单元编织单胞的力学性能退化情况，将其作为宏观模型中局部材料性能的时变演化纳入有限元模拟的材料单元迭代中，利用渐进损伤分析方法，进行陶瓷基复合材料结构氧化后的强度分析。最后，将本书的整体研究路线应用于某陶瓷基复合材料尾喷口调节片，根据该构件的几何结构、载荷条件等，进行结构的氧化模拟，实现氧化后的强度、寿命分析。

第 8 章

陶瓷基复合材料预制体-结构一体化建模

8.1 引　言

编织复合材料预制体的建模仿真在复合材料自动铺丝、层压板设计、编织复合材料成型模拟等领域具有重要作用，其技术关键在于纱线路径模拟以及细观非周期预制体建模。复合材料结构的设计和制造是相互依存的，很多限制因素影响着纱线路径模拟和预制体细观建模过程，例如纱线路径的最小转向半径、纱线间隙、纱线重叠度等以及细观模型的纱线截面形状、经纬纱接触建模等。

针对编织复合材料预制体结构建模，国内外已经形成了映射法、运动学法、力学法以及图像识别法等多类方法。映射方法通常用于铺层纱线路径模拟，其计算速度较快，铺层角度、纱线间隙等参数控制灵活，该方法已在国外的商用软件中得到了应用，如 FiberSIM、Laminate Tools 等。运动学方法可以对预制体成型过程进行仿真，但该方法尚不能应用于结构件级别的力学仿真，且仿真精度受结构精度以及模具运动速率影响，所需计算量较大。力学方法可以针对不同的设计标准和载荷情况进行纱线路径模拟，但该方法应用范围较小，仅可在单向层合板中应用，且可应用的结构型面较为简单；图像识别法只能应用于已有实物结构的建模仿真，不符合预先建模的前提。目前较为流行的预制体建模软件是由英国诺丁汉大学开发的 TexGen，该软件当前版本仅针对等厚平板类的规则结构进行预制体建模，且模型中时常会出现经纱、纬纱、接结纱相互贯穿的现象。

本章旨在介绍编织复合材料铺层纱线路径模拟方法和预制体细观结构的建模方法，在此基础上实现用于结构分析的有限元求解模型的单元材料属性匹配。具体将编织陶瓷基复合材料预制体的建模过程分为两步，分别是铺层纱线路径模拟与预制体结构的细观建模，前者根据设定的纱线间隙、铺层角度等参数实现对任意型面铺层的纱线路径模拟，后者根据铺层的纱线路径模型以及纱线截面面积、铺层厚度等参数实现各铺层的细观结构建模。然后，基于纱线路径模型与预制体细观模型建立编织陶瓷基复合材料“结构－求解”一体化建模方法，实现有限元求解模型中各单元材料属性以及局部坐标系的快速匹配。我们也将介绍如何建立三维编织预制体模型，如何进行分区域建模。

8.2 铺层结构的陶瓷基复合材料预制体纱线路径的模拟方法

8.2.1 铺层曲面纱线路径模拟方法简介

对平纹编织纱线路径进行模拟的目的有两点。一是考察织物的悬垂性，传统意义上的悬垂性主要指织物在自身重力下自然下垂后的形状，而对于复合材料来说，其悬垂性是指织物对铺层曲面的覆盖能力，其主要受影响于织物的面内剪切变形能力。在制备编织复合材料预制体时，为了使二维织物与模具形状达到很好的贴合而不产生褶皱，织物经纬纱间的夹角通常会产生变化，该变化则表征着织物的悬垂性能。但是随着预制体整体编织技术的发展，悬垂性对织物成型的影响将愈来愈小。二是通过纱线路径来获取复合材料力学求解模型中的单元材料坐标系：在进行复合材料结构的力学性能预测时，一般先获取复合材料代表性体积元的材料特性，然后利用周期性方法对整个复合材料结构进行力学仿真，此时求解模型中各单元的材料主方向就成了结构性能预测的关键。

最初的纱线路径模拟工作主要是以解析法为基础建立的，其中由 Mack 和 Taylor 提出的方法最具代表性，该方法的假设是经纬纱不可伸长以及经纬纱在交接点处仅可以相对转动而不能相对滑动，他们用一系列解析式描述了织物在回转体表面上的覆盖。在此基础上，研究者通过改变假设条件完成了其他解析式表面的纱线路径模拟。而后的纱线路径模拟主要以数值计算方法为主，该方法被统称为“渔网法”，通过在铺层曲面上定义一个由若干结点组成的方形网格来模拟纱线路径。

本节主要介绍一种模拟铺层纱线路径的映射方法，该方法基于 Dijkstra 算法与曲线等距算法。具体流程包括铺层曲面离散化数据处理、铺层曲面几何参考线计算方法以及整体纱线路径模拟计算方法，并在最后对可展曲面(拱形曲线)与不可展曲面(半球曲面)铺层进行纱线路径模拟并展开分析。本节所提出方法的输入包括铺层离散曲面模型、铺层纱线间隙 h、铺层角度 θ。

8.2.2 铺层曲面离散化数据处理

在进行纱线路径的映射模拟前，需要对所要铺敷的曲面进行表示。常用的曲面表示方法有两种：一是选择可用解析式表达的面来表述铺层曲面，如柱面、锥面、球面以及双曲面等，该方法较为简单，但可应用的曲面种类较少且有失一般性；二是将曲面视为众多小曲面或平面的组合体，如三角形、四边形网格等，该方法可表达众多复杂曲面，因此应用十分广泛。图 8.1 展示了三角形离散的半球曲面。

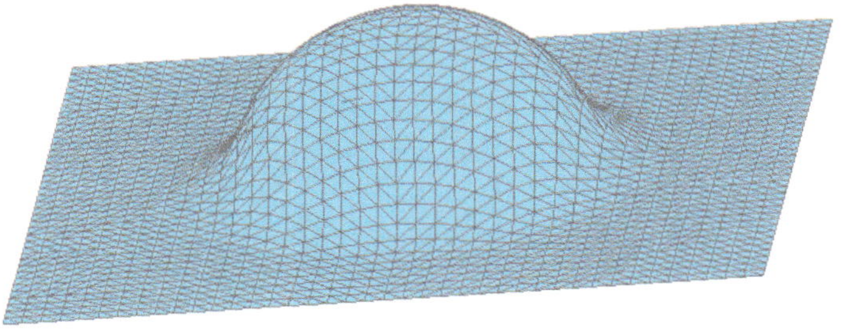

图 8.1　半球离散曲面的 OpenGL 图形显示

合理的离散数据结构是后续计算方法得以高效实施的基础。以上述离散三角网格数据为基础，我们可以建立包含曲面上所有节点、边、三角形单元、边界以及它们之间相互关系的拓扑结构。B G Baumgan 提出了一种翼边数据结构，该结构可以明确地描述多个表面相接时的面、线、点的几何及拓扑特性。需要输入的曲面数据涉及三角形点、三角形边线、三角形单元、曲面边界以及曲面五种拓扑结构，其具体数据结构关系描述如图 8.2 所示。

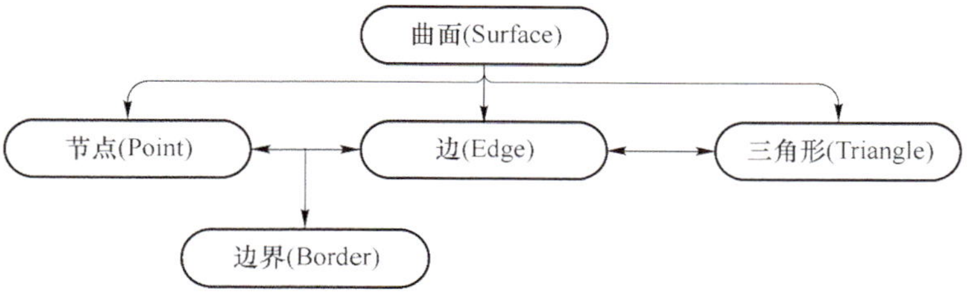

图 8.2　五种要素间的相互关系

每个要素所包含的信息如下：

(1) 节点的数据信息包括：点的编号、坐标、p -邻域点编号、p -相接边编号、p -邻域边编号、p -邻域三角形编号，该点是否为曲面边界点。其中，p -邻域点表示曲面中与该点共边的其他节点，p -相接边表示曲面中包含该点的边，p -邻域边表示曲面中与该点在同一个三角形内但不相接的边，p -邻域三角形表示曲面中包含该点的三角形。

(2) 边的数据信息包括：边的编号、其包含的两个端点编号、e -邻域点编号、e -邻域三角形编号、边长，该边是否为曲面边界。其中，e -邻域点表示曲面中与该边在同一三角形内但不相接的点，e -邻域三角形表示曲面中包含该边的三角形。

(3) 三角形的数据信息包括：三角形的编号、所包含的三个顶点编号、所包含的三个边编号、t-邻域三角形编号、单位法向量。其中，t-邻域三角形表示曲面中与该三角形存在公共边的三角形。

(4) 曲面边界的数据信息包括：按逆时针顺序排列的边界节点编号和边界边编号。

在之后的铺层几何参考线计算过程中需要在铺层边界中选取参考点，因此需要对离散曲面的边界进行提取。如图 8.3 所示，在三角形离散的曲面上，我们可以利用 e-邻域三角形的数量来解决边界边提取问题，e-邻域三角形个数为 1 的边为边界边，该边所包含的点为边界点。

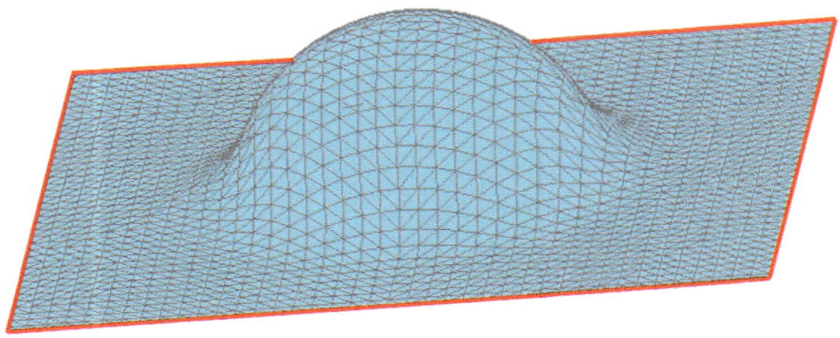

图 8.3　半球离散曲面的边界边提取

8.2.3　铺层参考线求解

在实际编织布的铺敷过程中，需要确定铺层几何参考曲线，该曲线将作为确定铺层角度的基准。一种简便的方法是“基点-基点”参考线确定法，即通过在离散铺层曲面边界上选取两个点作为几何参考曲线的端点。

“基点-基点”参考线的要求是，对离散曲面中参考线所处区域进行局部展开后，参考线应为一条直线。因此需要建立了两点间测地线的计算方法，用于获得离散铺层曲面的几何参考线。两点间测地线计算可转化为带权图中两点间最短路径求解的问题。关于上述问题，比较经典的方法是 Dijkstra 算法。余晓容等根据该算法提出了一种基于三角单元细分的 FSPA(Faster Shortest Path Algorithm)法用于迭代计算带权图上任意两点间的最短路径。FSPA 法的迭代过程是基于全图进行的，该方法的算法迭代次数会随着离散曲面图精度的提升而增加，每个迭代过程所需遍历的单元数量也随之增多。本书作者提出了一种沿用 FSPA 法的细分迭代思想的最短路径计算方法。通过建立参考线求解区域的限定方法，该方法将最短路径的寻点范围限定在某个带宽区域内，大大提高了求解效率。图 8.4 示出了扭转曲面与圆柱面的几何参考线求解区域限定结果。图 8.5 展示了在限定区域内高效求解几何参考线的基本流程。

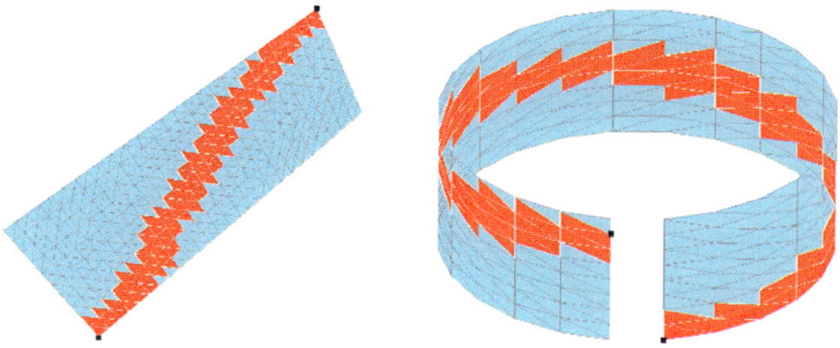

(a) 15°扭转曲面　　(b) 圆柱曲面

图 8.4　参考线求解区域限定结果

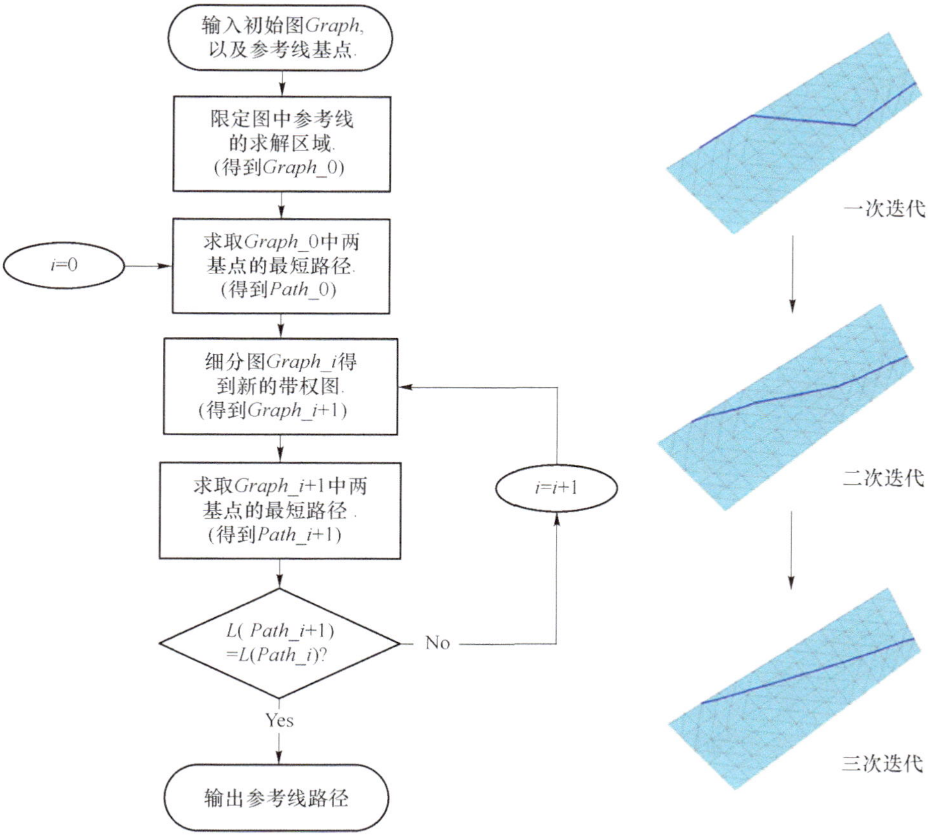

(a) 参考线求解流程　　(b) 参考线迭代求解实例

图 8.5　参考线求解示意图

图 8.6 给出了 15°扭转曲面与圆柱面任意两边界基点间的参考曲线计算结果。图 8.7 展示了 15°扭转曲面在不同曲面精度条件下，是否使用区域限定法对几何参考

线计算收敛迭代次数的影响。其中图 8.7 (a)表示未进行区域限定的收敛迭代数据对比图,参考线计算的迭代次数随单元最小边线长度的减小而增加,说明随着离散铺层曲面精度的提升,参考线计算时间在增加。图 8.7 (b)显示,在加入区域限定方法后,三种不同精度条件下的参考线计算均在第 4 次迭代时收敛。因此,对参考线的求解区域进行限定,可以减少参考线计算的收敛迭代次数,提高离散铺层曲面纱线路径的计算效率,这在高精度离散铺层曲面的应用中尤为明显。

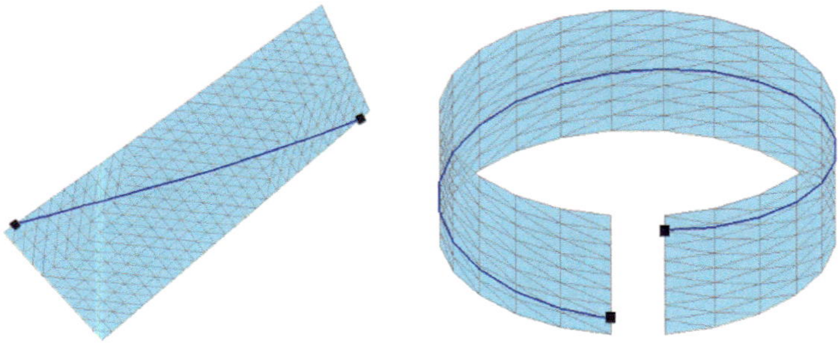

(a) 15°扭转曲面　　(b) 圆柱面

图 8.6　参考线计算结果

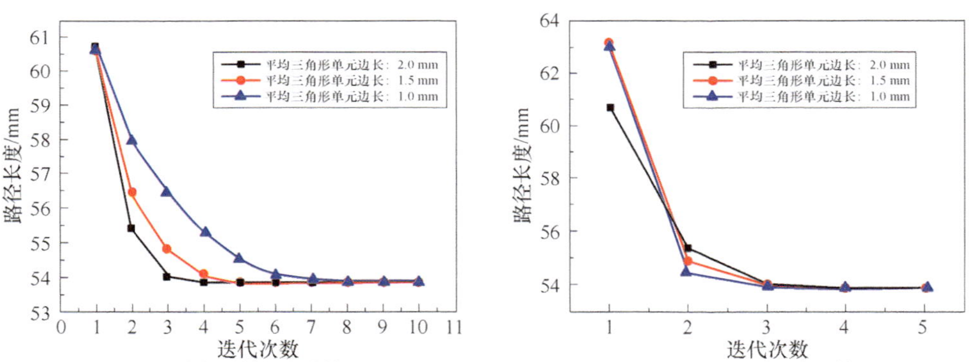

(a) 未加区域限定的情况　　(b) 加入区域限定的情况

图 8.7　加入区域限定方法前后收敛迭代次数的对比

8.2.4　铺层纱线路径模拟

平纹编织铺层为双轴织物,其具有两根初始纱线,即经纬纱基线。在目前用于双轴织物的纱线路径模拟方法中,渔网法是最为通用的。渔网法认为成型前的铺层为一张由结与网线组成的网,其中结为铺层中经纬纱的交叉点,网线为经纬纱路径,然后将这张网铺敷在某一曲面上,使每个节和每条网线都附着在曲面上。附着在曲面上的网一般满足两个条件:一是经纬纱基线在交叉点处应保持垂直;二是铺层所有相邻经纬纱交叉点间距离应相等，即相邻经纱或相邻纬纱的间距应恒定。在上述所得到离散曲面参考线的基础上，本节将介绍完整铺层的纱线路径模拟方法，即首先根据铺层参考线与铺层角度 θ 确定经纬纱基线，然后以经纬纱基线为基准，结合设定的纱线间距 h 完成整个铺层的纱线路径模拟。

8.2.4.1　铺层曲面经纬纱基线获取方法

首先在铺层曲面参考线上确定经纬纱基线间的交叉点，后述统称为交叉基点。交叉基点是确定经纬纱初始走向的起始点，其包含的信息包括坐标与经纬纱基线在该点处的方向矢量。交叉基点位置通常选在曲面中曲率较小的位置，或者曲面的中心对称点如旋转曲面中心、轴对称曲面的轴中点等。如图 8.8 所示，交叉基点可能落在离散曲面中的不同位置上，分别是边线上（图中①位置）、节点上（图中②位置）以及三角形内部（图中③位置）三种情况。

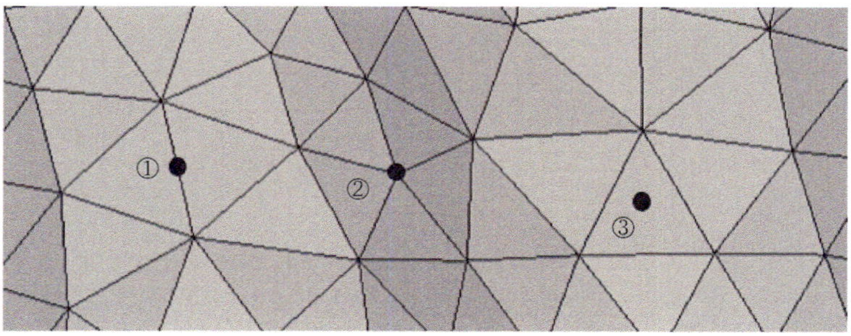

图 8.8　交叉基点在离散曲面中的位置

交叉基点的邻边集合定义如下：图 8.8 中①位置交叉基点的邻边集合元素是交叉基点所在边线的 e-邻域三角形中除去该边的其他边；图 8.8 中②位置交叉基点的邻边集合元素为该节点的 p-邻域边；图 8.8 中③位置交叉基点的邻边集合元素为该点所在三角形的边线。经纬纱基线初始分段的求解如图 8.8 所示。

对经纬纱基线的初始分段可采用适当方法对其进行延长，最终得到通过交叉基点且横穿整个曲面的两个分段曲线，即经纬纱基线。刘斌等提出了一种离散测地线的延长线算法，该算法中，离散曲面上的测地线是由一系列直线段组成的，各直线段位于不同的离散三角形中，而每个分段点会落于某三角形的点、边或内部等三种情况。参考上述方法的思想，我们可以建立经纬纱基线的延长方法。利用得到的经纬纱基线的 4 个初始分段，根据初始分段末点的坐标与方向信息获取下一曲线分段，如此迭代直至分段达到离散曲面边界。

8.2.4.2　基于离散曲线等距法的铺层曲面纱线路径模拟

由于编织工艺要求以及纱线尺寸的限制，相邻纱线路径间的距离应为一固定值，

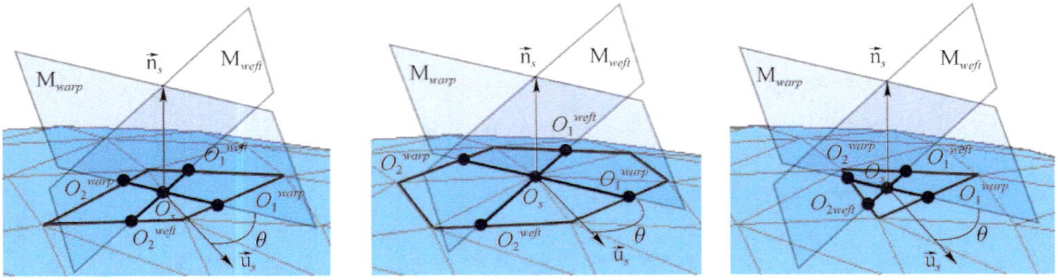

(a) 交叉基点落于边线　　(b) 交叉基点落于节点　　(c) 交叉基点落于三角形内

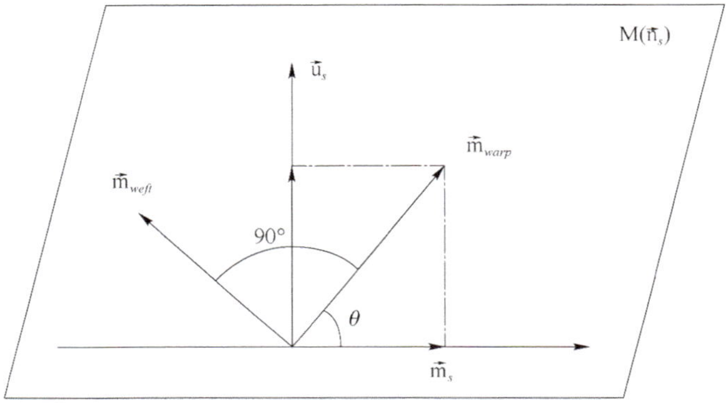

(d) 经纬纱基线相交平面法矢求解示意图

图 8.9　经纬纱基线初始分段求解示意图

假设这一固定值即纱线间隙为 h，离散铺层曲面的平均单元边线长度为l_e。我们可以采用多个等半径分段管状曲面来控制新纱线与目标纱线间的距离。离散铺层曲面上两纱线间的距离并非两线段间的直线距离，为了保证相邻纱线间间隙的精确性，所采用管状曲面的半径应小于 l_e，称该半径值为距离控制半径 r_e，由下式确定，

$$r_e=\frac{h}{n_e} \tag{8.1}$$

式中，$n_e\in N^+$，且使 $r_e\leqslant l_e$。

如图 8.10 所示为新纱线的求解示意图，对以目标纱线路径 s_0 为中心线的管状曲面与离散铺层曲面求交得到新曲线 s_1，然后再以 s_1 为目标曲线求得新曲线 s_2，如此迭代求得 s_{n_e}，得到新纱线。每条曲线都为分段性曲线，因此整个计算过程可转化为以曲线各分段为中心线的圆柱面与铺层中各边线的求交问题。当目标曲线某两个相邻分段所成角度较大时，其对应的新曲线分段会出现交叉现象，可以通过闭环检测法判断新曲线两相邻分段是否发生交叉闭环现象，如图 8.11 所示。

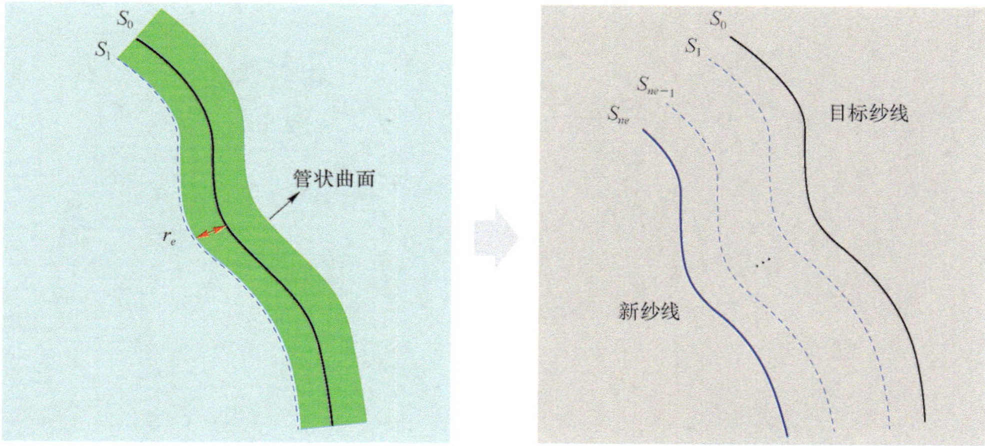

图 8.10　纱线间隙距离控制示意图

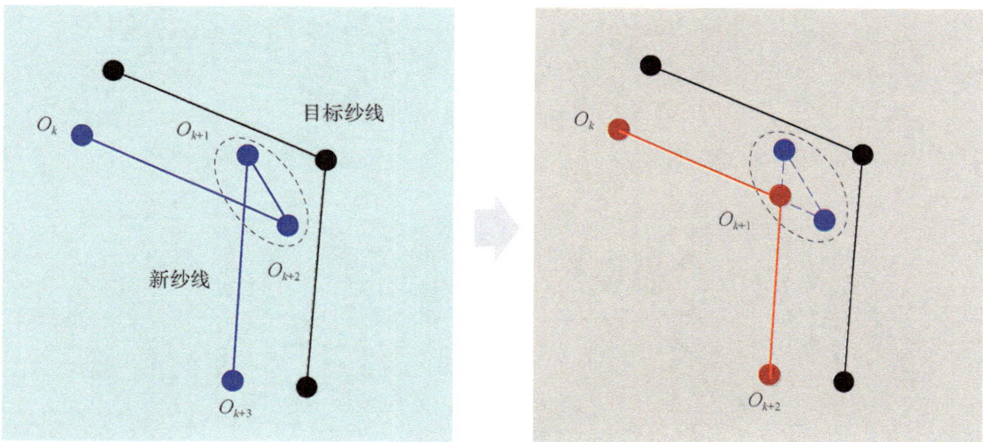

图 8.11　线段交叉处理示意图

8.2.5　铺层纱线路径模拟实例

8.2.5.1　拱形铺层曲面纱线路径模拟

拱形曲面是典型的可展曲面，能够展示我们对可展曲面纱线路径模拟。图 8.12 展示了不同纱线间隙、不同铺层角度的拱形铺层的纱线路径模拟结果。图 8.12(a)中的点 $Bp1$ 与点 $Bp2$ 是确定铺层曲面几何参考线的基点。交叉基点为几何参考线的中点。各个图中的虚线是根据铺层角度确定的经纬纱基线，蓝色和红色曲线分别代表经纱和纬纱。从图中可以看出,，相邻纱线路径间的间隙控制良好，同时由于拱形曲面具有可展性，经纬纱路径在交点处皆保持垂直，与所设定的铺层角度无关。

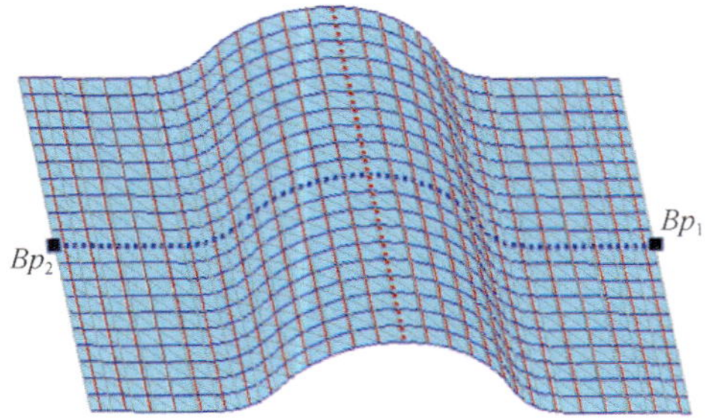

(a) 铺层角度0°、纱线间隙1.5 mm

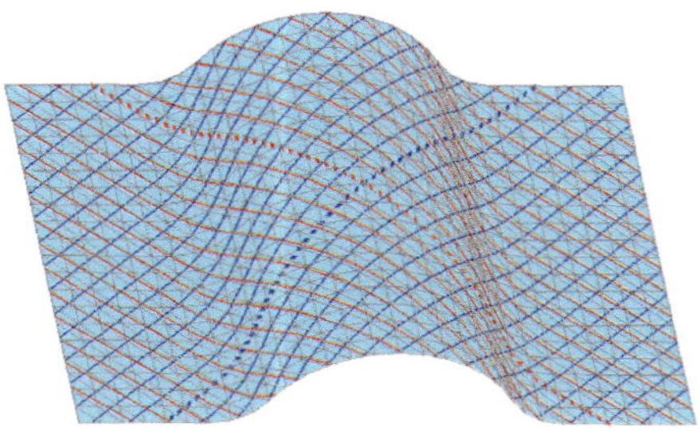

(b) 铺层角度30°、纱线间隙1.5 mm

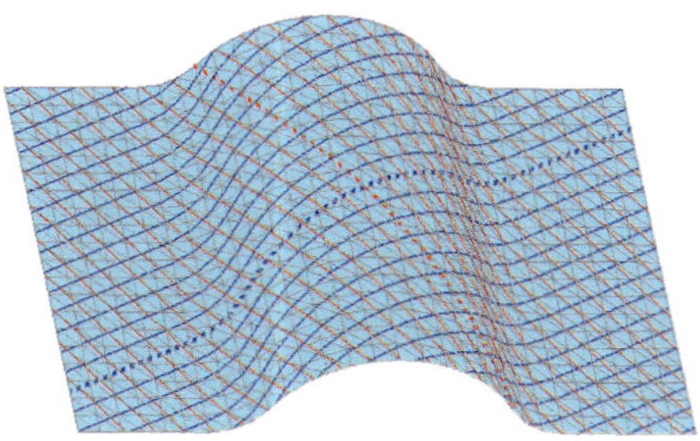

(c) 铺层角度45°、纱线间隙1.5 mm

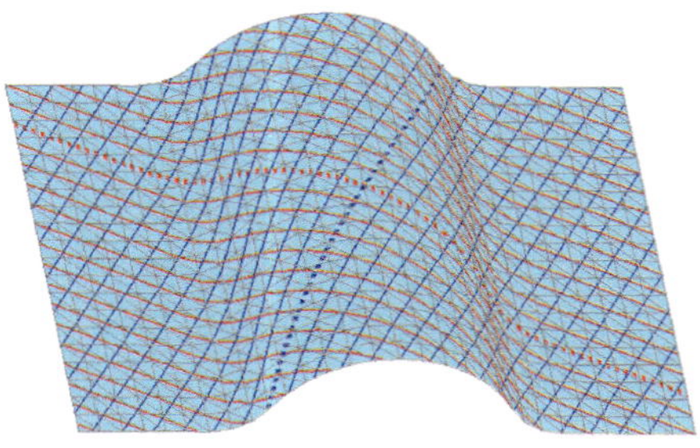

(d)铺层角度60°、纱线间隙1.5 mm

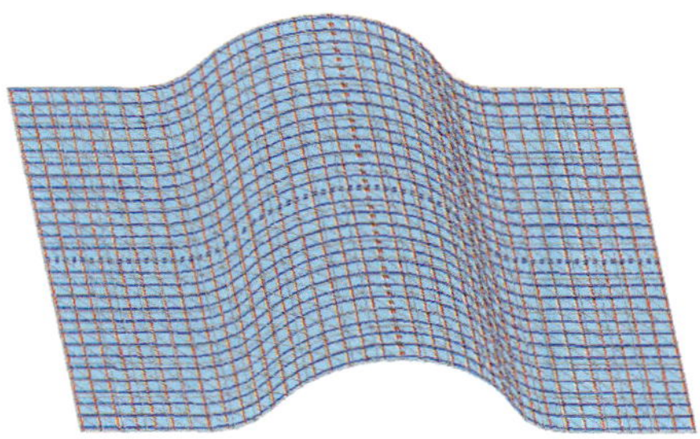

(e) 铺层角度0°、纱线间隙1.0 mm

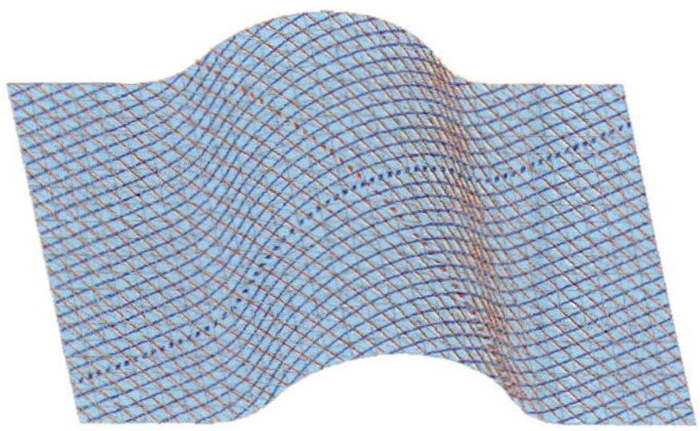

(f) 铺层角度30°、纱线间隙1.0 mm

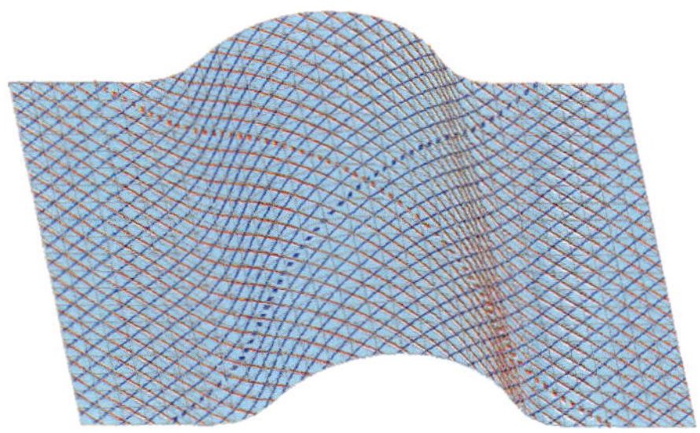

(g) 铺层角度45°、纱线间隙1.0 mm

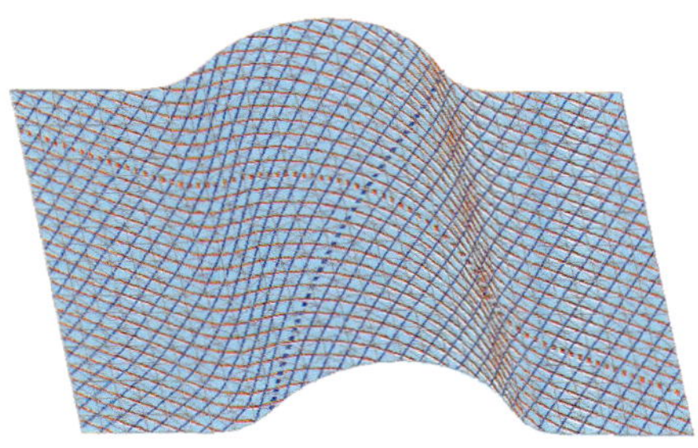

(h)铺层角度60°、纱线间隙1.0 mm

图 8.12　拱形铺层曲面纱线路径模拟

8.2.5.2　半球铺层曲面纱线路径模拟

纱线路径模拟除了可获得平纹编织物在任意曲面中的铺敷路径意外，还可以得到经纬纱各交织点位置的剪切变化情况，如图 8.13 所示。经纬纱交织位置的剪切变形一般发生在不可展曲面的纱线路径模拟过程中。对球面能否顺利完成纱线路径模拟是检验一个模型是否具有通用性的重要标准。图 8.14 所示的曲面算例不仅包含球面特征，还包括剪裁前球面到平面织物的过渡型面特征。其中点 $Bp1$ 与点 $Bp2$ 为本算例选取的几何参考线基点，由于球面的对称性，我们不用设置铺层角度，即直接将铺层几何参考线作为经纱基线，几何参考线中点作为交叉基点。图中虚线表示经纬纱基线，红色与蓝色曲线分别表示经纱与纬纱路径。在固定纱线间隙的约束下，由于球面具有不可展性，纱线路径在交织处会产生剪切变形。如图中黑色线框内所示，在经纬纱交叉基点位置的夹角为 90°，而后纱线剪切变形沿图中箭头方向先增大后减小，在进入曲率为零的平面特征铺层后逐步恢复为经纬纱垂直状态。因此对半球型面的纱线路径模拟结果符合 Badel P 等在研究中给出的半球预制体显示的纱线路径情况，同时在纱线弯曲较剧烈的位置没有发生局部交叉闭环现象。

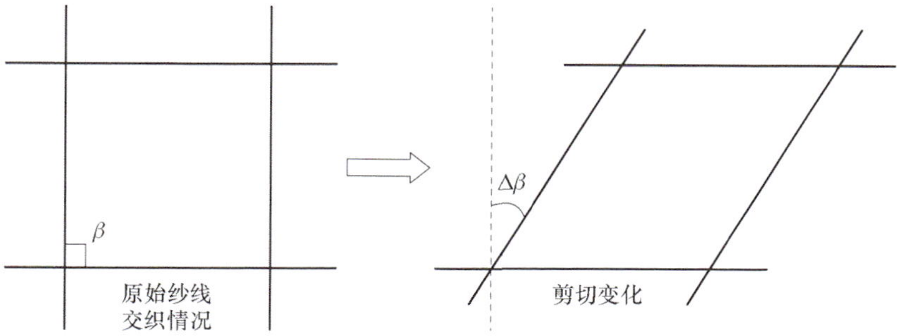

图 8.13　平纹编织剪切变形

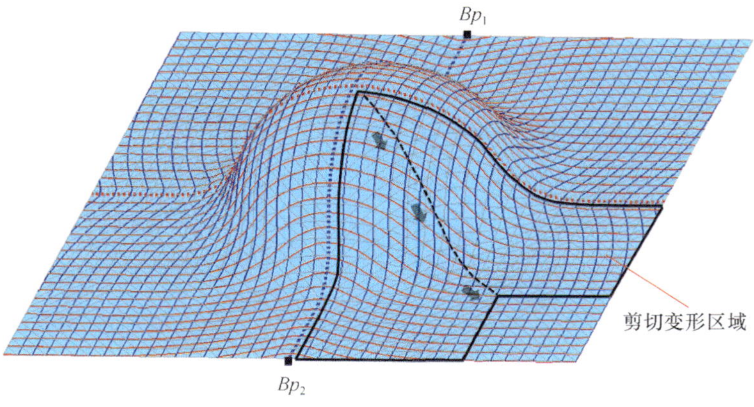

图 8.14　球面铺层的纱线路径模拟

8.3 铺层结构的陶瓷基复合材料预制体细观结构建模方法

8.3.1 平纹编织陶瓷基复合材料纱线编织规律分析

建立通用的陶瓷基复合材料细观结构建模方法，需要对复杂铺层中纱线走向、截面变化规律进行分析。如图 8.15 所示为陶瓷基复合材料弯曲特征结构的 XCT 图像。可以看出其几何结构有如下特点：

1）整体上纱线沿轴线呈波浪状。在一般的平板铺层中，纱线沿轴向可认为是具有周期特征的正弦曲线。在图中所示的弯曲铺层中，纱线走向在波峰处的曲率较平板纱线波峰处的曲率要大，而波谷处的曲率较平板纱线波谷处要小，该位置处纱线走向不再呈周期性的正弦波形。

2）在一般的平板铺层中，纱线截面可近似认为是椭圆形。但在弯曲铺层中，纱线截面主要由纱线走向决定，其形状随纱线波形的变化而改变。从图中与可以看出，①处纱线截面上侧轮廓线同与之交织的纱线波峰段相贴合，而②处截面下侧轮廓线同与之交织的纱线波谷段相贴合，两处轮廓线均呈现为上侧凸出、下侧趋近平滑的状态。

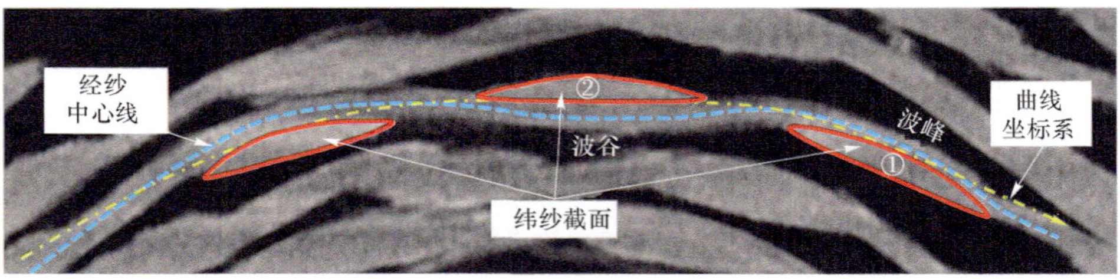

图 8.15　弯曲铺层的 XCT 图像

因此，宏观上试样整体的弯曲导致内部的纱线走向不再呈正弦曲线的变化规律，同时纱线截面也不再保持传统的椭圆形状。如图 8.16 所示，纱线走向由纱线路径计算而成。以纱线路径各分段点为原点，以路径在各分段点处的方向矢量和铺层曲面在该点处的法矢为坐标轴建立局部坐标系，则纱线走向相对各分段点处的局部坐标系仍然可认为是正弦曲线，详细介绍将在 3.3 节中给出。纱线截面轮廓根据与之交织的纱线中心轴线确定，详细求解过程将在 3.4 节中给出。

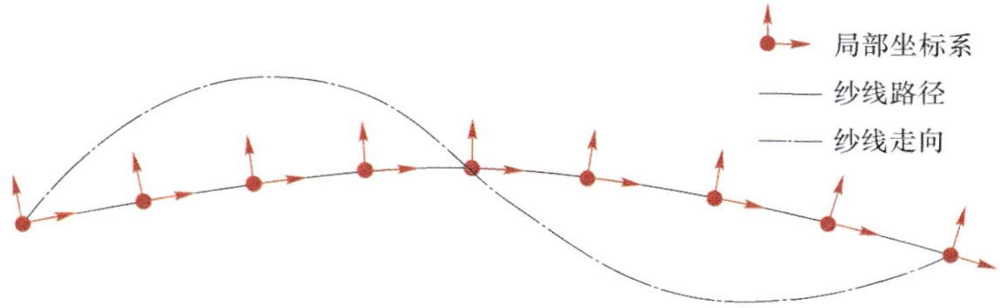

图 8.16　在曲线坐标系中的正弦曲线

8.3.2　平纹编织陶瓷基复合材料纱线中心线计算方法

8.3.2.1　经纬纱交织点分类

如图 8.17 所示,左侧模型是由若干经纱路径与纬纱路径相互交叉组成的网格,即通过 2.4 节的方法得到的铺层纱线路径模型。每条路径可视为经纬纱中心线在铺层曲面的投影,经纬纱在接触部位所对应的中心线节点投影于铺层曲面上的同一点,同时该点也为对应经纬纱路径的交点,以下称该投影点为交织点。

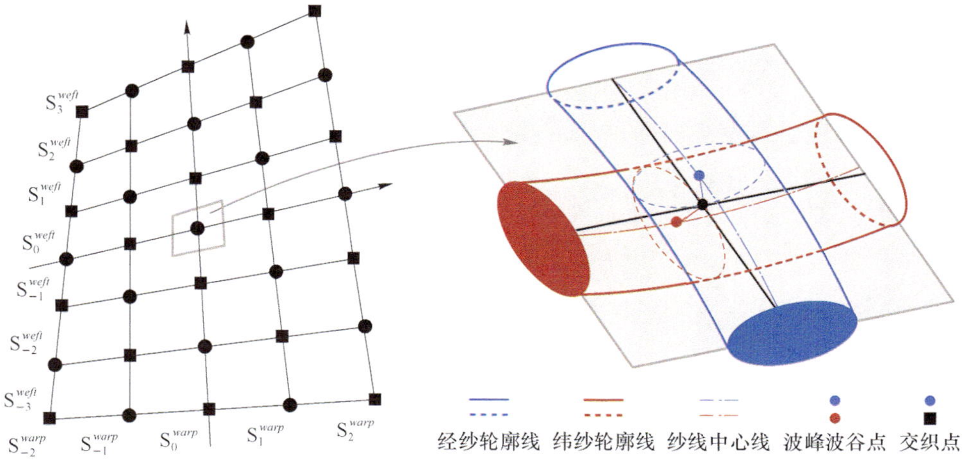

图 8.17　经纬纱路径交点示意图

图 8.17 中给出了纱线路径的编号方式以及交织点类型的分类。以经纬纱基线为 0 编号路径,基线两侧分别为正负编号。此处定义经纱路径 s_i^{warp} 与纬纱路径 s_j^{weft} 的交织点为 $O_{i,j}^{\text{inter}}$。交织点 $O_{i,j}^{\text{inter}}$ 的控制点类型由$(i+j)$的值确定:当$(i+j)$的值为偶数时,$O_{i,j}^{\text{inter}}$ 为经纱波峰(纬纱波谷)控制点;当$(i+j)$的值为奇数时,$O_{i,j}^{\text{inter}}$ 为经纱波谷(纬纱波峰)控制点。如图 8.17 中所示的经纬纱路径交织点分类情况,其中圆形点代表经纱波峰(纬纱波谷)控制点,方形点代表经纱波谷(纬纱波峰)控制点。

8.3.2.2 经纬纱路径的样条插值曲线拟合

通过2.4节所述方法得到的经纬纱路径是由多条首尾相连的折线段组成的离散曲线，其较差的光滑度和连续性不利于预制体细观建模。参数三次样条曲线可以对过各交织点的纱线路径进行拟合。参数三次样条曲线在计算机辅助几何设计(GAGD)实践中有着较广泛的应用，如船舶、汽车、飞机的模线绘制以及机器人路径规划等。参数样条曲线可以用来模拟由物理样条所形成的曲线。在力学上，物理样条用于描述受集中载荷的均质弹性细梁，其产生的变形曲线可表示细梁处于应变能最小的状态，其经过一系列简化后表示为积分

$$E=B\int|\ddot{p}|^2 du \tag{8.2}$$

式中B为样条刚度函数，公式(8.2)的解 p 为 C^2 分段参数三次多项式，即参数三次样条曲线的函数。C^k 表示某一函数 $y=y(x)$ 在某一点 x_0 处具有相等的直到 k 阶的左右导数，k 此处为任意正整数。参数三次样条插值对纱线路径的拟合需要满足连续性条件和边界条件。

8.3.2.3 经纬纱中心线控制点计算

根据纱线路径的参数三次样条拟合表达式，为了进一步计算经纬纱中心线控制点，应对纱线路径拟合曲线做分段处理，分段点为该路径上交织点，然后根据细观精度值 ξ 将各分段等分为 ξ 段，如图8.18所示。图8.19展示了拱形铺层的纱线中心线控制节点，图中各点为经纬纱中心线的分段点。从图中可以看出，铺层的弯曲位置，纱线中心线不再保持为空间直角坐标系下的正弦曲线波形。受铺层弯曲影响，图中标注处纱线中心线在波峰处的曲率变大，而波谷处曲率变小。

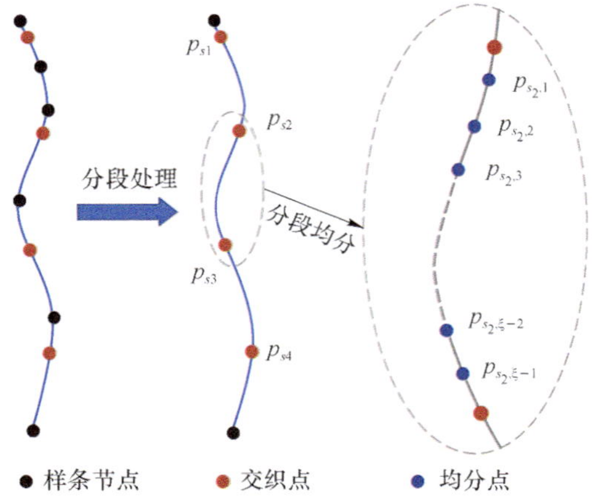

图 8.18 纱线路径处理示意图

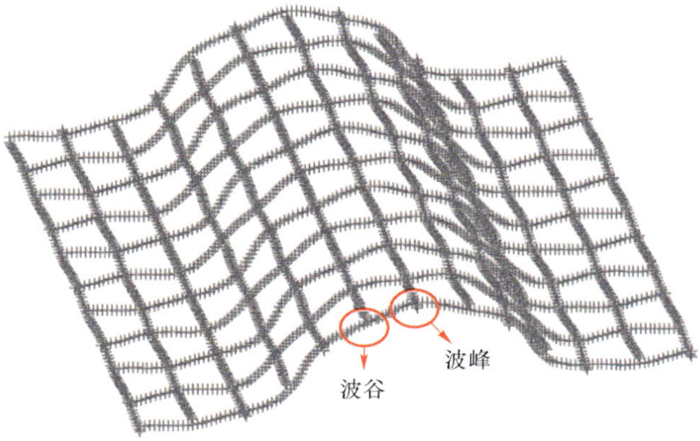

图 8.19 纱线轴线分段等分示意图

8.3.3 平纹编织陶瓷基复合材料纱线的三维计算方法

8.3.3.1 三维纱线表示方法

典型编织陶瓷基复合材料预制体结构中的各条纱线是由数千根碳化硅纤维堆积而成，在预制体的成型过程中，单根纤维长度无伸长与缩短即纤维横截面不发生形变，则总体纱线截面面积亦不发生变化。纱线截面的变形行为由纤维相互间的滑动主导，其主要存在两种形式，分别是纱线截面的挤压变形以及纱线截面的剪切变形，如图 8.20 所示。

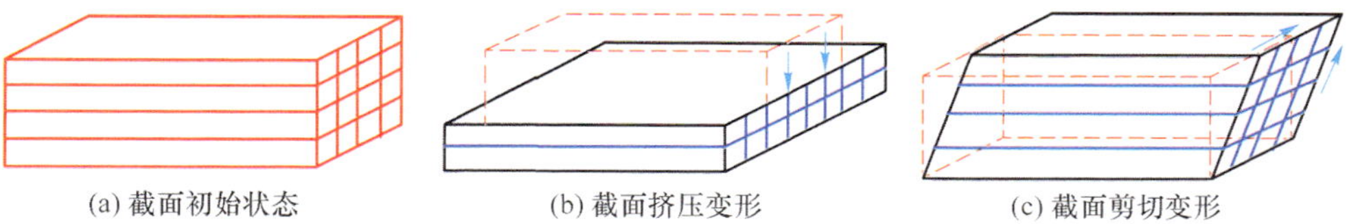

图 8.20 纱线截面变形形式

在真实的预制体成型过程中，纱线截面的变形主要由直接作用在表面上的压缩载荷引起，压缩载荷首先作用在纱线截面的一侧，能量通过相互接触的纤维逐层传递直到纱线截面另一侧。如图 8.21 所示，我们可以将纱线截面简化为由若干截面轮廓控制点组成的多边形，轮廓控制点在截面中线两侧呈等数量分布，相对中线呈一一对应关系的两个控制点间通过截面厚度控制线相连，在变形过程中各截面厚度控制线的长度保持不变。当截面一侧的轮廓控制点受压缩而发生位移时，与之对应的另一侧控制点也会随之产生位移，从而得到变形后的纱线截面。在纱线中心线上，每一个与中心线控制点关联的纱线截面都由图 8.21 (b)所示的简化模型构成。其中，截面控制点的数量通过所输入细观建模精度值来确定。对于纱线表面的三维表示方法，图 8.22 展示了使用三角形 2D 壳单元连接用于定义纱线截面的控制点。该模型可以进一步在常规建模软件中进行实体化，用于编织陶瓷基复合材料结构件力学性能预测的输入模型。

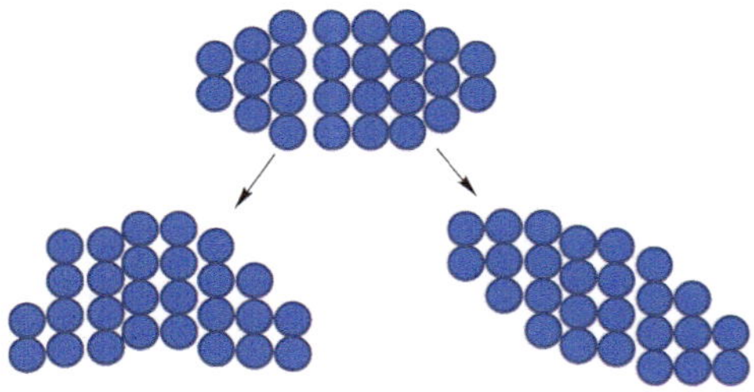

(a) 纤维截面模型

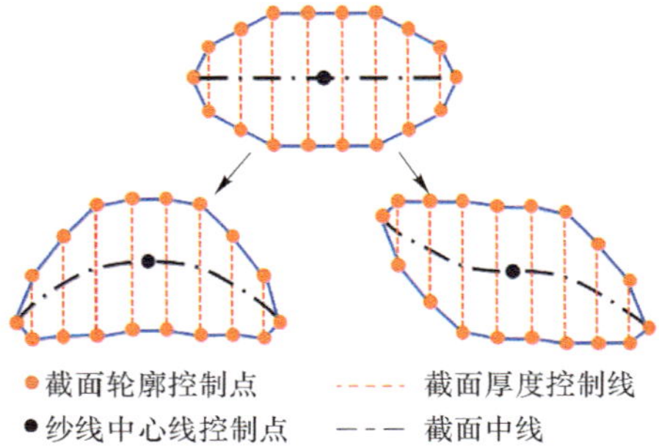

(b) 纱线截面简化模型

图 8.21 纱线截面的表示方法

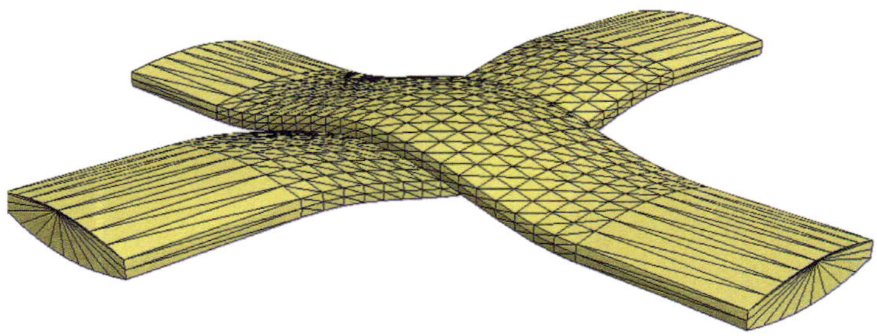

图 8.22 纱线表面的三维表示

8.3.3.2 经纬纱交织位置的纱线截面计算方法

编织陶瓷基复合材料预制体细观建模要求经纬纱在接触部位不发生分离与交叉，这对于一般的平板铺层预制体建模是较为容易的。设计者可利用正弦函数曲线模拟纱线中心线，然后将椭圆形截面沿该曲线扫掠，通过调整椭圆轴长与正弦曲线的参数关系，使建立的平板铺层预制体模型满足经纬纱间的接触条件。在复杂型面铺层预制体中，纱线走向分布失去规律性，铺层各处纱线截面无法再统一为椭圆形，此时的经纬纱交织位置应如何模拟成了编织陶瓷基复合材料预制体细观建模的难点。

根据纱线中心线控制点集，我们可以计算出纱线交织部位截面。根据给定的纱线纤维根数 n_{fib}、纤维横截面积 A_{fib}、纤维密集含量 k_{fib} 等参数，计算纱线等效横截面积为

$$A_{yarn} = \frac{n_{fib} A_{fib}}{k_{fib}} \tag{8.3}$$

如图 8.23 所示为纱线截面控制点计算示意图。我们首先讨论特殊性截面的计算方法，特殊性条件即经纬纱路径在交织点处相互垂直且在交织点附近均为直线段。纱线截面为由若干控制点相连而成的多边形，当细观建模精度值 ξ 足够大时，未产生变形的纱线截面可近似为椭圆，因此纱线截面可认为是由若干梯形与两端三角形组成的等效椭圆。

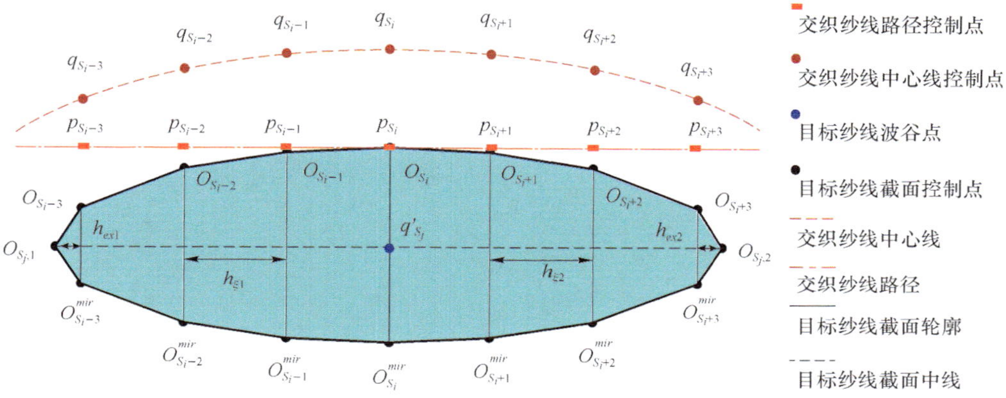

图 8.23　交织位置纱线截面求解示意图

不可展铺层曲面上存在非垂直交织点，该交织点处的目标纱线截面不能由上述方法求取，此时应考虑更具一般性的情况。如图 8.24 所示，经纬纱路径间的角度不再是 90°，同时目标纱线路径与交织纱线路径在交织点附近存在曲率变化。在这种情况下，由交织纱线中心线控制点求得的截面为目标纱线的斜截面，该截面为一空间曲面，其短半轴长应与普通横截面短半轴长度相同，但长半轴较普通横截面的更长且非直线段，需根据交织点附近的纱线路径几何信息进行求解。斜截面中线某一侧端点同时也是目标纱线上某一分段点处横截面中线的端点，横截面在该端点侧的长半轴长应为上述特殊性条件下等效截面的长半轴。由于在交织点两侧的目标纱线路径并非呈对称分布，因此该交织点位置处的斜截面两侧的曲长半轴长不相等。

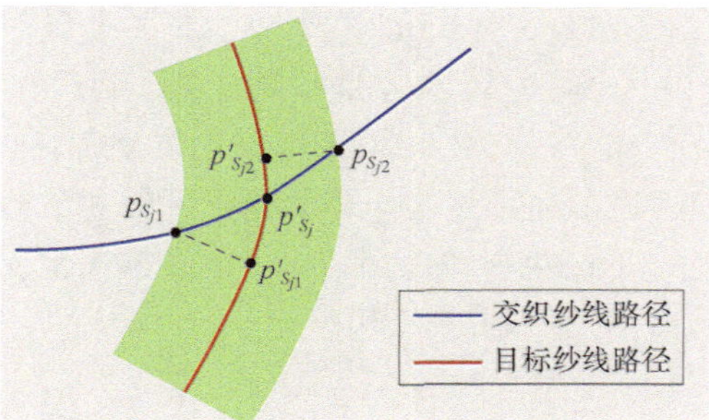

图 8.24　一般性截面长轴端点求解示意图

8.3.3.3 非交织部位纱线截面计算方法

非交织部位的纱线截面形状受交织部位截面影响，即非交织部位的截面可认为是两相邻交织截面间的过渡段，如图 8.25 所示，非交织部位纱线截面的计算步骤为：1)求出交织截面中心点以及非交织截面中心点处的局部坐标系；2)求出交织截面中心点到截面各控制点的方向矢量；3)对处于波谷和波峰处的交织纱线截面控制点进行插值，求出非交织截面控制点。

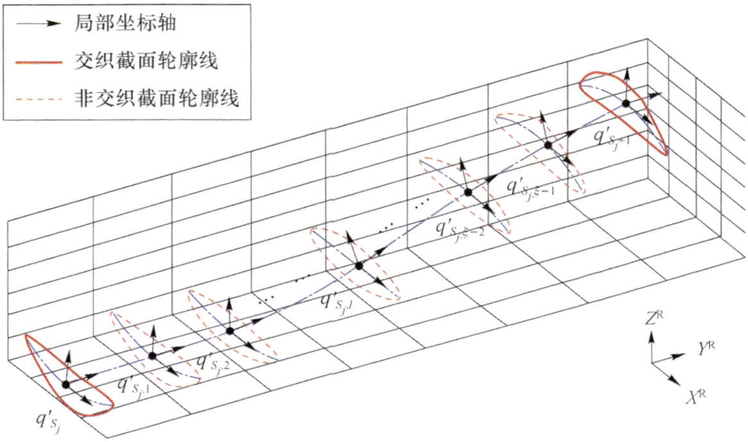

图 8.25 非交织部位截面求解示意图

8.3.4 平纹编织陶瓷基复合材料铺层预制体细观建模实例

拱形铺层细观结构在商用建模软件中的建模结果如图 8.26 所示。可以看到可展曲面中的经纬纱在各交织点处保持垂直，因此拱形铺层的主要变形形式为纱线截面的剪切变形。由图中可以看出，在弯曲部位，靠近弯曲侧的纬纱波谷处，纱线曲率较另一侧小。同时纱线截面也随纬纱走向产生相应的变形，经纬纱在接触位置贴合良好，没有发生分离与相交现象。铺层角度为 30°、45°的拱形铺层细观结构建模结果如图 8.27 所示。图 8.27 (c)与图 8.27 (d)分别给出了两种角度拱形铺层的细观结构截面图，从中可以看出，经纬纱间接触部位建模效果显著，验证了上述方法在可展铺层预制体细观结构建模中的通用性。半球形铺层的细观结构在商用建模软件中的建模结果如图 8.28 所示。对于不可展曲面，除了纱线截面上的剪切变形外(图 8.28 中②)，还存在铺层面内剪切变形(图 8.28 中①)。

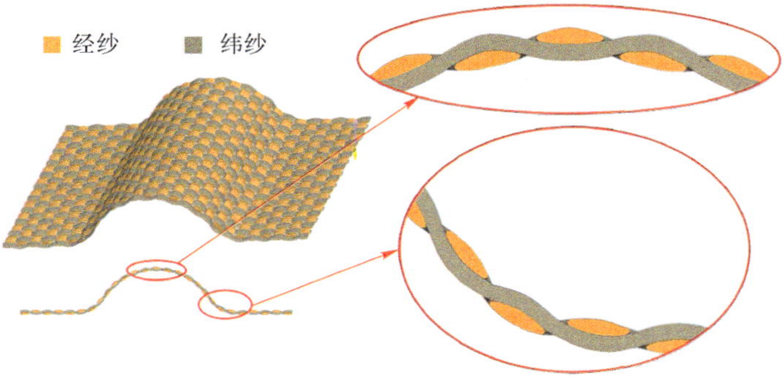

图 8.26　拱形铺层细观结构模型

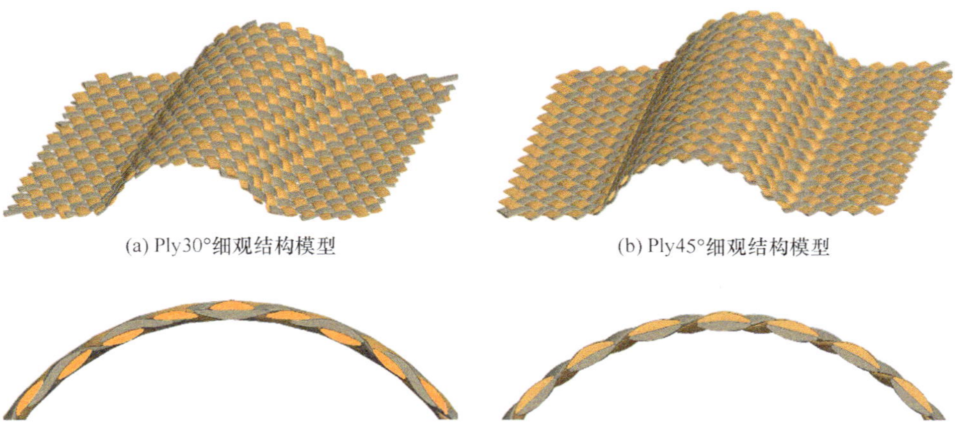

(a) Ply30°细观结构模型

(b) Ply45°细观结构模型

(c) Ply30°细观结构截面图

(d) Ply45°细观结构截面图

图 8.27　Ply30°、45°拱形铺层细观结构模型

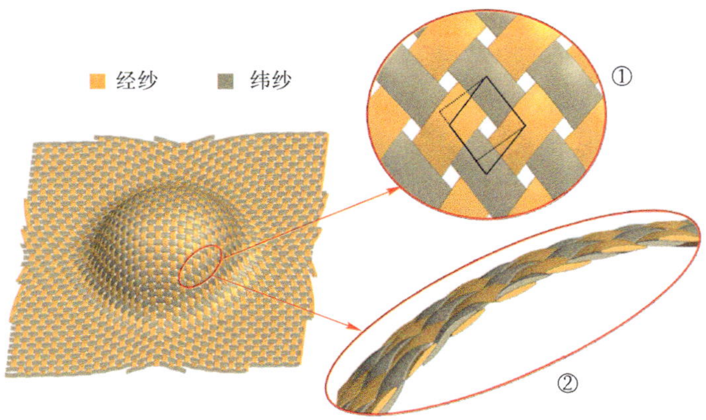

图 8.28　半球面铺层细观结构模型

8.3.5 平纹编织陶瓷基复合材料叶片预制体细观建模实例

8.3.5.1 叶片的宏观结构设计

如图 8.29 展示了发动机叶轮模型进行编织陶瓷基复合材料叶片预制体铺层设计与细观结构建模。为了保证发动机气动性能符合最初的设计要求，必须保持陶瓷基复合材料叶片预制体叶身几何外形不变。在叶轮的盘缘位置截取叶片的叶身，作为陶瓷基复合材料叶片宏观结构模型的叶身部位。叶片榫头有多种结构形式。纵树形榫头的每个榫齿可以均匀分摊叶片所受载荷，但由于编织陶瓷基复合材料结构的脆性特征以及铺层结构的成型难度，该结构形式的榫头不易用于陶瓷基复合材料叶片的铺层设计。因此，我们可以采用几何外形简单且更易于铺敷成型的燕尾型榫头。为了保证编织陶瓷基复合材料预制体铺层的连续性，需要实现叶身与燕尾型榫头的光滑过渡。图 8.30 展示了在相切连续性约束下叶身与榫头的过渡模型。

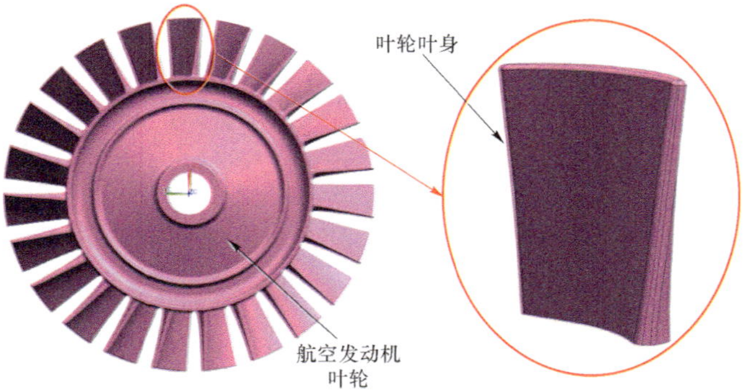

图 8.29 航空发动机叶轮

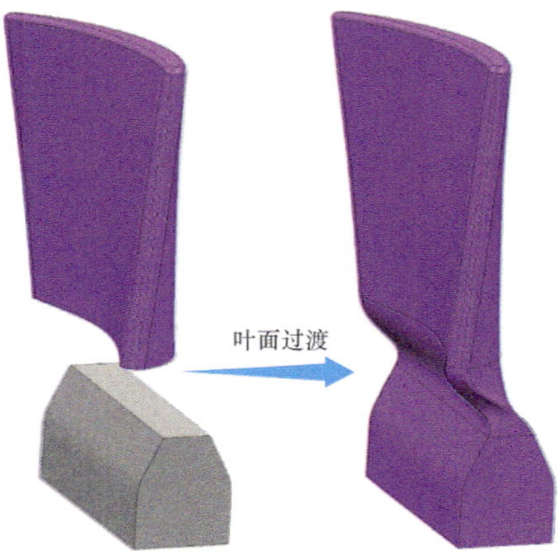

图 8.30 陶瓷基复合材料叶片宏观结构模型

8.3.5.2　编织陶瓷基复合材料叶片铺层设计

在进行复合材料构件的铺层设计时，设计者通常需要综合考虑结构、强度、制造等多方面因素的影响。在航空航天领域的复合材料设计上，一般参考如下 6 点铺层堆叠顺序的设计准则：

(1) 对称准则，即铺层的排列应尽量关于中性面对称；

(2) 平衡准则，即铺层的排列要保证不同角度铺层数量的平衡性，如＋45°与－45°铺层的数量要尽可能保持相等；

(3) 相邻层准则，即相邻的若干层不能为同一铺设角度，本书设定最大角度相同相邻层数量为 2；

(4) 接触层准则，即相接触的两个铺层间的角度差应小于 45°；

(5) 铺层数量准则，即每一种角度的铺层数量应不少于总铺层数量的 10%；

(6) 外侧铺层准则，即复合材料最外部的两个铺层应保持连续，且铺设方向不能为 0 向，一般取 45°为宜。

其中上述准则(1)和(2)可有效避免拉-弯-扭耦合，其他准则都有助于结构强度的提升。当平纹编织陶瓷基复合材料织物的经纬纱尺寸以及排布密度均相同时，上述准则(2)、(4)可不予考虑。在进行叶片的铺层设计时，由于叶片在各个位置处的厚度不同，整体铺层结构必会出现递减层，设计者需额外考虑如下 2 项特殊准则：

(1) 表面完整性准则，结构外侧铺层不应设计为递减铺层，应为完整的覆盖层；

(2) 厚度过渡准则，因厚度变化导致的铺层大小变化，其大小铺层应从中性面向两侧交替铺放，即不能出现连续递减层的情况。

上述准则(1)有助于保证结构外侧表面的完整性及覆盖性，准则(2)使铺层结构避免出现连续递减层的情况，有助于使结构上的载荷分布更为平滑，避免出现递减层处的高应力集中，尤其是层间应力。如图 8.31 所示，为满足表面完整性准则，我们提取了叶片的吸力面、中性面、压力面作为铺层设计的参考面，使这三层曲面为无剪裁的完整铺层。填充后的叶片铺层设计结果如图 8.32 所示。整个陶瓷基复合材料叶片预制体的铺层角度设计满足对称准则、相邻层准则、铺层数量准则以及外侧铺层准则，结构层与插入层均采用 0°、±45°铺层形式 。如图 8.33 所示，在叶片压力面一侧，铺层分为了三组，每一组都由 2 层结构层与 2 层插入层交叉排列组成。由吸力面至中性面，三组铺层的角度依次设置为([0°/0°/±45°/0°]、[±45°/0°/±45°/±45°]和[0°/0°/±45°/0°]。吸力面一层的铺层角度排列布置与压力面一侧相对中性面成对称分布。

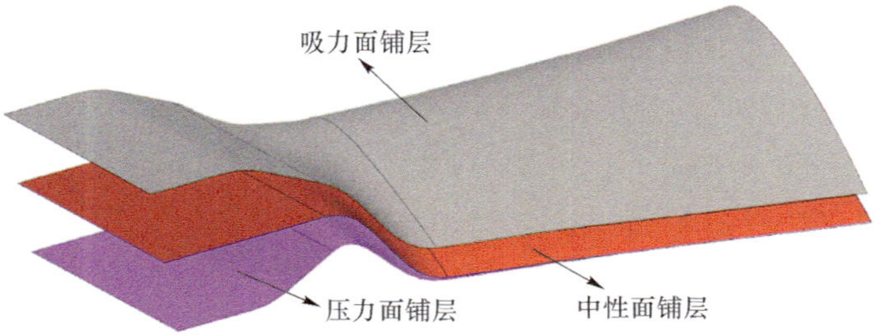

图 8.31　叶片铺层参考面

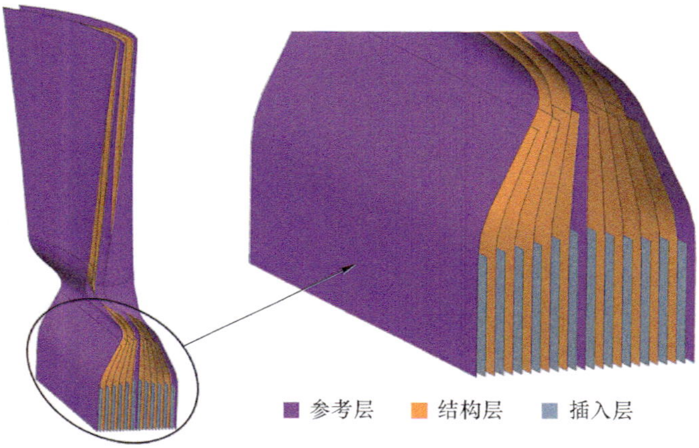

图 8.32　叶片预制体铺层设计

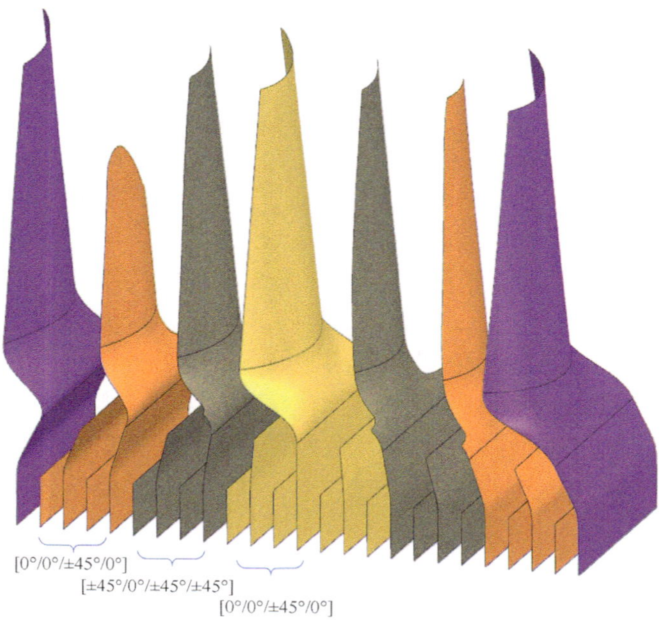

图 8.33　叶片预制体铺层角度设计

8.3.5.3　叶片预制体的细观结构建模

图 8.34 (a)展示了完整铺层模型。通过前述预制体纱线路径的建模方法自动完成每个铺层的纱线路径的模拟，各铺层的路径角度均根据上节给出铺层方案进行设置，最终的路径模拟结果如图 8.34 (b)所示。图 8.34 (c)与图 8.34 (d)分别给出了叶片预制体以及各铺层的细观结构模型。

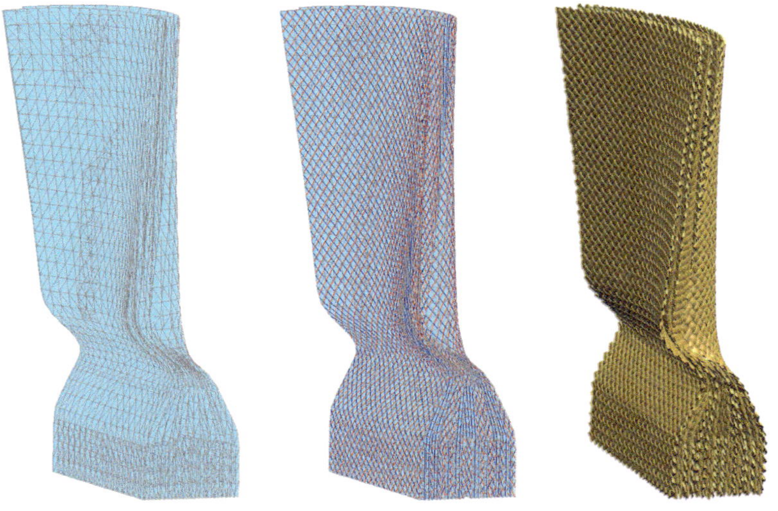

(a) 叶片铺层"stl"模型　(b) 叶片铺层纱线路径模型　(c) 叶片预制体细观模型

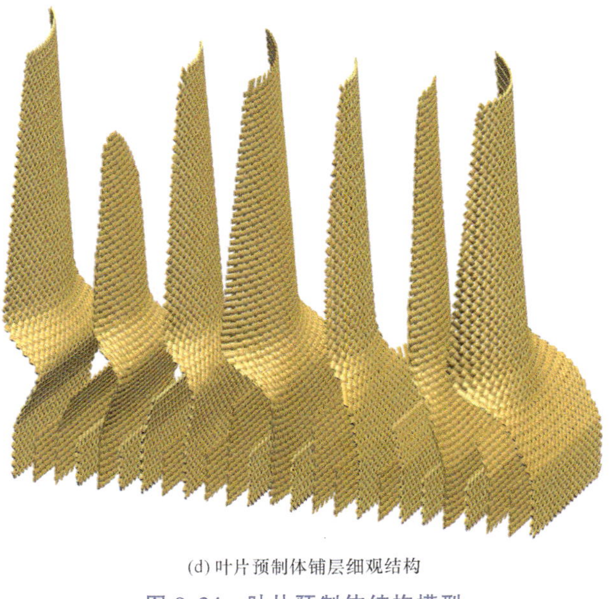

(d) 叶片预制体铺层细观结构

图 8.34　叶片预制体结构模型

8.4 铺层结构的陶瓷基复合材料“结构-求解”模型一体化

根据复合材料细观结构具有一定周期性的特点，研究人员提出了代表性体积元(Representative Volume Element，RVE)的概念。RVE是复合材料细观结构中具有最小周期性重复特征的体积元即单胞，以往的研究将单胞的力学行为代替整个复合材料的力学行为。利用RVE进行编织陶瓷基复合材料力学性能预测的步骤是：1)建立包含纱线和基体的复合材料RVE模型并进行有限元网格划分；2)对RVE施加边界条件，通过有限元模拟计算得到细观的应力-应变场；3)对编织陶瓷基复合材料结构有限元模型设置单元坐标系；4)采用周期性方法获得编织陶瓷基复合材料结构的宏观应力、应变。

在进行复杂结构的陶瓷基复合材料力学仿真时，由于特殊位置的纱线走向以及组分分布与RVE呈现的规律相去甚远，周期性方法不再适用。针对该问题，研究者逐渐开发了整体均匀区域宏观、局部复杂区域内嵌细观模型的多尺度分析方法。如何快速设定均匀位置的单元坐标系以及复杂位置的材料属性成了该方法的关键问题。基于纱线路径模型与预制体细观结构模型，我们可以分别针对复杂结构的均匀化位置与非均匀位置建立通用编织陶瓷基复合材料“结构-求解”模型一体化方法，实现求解模型中单元坐标系以及材料属性的快速匹配。

8.4.1 周期性特征结构的编织陶瓷基复合材料“结构-求解”模型一体化

8.4.1.1 基本原理

泰森多边形(Thiessen Polygon)可以实现周期性特征结构的单元坐标系匹配。泰森多边形又名冯诺依曼图(Voronoi Diagram)，是对三维空间曲面的一种剖分，其特点是每个多边形内部都包含一个唯一信息点，多边形内部的任何位置距离该信息点的距离最近，距离其他多边形的信息点较远，其构建流程如图8.35所示。

建立Voronoi图的关键是对离散信息点合理地构建三角网格，即德劳内(Delaunay)三角网格。每个离散信息点对应的Thiessen多边形都可以通过顺序连接该点邻域三角形的外接圆圆心得到。Delaunay三角网具有两个关键性质：1)每个Delaunay三角形的外接圆不包含其他任何离散信息点；2)每两个相邻的三角形构成的凸四边形在相互交换后，六个内角中的最小角不再增大。

8.4.1.2 周期性特征结构的模型一体化方法

如图8.36所示，经纱基线与纬纱基线将铺层曲面分为以交织点$O_{0,0}^{inter}$为中心的4

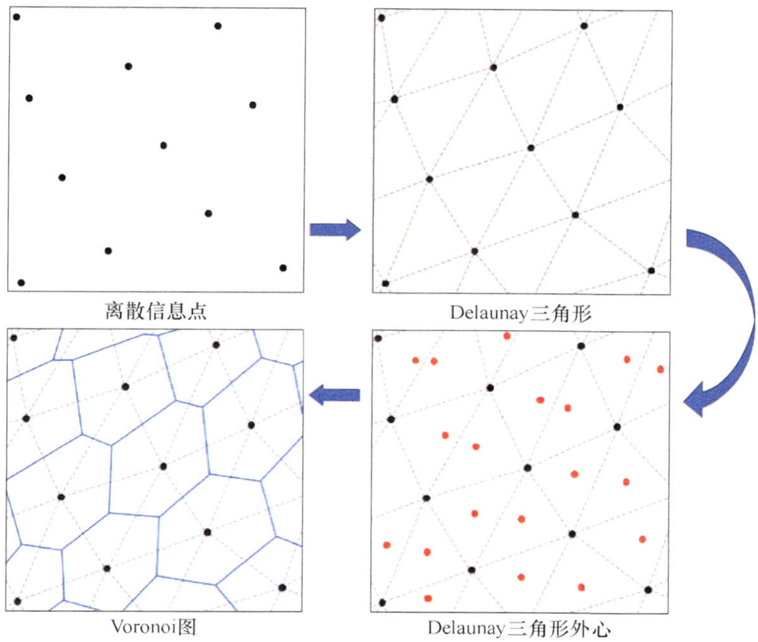

图 8.35　Voronoi 图构建流程

个象限。铺层曲面中每 4 个相邻的交织点可以构成一个三维菱形单胞，利用菱形对角线对该单胞进行划分可以得到两个三角形。为构建 Delaunay 三角网，选取的菱形对角线必须得到一对非钝角三角形。

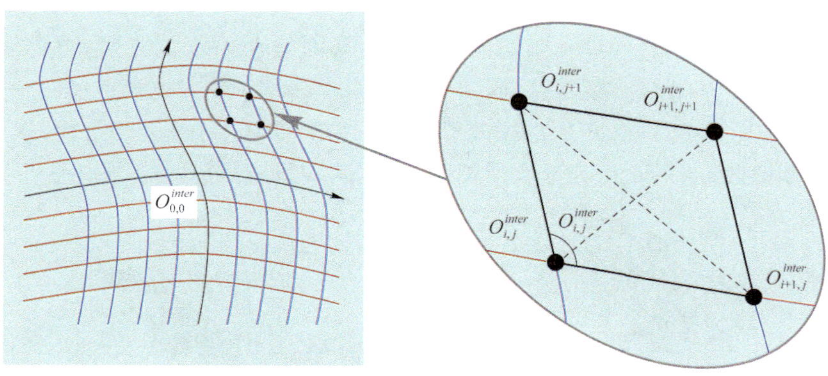

图 8.36　Delaunay 三角形构建示意图

利用对角线划分所有的菱形，求出铺层中所有三角形单元的外接圆圆心。连接各非边界离散信息点的 p -邻域三角形外心构建铺层 Voronoi 图。Voronoi 图中每个 Thiessen 多边形都包含若干信息的索引，其主要包括内部离散信息点的法向量、内部离散信息点处的经纬纱路径方向、按逆时针排列的顶点坐标。通过计算求解模型中周期性特征单元中心点在 Voronoi 图中的投影位置，完成单元坐标系的信息匹配，如图 8.37 所示。

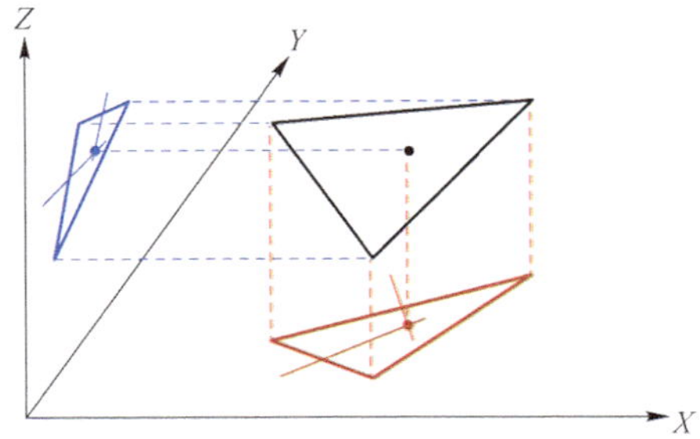

图 8.37　三维空间三角形外接圆圆心求解示意图

8.4.2　非周期性特征结构的编织陶瓷基复合材料“结构-求解”模型一体化

非周期性特征结构的模型一体化输入为预制体细观模型与求解模型，输出为各单元的三种属性，分别是经纱、纬纱和基体。所属为经纬纱的单元还需要输出单元局部坐标系，其值由该单元所处位置的纱线中心线方向确定，通过判断某单元是否在细观模型某两个相邻纱线截面之间来确定单元材料属性。

8.4.3　特征铺层的陶瓷基复合材料“结构-求解”模型一体化实例

8.4.3.1　扭转铺层结构预制体建模

平纹编织陶瓷基复合材料预制体铺层一般为可展曲面与不可展曲面的组合体，其中叶片铺层可认为是由拱形曲面(可展曲面)与扭转曲面(不可展曲面)组合而成的特征铺层曲面。我们将以叶片特征铺层为例介绍陶瓷基复合材料“结构-求解”一体化建模。如图 8.38 所示为特征铺层曲面模型，其纱线路径模拟结果如图 8.39 所示。

图 8.38　特征铺层曲面模型

细观模型建模结果如图 8.40 所示。由图中可以看出，在特征曲面的拱形铺层区域，经纬纱路径在各交织点处相互垂直，经纱路径保持为直线，随着曲面进入扭转区域，经纬纱路径间的剪切角逐渐增大，同时路径曲线变为弧形，纱线截面也随铺层形状产生了相应的变化。

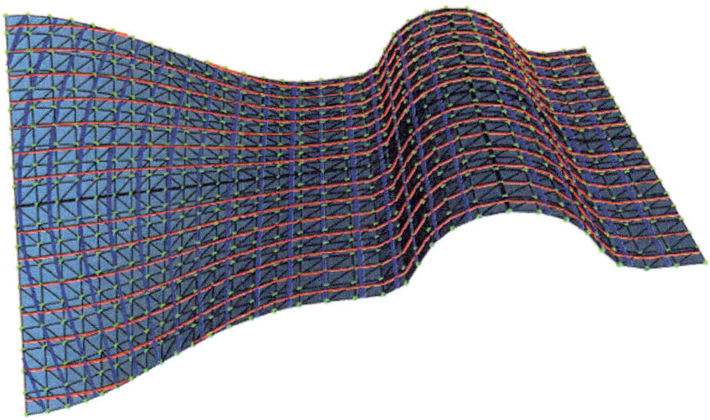

图 8.39　特征铺层曲面的纱线路径模拟

图 8.40　特征铺层的预制体细观结构模型

8.4.3.2　扭转铺层结构求解模型的材料属性匹配

将编织陶瓷基复合材料预制体整体结构以及细分区域结构的有限元模型输入陶瓷基复合材料“结构-求解”一体化模型中，使之与已完成的特征铺层纱线路径模型、预制体细观结构模型进行匹配，完成特征铺层的“结构-求解”模型一体化。以扭转铺层结构为例，首先对如图 8.41 所示的宏观模型建立有限元网格模型，在进行多尺度

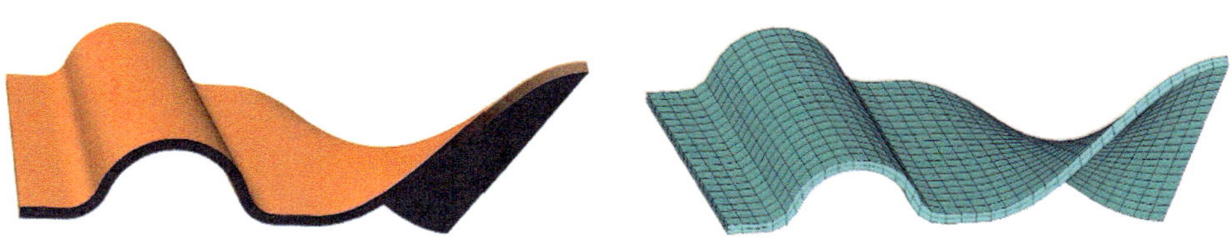

(a) 特征铺层宏观模型　　(b) 特征铺层宏观有限元模型

图 8.41　特征铺层结构宏观模型及有限元划分

计算时，宏观模型通常采用均匀化的分析方法，可划分较为稀疏的网格。图 8.42 给出了单元坐标系匹配结果(①)以及拱形区域的单元坐标系截面图(②)，其中绿色轴线表示铺层的纬纱方向，蓝色轴线为经纬纱所张成平面的法向。

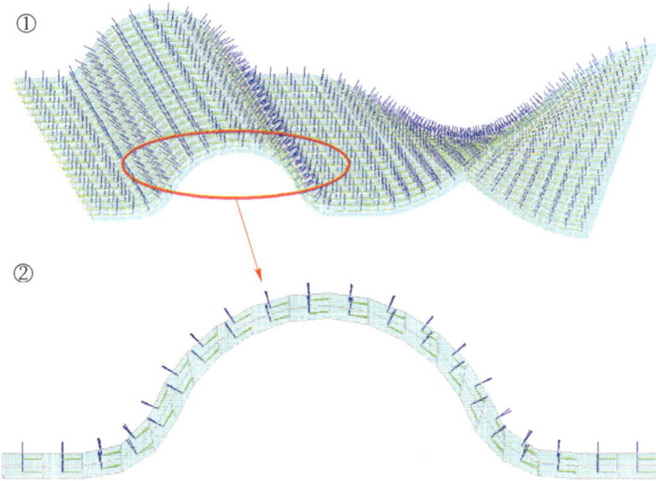

图 8.42　铺层特征结构的宏观求解模型材料匹配

对于具有非均匀特征的扭转区域结构，我们利用已建立的预制体细观模型进行单元材料属性以及经纬纱单元坐标系的匹配。通过有限元软件对该区域结构进行网格细分，最终划分结果如图 8.43 所示。

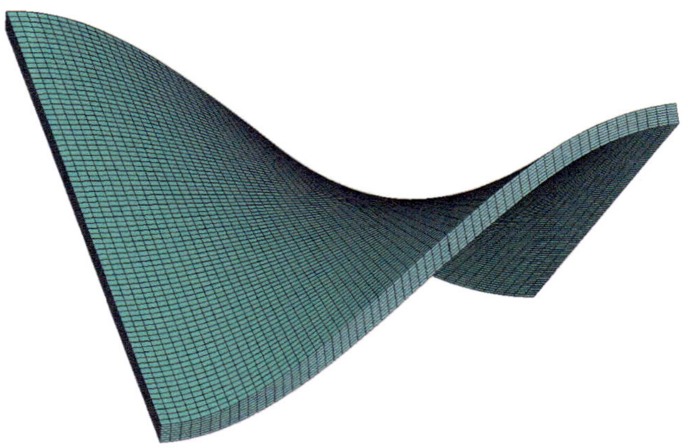

图 8.43　扭转区域结构有限元模型

如图 8.44 所示，所有单元被划分为基体(图 8.44 (b))、经纱(图 8.44(c))、纬纱(图 8.44(d))三种材料属性。图 8.45 展示了模型中某一截面上经纬纱单元的交织状态。拥有可以明显区分基体、经纱、纬纱的边界是体素网格的最大优势，另外每个经纱、纬纱单元都有不同的局部坐标系，图 8.46 给出了图 8.45 经纱分段中的单元局部坐标系，图中白色轴线表示纱线方向。

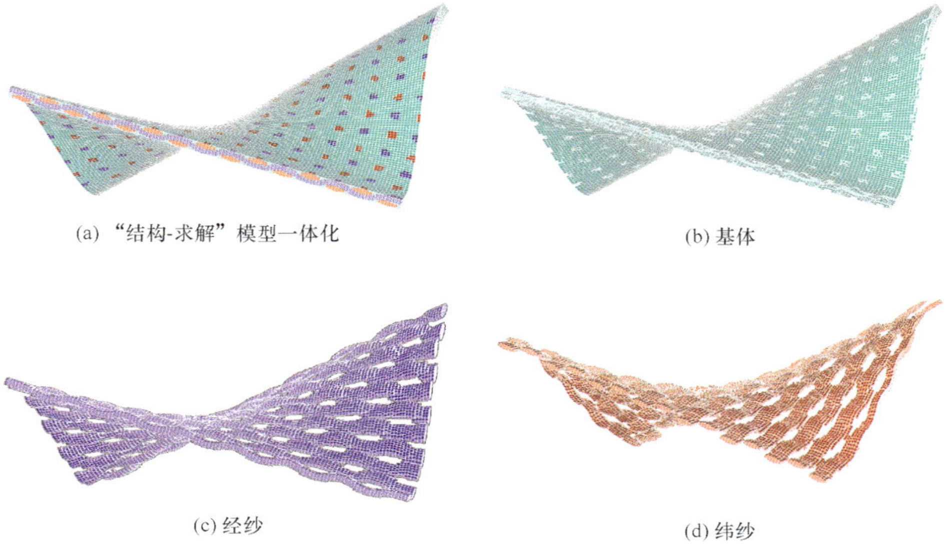

图 8.44　基于细观模型的单元匹配

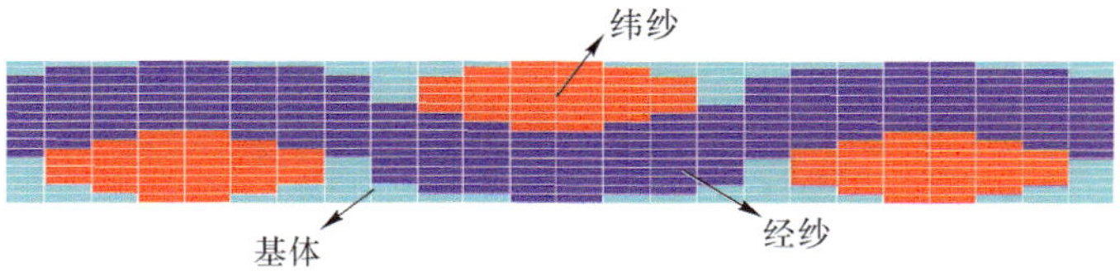

图 8.45　模型截面处的单元材料类别

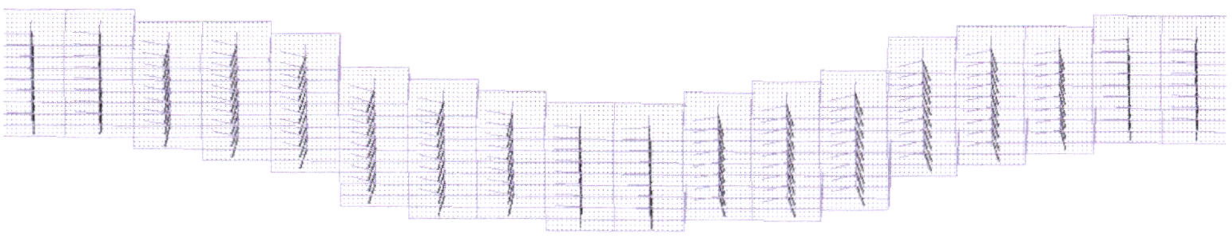

图 8.46　单元局部坐标系

在实际的编织陶瓷基复合材料结构多尺度计算中，可以通过均匀化方法对结构的宏观性能进行预测确定应力复杂区域，或直接通过最初的载荷条件和结构几何信息确定细观结构细分区域，从而减少有限元模型的网格数量，兼顾结构性能的预测精度与速度。

8.5 三维编织结构的陶瓷基复合材料预制体-结构一体化建模方法

编织陶瓷基复合材料“材料-结构”一体化主要包含两个步骤，分别是陶瓷基复合材料构件的预制体几何建模与材料属性识别。其中预制体几何模型可以在两个尺度上进行建立：在细观尺度（纤维尺度）上，组成纱线的每根纤维都需要被明确建立，同时需要考虑纱线间的相互接触，对计算量具有较大的需求；在介观尺度（纱线尺度）上，预制体的每条纱线被视作是一个连续介质体，在该尺度下无需对每根纤维进行解析。不同的预制体几何尺度也对应了不同的材料属性识别方式：细观尺度陶瓷基复合材料模型中的纤维与基体的材料参数明确，无须进行额外的材料属性识别，可以基于细观力学方法对陶瓷基复合材料结构进行模拟；介观尺度陶瓷基复合材料模型需要对纱线的每个截面进行材料识别，包括决定构件力学性能的纤维体积分数与纤维方向。下面将分别阐述目前可以在细观尺度和介观尺度上建立三维编制预制体结构的方法。

8.5.1 细观尺度三维预制体建模

细观尺度上的预制体模型与真实情况类似，纱线由成百上千的纤维组成，纱线截面的变形取决于纤维间的相互作用。因此在细观尺度上模拟预制体力学行为时，需要考虑每根纤维的力学性能，包括纤维自身的特性和纤维之间的接触特性。目前在细观尺度上模拟预制体结构的方法大多以数字单元法为基础，可以采用多种类型的单元模拟真实纤维结构。数字单元法最早由 Wang Y 等提出用于模拟介观尺度上预制体编织和后续成型过程，之后的研究者逐步将该方法扩展至细观尺度。在该方法中，每条纱线由一系列通过无摩擦销连接的数字单元链组成，纤维间的接触使用接触单元来模拟。该方法为各种预制体变形的模拟和力学仿真提供了一种新的通用模型。

Zhou G 等首先基于该方法建立了多链数字元素法，该方法中的每条纱线被视为纤维集合体，使用无摩擦节点连接的杆单元模拟纤维。使用接触单元模拟纤维之间的接触，基于整体刚度矩阵和边界条件推导内部纤维的位移，从而进一步跟踪变形过程中的纱线路径和截面形状。数字链间接触单元数量庞大使模拟预制体变形耗费大量时间，尽管提出了静态松弛算法和动态松弛算法来改进迭代过程，但是模拟单胞级别预制体的编织过程仍然需要几十乃至上百个小时。在进行复合材料的力学性能分析时，为了避免计算量的进一步增大，通常将细观尺度上的纤维集合体转化为介观尺度模型后再进行相关模拟。为了同时考虑织物成型过程中的运动学和力学特性，研究者利用无弯曲刚度的桁架单元代替数字单元进行预制体模拟。但是高性能纤维一般具有一定的弯曲刚度，因此利用梁单元模拟纱线中纤维的相互作用可以达到更好的效果。然而模拟过程中不可避免的接触检测与接触运算会耗费大量时间，使该方法还不能应用于大尺寸和复杂的预制体建模中。

8.5.2　介观尺度三维预制体建模

在介观尺度上，预制体由若干条纱线编织而成，每条纱线都被视作一个连续介质体。相比细观尺度模型，利用介观尺度模型模拟复合材料的力学特性可以拥有更快的计算速度，同时保证了内部预制体结构可以足够表示纱线的材料特性。介观尺度模型可以通过参数化建模、数值模拟两种方法建立。

8.5.2.1　参数化方法

大部分的预制体具有明显的结构层次，可以通过分析编织形式和结构拓扑关系设计适当的参数对其进行表征。纱线级别的参数化建模可以追溯到 19 世纪 30 年代 Peirce F T 建立的纺织结构几何建模方法，该方法将纱线截面与路径分别假设为圆形和正弦形的理想化形状。此外，根据所需情况，研究者会对纱线截面进行其他形式的理想化假设，如椭圆形、矩形、透镜形和跑道形。在众多预定义几何预制体建模方案中，最具有代表性的便是 TexGen 预制体建模专用软件包。TexGen 采用纯几何方法，通过沿三次样条扫略恒定截面来构建纱线，同时根据设定计算纱线材料参数并划分有限元网格。但该软件无法避免可能出现的接触纱线间相互穿透的情况。通过保证纱线路径与纱线截面的几何一致性可以有效避免这种穿透问题。通常的预制体参数化工具均将纱线定义为统一的理想化形状，不能完全体现出预制体内部的复杂状态如纱线截面形状与纱线路径的改变，而这些因素对纱线刚度的影响已经被证实是不可忽略的。虽然 TexGen 可以根据复合材料的显微 CT 图像局部调节纱线截面形状，但这与其他基于 CT 的方法相同，需要大量的计算时间，并且不符合预先设计的目标。

由于参数化方法的实现一般以确定预制体结构的统一规律为前提，所以目前大多数文献中均将该方法用于复合材料单胞以及初始预制体的建模。Gao X 等首次将参数化方法用于平纹编织复杂预制体构件的建模。该方法将纱线路径假设为曲面坐标系中的正弦曲线，使简化纱线截面模型适应交织纱线的路径轮廓，从而实现纱线路径与纱线截面的几何一致性，并且整个建模过程通过 C＋＋代码实现了自动化。但该方法目前还没有扩展至三维编织预制体建模，还需要进一步探索。

8.5.2.2　数值模拟方法

数值模拟是理解编织复合材料变形、运动学和力学性能的有力工具，通过应用连续介质力学模拟材料的变形过程来获取复杂预制体模型。在建模的过程中可以直接考虑材料的非均匀性，且可以利用目前成熟的商业有限元软件进行分析。目前常用与模拟预制体成型的连续介质力学本构模型包括超弹性和次弹性两种：超弹性模型以应变能密度为基础，在计算过程中能量与应力应变历史变化情况无关，同时保持热力学一致性；次弹性模型基于增量公式，主要表述应力率与应变率之间的关系，在模拟过程不能保证热力学一致性，且会受应变历史情况的影响。

在超弹性表述中，每单位体积的自由能可以表示为变形梯度的函数。在大位移、小应变的情况下，本构方程可以通过第二 Piola - Kirchhoff 应力张量表示，该应力张量是弹性应变势能相对于右 Cauchy - Green 应变张量的导数。Bonet J 等提出了一种横观各向同性超弹性泛函，可以用于大应变，而纱线一般被假设为是横观各向同性体。Charmetant A 等提出了一种描述复合材料预制体力学行为的横观各向同性超弹性本构模型。如图 8.47 所示，整个模拟包括轴向拉伸、截面压缩、截面剪切和轴向剪切四种纱线变形模式，并据此定义了四种特定的不变量。该方法将完整应变能函数假设为是每个变形模式应变能的线性组合而没有考虑各模式之间可能存在的耦合。每个模式下的本构参数需要通过试验来确定，但是对纱线的力学试验参数提取是很困难的，需要进行额外的试验来消除影响参数客观性的因素。

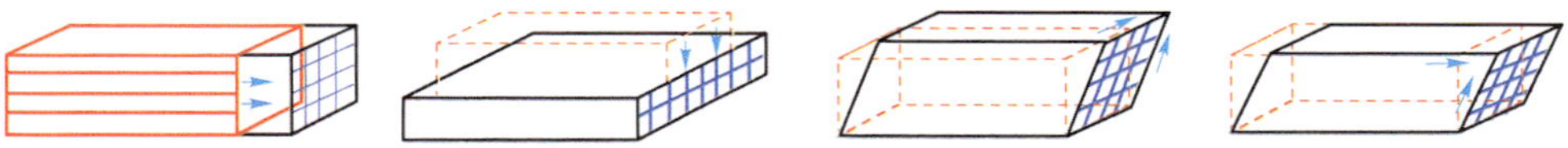

图 8.47　纱线变形模式

在次弹性力学本构中，柯西应力率与应变率的关系由一个依赖应力或应变的四阶亚弹性张量决定。该方法的核心问题是如何选择合适的客观应力率，但这在各向异性材料中很难实现，需要通过构造特定的目标函数消除由各向异性引起的寄生旋转，但目前还没有合适的方法完全消除这种非客观性。Badel P 等将应变张量分解为不耦合的偏量和球形部分，这两个部分分别表示纵向和横向变形。但是纱线的预张力是不可忽略的，且不能量化表示，因此非客观性仍然存在。

无论是超弹性方法还是次弹性方法，通过数值模拟得到复合材料构件预制体模型都是极其困难的。两者皆需要进行大量的试验测得相应纱线本构张量的系数，如有些文献中提出的超弹性方法需要试验测出 8 个参数以及文献需要通过试验测出 4 个参数，具体的参数数量会根据研究者所提出假设的变化而改变。此外，应用数值模拟方法得到大尺寸构件预制体对计算机性能有着较为苛刻的要求。

8.5.3　小　结

对于复合材料预制体的建模主要集中在参数化几何方法和数值模拟两种方法上：

1）参数化方法通过纯几何的方法完成预制体建模，可以根据预制体的拓扑结构特征统一多种编制形式，需要通过额外的计算来考虑纤维方向和纤维体积分数等材料参数，目前主流参数化方法假设纱线具有恒定截面，并且大多数方法仅在预制体单胞建模中得到应用；

2）数值模拟通常可以在细观尺度与宏观尺度上进行，可以在模拟的过程中考虑预制体材料性能，细观尺度建模主要以数字元素法为主，介观尺度建模以连续介质力学和运动学方法为主，两者对计算机性能均有苛刻的要求，且仅能考虑单一编织形式。

参数化方法与数值模拟方法均有各自的优缺点，应用者需要根据需求选择合适的方法。如在材料层面上进行研究时，可以选择参数化方法建立具有周期性特征的预制体单胞模型。若需要研究某种纤维类型预制体的悬垂和压实特性，则需要通过数值模拟的方法完成。

8.6　分区域建模方法

陶瓷基复合材料既有宏观几何尺寸特征，又有内部细观组成结构特征，因此，其分析方法主要有宏观力学分析方法、细观力学分析方法以及宏细观相结合的力学分析方法。本节对不同分析方法的特点进行讨论，并给出一种改进的宏细观一体化分析方法。

8.6.1　陶瓷基复合材料分析方法介绍

陶瓷基复合材料作为一种复合材料，内部不是均匀的单一组分，而具有多尺度结构。对于编织陶瓷基复合材料而言，其主要由不同编织方式的纱线以及基体组成。基体可以认为是均匀单一组分的材料。而纱线则认为是一种带集体纤维束材料，又称为纤维束复合材料，由纤维、界面、基体组成。

基于多尺度细观特征，陶瓷基复合材料仿真分析方法主要由宏观分析方法、细观分析方法以及宏细观分析方法。其中，宏观分析方法，是将陶瓷基复合材料当作一个均匀的整体，不考虑其内部复杂的细观结构，并将陶瓷基复合材料材料级别的等效材料参数当作陶瓷基复合材料宏观分析时宏观单元的材料参数，该方法预测的失效模式无法体现细观损伤机理。细观分析方法，是建立包含陶瓷基复合材料纱线等内部结构的全细观模型的分析方法，考虑了细观结构之间的相互作用。然而，由于细观结构复杂，几何特征多，仿真分析时将产生巨大的网格数量，计算时间成本高，特别是针对大型结构，很难基于细观模型进行分析。宏细观分析方法，主要有两种，其中一种是将宏观分析方法和多尺度分析方法相结合，结构分析采用宏观分析方法，而结构中每个单元的损伤演化准则用代表性细观模型（RVE）的损伤行为计算，然而该方法仍然无法体现细观结构不均匀与结构几何应力集中之间的相互作用。另一种宏细观分析方法是基于子模型法，在宏观分析的应力集中区域，建立对应的细观模型，并通过边界条件传递，将宏观分析结果传递到细观边界条件上，实现细观模型的应力分析，得到细观模型的损伤演化过程。而基于子模型法的细观模型分析结果对宏观结构没有反馈，导致结构强度分析结果只与基于宏观分析方法有关，细观分析方法只是作为失效机理的辅助分析手段。下面，我们将基于现有研究现状，介绍一种改进的宏细观一体化分析方法。

8.6.2 分区域建模方法

分区域建模的基本思路是在结构应力集中区域建立细观模型，在非应力集中区域建立宏观模型，两种模型之间可以采用绑定连接或者共节点绘制网格的方法。以矩形板以及带孔矩形板为例，宏细观一体化模型如下图所示。

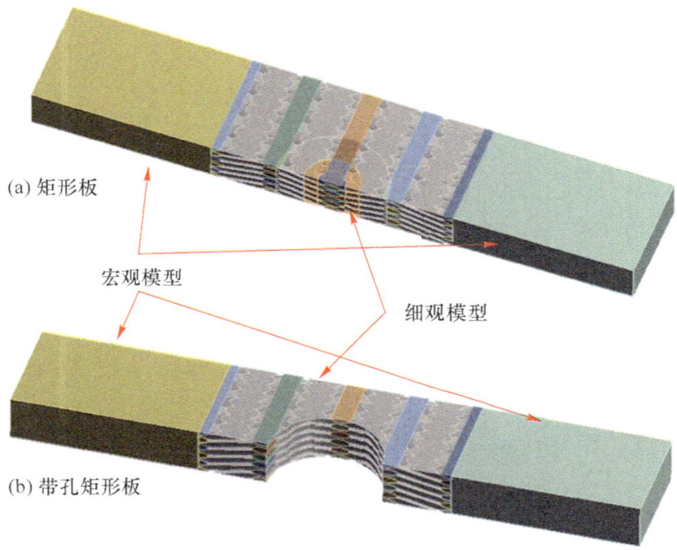

图 8.48 宏细观一体化模型

宏观模型和细观模型在交接处容易引起应力集中，产生应力集中的原因除了单元尺寸相差较大外，还有弹性参数不同以及几何不连续。对于编织陶瓷基复合材料而言，其细观结构可以认为是经纱和纬纱按照一定的几何规律编织而成的，即材料内部不均匀不连续，存在一定孔隙。为了减小应力集中，应尽可能让细观模型和宏观模型交界处设置在纬纱横截面中心，尽可能保证宏观模型和细观模型几何上的连续性，同时也可以减小弹性参数差异引起的应力集中。因为，如果交界处设置在纬纱中间的经纱横截面区域，则细观模型中除了经纱区域外，均是孔隙，孔隙不仅导致几何不连续，还会导致弹性参数的不连续。

分区域模型也称为一种宏细观一体化模型。在进行有限元分析时，宏观单元的本构曲线以及弹性参数通过细观模型计算的，这样可以对细观模型分析的准确性进行检验，同时也可以保证宏观和细观模型弹性参数的一致性。而对于子模型法中，由于宏观模型和细观模型之间是单向参数传递，宏观模型和细观模型之间不存在的参数协调性的要求。宏细观一体化模型中，细观模型单元采用纱线弹性参数和本构曲线。有限元分析结束的判定条件可以为产生贯穿性的失效单元，或者随着应变的增加模型平均应力出现下降。图 8.49 展示了矩形板以及带孔矩形板的宏细观一体化模拟得到的应力分布。

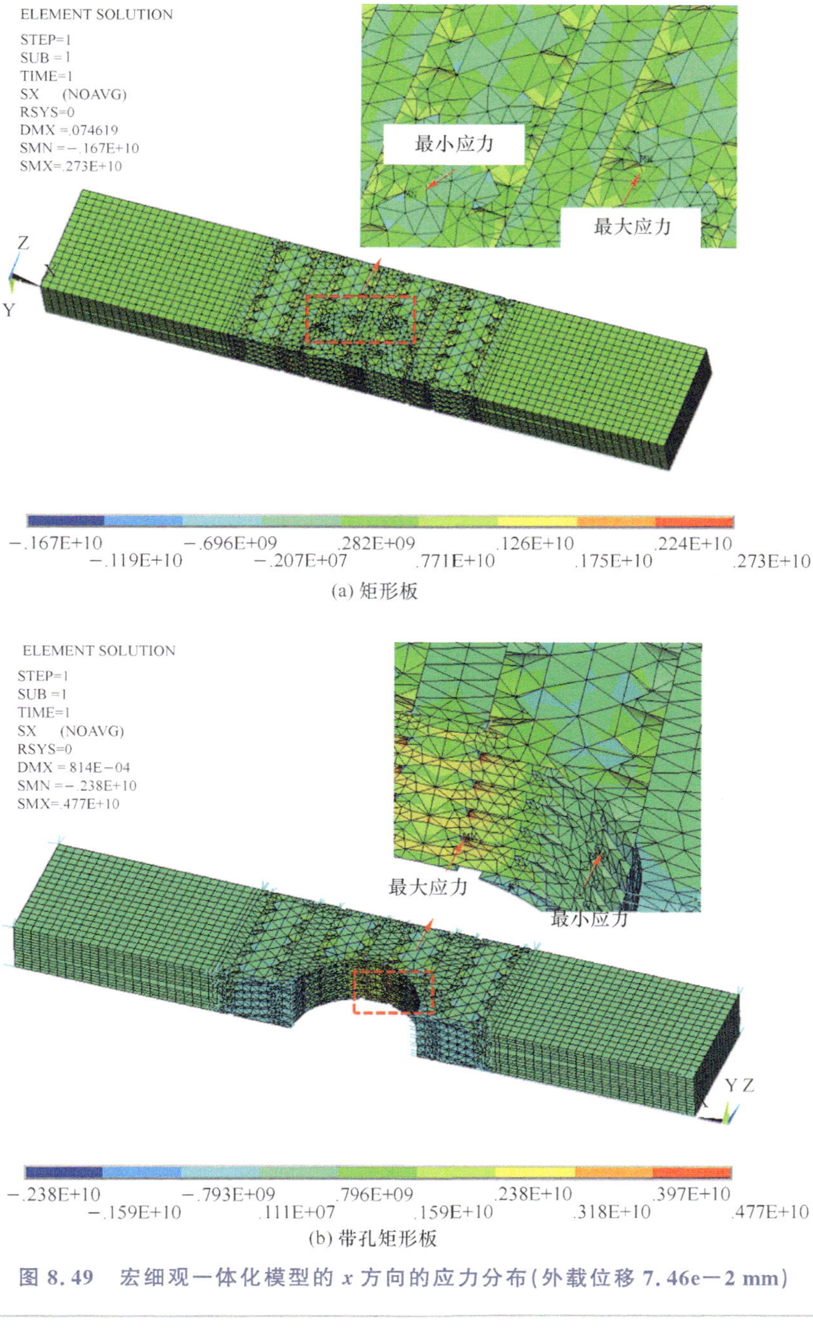

(a) 矩形板

(b) 带孔矩形板

图 8.49　宏细观一体化模型的 x 方向的应力分布(外载位移 7.46e-2 mm)

8.7 本章小结

本章节主要介绍了编织陶瓷基复合材料预制体-结构一体化方法，详细介绍了铺层预制体的纱线路径模拟与细观结构建模，并通过拱形铺层、半球形铺层以及叶片预制体对该方法进行了验证。虽然本章节的例子均为平纹编织结构，但方法可以应用于其他二维编织结构。该方法还未扩展至三维编制预制体。我们也给出了目前可以用于三维编制预制体建模的参考方法，介绍了预制体几何模型到有限元求解模型的一体化过程，即通过坐标映射实现各单元局部坐标系的计算，为后序的结构分析提供有效的前处理。最后，我们介绍了分区域建模方法，即在应力复杂区域建立细观模型，在其他区域建立宏观模型，从而实现高效、高精度的复合材料模拟。

第 9 章

陶瓷基复合材料结构变形、强度与疲劳寿命分析方法

9.1 引　言

实现对陶瓷基复合材料结构变形、强度与疲劳寿命的分析预测是陶瓷基复合材料实现工程应用前的一项重要研究工作。

本章通过宏观尺度和细观尺度对陶瓷基复合材料带孔板进行渐进损伤分析，兼顾计算精度与效率，分析材料的剩余刚度退化规律与疲劳累积规律，建立编织陶瓷基复合材料高温疲劳损伤演化模型并基于此形成了一套成熟的陶瓷基复合材料结构变形、强度与疲劳寿命分析方法，能较为准确地反映出孔边的应力分布及破坏形式。通过开展陶瓷基复合材料/金属销钉连接结构试验件拉伸试验和燕尾型榫头模拟件在高温 1200K(926.85℃)无氧环境下的拉-拉疲劳试验，将模拟分析结果与试验结果进行对比，验证所提出方法的有效性。

9.2 渐进损伤分析方法

9.2.1 渐进损伤分析总体流程

渐进损伤分析是复合材料破坏分析的一种有效的方法，其基于损伤力学，将复合材料的失效看作是一种损伤，采用材料退化模型描述损伤材料的力学行为，通过渐进的应力分析和失效评价来模拟复合材料结构从损伤初始到损伤扩展，再到极限失效全过程。渐进损伤方法主要包括有限元分析、失效准则选择、材料退化模型和最终失效评价方法四个部分。通过这四部分相互关联，渐进损伤方法针对不同的材料结构建立适当的应力分析模型，可对宏观模型及细观模型进行力学分析及破坏过程的模拟。选择合适的失效准则和材料退化模型，可得到适用于陶瓷基复合材料宏细观结构分析的渐进损伤模型。

渐进损伤分析的流程如图 9.1 所示。首先对宏观模型施加一个初始位移载荷 L，进行有限元计算，获取所有单元的应力应变数据，对每一个单元用失效准则进行失效判断。若单元发生失效则将对应的模量进行折减。所有单元处理完毕后判断整个结构破坏情况，若结构完全破坏，渐进损伤分析过程完成。若没有发生完全破坏，则增加位移载荷，重复进行分析过程。将每一步载荷下宏观模型切割边界的计算位移值作为细观模型的边界条件输入量，对细观模型同样进行渐进损伤分析，获取细观结构的破坏结果，完成基于渐进损伤方法的多尺度模拟。

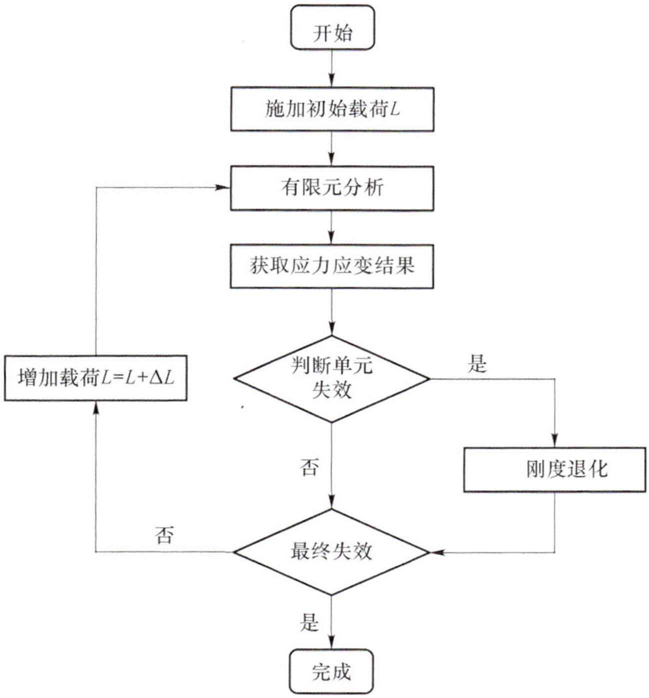

图 9.1　渐进损伤分析流程

9.2.2　失效准则

通过失效准则可以评估在任意给定载荷条件下失效是否发生。在渐进损伤分析中为了计算简便，减少计算量，一般选取最大应变准则。最大应变准则认为材料各应变主方向上的应变值不超过该方向的极限应变，否则就认为材料已经失效。

对拉伸载荷有：

$$\varepsilon_x < X_T;\varepsilon_y < Y_T;\varepsilon_z < Z_T \tag{9.1}$$

对剪切载荷有：

$$\gamma_x < S;\gamma_y < R;\gamma_z < Q \tag{9.2}$$

对压缩载荷有：

$$\varepsilon_x < X_C;\varepsilon_y < Y_C;\varepsilon_z < Z_C \tag{9.3}$$

式中，$X_T(X_C)$——X 方向的拉伸极限应变(压缩极限应变)；

$Y_T(Y_C)$——Y 方向的拉伸极限应变(压缩极限应变)；

$Z_T(Z_C)$——Z 方向的拉伸极限应变(压缩极限应变)；

S——XY 平面的极限剪应变；

Q——XZ 平面的极限剪应变；

R——YZ 平面的极限剪应变；

9.2.3 材料退化模型

陶瓷基复合材料结构在加载过程中出现局部损伤后，一般还能继续承受载荷。渐进损伤分析采用性能退化的材料来等效失效区域的材料刚度，从而使失效区域的应力降低。定义材料失效后性能发生退化的模型为材料退化模型。

根据失效后材料性能退化方式的不同，材料退化模型可以分为两类：突降退化模型和连续退化模型。突降退化模型假设当材料的应变状态满足材料失效准则后即产生相应的宏观损伤，并且损伤贯穿整个单元，突降退化模型中材料的性能瞬间退化为失效前材料性能的一部分，将材料的刚度折减为设定的参数，退化方式较简单，容易实现；连续退化模型中，材料的刚度属性是关于应变变量的连续函数，在退化过程中材料的刚度是逐渐变化的，由于材料往往具有非线性，退化的系数会随着应变变化，与应变呈线性或非线性关系。

一般来说陶瓷基复合材料结构的应力应变关系具有明显的非线性，细观结构中纤维束可视为纤维束材料，力学响应同样是非线性的。因此在建立材料退化模型时选用突降退化模型和连续退化模型相结合的方式，在加载过程中考虑材料的非线性，按照材料的应力-应变曲线对单元的刚度进行折减，当单元满足最大应变准则失效后，对单元进行突降退化，认为单元已经失效破坏。将两种退化模型相结合，既能模拟材料的非线性，又可以模拟结构的破坏过程。

9.2.4 结构总体失效判断

对于复合材料连接结构的最终破坏判定准则，目前主要有如下两种方法：

(1)以施加位移载荷为例，计算第 i 次加载端面的支反力P_i，并与上次计算的支反力P_{i-1}进行比较，如果端面支反力开始下降，$\Delta P=P_i-P_{i-1}<0$，且 $\Delta P_i>\Delta P_{i-1}$，则认为连接结构最终失效。(2)当带孔板的失效单元扩展到整个板宽时，连接结构发生拉伸破坏；当失效单元扩展到连接接头的端部时，连接结构发生剪切破坏；当孔边挤压方向出现严重挤压破坏，失效单元扩展到两倍孔径时，连接结构发生挤压破坏。

渐进损伤分析中采用两种判定准则的结合，当发生方法(2)中的破坏形式时，认为结构破坏，或当加载端面支反力出现迅速下降时也认为结构完全破坏，渐进损伤分析过程完成。

9.3　变形与强度预测试验验证

9.3.1　模拟件试验

设计陶瓷基复合材料带孔板试件的尺寸，考虑到试件在试验装置上的夹持端长度，以及与销钉连接段的长度等，设计带孔板试件的尺寸如图 9.2 所示。

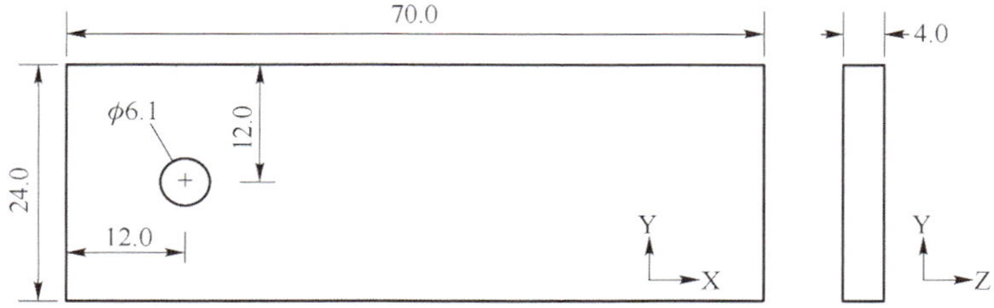

图 9.2　带孔板试件尺寸(单位:mm)

试验材料为 2.5 维编织 C/SiC 复合材料，试件如图 9.3 所示。

图 9.3　2.5 维编织 C/SiC 复合材料带孔板试件实物图

销钉连接结构为金属试件，与陶瓷基复合材料带孔板进行配合。金属材料选择刚度较大、不易变形的 40Cr。考虑到试验过程中需要使陶瓷基复合材料带孔板与金属销钉结构的加载方向在一个平面内，减少弯矩对试验的影响，设计销钉结构的试件尺寸如图 9.4 所示。加工后的销钉结构如图 9.5 所示。

由于陶瓷基复合材料较脆，加载时试验装置夹头会把材料压碎，对试验结果产生

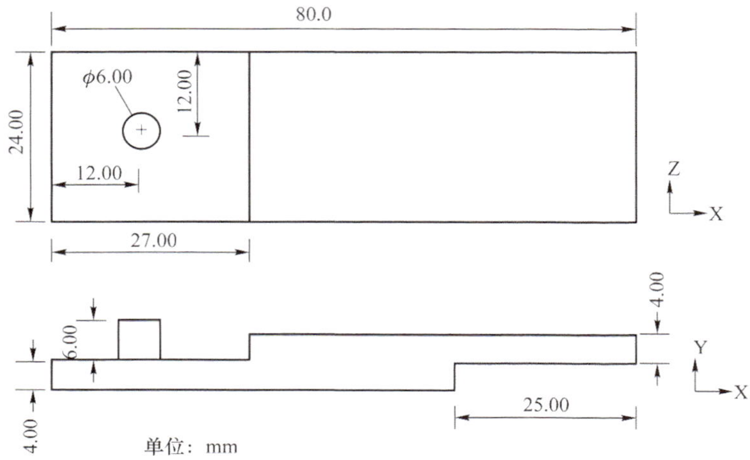

图 9.4　金属销钉结构尺寸

图 9.5　金属销钉结构实物图

较大的影响，因此需要在陶瓷基复合材料带孔板的夹持端贴加强片。加强片选择铝合金材料，使用强力胶将加强片固定在试件的夹持端。陶瓷基复合材料 带孔板与金属销钉装配后的连接结构如图 9.6 所示。可以看出陶瓷基复合材料带孔板与金属板的加载轴线方向在同一个平面内，减少了弯矩对试验产生的影响。

图 9.6　陶瓷基复合材料带孔板与金属销钉装配示意图

使用 MTS 液压伺服试验机开展陶瓷基复合材料带孔板与金属销钉连接结构的两组拉伸试验，使用 DIC(数字图像相关方法)测量系统得到孔边的应变场分布，当试验件产生了明显的破坏并且载荷值大幅下降时停止试验。试验得到的连接结构的载荷一位移曲线如图 9.7 所示。可以看出，试验的分散性较小，在初始加载阶段载荷与位移呈线性关系，当载荷达到 900N 附近时曲线出现了极值点，载荷开始下降，随后载荷会随着位移变大而缓慢增加，当加载到 1100N 附近时，载荷达到了峰值，随后载荷大幅下降，连接结构发生了完全破坏。

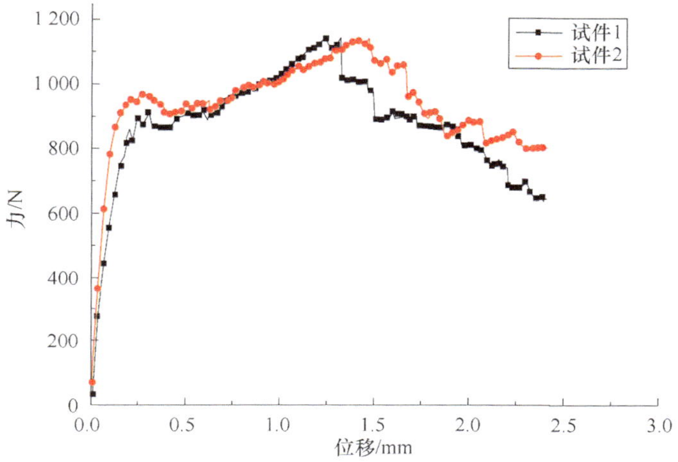

图 9.7　试件载荷-位移曲线

观察试验后的陶瓷基复合材料带孔板孔边的破坏形式，图 9.8 和图 9.9 给出了试件 1 和试件 2 的破坏情况。可以观察到，由于孔边受到金属销钉的挤压，沿着销钉的挤压方向孔边分为挤压失效区和剪切失效区。

图 9.8　试件 1 破坏情况

图 9.9　试件 2 破坏情况

以试件 1 为例分析其孔边的应变场。图 9.10 给出了加载位移分别为 0.083 mm、0.132 mm、0.248 mm 和 1.314 mm 时孔边应变场的变化情况。从应变云图可以看出，在初始阶段孔边承受金属销钉的挤压应力，此处应力较为集中。随着载荷加大，孔边应力继续升高，孔边出现了挤压破坏的情况。由于破坏区域表面的散斑无法被识别，在应变云图上就会显示黑色，因此可以通过黑色区域来观察破坏的扩展情况。当加载位移为 0.248 mm 时，对应的载荷为 915 N，是载荷-位移曲线中的第一个极值点，此时孔边破坏范围已经较大，载荷开始出现下降。随后载荷会缓慢增加，当加载位移为 1.314 mm 时，载荷达到峰值为 1145 N，此时带孔板已经完全破坏，破坏区域从孔边扩展至板的端面，带孔板无法继续承受载荷，载荷大幅下降。

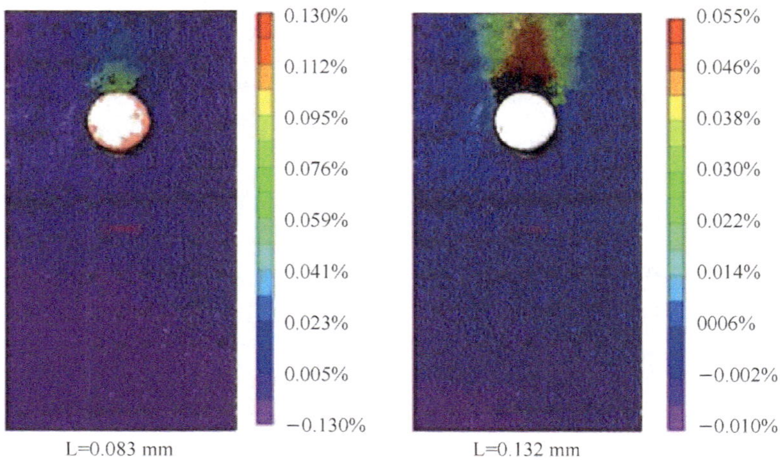

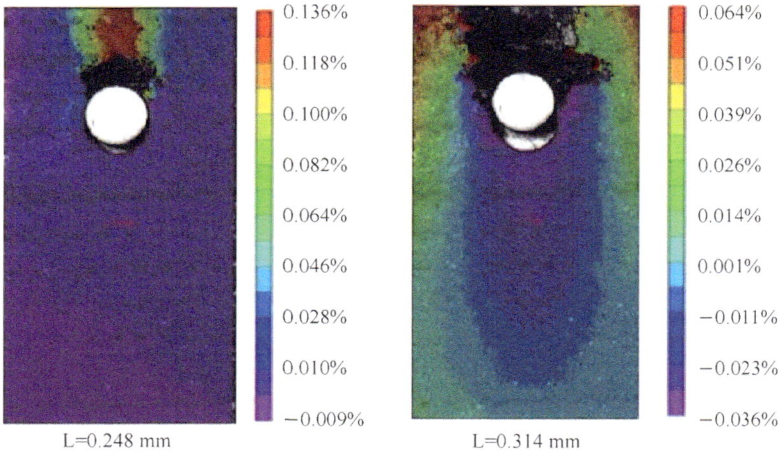

图 9.10　陶瓷基复合材料带孔板应变云图

9.3.2　模拟件变形与计算

在有限元软件中建立连接结构的有限元模型如图 9.11 所示。陶瓷基复合材料带孔板使用 SOLID186 单元类型划分网格，金属销钉结构使用 SOLID187 单元类型。

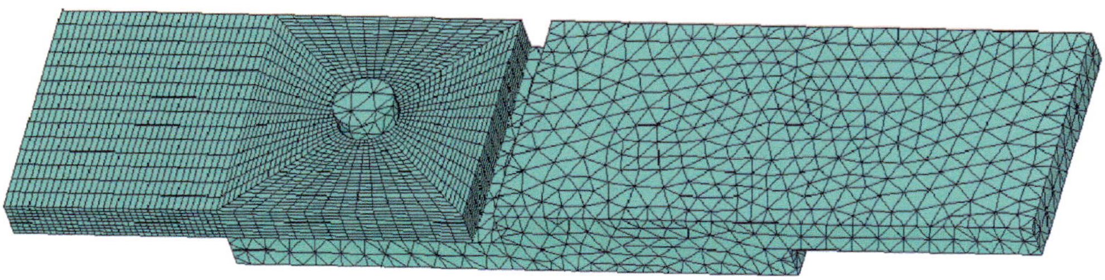

图 9.11　连接结构有限元模型

陶瓷基复合材料带孔板的载荷是通过销钉与孔的接触来传递的，因此需要考虑接触关系。将接触类型设置为最符合实际情况的有摩擦接触。由于 40Cr 的材料硬度较大，陶瓷基复合材料带孔板的网格划分较为规则，将金属的面设置为目标面，陶瓷基复合材料的面设置为接触面。对金属板的端面施加固定约束，对陶瓷基复合材料带孔板的端面施加位移载荷。

对连接结构模型进行有限元分析，使用渐进损伤计算方法完成连接结构的破坏分析。得到连接结构的位移-载荷曲线如图 9.12 所示。在加载初始阶段，由于孔和销钉存在间隙配合，此时孔和销钉实际上是无接触的，随着载荷增加孔和销钉产生接触后载荷开始增加，载荷和位移呈线性关系。当加载到一定程度时，载荷一位移呈现了明显的非线性关系，载荷会随着位移变大而缓慢增加，随后载荷达到峰值后，连接结构破坏过程增快，载荷下降明显，结构完全失效。

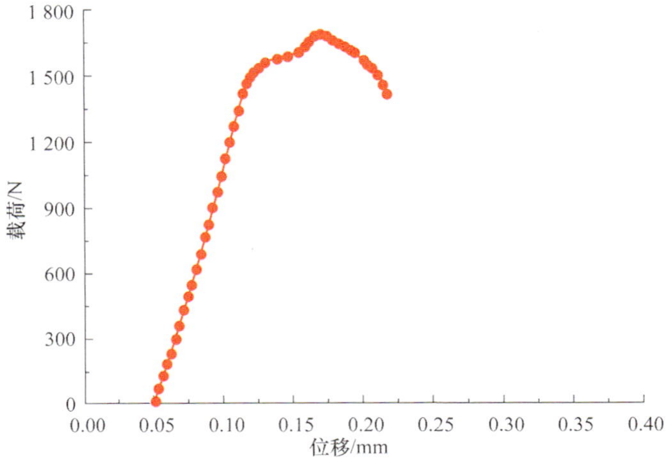

图 9.12　仿真计算的连接结构载荷-位移曲线

连接结构中陶瓷基复合材料孔边破坏过程的模拟如图 9.13 所示，压缩失效单元用蓝色标记，拉伸失效单元用红色标记，剪切失效单元用黄色标记。在加载初始阶段孔边就发生挤压破坏现象，随着载荷加大，挤压破坏区域会沿着销钉的挤压方向不断扩展，并且孔边出现剪切破坏区域，剪切破坏区域在挤压破坏区域的两侧沿着相同的方向扩展。当载荷接近峰值时，孔边横向的两侧出现了拉伸破坏区域。

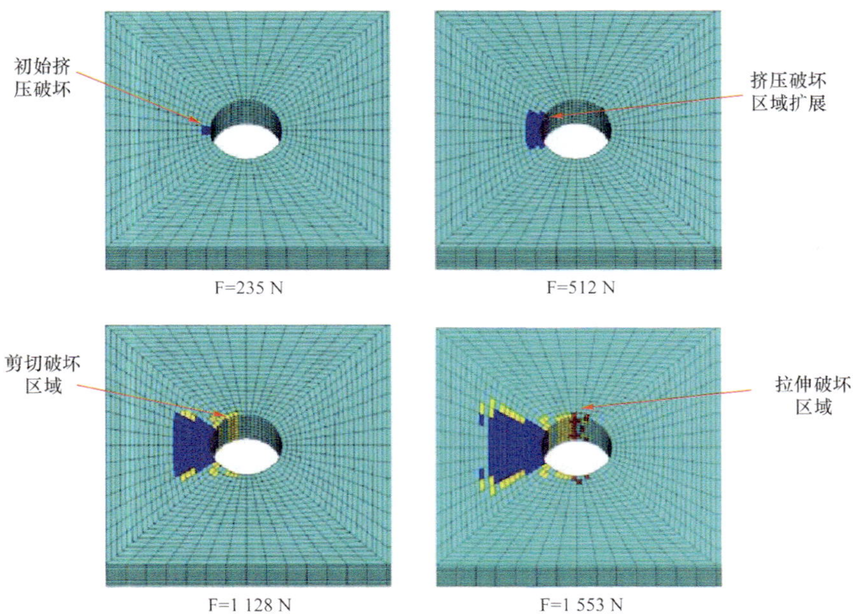

图 9.13　孔边破坏过程模拟

陶瓷基复合材料 带孔板 X 方向的应力云图如 9.14 所示，XZ 平面剪切应力云图如图 9.15 所示。销钉对孔接触的区域出现了挤压应力集中，孔边轴线方向的两侧出现了拉伸应力集中。在挤压应力集中区域两侧为剪切应力集中的区域。

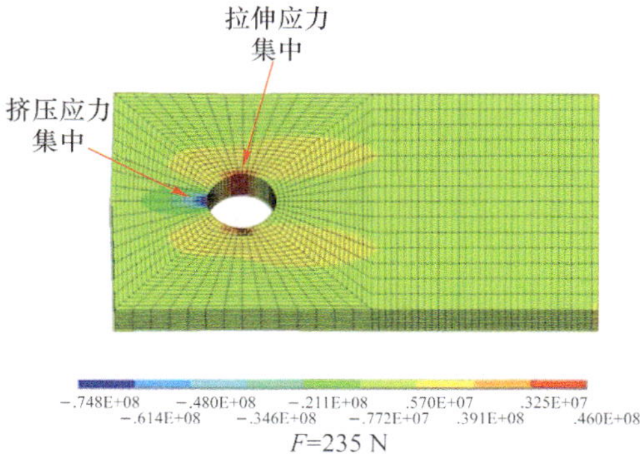

图 9.14　陶瓷基复合材料带孔板 X 方向应力云图

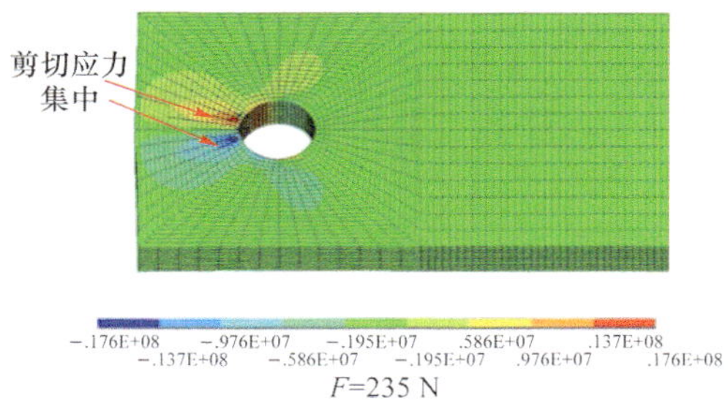

图 9.15　陶瓷基复合材料带孔板 XZ 平面剪切应力云图

建出孔边的细观模型如图 9.16 所示。由于失效区域集中在销钉与孔接触的区域，仅建立局部区域的细观模型。

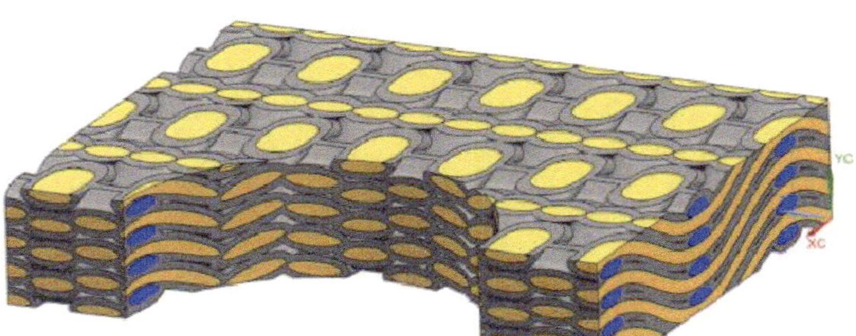

图 9.16　陶瓷基复合材料带孔板连接结构的孔边细观模型

通过子模型技术完成细观模型的分析，将宏观模型在切割边界处的计算结果作为细观模型的边界条件。图 9.17 给出了加载过程中细观结构的破坏情况。发现剪切破坏是破坏的主要形式，其中 XY 平面和 XZ 平面内的剪切失效为轴向剪切破坏，YZ 平面内的剪切失效为横向剪切破坏。将纱线的轴向剪切破坏标记为紫色，纱线的横向剪切破坏标记为黄色。孔边的纬纱发生了横向的剪切破坏现象，由于开孔切割造成初始损伤的经纱部分轴向剪切破坏，部分横向剪切破坏。由细观模型的破坏分析可以看出，连接结构中销钉对孔边的挤压会造成纬纱的横向剪切破坏，纬纱发生断裂后，带孔板的宏观结构会出现剪切破坏的情况，连接结构逐渐失效。

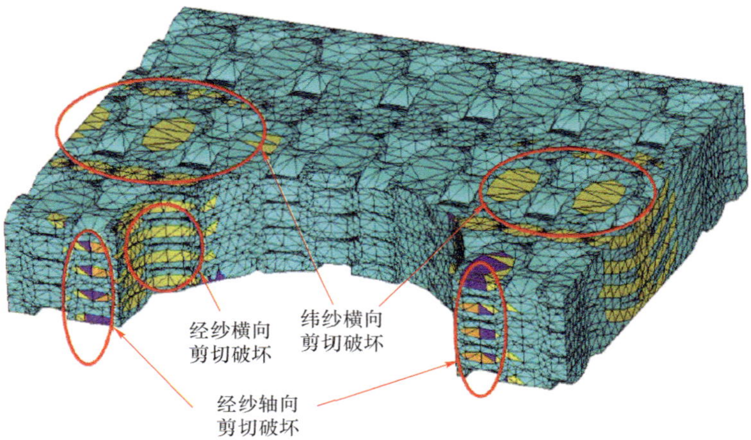

图 9.17 细观结构破坏形式分析

9.3.3 结果对比及误差分析

对比孔边破坏的仿真模拟过程和试验的结果，可以看出预期的失效模式和试验结果是吻合的。销钉与孔的接触区域会随着载荷增大而产生挤压失效和剪切失效，剪切失效区域在挤压失效区域的两侧。图 9.18 给出了试验和仿真模拟破坏过程的对比，将破坏后的试件和模拟的失效单元作对比，仿真计算得到的应变场和 DIC 测量的应变场对比，可以看出预测的失效模式和位置都十分吻合。该计算方法可以准确模拟陶瓷基复合材料和金属销钉连接结构的失效模式。

试验测得的连接结构承受的最大载荷与仿真模拟得到的最大载荷存在一定的误差，但整体载荷的变化趋势是一致的，都经历了线性段、非线性段、载荷增速减慢、载荷达到峰值点、载荷迅速下降的过程。由于陶瓷基复合材料带孔板与金属销钉连接结构属于复杂的结构件，试验影响因素较多，二者力的传递依靠的是表面的接触，接触具有很强的非线性，接触条件的参数设置可能较难反映出真实的接触情况，对结果造成一定影响。试验过程中陶瓷基复合材料带孔板和金属销钉连接装配时，由于孔

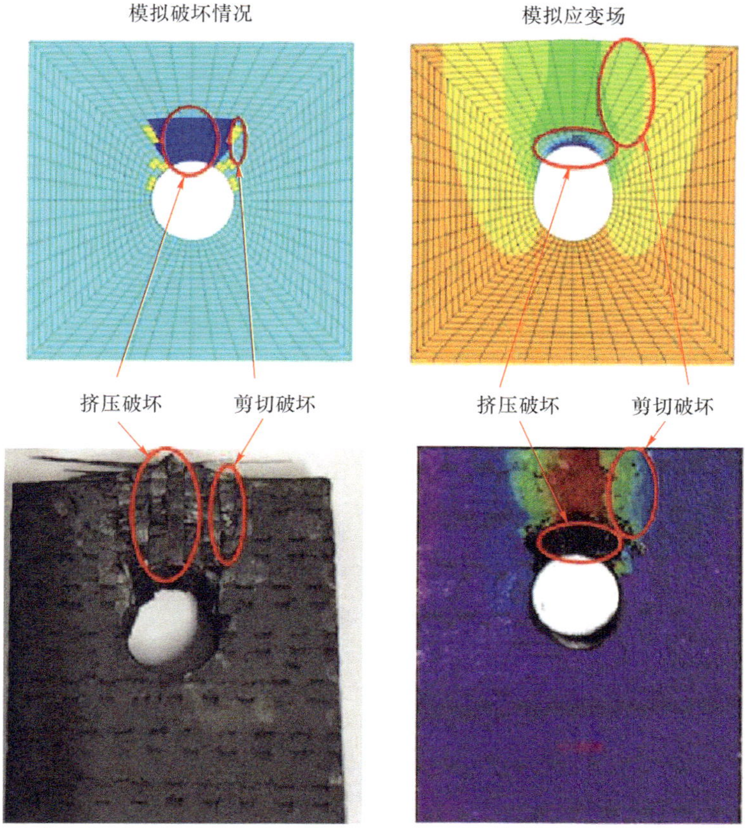

图 9.18　试验和仿真模拟破坏过程对比

和销钉是间隙配合，可能在安装试件的过程中对连接结构造成了一定松动，使陶瓷基复合材料带孔板与金属板的轴线不在同一直线上，使正轴拉伸变为了偏轴拉伸，由于 2.5 维编织 C/SiC 复合材料沿着经纱方向加载材料强度最大，偏轴拉伸使结构的强度低于预期。这些因素使试件的强度与仿真计算的强度存在一定误差。

9.4　结构疲劳寿命分析方法

9.4.1　非线性响应分析

在本节的结构疲劳损伤计算方法中，将载荷的施加分解为初始加载的静拉伸载荷及循环载荷。对于初始的静拉伸加载过程，为了得到准确的结构应力分布结果，本书采用基于有限元法的渐近损伤分析方法进行计算。

渐近损伤的计算方法主要包含应力分析和性能退化分析两个部分。应力分析是指对结构有限元模型在给定载荷和约束条件下的应力应变响应进行求解，得到模型单元的应力分布结果。性能退化分析是指通过对比有限元计算得到的单元刚度和试验测得的材料在对应单元应变下的刚度之间的差别，判断单元应力－应变结果准确度是否满足要求。若不满足，计算材料退化后的单元刚度，并对单元弹性模量重新赋值，再次进行求解直至刚度计算结果收敛。渐近损伤分析方法本质上是一个迭代计算的过程，使用该方法计算陶瓷基复合材料结构件在初始加载过程中的应力-应变响应的流程如图 9.19 所示。

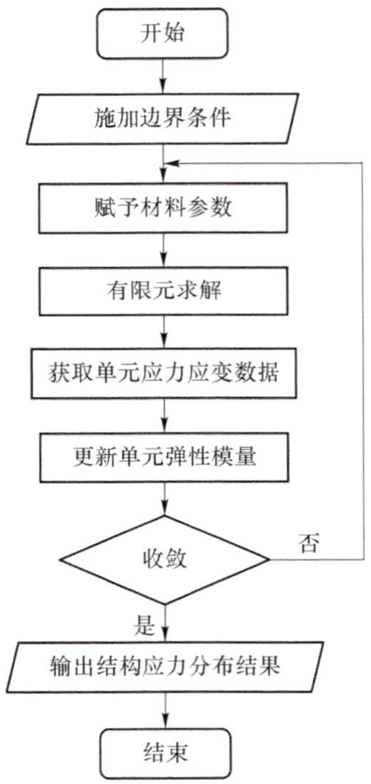

图 9.19　渐近损伤计算流程

具体过程包括：

(1) 按结构的实际受载情况给结构有限元模型施加边界条件；

(2) 对结构有限元模型的单元赋予初始材料参数，将本构模型计算得到的初始线性段性能作为单元的初始性能；

(3) 对结构有限元模型进行求解，得到单元应力分布，提取模型单元的轴向应力；

(4) 根据提取得到的单元轴向应力计算单元新的弹性模量；

(5) 对比更新前后的单元模量偏差值是否在目标范围内。若偏差值在目标范围内，表明计算结果达到收敛，迭代结束，输出结构应力分布结果；否则重新进入步骤(2)继续迭代运算。

9.4.2　刚度退化过程

为了研究陶瓷基复合材料剩余刚度随循环数的衰减规律，在本节中对不同温度下陶瓷基复合材料疲劳试验中的疲劳力-位移数据进行了后处理，得到了材料剩余刚度随循环数变化的试验结果。图 9.20 给出了不同温度及不同循环载荷条件下材料的正则化剩余刚度随循环数变化的曲线。

从图 9.20(a)可以看出，在 800℃无氧环境下，材料剩余刚度随载荷循环数的衰减趋势显著。在不同应力水平下，材料的剩余刚度具有相似的衰减规律，然而正则化剩余刚度衰减曲线并不完全重合，而是存在一定的偏差。峰值应力为 130 MPa 对应的两条剩余刚度衰减曲线同样存在偏差，并且这一偏差范围与不同应力水平下的偏差范围相同。因此，正则化剩余刚度衰减曲线的偏差是由于材料自身分散性导致的，可认为材料归一化剩余刚度衰减规律是与应力水平无关的。

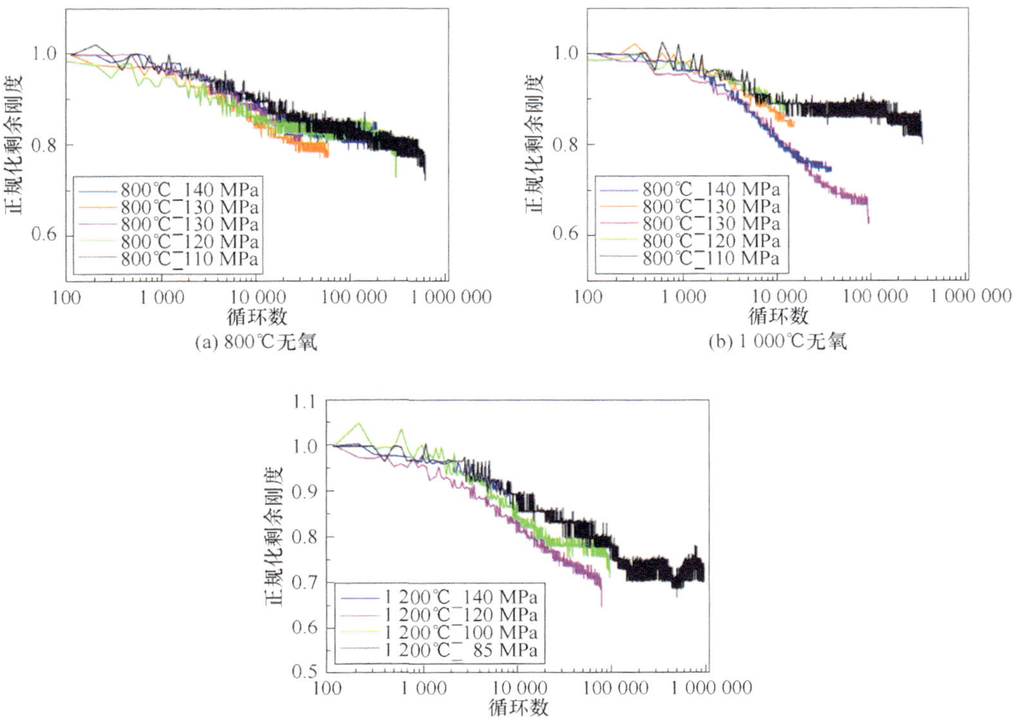

(a) 800℃无氧　(b) 1 000℃无氧　(c) 1 200℃无氧

图 9.20　正则化剩余刚度随循环数的变化规律

从图 9.20(b)可以看出，在 1000℃无氧环境下，材料剩余刚度随载荷循环数的变化同样呈现出明显的衰减趋势。当循环数较小时，不同应力水平下材料剩余刚度的衰减规律较为一致；当循环数较高时，曲线的偏差会增大。然而，对比峰值应力为 110 MPa，120 MPa 以及 140 MPa 的曲线可以看出，材料剩余刚度的衰减规律的偏差与峰值应力之间无明显的联系，即不同曲线之间的差异仍旧是材料本身的分散性造成的。

从图 9.20(c)可以看出，1200℃下材料的正则化剩余刚度衰减规律与 800℃及 1000℃环境下的衰减规律是一致的。陶瓷基复合材料力学性能的分散性导致不同曲线之间存在一定的差异。

图 9.20 的结果表明二维编织 SiC/SiC 复合材料正则化剩余刚度随循环数的衰减规律是应力水平无关的。图 9.21 将图 9.20 的结果进行了汇总，给出了不同温度条件下材料正则化剩余刚度的衰减规律，其中黑色曲线代表 800℃下材料正则化剩余刚度的衰减规律，红色曲线代表 1000℃下正则化剩余刚度的衰减规律，绿色曲线代表 1100℃下材料正则化剩余刚度的衰减规律。可以看出，在循环数小于 1×10^4 时，所有曲线均具有相同的衰减规律且吻合度较好；循环数大于 1×10^4 开始，曲线呈现出一定的发散状。然而，不同温度之间的正则化剩余刚度衰减曲线并未出现阶梯分布。由于 1000℃下的结果分散性最大，其结果包含了偏差范围的上限和下限。在这一范围内，不同温度之间的曲线存在较多的交叉与重合。因此，可以认为二维编织 SiC/SiC 复合材料疲劳过程中正则化剩余刚度的衰减规律是与温度无关的。

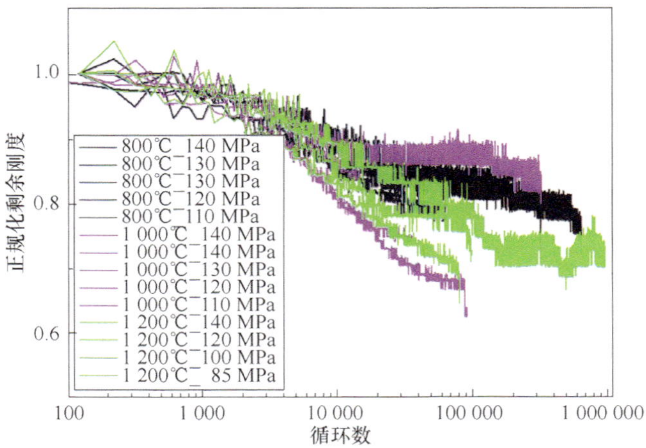

图 9.21　不同温度下材料正则化剩余刚度随循环数的变化规律

综合以上分析结果，可以得出结论，二维编织 SiC/SiC 复合材料在高温无氧环境下的疲劳过程中具有统一的正则化剩余刚度衰减规律，并且这一衰减规律是与循环载荷的应力水平及环境温度无关的。因此，可以采用一个统一的数学表达式来描述材料的正则化剩余刚度衰减规律，

$$\frac{E_{\min}(N)}{E_{\min}(0)}=m_1 e^{\left(-\frac{N}{n_1}\right)}+m_2 e^{\left(-\frac{N}{n_2}\right)}+m_0 \tag{9.4}$$

其中，$E_{\min}(N)$表示二维编织 SiC/SiC 复合材料经历 N 个循环载荷后的剩余刚度，$E_{\min}(0)$表示材料的初始刚度，m_1，m_2，n_1，n_2，m_0 为与材料相关的模型待定参数。

使用式(9.4)拟合得到的二维编织 SiC/SiC 复合材料正则化剩余刚度衰减曲线如图 9.22 所示。可以看出，模型计算结果基本处于试验结果的中间值，与试验结果的最大偏差小于 20%。

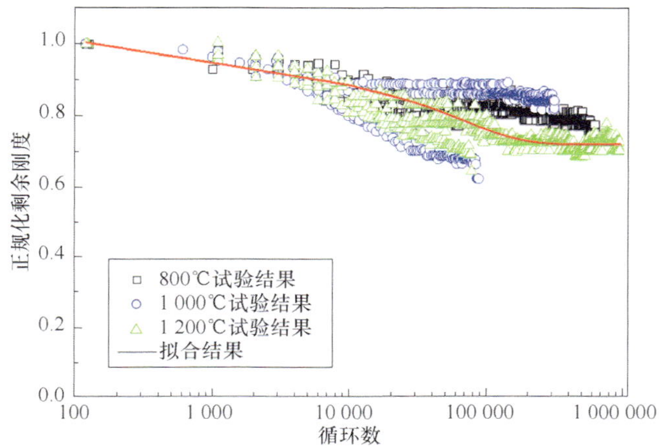

图 9.22　二维编织 SiC/SiC 复合材料正则化剩余刚度退化试验数据与拟合结果

9.4.3　疲劳累积过程

从能量的角度来看，可以将陶瓷基复合材料在循环载荷作用下得到的迟滞回线中一个迟滞环所包围的面积视作为材料在该循环下所耗散的能量 $W(N)$。材料耗散的能量越多，其力学性能也必然衰减得越严重。因此，本节用迟滞环面积计算得到的材料累积迟滞耗散能 $W(N)$这一变量来表征二维编织 SiC/SiC 复合材料的疲劳损伤程度，基于此来模拟疲劳累积过程。

图 9.23 给出了不同温度与不同应力水平条件下二维编织 SiC/SiC 复合材料单个循环下的迟滞耗散能 ΔW 以及累积迟滞耗散能 W 随循环数的变化规律。可以看出在高温无氧环境下二维编织 SiC/SiC 复合材料迟滞环的大小和形状不会随循环数的增加而发生太大变化，而其位置会逐渐往右偏移。

对比图 9.23(a)，图 9.23(b)和图 9.23(c)的结果可以看出，在 800℃、1000℃和 1200℃三个温度点下迟滞环面积随循环数的变化规律较为一致。在相同温度条件下，循环载荷的峰值应力越高，曲线会有更明显的下降趋势，然而曲线的下降程度依然有限。

图 9.23(c)，图 9.23(d)和图 9.23(e)分别给出了基于左图结果计算得到的三个

温度点下材料累积迟滞耗散能随循环数的增长规律。可以看出，材料的累积迟滞能随循环数的变化呈现出线性递增的趋势，且材料所承受循环载荷的峰值应力越高，其累积迟滞耗散能的增长速度越快。（曲线的斜率代表累积迟滞耗散的增长速度 dW。）

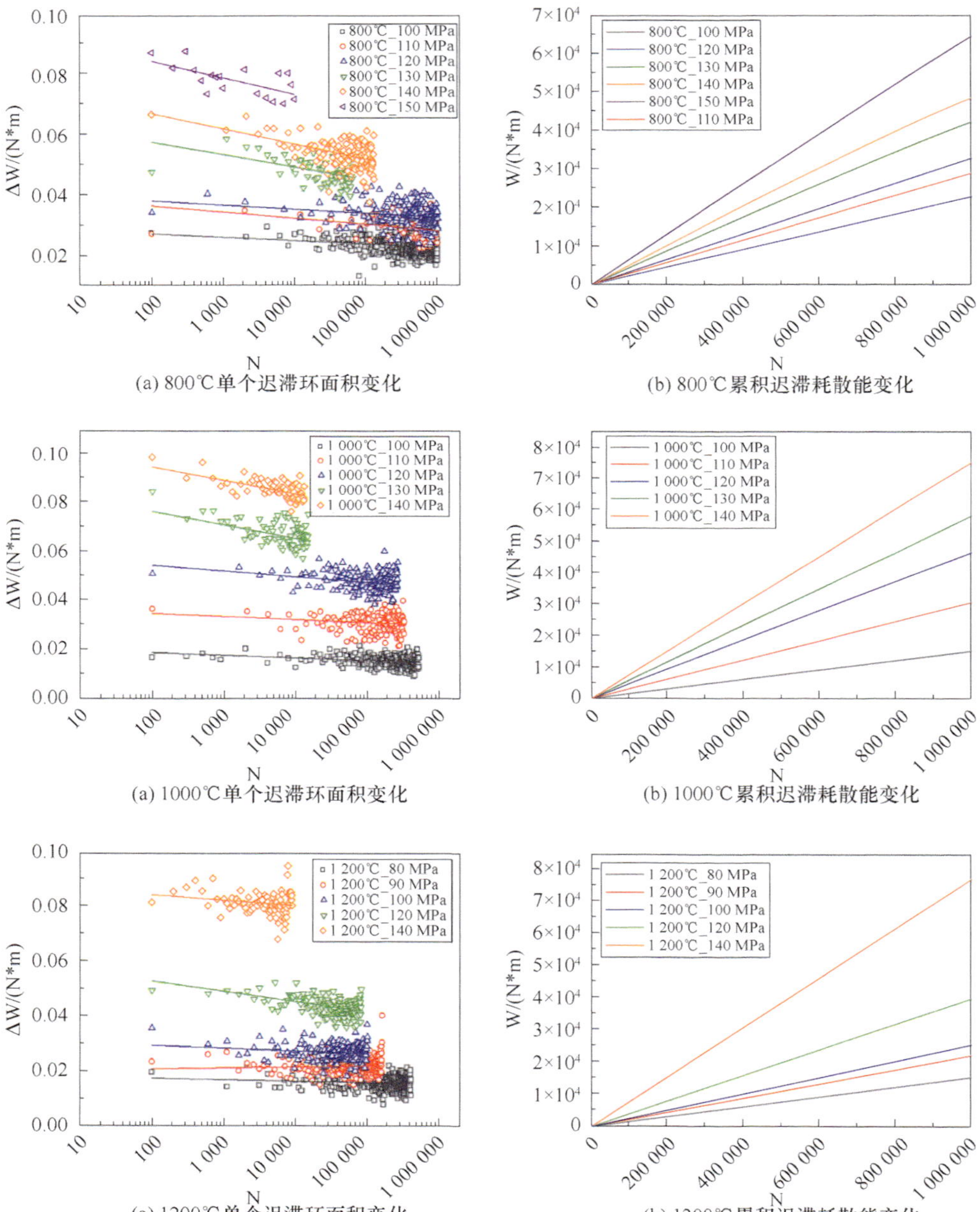

(a) 800℃单个迟滞环面积变化　(b) 800℃累积迟滞耗散能变化

(a) 1000℃单个迟滞环面积变化　(b) 1000℃累积迟滞耗散能变化

(a) 1200℃单个迟滞环面积变化　(b) 1200℃累积迟滞耗散能变化

图 9.23　二维编织 SiC/SiC 复合材料迟滞环面积变化规律与累积迟滞耗散能增长规律

图 9.24 给出了二维编织 SiC/SiC 复合材料累积迟滞耗散能增长速度 dW 与循环载荷峰值应力 S 之间的关系，可以看出其并不是线性相关的。在相同的峰值应力间隔下，高应力区间内材料累积迟滞耗散能增长速度 dW 的增量要大于低应力下的增量。采用 Power 函数对这一变化规律进行拟合可以得到累积迟滞耗散能增长速度 dW 与峰值应力 S 之间的数学表达式，

$$dW=\mu\cdot S^{\lambda} \tag{9.5}$$

式中，μ 和 λ 为与温度相关的经验参数。

对比图中三个温度点下拟合得到的 $dW-S$ 曲线可以看出，材料累积迟滞耗散能增长速度 dW 与环境温度 T 之间存在正相关的关系。相同峰值应力下，温度越高累积迟滞耗散能增长速度 dW 越大。基于这一规律，采用拉格朗日插值函数对温度进行插值，可以将 dW 表示为温度 T 的函数，其具体表达式为，

$$dW(S,T)=\sum_{m}^{n}dW(S,T_m)\cdot L_m(T) \tag{9.6}$$

式中，$L_m(T)$ 表示拉格朗日插值函数中与温度相关的项，其具体表达式为，

$$L_m(T)=\frac{(T-T_1)(T-T_2)\cdots(T-T_{m-1})(T-T_{m+1})\cdots(T-T_n)}{(T_m-T_1)(T_m-T_2)\cdots(T_m-T_{m-1})(T_m-T_{m+1})\cdots(T_m-T_n)} \tag{9.7}$$

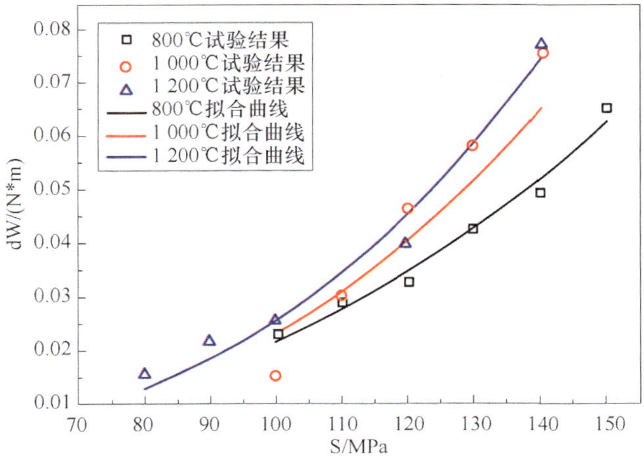

图 9.24 不同温度下材料迟滞耗散能增长速度与峰值应力的关系

上述研究表明，材料的累积迟滞耗散能 W 同时受环境温度 T 和循环载荷峰值应力 S 影响，并且可以将 W 表达为 T 和 S 的函数。基于这一函数关系，本书建立了不同循环数下材料累积迟滞耗散能与单元等效循环数之间的关系。

对于初始静拉伸加载结束，循环载荷未施加时，$N=0$：

$$W_0=0 \tag{9.8}$$

$$\overline{N}_0=0 \tag{9.9}$$

第一次循环加载结束时，$N=\Delta N$：

$$W_1=dW_0\cdot(\overline{N}_0+\Delta N) \tag{9.10}$$

$$\overline{N}_1 = k \cdot \left(\frac{W_1}{dW_1}\right) \tag{9.11}$$

第二次循环加载结束时，$N=2\Delta N$：

$$W_2 = dW_1 \cdot (\overline{N}_1 + \Delta N) \tag{9.12}$$

$$\overline{N}_2 = k \cdot \left(\frac{W_2}{dW_2}\right) \tag{9.13}$$

依此类推，第 i 次循环加载结束时，$N=i \cdot \Delta N$：

$$W_i = dW_{i-1} \cdot (\overline{N}_{i-1} + \Delta N) \tag{9.14}$$

$$\overline{N}_i = k \cdot \left(\frac{W_i}{dW_i}\right) \tag{9.15}$$

其中，$\overline{N}_i$ 表示第 i 次循环加载前单元在当前应力水平下经历的等效循环数，W_i 表示在第 i 次循环加载结束时单元的累积迟滞耗散能，dW_i 表示在第 i 次循环加载的峰值应力下材料的迟滞耗散能增长速度，ΔN 表示循环载荷的步长，k 是用于控制损伤演化速度的与材料相关的参数。

将式(9.15)代入式(9.4)可以得到模型单元在第 i 次循环加载前的剩余刚度，

$$E_{\min}(\overline{N}_i,\sigma) = E_{\min}(0,\sigma) \cdot \left[m_1 e^{\left(-\frac{k \cdot W_i}{dW_i \cdot n_1}\right)} + m_2 e^{\left(-\frac{k \cdot W_i}{dW_i \cdot n_2}\right)} + m_0\right] \tag{9.16}$$

式中，$E_{\min}(\overline{N}_i,\sigma)$ 表示单元应力和等效循环数分别为 σ 和 $\overline{N}_i$ 对应的材料剩余刚度，$E_{\min}(0,\sigma)$ 表示单元应力为 σ 时对应的材料初始刚度。

$E_{\min}(0,\sigma)$ 的值由材料的高温拉伸本构模型计算得到，其具体表达式为，

$$E_{\min}(0,\sigma) = (1-d(\sigma,T)) \cdot E(T) + d(\sigma,T) \cdot E^t(T) \tag{9.17}$$

9.4.4 疲劳失效判据

本节提出的陶瓷基复合材料结构疲劳损伤分析方法涉及二维编织 SiC/SiC 复合材料尺度及结构件尺度。此外，模型的求解分为初始静拉伸求解和后续的循环载荷过程求解。因此需要在计算流程中引入二维编织 SiC/SiC 复合材料单元的静拉伸失效判据、单元疲劳失效判据和陶瓷基复合材料结构整体的失效判据。

对于初始静拉伸加载过程，本书采用最大应变准则来判断单元的失效，

$$\varepsilon \geqslant \varepsilon_f \tag{9.18}$$

式中，ε 表示当前单元应变，ε_f 表示二维编织 SiC/SiC 复合材料的静拉伸失效应变。

对于疲劳加载过程，本书采用材料的 S－N 曲线判断其失效。根据二维编织 SiC/SiC 复合材料在 800℃、1000℃、1200℃三个温度点下的疲劳 S－N 曲线，采用拉格朗日插值函数对温度进行插值，得到任意温度下材料疲劳 S－N 曲线的变化规律。具体表达式为，

$$S(N,T) = \sum_{m}^{n} S(N,T_m) \cdot L_m(T) \tag{9.19}$$

其中，S 表示循环载荷的峰值应力，N 表示循环数，T 表示环境温度，L_m 为拉格朗日插值函数中与温度相关的项，$S(N,T_m)$ 表示环境温度为 T_m 时材料疲劳 $S-N$

曲线的表达式，其具体形式为，

$$S(N,T_m)=a_m+b_m\lg N \tag{9.20}$$

式中，a_m，b_m 为不同温度下的经验参数。

如图 9.25 所示，在本节中应用上述方法计算得到了 926.85℃(1200K)下材料的疲劳 S－N 曲线。可以看出，以 1×10^6 为循环基数时材料在 926.85℃下的疲劳极限应力为 105 MPa，计算得到的 926.85℃下的 S－N 曲线介于 800℃与 1000℃的结果之间且变化趋势一致。由此表明采用拉格朗日插值函数可以计算得到任意温度下二维编织 SiC/SiC 复合材料疲劳 S－N 曲线。

以 926.85℃的计算结果为例，将材料的疲劳 S－N 曲线视为疲劳失效等损伤线，即当循环数与应力对应的点落在 S－N 曲线左侧时，材料未发生失效；当点落在曲线上或曲线右侧时，认为材料的损伤达到饱和，材料失去承载能力。因此，模型单元的疲劳失效判据可以表示为，

$$\overline{N}\geqslant N_f(S) \tag{9.21}$$

式中，$\overline{N}$ 表示模型单元经历的等效循环数，$N_f(S,T)$表示环境温度为 T 时材料 S－N 曲线上峰值应力为 S 对应的失效循环数。

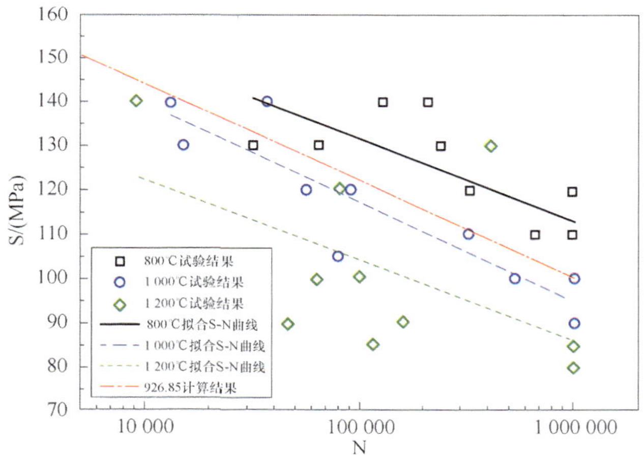

图 9.25　不同温度下材料的疲劳 S－N 曲线试验数据及拟合结果

在结构尺度，陶瓷基复合材料模拟件的整体失效等效为模型中出现大量失效单元，最终形成横向贯穿整个结构的失效区域。

9.5　疲劳寿命预测试验验证

9.5.1　模拟件疲劳试验

本节以航空发动机内静子涡轮叶片上的燕尾型榫头为例，设计了图示的榫头结

构模拟件，并在高温无氧环境下开展了该榫头模拟件的疲劳试验。如图 9.26 所示，本书所设计的模拟件可分为平板和榫头特征结构两个部分。平板部分整体尺寸为 120 mm×12 mm×4 mm，主要起过渡和夹持作用。榫头特征结构部分的外形和尺寸的设计均参考涡轮叶片的实际结构。

由于二维编织陶瓷基复合材料的预制体结构是由铺层组成的，当相邻铺层之间不平行时必然会出现间隙。因此在榫头特征结构中必须对局部区域进行特殊处理。本书的处理方法为采用填充补片的方式来补全榫头特征结构中不平行相邻铺层之间的空白区域。

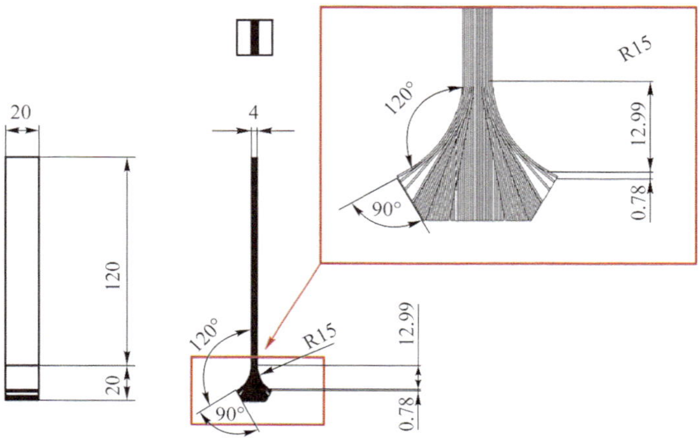

图 9.26 燕尾型榫头模拟件设计图纸

为了保证材料的一致性，该榫头模拟件的预制体结构采用了碳化硅纤维制备得到。预制体制备完成后采用 CVI 工艺沉积碳化硅基体。最终得到的 SiC/SiC 复合材料燕尾型榫头模拟件如图 9.27 所示。

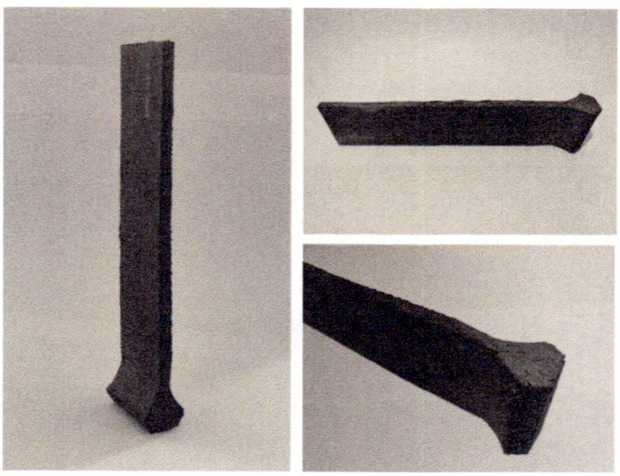

图 9.27 制备得到的燕尾型榫头模拟件

本节中榫头模拟件高温疲劳试验的试验条件为高温 1200K(926.85℃)无氧环境。为了满足这一试验条件，在榫头模拟件的试验中采用高温无氧试验系统，主要包含高温炉及温控设备，密闭环境箱，真空设备，水循环系统等。根据燕尾型榫头的实际安装方式与载荷条件，参考实际的榫槽结构设计了如图 8.28(a)所示的试验夹具，图 9.28(b)给出了安装于环境箱内装有试件的试验夹具。

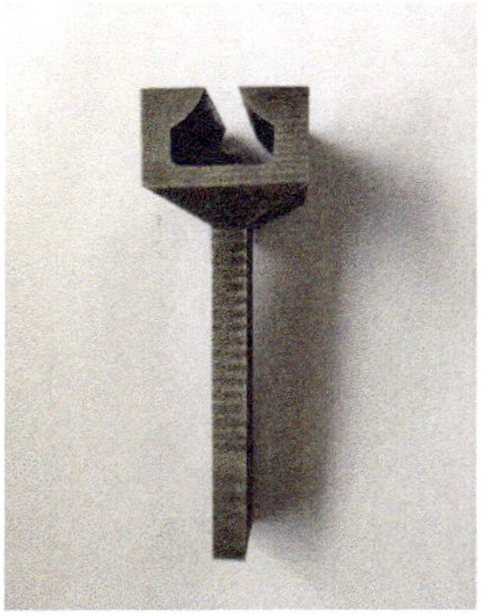

(a) 试验夹具

(b) 试件安装

图 9.28　榫头模拟件试验夹具及试验设备

试验内容包含测试结构最大拉伸载荷的高温无氧单向拉伸试验和测试结构疲劳性能的高温拉-拉疲劳试验。单向拉伸试验采用电液伺服试验机进行加载，选择位移加载方式，加载速率为 0.2 mm/min。拉-拉疲劳试验使用电液伺服疲劳试验机进行加载，循环载荷类型采用正弦波，载荷频率为 10 Hz，峰值载荷取静拉伸强度的 80%，应力比为 0.1。

拉伸试验测得本书所用燕尾型榫头模拟件在 1200K 无氧环境下能承受的最大拉伸载荷为 6.053 kN。拉-拉疲劳试验峰值载荷为结构最大拉伸载荷的 80%，约为 4.8 kN，循环载荷的谷值为峰值的 10%，即 0.48 kN。试验过程中，先采用力控制的方式缓慢加载至 4.8 kN，之后再施加循环载荷。在经历 5075 个循环载荷后，结构发生破坏，破坏断口如图 9.29 所示。

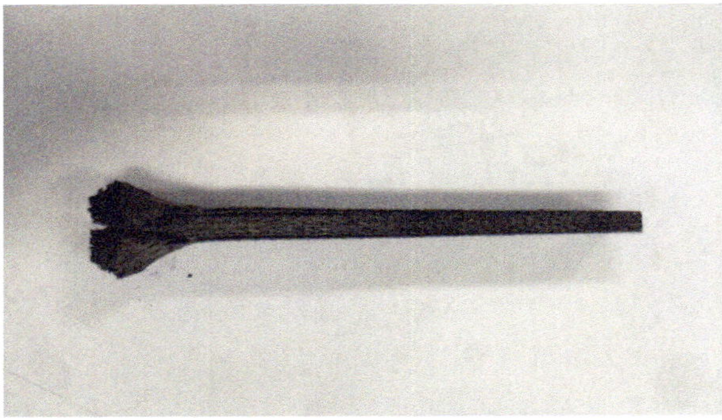

图 9.29　榫头模拟件高温无氧拉-拉疲劳破坏断口

9.5.2 模拟件疲劳寿命计算

采用XCT技术对制备得到的榫头模拟件进行扫描，得到了其燕尾型榫头部分的内部形貌和铺层分布情况。如图9.30所示，模拟件燕尾型榫头部分包含了从平板部分延伸下来的完整铺层以及完整铺层之间空隙处填充的补片铺层。对比设计图纸可以看出，制备得到的榫头模拟件外形、尺寸及铺层位置与设计要求基本一致。

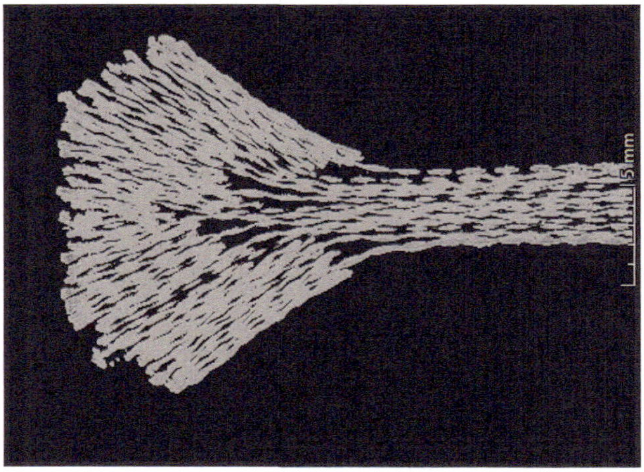

图9.30 榫头模拟件XCT扫描结果

根据设计图纸和XCT扫描结果，本节建立了如图所示的榫头模拟件几何模型。可以看出，与实际结构一样，几何模型分为平板部分和榫头特征部分。平板部分与实际结构一样分了多层，延伸至榫头特征结构部分。榫头特征结构部分外形主要由平板部分延伸下来的铺层决定，相邻完整铺层之间同样存在较多空隙。与实际结构一致，几何模型中同样采用不规则补片对空隙进行填充。可以看出，最终建立的几何模型与实际结构的XCT扫描结果较为一致，能够真实地反映结构内铺层的分布情况。

在结构有限元分析中，通常采用四面体网格和六面体网格对模型进行有限元网格划分。由于本书所用的模拟件榫头特征结构中补片的形状并不规则，采用六面体网格会导致划分得到的结构有限元模型网格奇异性大。综合考虑，本节采用了更适合于特殊结构的四面体网格对榫头模拟件几何模型进行网格划分，划分结果如图9.32所示。

编织陶瓷基复合材料作为一种各向异性材料，其不同方向的力学性能存在较大的差异。因此，在有限元分析中必须根据铺层的实际位置与走向更改该铺层内单元的主方向。基于这一考虑，本书在建立榫头模拟件的几何模型时便确定了所有铺层的角度。在本节中根据已知的铺层角度对所有铺层单元的主方向进行了更改。

如表9.1所示，本书采用第三章介绍的陶瓷基复合材料结构疲劳分析方法对燕

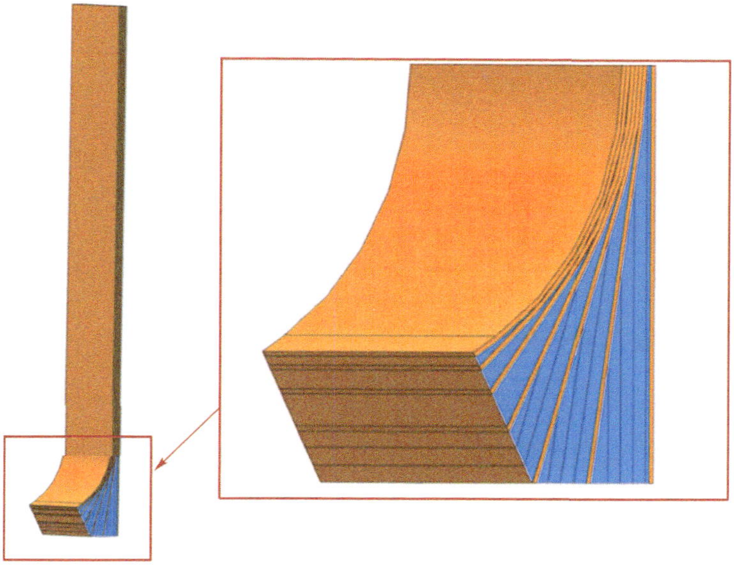

图 9.31　榫头模拟件几何模型

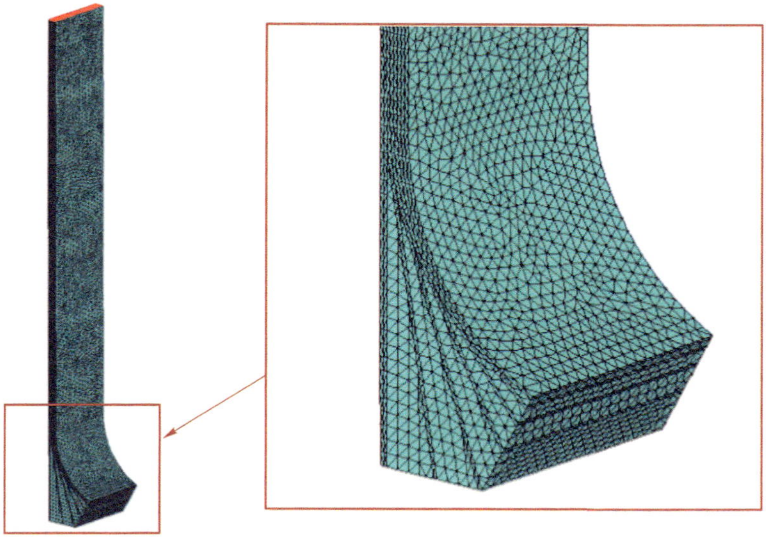

图 9.32　榫头模拟件模型网格划分结果

尾型榫头模拟件在 1200K 无氧条件 5 个载荷下的高温疲劳失效过程进行了数值仿真，得到了该模拟件在不同载荷下的失效循环数。

表 9.1 榫头模拟件高温无氧疲劳仿真结果

环境条件	峰值载荷/kN	循环数
1200K 无氧	6.0	90
1200K 无氧	5.6	1100
1200K 无氧	4.8	4500
1200K 无氧	4.0	127000
1200K 无氧	3.6	860000

9.5.3 结果对比及误差分析

根据表 9.1 的数据绘制得到榫头模拟件的高温疲劳载荷-循环数曲线。可以看出,在峰值载荷接近模拟件能承受的最大拉伸载荷时,模型在经历少数循环后便发生失效。当模型施加的循环峰值载荷为最大拉伸载荷的 80%时,模型在经历 4500 个循环载荷后发生失效,而在载荷下的试验寿命为 5075 个循环,两者偏差较小,初步验证了本书方法计算结果的有效性。

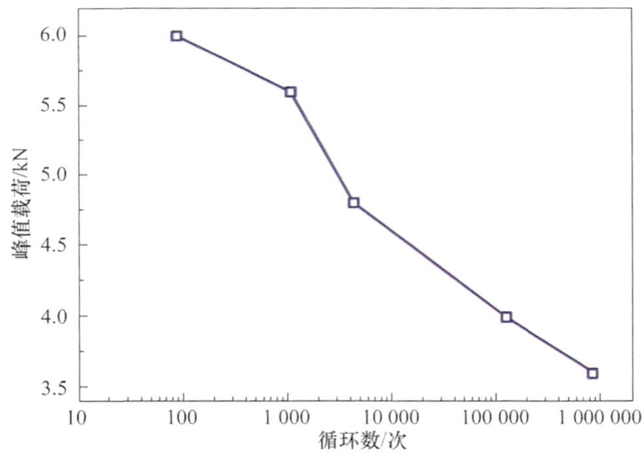

图 9.33 榫头模拟件高温疲劳载荷-循环数曲线

表 9.2 为榫头模拟件高温疲劳模拟结果,模拟结果表现为模型平板部分的应力较为均匀,直到与榫头特征结构部分会出现细微区域的应力集中,而榫头结构主体部分的应力明显更低。结构模型的外形及其受力特点导致其在平板部分与榫头特征部分的连接处内侧出现了横贯整个结构的小范围应力集中区域,最初的失效单元在该应力集中区域内萌生。随着施加的循环载荷数的增加,初始应力集中区域的应力集中程度会不断下降,模型的整体应力分布会变得更均匀。这是由于应力集中区域的单元刚度会在循环载荷作用下快速衰减,使得该区域单元的承载能力下降直至失效。失效单元的演化是从模型平板部分向榫头特征部分过渡区域内侧的一小条往长度方

向两侧、宽度方向两侧及厚度方向不断扩展，最终形成了横贯整个模型的断裂面。

表 9.2 榫头模拟件高温疲劳模拟结果

F/kN	单元应力分布	失效单元分布	失效单元
4.8	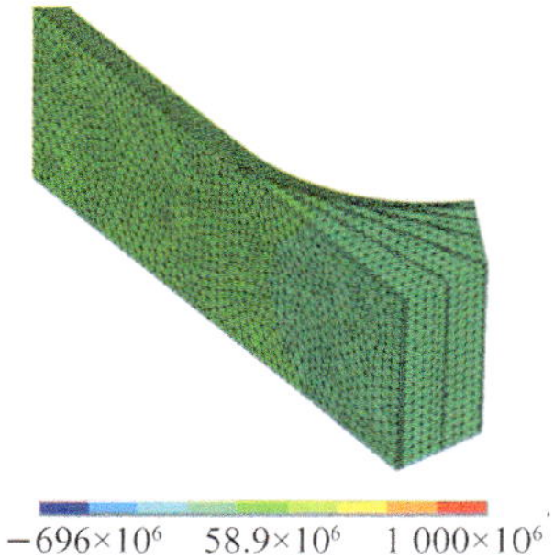	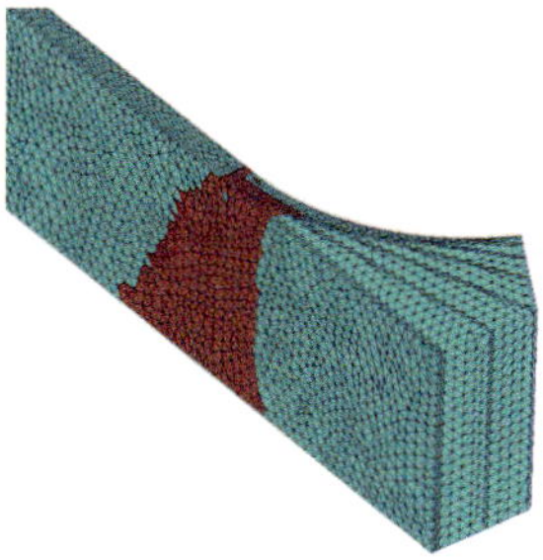	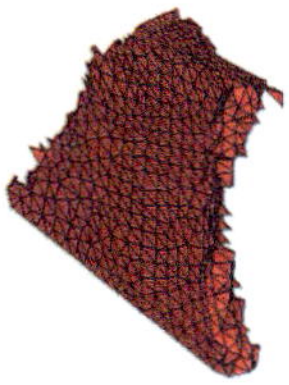

图 9.34 给出了峰值载荷为 80%最大拉伸载荷的榫头模拟件模拟疲劳失效断口与试验失效断口。可以看出，模型的模拟失效位置与试验结果吻合，两者的失效位置都是在模拟件平板段与榫头特征部分的过渡位置，内侧损伤较为严重，外侧弧形段保留完整，验证了本书陶瓷基复合材料结构疲劳失效模拟方法的有效性。

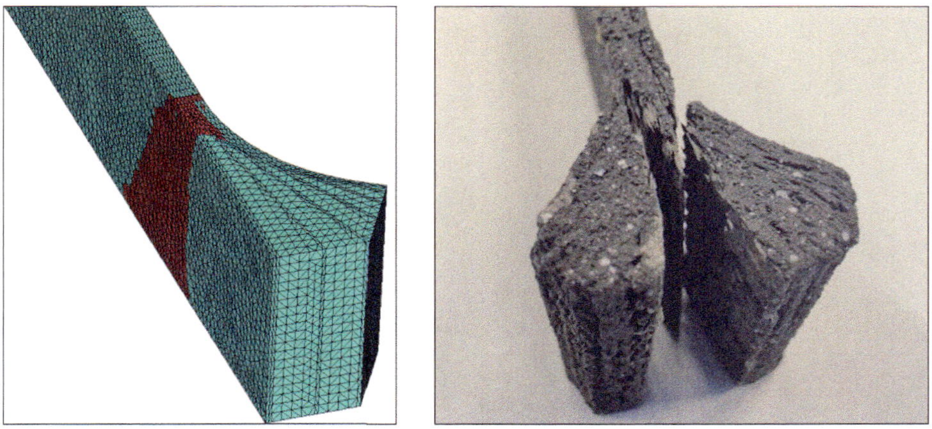

(a) 模拟结果　　(b) 试验结果

图 9.34 试验与模型仿真破坏断口对比

9.6 本章小结

使用渐进损伤方法分析破坏过程，设置渐进损伤分析的参数。设定宏观模型及细观模型的本构参数，考虑材料非线性的影响，分析陶瓷基复合材料带孔板受拉伸载荷下的破坏过程。计算出陶瓷基复合材料带孔板的强度和失效模式。通过试验得到了连接结构的载荷—位移数据，用 DIC 测量系统测出了孔边的应变场，观测出孔边的破坏形式。对连接结构件进行渐进损伤计算，使用多尺度计算方法模拟出孔边的破坏演化过程，和试验结果进行对比，失效模式和区域吻合性较好，能准确预测出连接结构的失效模式。

发展了一种陶瓷基复合材料复杂结构件的高温疲劳损伤分析方法，该方法主要采用渐近损伤的方法计算结构在初始加载过程中的应力-应变响应，通过材料累积迟滞耗散能的发展来描述其疲劳累积过程，通过刚度退化模型来计算经历疲劳损伤后材料的剩余刚度，基于编织陶瓷基复合材料高温下的 S－N 曲线引入了材料的疲劳失效判据，最终实现了陶瓷基复合材料复杂结构件的疲劳损伤计算。使用上述方法对涡轮静子叶片燕尾型榫头模拟件的高温疲劳失效过程进行了数值模拟，模拟得到的模拟件疲劳寿命与试验结果相近，模拟件的疲劳失效断口与试验结果吻合，验证了本章所提出的高温疲劳寿命分析方法的有效性。

第 10 章
陶瓷基复合材料动力学行为与建模

10.1 引　言

在航空发动机中，由于旋转部件这种内置振源的存在，振动是不能避免的。轻微的振动会干扰发动机器件的工作、产生噪音，严重的振动则会导致结构的过载和疲劳。因此，在陶瓷基复合材料结构的设计和校核中，其振动问题不容忽视。

陶瓷基复合材料结构在振动导致的重复加卸载过程中，由于其损伤机理的特殊性，会呈现出变刚度和迟滞等典型的非线性行为。一方面，变刚度会改变振动系统的模态；另一方面，迟滞会影响振动系统的阻尼特性。这些材料的非线性行为给陶瓷基复合材料结构的振动分析带来了很大挑战。

本章针对陶瓷基复合材料结构的振动问题，首先介绍陶瓷基复合材料结构振动测试方法，然后结合陶瓷基复合材料结构振动测试结果阐述材料损伤对陶瓷基复合材料结构动力学响应的影响，最后介绍陶瓷基复合材料结构振动响应的时域和频域分析方法。

10.2 陶瓷基复合材料结构振动测试

10.2.1 模态测试

模态测试的目标是识别振动系统的动力学特性，包括模态频率、模态振型和模态阻尼比。传统的结构模态测试方法同样适用于陶瓷基复合材料结构。模态测试的关键是结构频响函数的测试。当作用于结构载荷的频率从小到大递增，载荷的大小保持不变，这个过程称为扫频。试验过程中可用粘贴在结构上的加速度计来测量由于激励而引起的振动位移响应。如果将时域数据通过快速傅里叶变换(fast Fourier transform, FFT)转换到频域,就可以获得所谓的频响函数(frequency response function, FRF)。在完成了频响函数的测试后,即可对振动的模态参数进行识别,往往采用集成的软件进行分析,限于本书篇幅在此不做介绍。

10.2.2　振动台测振

本节采用苏试集团的 DC－600 振动台对平纹编织 SiC/SiC 梁在正弦载荷下的振动响应进行了一系列试验工作。试验所用平纹编织陶瓷基复合材料梁的尺寸为长 $l=180$ mm、宽 $b=10.15$ mm、高 $h=5.16$ mm。试验系统如图 10.1 所示,被测的陶瓷基复合材料梁通过装夹装置夹紧,装夹装置通过螺栓安装到振动台的安装台。试验中通过测量实际输出的加速度值作为控制器的反馈信号,使振动台输出给定的加速度载荷,在安装台和装夹装置上均粘贴了加速度计以提高控制精度。此外,采用 OPTEX CD33－85N 激光位移传感器(图 10.2)测量、输出被测点的位移响应数据。

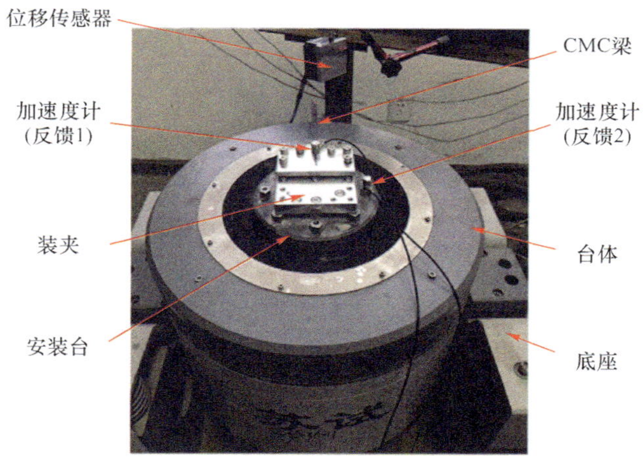

图 10.1　振动台测振系统

正弦扫频在陶瓷基复合材料梁的一阶共振频率附近进行。为确定陶瓷基复合材料大致共振点,且避免陶瓷基复合材料发生损伤,先以小载荷快速扫频,在较宽的范围内(100 Hz－300 Hz)找到梁的一阶共振估计频率 f_n^e,确定初次扫频的区间为$[f_n^e-10, f_n^e+10]$。由此得到的位移幅频特性曲线如图 10.3 所示,可知该陶瓷基复合材料悬臂梁的第一阶固有频率为 256.44 Hz。由于此时载荷较小,可代表材料的无损伤状态。

在确定了陶瓷基复合材料悬臂梁的一阶固有频率后,开展首次扫频试验,扫频方向为先递增再递减,并减慢扫频速度以得到更为精确的结果。考虑到陶瓷基复合材

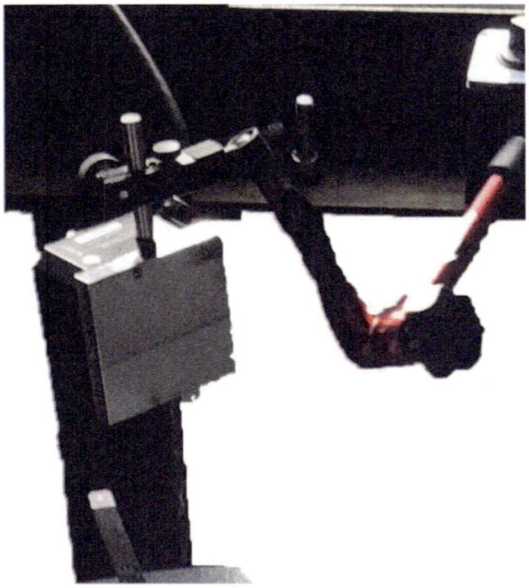

图 10.2　OPTEX CD33-85N 激光位移传感器

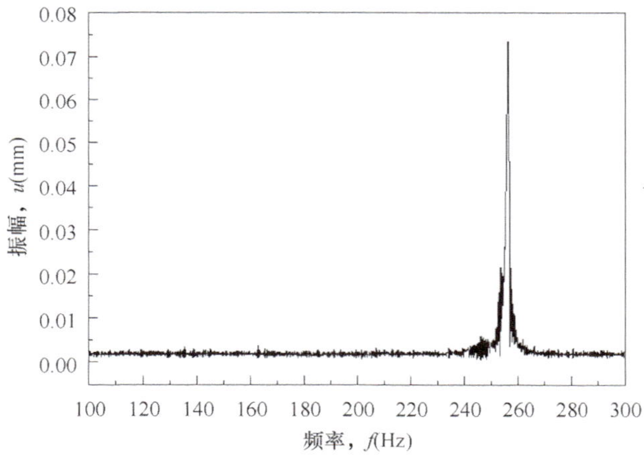

图 10.3　平纹编织陶瓷基复合材料
悬臂梁在低载下的位移幅频特性曲线

料梁的固有频率会随着材料的损伤而减小，因此之后的扫频以上一次递增/增减扫频中振幅最大时的振动台频率作为下一次扫频的f_n^e。上述递增/递减扫频重复三次后，增加载荷并重复上述扫频，获得如图 10.4(a)～(i)所示的陶瓷基复合材料梁幅频曲线。

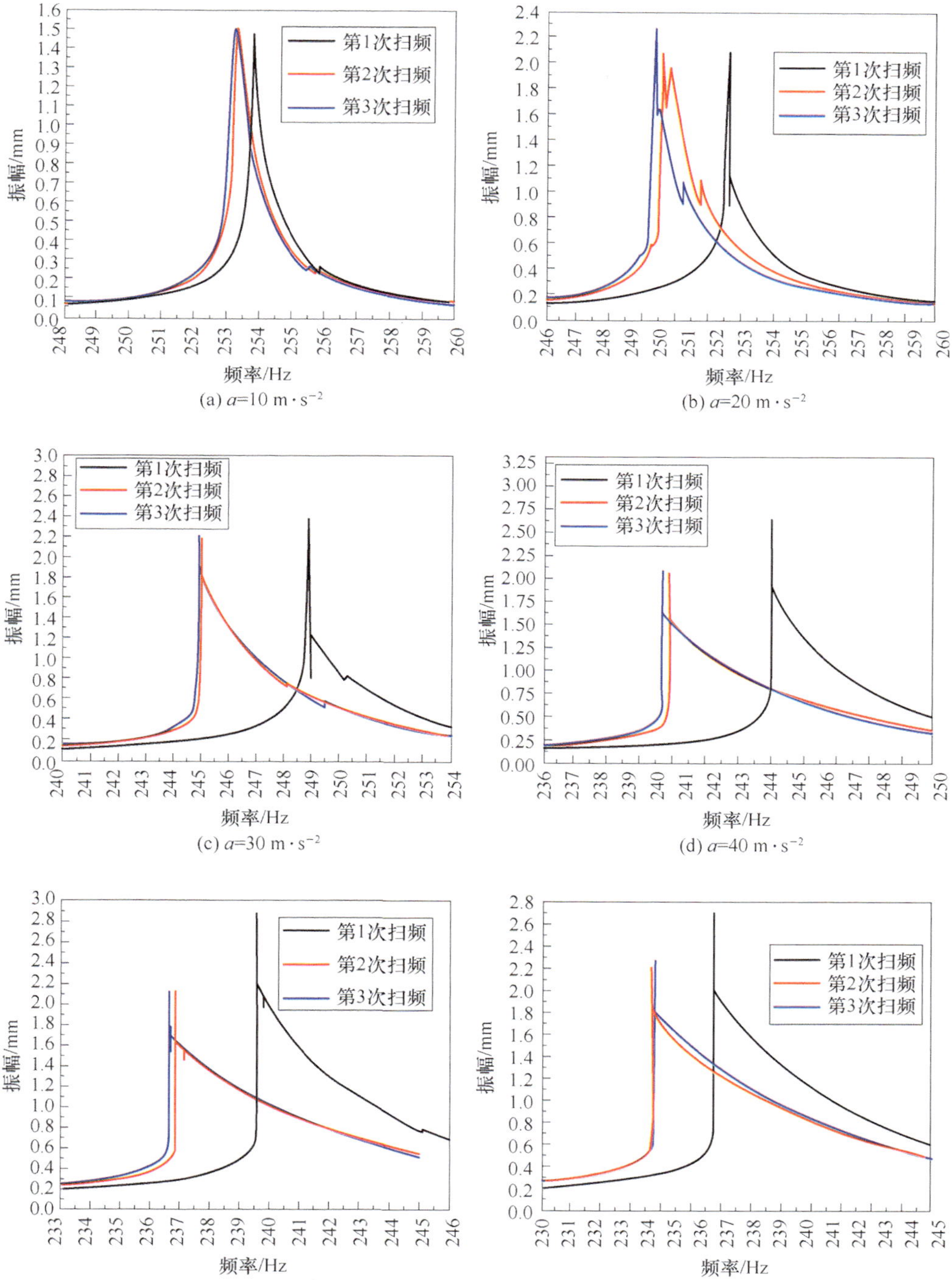

(a) a=10 m·s^{-2}

(b) a=20 m·s^{-2}

(c) a=30 m·s^{-2}

(d) a=40 m·s^{-2}

(e) a=50 m·s^{-2}

(f) a=60 m·s^{-2}

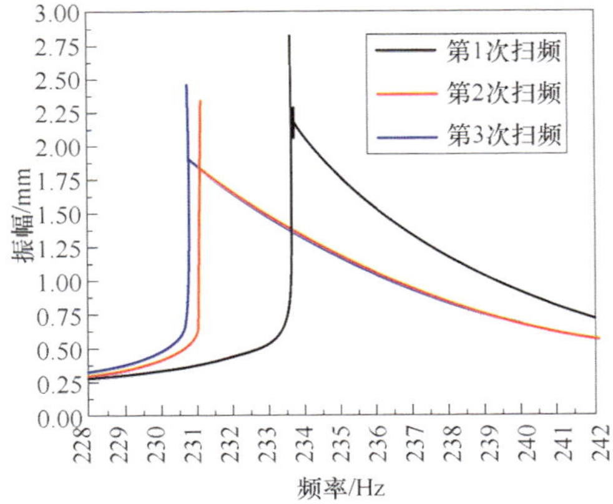

(g) a=70 m·s^{-2}

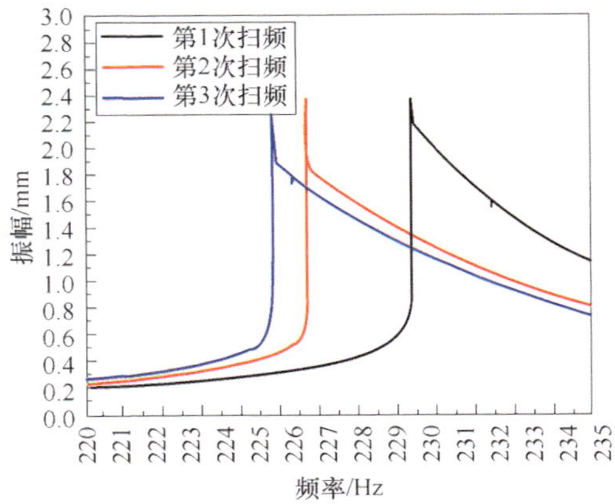

(h) a=80 m·s^{-2}

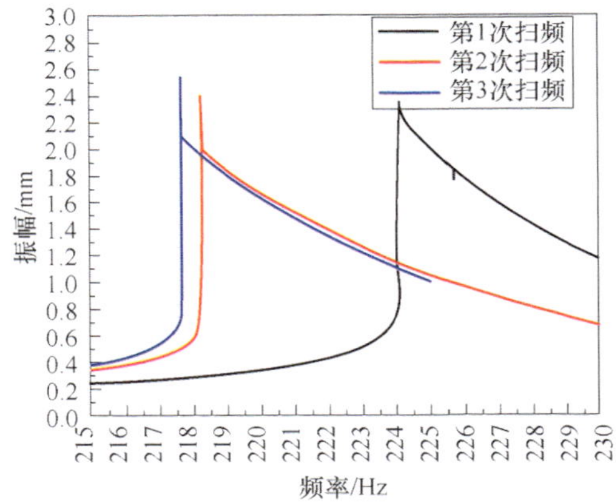

(i) a=90 m·s^{-2}

图 10.4　平纹编织陶瓷基复合材料悬臂梁在不同载荷下的振幅-频率曲线

10.3　损伤对陶瓷基复合材料结构动力学响应的影响

典型的平纹编织陶瓷基复合材料的加卸载曲线如图 10.5 所示。在载荷增加过程中,陶瓷基复合材料存在着基体开裂、界面脱粘/滑移、纤维拔出和纤维断裂等复杂损伤模式,这些损伤随着载荷增加是逐渐发展的,从而体现出复杂的非线性本构行为,最显著的特征便是刚度退化和迟滞行为。这些非线性本构行为会显著影响结构的动力学特性:一方面,材料弹性模量的降低会降低结构的刚度,进而降低固有频率;另一方面,迟滞行为会显著增加材料在加卸载过程中吸收的能量,进而增加结构的阻尼。本小节将基于振动台扫频结果,阐述材料损伤对结构振动特性的影响。

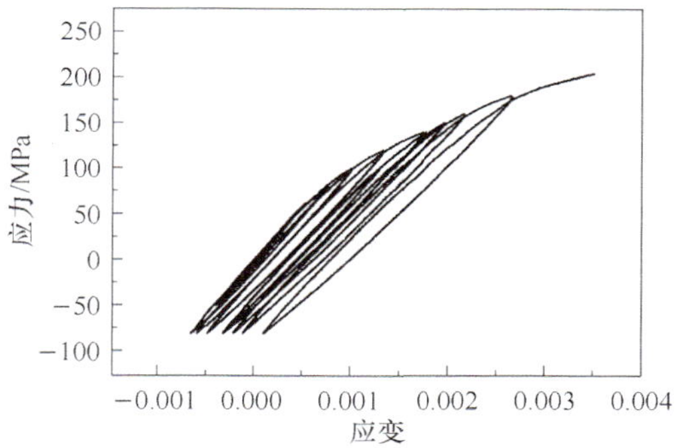

图 10.5　陶瓷基复合材料加卸载应力应变关系

10.3.1　刚度退化

在同一载荷下的多次扫频会加剧材料的损伤，位移幅频特性曲线随扫频次数的变化即体现了损伤的影响。损伤会造成结构刚度下降、固有频率降低，所以可以看到图 10.4 中的位移幅频特性曲线在多次扫频时在逐渐往低频方向移动。进一步从幅频特性曲线中提取出第一阶固有频率 ω_1，分别绘制 ω_1 与扫频次数及载荷大小的关系曲线，如图 10.6 所示。可见，ω_1 随着扫频次数的增加而降低，且载荷越大，ω_1 下降的程度越明显。在 $a=5\ \mathrm{m\cdot s^{-2}}$ 时，第三次扫频测得的 ω_1 值较初始值几乎不发生变化，表明小载荷造成的陶瓷基复合材料损伤较小；而在 $a=90\ \mathrm{m\cdot s^{-2}}$ 时，第三次扫频测得的 ω_1 值较初始值下降 2.9%，凸显了材料损伤对固有频率的影响。同时，ω_1 与 a 成反比，越大的载荷产生越大的损伤，从而固有频率降低得越多。

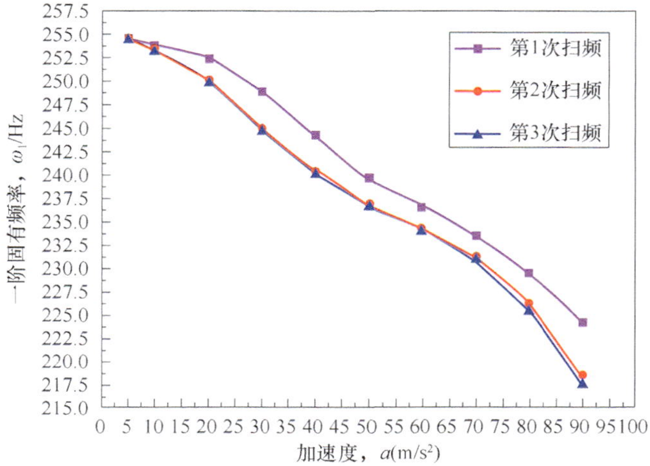

图 10.6　平纹编织陶瓷基复合材料梁第一阶
固有频率与扫频次数及载荷大小的关系曲线

10.3.2 迟滞阻尼

从幅频特性曲线中提取出第一阶阻尼比 ζ_1。分别绘制 ζ_1 与扫频次数及载荷大小的关系曲线，如图 10.7 所示。随着载荷的增大、扫频次数的增加，阻尼比总体也呈现增大趋势，但是具有很强的非线性表现。

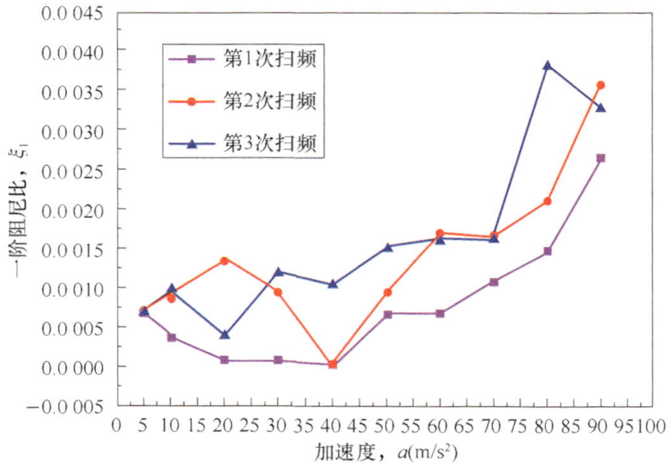

图 10.7 ζ_1 随扫频次数 a 的变化曲线

10.3.3 综合影响

刚度降低引起的结构软化现象会使结构位移增大，但材料阻尼的增大又对位移的增大起抑制作用。在这两种因素的耦合作用下，陶瓷基复合材料悬臂梁在共振时达到的位移峰值 u_{max} 与扫频次数的关系是非线性且非单调变化的，如图 10.8 所示。

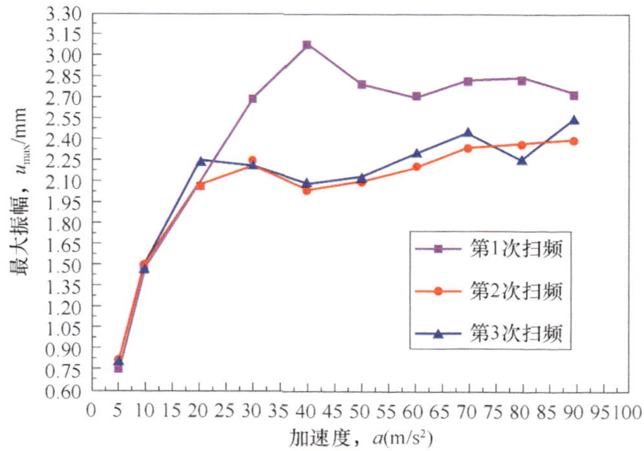

图 10.8 共振时的位移峰值与扫频次数及载荷大小的关系曲线

平纹编织陶瓷基复合材料悬臂梁振动响应的非线性不仅体现在幅频特性曲线的偏移现象，还体现在幅频特性曲线的多峰现象。图 10.9 给出了典型的多峰值位移幅频特性曲线，$a=5\ \mathrm{m\cdot s^{-2}}$ 时位移幅频特性曲线出现了三个位移峰值点，$a=10\ \mathrm{m\cdot s^{-2}}$ 时位移幅频特性曲线出现了四个位移峰值点。线性系统的幅频特性曲线是单峰且连续光滑的，位移幅频特性曲线的多峰现象是非线性系统的特有现象。

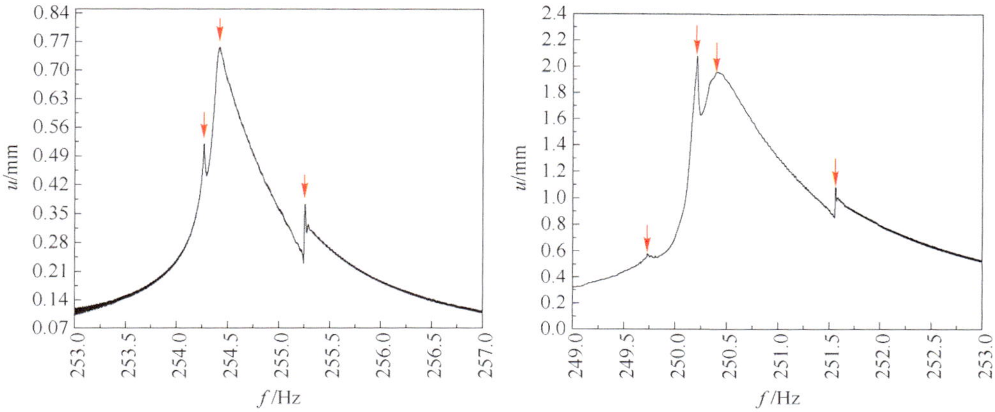

(a) a=5 m/s²　　(b) a=20 m/s²

图 10.9　典型的多峰值位移幅频特性曲线

10.4　陶瓷基复合材料结构动力学分析的时域法

10.4.1　直接积分法

传统的动力学分析基于线性振动理论，无法考虑陶瓷基复合材料复杂的非线性本构行为。为此，本节提出一种基于显式动力学的陶瓷基复合材料结构非线性振动分析方法。

基于等效积分的伽辽金提法，可运动微分方程表示为式(10.1)，其中 Ω 为计算域，Γ 为外力作用域，$\boldsymbol{\sigma}$ 为内力场，$\boldsymbol{q}$ 为外力场，$\boldsymbol{u}$ 为位移场，ρ 为密度，c 为阻尼系数。

$$\int_{\Omega}\boldsymbol{\sigma}\delta\boldsymbol{\varepsilon}\,\mathrm{d}V-\int_{\Omega}\rho\,\ddot{u}\delta\boldsymbol{u}\,\mathrm{d}V-\int_{\Omega}c\,\ddot{u}\delta\boldsymbol{u}\,\mathrm{d}V=\int_{\Gamma}\boldsymbol{q}\delta\boldsymbol{u}\,\mathrm{d}S \tag{10.1}$$

对式(10.1)在空间上进行离散(上标 e 表示有限元单元)，可得式(10.2)：

$$\sum_{e}\int_{\Omega^e}\sigma^e\delta\boldsymbol{\varepsilon}^e\,\mathrm{d}V-\sum_{e}\int_{\Omega^e}\boldsymbol{\rho}\,\ddot{u}^e\delta\boldsymbol{u}^e\,\mathrm{d}V-\sum_{e}\int_{\Omega^e}c\,\dot{\boldsymbol{u}}^e\delta\boldsymbol{u}^e\,\mathrm{d}V=\sum_{e}\int_{\Gamma^e}\boldsymbol{q}^e\delta\boldsymbol{u}^e dS \tag{10.2}$$

将单元内任一点的应变、位移用结点位移插值表示为式(10.3)的形式，其中 N_i^e

为单元第 i 个结点的形函数，$\boldsymbol{a}$ 为单元结点位移向量，B^e 为单元几何矩阵。

$$\boldsymbol{u}^e=\sum_{i=0}^{n}N_i^e\boldsymbol{a}_i^e,\quad \boldsymbol{\varepsilon}^e=\begin{bmatrix}\dfrac{\partial}{\partial x} & 0\\ 0 & \dfrac{\partial}{\partial y}\\ \dfrac{\partial}{\partial x} & \dfrac{\partial}{\partial y}\end{bmatrix}\sum_{i=0}^{n}\boldsymbol{N}_i^e\boldsymbol{a}_i^e=\boldsymbol{B}^e\boldsymbol{a}^e \tag{10.3}$$

引入单元结点自由度与总体自由度转换矩阵 $\boldsymbol{G}^e$，将结点位移 $\boldsymbol{a}^e$ 用结构位移 $\boldsymbol{a}$ 表示为式(10.4)的形式。

$$\boldsymbol{a}^e=G^e\boldsymbol{a} \tag{10.4}$$

将式(10.3)和(10.4)带入(10.2)，化简得式(10.5)。

$$\begin{aligned}&\left(\sum_e\int_{\Omega^e}\boldsymbol{\sigma}^{eT}\boldsymbol{B}^e\boldsymbol{G}^e\mathrm{d}V\right)\delta\boldsymbol{a}-\ddot{\boldsymbol{a}}^T\left(\sum_e\int_{\Omega^e}\rho\boldsymbol{G}^{eT}\boldsymbol{N}^{eT}\boldsymbol{N}^e\boldsymbol{G}^e dV\right)\delta\boldsymbol{a}-\\&\dot{\boldsymbol{a}}^T\left(\sum_e\int_{\Omega^e}\rho\boldsymbol{G}^{eT}\boldsymbol{N}^{eT}\boldsymbol{N}^e\boldsymbol{G}^e\mathrm{d}V\right)\delta\boldsymbol{a}\\&=\left(\sum_e\int_{\Gamma^e}\boldsymbol{q}^{eT}\boldsymbol{N}^e\boldsymbol{G}^e\mathrm{d}S\right)\delta\boldsymbol{a}\end{aligned} \tag{10.5}$$

式(10.5)可进一步简写为式(10.6)的形式。

$$\boldsymbol{K}^T\delta\boldsymbol{a}-\ddot{\boldsymbol{a}}^T\boldsymbol{M}^T\boldsymbol{a}-\dot{\boldsymbol{a}}^T\boldsymbol{C}^T\delta\boldsymbol{a}=\boldsymbol{Q}^T\delta\boldsymbol{a} \tag{10.6}$$

由于 $\delta\boldsymbol{a}$ 的任意性，因此上式必须满足：

$$\boldsymbol{K}^T-\ddot{\boldsymbol{a}}^T\boldsymbol{M}^T-\dot{\boldsymbol{a}}^T\boldsymbol{C}^T=\boldsymbol{Q}^T \tag{10.7}$$

转置，得

$$\boldsymbol{M}\ddot{\boldsymbol{a}}+\boldsymbol{C}\dot{\boldsymbol{a}}=\boldsymbol{K}-\boldsymbol{Q} \tag{10.8}$$

式中，

$$\begin{cases}\boldsymbol{M}=\sum_e\int_{\Omega^e}\rho\boldsymbol{G}^{eT}\boldsymbol{N}^{eT}\boldsymbol{N}^e\boldsymbol{G}^e\mathrm{d}V\\ \boldsymbol{C}=\sum_e\int_{\Omega^e}c\boldsymbol{G}^{eT}\boldsymbol{N}^{eT}\boldsymbol{N}^e\boldsymbol{G}^e\mathrm{d}V\\ \boldsymbol{K}=\sum_e\int_{\Omega^e}\boldsymbol{G}^{eT}\boldsymbol{B}^{eT}\boldsymbol{\sigma}^e\mathrm{d}V\\ \boldsymbol{Q}=\sum_e\int_{\Gamma^e}\boldsymbol{G}^{eT}\boldsymbol{N}^{eT}\boldsymbol{q}\,\mathrm{d}S\end{cases} \tag{10.9}$$

需要说明的是，此处 $\boldsymbol{K}$ 不是刚度矩阵，而是一个维度与结构自由度相等的向量，将动力学方程写成这种形式是为之后动力学方程求解提供便利。$\boldsymbol{K}$ 虽然不是刚度矩阵，但是其实际上能反映陶瓷基复合材料的刚度，材料的非线性在 $\boldsymbol{\sigma}$ 中得以体现。

为保证计算精度，本章采用为 20 节点等参单元对三维陶瓷基复合材料梁进行离散，等参单元的结点编号($I,J\cdots B$)、单元坐标系($s,\ t,\ r$)如下图所示。

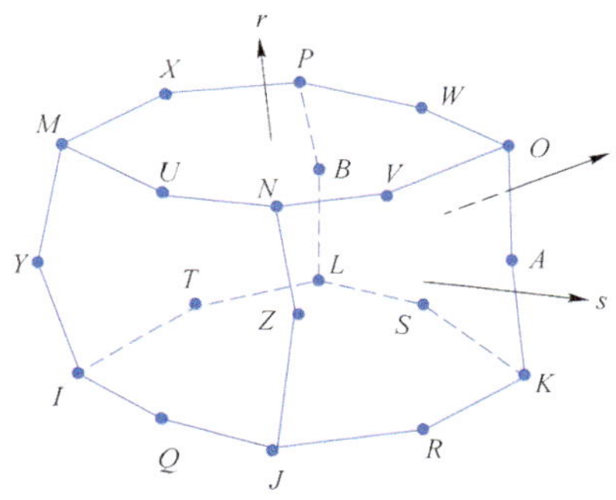

图 10.10　二十节点等参单元示意图

20 节点单元的其中 8 个角结点的形函数为：

$$
\begin{cases}
N_I=\dfrac{1}{8}(1-s)(1-t)(1-r)(-s-t-r-2),N_M=\dfrac{1}{8}(1-s)(1-t)(1+r)(-s-t+r-2),\\
N_J=\dfrac{1}{8}(1+s)(1-t)(1-r)(s-t-r-2),N_N=\dfrac{1}{8}(1+s)(1-t)(1+r)(s-t+r-2),\\
N_K=\dfrac{1}{8}(1+s)(1+t)(1-r)(s+t-r-2),N_O=\dfrac{1}{8}(1+s)(1+t)(1+r)(s+t+r-2),\\
N_L=\dfrac{1}{8}(1-s)(1+t)(1-r)(-s+t-r-2),N_P=\dfrac{1}{8}(1-s)(1+t)(1+r)(-s+t-r-2).
\end{cases}
\tag{10.10}
$$

12 个边中结点的形函数为：

$$
\begin{cases}
N_Q=\dfrac{1}{4}(1-s^2)(1-t)(1-r),N_W=\dfrac{1}{4}(1-s^2)(1+t)(1+r),\\
N_R=\dfrac{1}{4}(1-t^2)(1+s)(1-r),N_X=\dfrac{1}{4}(1-t^2)(1-s)(1+r),\\
N_S=\dfrac{1}{4}(1-s^2)(1+t)(1-r),N_Y=\dfrac{1}{4}(1-r^2)(1-s)(1-t),\\
N_T=\dfrac{1}{4}(1-t^2)(1-s)(1-r),N_Z=\dfrac{1}{4}(1-r^2)(1+s)(1-t),\\
N_U=\dfrac{1}{4}(1-s^2)(1-t)(1+r),N_A=\dfrac{1}{4}(1-r^2)(1+s)(1+t),\\
N_V=\dfrac{1}{4}(1-t^2)(1+s)(1+r),N_B=\dfrac{1}{4}(1-r^2)(1-s)(1+t).
\end{cases}
\tag{10.11}
$$

则单元内任一点的位移可通过 20 个结点的位移值插值为式(10.12)的形式。

$$
\begin{cases}
u=\displaystyle\sum_{i=1}^{20}N_i(s,t,r)\cdot u_i\\
v=\displaystyle\sum_{i=1}^{20}N_i(s,t,r)\cdot v_i\\
w=\displaystyle\sum_{i=1}^{20}N_i(s,t,r)\cdot w_i
\end{cases}
\tag{10.12}
$$

将式(10.12)写成矩阵形式得到式(10.13)。

$$\begin{Bmatrix} u \\ v \\ w \end{Bmatrix} = \begin{bmatrix} N_I & 0 & 0 & N_J & 0 & 0 & \cdots & N_B & 0 & 0 \\ 0 & N_I & 0 & 0 & N_J & 0 & \cdots & 0 & N_B & 0 \\ 0 & 0 & N_I & 0 & 0 & N_J & \cdots & 0 & 0 & N_B \end{bmatrix} \cdot \begin{Bmatrix} u_J \\ v_J \\ w_J \\ \vdots \\ u_B \\ v_B \\ w_B \end{Bmatrix} \tag{10.13}$$

将位移向量代入几何方程，则应变向量表达式如式(10.14)所示。

$$\begin{Bmatrix} \varepsilon_x \\ \varepsilon_y \\ \varepsilon_z \\ \gamma_{yz} \\ \gamma_{xz} \\ \gamma_{xy} \end{Bmatrix} = [\boldsymbol{B}_I \, \boldsymbol{B}_J \cdots \boldsymbol{B}_B] \cdot \{u_I v_I w_I u_J v_J w_J \cdots u_B v_B w_B\}^T \tag{10.14}$$

其中：

$$\boldsymbol{B}_i = \begin{bmatrix} \dfrac{\partial N_i}{\partial x} & 0 & 0 & \dfrac{\partial N_i}{\partial y} & 0 & \dfrac{\partial N_i}{\partial z} \\ 0 & \dfrac{\partial N_i}{\partial y} & 0 & \dfrac{\partial N_i}{\partial x} & \dfrac{\partial N_i}{\partial z} & 0 \\ 0 & 0 & \dfrac{\partial N_i}{\partial z} & 0 & \dfrac{\partial N_i}{\partial y} & \dfrac{\partial N_i}{\partial x} \end{bmatrix}^T \quad (i=I,J\cdots B) \tag{10.15}$$

矩阵 $\boldsymbol{B}$ 称为几何矩阵，其元素是等参单元形函数对全局坐标$(x,\ y,\ z)$的偏导数，而等参单元的形函数是局部坐标系$(s,\ t,\ r)$的显式表达式。计算形函数对局部坐标的偏导数是容易实现的，然后通过等参变换将对局部坐标的偏导数转换成对全局的偏导数，即可计算 $\boldsymbol{B}$ 矩阵。等参变换的表达式如式(10.16)所示：

$$\begin{Bmatrix} \dfrac{\partial N_i}{\partial x} \\ \dfrac{\partial N_i}{\partial y} \\ \dfrac{\partial N_i}{\partial z} \end{Bmatrix} = \boldsymbol{J}^{-1} \begin{Bmatrix} \dfrac{\partial N_i}{\partial s} \\ \dfrac{\partial N_i}{\partial t} \\ \dfrac{\partial N_i}{\partial r} \end{Bmatrix} \quad (i=I,J\cdots B) \tag{10.16}$$

矩阵 $\boldsymbol{J}$ 为雅可比矩阵(Jacobian matrix)，其表达式如式(10.17)所示：

$$
\boldsymbol{J}=\begin{bmatrix}\frac{\partial x}{\partial s} & \frac{\partial y}{\partial s} & \frac{\partial z}{\partial s}\\ \frac{\partial x}{\partial t} & \frac{\partial y}{\partial t} & \frac{\partial z}{\partial t}\\ \frac{\partial x}{\partial r} & \frac{\partial r}{\partial r} & \frac{\partial r}{\partial r}\end{bmatrix}=\begin{bmatrix}\sum_{i=1}^{20}\frac{\partial N_i(s,t,r)}{\partial s}x_i & \sum_{i=1}^{20}\frac{\partial N_i(s,t,r)}{\partial s}y_i & \sum_{i=1}^{20}\frac{\partial N_i(s,t,r)}{\partial s}z_i\\ \sum_{i=1}^{20}\frac{\partial N_i(s,t,r)}{\partial t}x_i & \sum_{i=1}^{20}\frac{\partial N_i(s,t,r)}{\partial t}y_i & \sum_{i=1}^{20}\frac{\partial N_i(s,t,r)}{\partial t}z_i\\ \sum_{i=1}^{20}\frac{\partial N_i(s,t,r)}{\partial r}x_i & \sum_{i=1}^{20}\frac{\partial N_i(s,t,r)}{\partial r}y_i & \sum_{i=1}^{20}\frac{\partial N_i(s,t,r)}{\partial r}z_i\end{bmatrix}
\tag{10.17}
$$

本章采用高斯积分计算动力学方程所含的矩阵。单元质量矩阵 $\boldsymbol{M}^e$ 可表示为式(10.18)：

$$
\boldsymbol{M}^e=\iiint_{V^e}\rho\boldsymbol{N}^{eT}\boldsymbol{N}^e\,\mathrm{d}x\mathrm{d}y\mathrm{d}z \tag{10.18}
$$

利用等参变换，可知 $\mathrm{d}x\mathrm{d}y\mathrm{d}z=|\boldsymbol{J}|\,\mathrm{d}s\mathrm{d}t\mathrm{d}r$。将其代入上式，并将三重积分用三维高斯积分表示，可求得单元质量矩阵如式(10.19)所示。

$$
\boldsymbol{M}^e=\iiint_{V^e}\rho\boldsymbol{N}^{eT}\boldsymbol{N}^e\,\mathrm{d}x\mathrm{d}y\mathrm{d}z=\int_{-1}^{1}\int_{-1}^{1}\int_{-1}^{1}\rho\boldsymbol{N}^{eT}\boldsymbol{N}^e\,|\boldsymbol{J}|\,\mathrm{d}s\mathrm{d}t\mathrm{d}r=\sum_{1}^{2}\sum_{1}^{2}\sum_{1}^{2}\rho\boldsymbol{N}^{eT}\boldsymbol{N}^e\,|\boldsymbol{J}|
\tag{10.19}
$$

同理，单元阻尼矩阵如式(10.20)所示。

$$
\boldsymbol{C}^e=\sum_{1}^{2}\sum_{1}^{2}\sum_{1}^{2}c\boldsymbol{N}^{eT}\boldsymbol{N}^e\,|\boldsymbol{J}| \tag{10.20}
$$

单元 $\boldsymbol{K}^e$ 如式(10.21)所示。

$$
\boldsymbol{K}^e=\sum_{1}^{2}\sum_{1}^{2}\sum_{1}^{2}\boldsymbol{B}^{eT}\boldsymbol{\sigma}^e\,|\boldsymbol{J}| \tag{10.21}
$$

本章采用中心差分法对动力学方程式(10.8)进行求解。采用该方法计算陶瓷基复合材料结构非线性振动有两个优点：一是计算过程中，避免了矩阵求逆，节约了计算资源；二是避免了变模量本构模型的迭代运算。基于中心差分法，陶瓷基复合材料梁的结构结点加速度向量 $\ddot{\boldsymbol{a}}$ 和结点速度向量 $\dot{\boldsymbol{a}}$ 可以用结点位移向量 $\boldsymbol{a}$ 表示为式(10.22)的形式。

$$
\begin{cases}\ddot{\boldsymbol{a}}_t=\dfrac{1}{\Delta t^2}(\boldsymbol{a}_{t-\Delta t}-2\boldsymbol{a}_t+\boldsymbol{a}_{t+\Delta t})\\[2ex] \dot{\boldsymbol{a}}_t=\dfrac{1}{2\Delta t}(-\boldsymbol{a}_{t-\Delta t}+\boldsymbol{a}_{t+\Delta t})\end{cases} \tag{10.22}
$$

将式(10.22)代入式(10.8)，化简得式(10.23)。

$$
\frac{1}{\Delta t^2}\boldsymbol{M}_t\boldsymbol{a}_{t+\Delta t}+\frac{1}{2\Delta t}\boldsymbol{C}_t\boldsymbol{a}_{t+\Delta t}=\boldsymbol{K}_t-\boldsymbol{Q}_t+\frac{1}{\Delta t^2}\boldsymbol{M}_t(2\boldsymbol{a}_t-\boldsymbol{a}_{t-\Delta t})+\frac{1}{2\Delta t}\boldsymbol{C}_t\boldsymbol{a}_{t-\Delta t} \tag{10.23}
$$

在梁的振动过程中，$\boldsymbol{M}$ 与时间无关。陶瓷基复合材料损伤导致迟滞现象引起的阻尼会在 $\boldsymbol{K}_t$ 中得以体现，故令方程中的 $\boldsymbol{C}_t$ 为 0，则式(10.23)可进一步简化为式(10.24)的形式。

$$\boldsymbol{a}_{t+\Delta t}=\boldsymbol{M}^{-1}(\boldsymbol{K}_t-\boldsymbol{Q}_t)\Delta t^2+2\boldsymbol{a}_t-\boldsymbol{a}_{t-\Delta t} \tag{10.24}$$

由式(10.24)可知，下一时刻$(t+\Delta t)$的结点位移向量$\boldsymbol{a}_{t+\Delta t}$可以通过当前时刻$t$和前一时刻$(t-\Delta t)$的结点位移向量$\boldsymbol{a}_t$和$\boldsymbol{a}_{t-\Delta t}$计算。在振动过程中$\boldsymbol{K}_t$反映了陶瓷基复合材料的非线性本构行为，实际上材料的变刚度和迟滞行为引起的阻尼都能在$\boldsymbol{K}_t$中得以体现，$\boldsymbol{Q}_t$为外载荷。

需要指出的是，中心差分法的稳定性取决于计算的时间步长Δt。当Δt小于等于临界值Δt_{cr}时，算法是稳定的，否则计算结果会发散。中心差分法稳定性条件如式(10.25)所示。

$$\Delta t\leqslant\Delta t_{cr}=\frac{2}{\omega_n}=\frac{T_n}{\pi} \tag{10.25}$$

式中，ω_n为振动系统最高阶固有频率，T_n为最小周期。由于系统的最小振动周期总是大于等于最小尺寸单元的最小固有振动周期，因此只要找出最小单元尺寸$L^e_{\min}$，即可通过式(10.26)估算T_n。

$$T_n=\frac{\pi L^e_{\min}}{\sqrt{E/\rho}} \tag{10.26}$$

在陶瓷基复合材料动力学计算中，由于陶瓷基复合材料的各向异性，各方向的弹性模量是不同的，要找到沿着不同纤维方向各自对应的最小尺寸单元，找到最小的Δt_{cr}。如果振动过程中陶瓷基复合材料发生了损伤，其弹性模量E会相应减小，Δt_{cr}会增大，中心差分法计算会趋向于稳定，因此仅需考虑陶瓷基复合材料结构的初始Δt_{cr}即可。

10.4.2 陶瓷基复合材料梁时域响应计算

采用上述时域响应计算方法，对单向陶瓷基复合材料梁的振动响应进行计算。单向陶瓷基复合材料梁的有限元模型如图10.11所示。

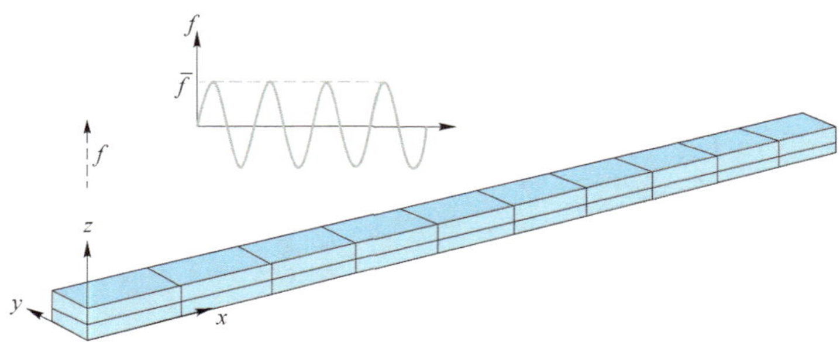

图10.11 单向陶瓷基复合材料梁有限元模型

施加全局简谐惯性力，其表达式如式(10.27)所示：

$$\boldsymbol{f}=(0,0,f)^T=(0,0,\bar{f}\sin\omega t)^T \tag{10.27}$$

采用 shear - lag 模型计算陶瓷基复合材料结构的非线性本构行为，所用参数如表 10.1 所示。

表 10.1 Shear - lag 模型参数

Item	Value	Item	Value
E_f/GPa	133	E_m/GPa	120
v_f	0.2	v_m	0.8
τ_i/MPa	50	$r_f/\mu m$	6
$\alpha_f/\times10^{-6}$/℃	−0.38	$\alpha_m/\times10^{-6}$/℃	2.8
L_{sat}/mm	0.54	ΔT/℃	−1000
σ_{mR}/MPa	140	m	2

当载荷为 20 m/s^2，扫频方向为递增时，计算所得单向陶瓷基复合材料梁自由端的位移时域响应如图 10.12 所示。在图 10.12(a)中，激励频率为 244.40 Hz，梁根部在振动过程中的最大应力为 19.4 MPa，此时的损伤可以忽略，可见陶瓷基复合材料梁自由端位移呈现拍振现象。这是由于在损伤较小的情况下，陶瓷基复合材料的阻尼很小，振动过程中系统耗散的能量也很少。施加的简谐惯性力对振动系统时而做正功时而做负功，因此振动系统的机械能时大时小，呈现拍振现象。

随着激励频率的增加，位移响应的幅值也相应增大，但是拍振现象会逐渐消失(图 10.12(b))。这是因为随着位移的增大，陶瓷基复合材料结构的损伤程度也会加剧，从而为振动系统引入了阻尼，使得振动系统能量的输入与输出近乎相等。此时振动系统机械能近似不变，从而位移响应呈现等幅振动。在前述的动力学控制方程中，黏性阻尼系数 c 在计算中赋值为 0，然而求得的共振点位移响应却不是无限大，说明材料损伤产生的阻尼抑制了振幅的无限大趋势。因此，体现陶瓷基复合材料本构非线性的向量 $\boldsymbol{K}$ 在动力学控制方程中产生了刚度、阻尼的作用。

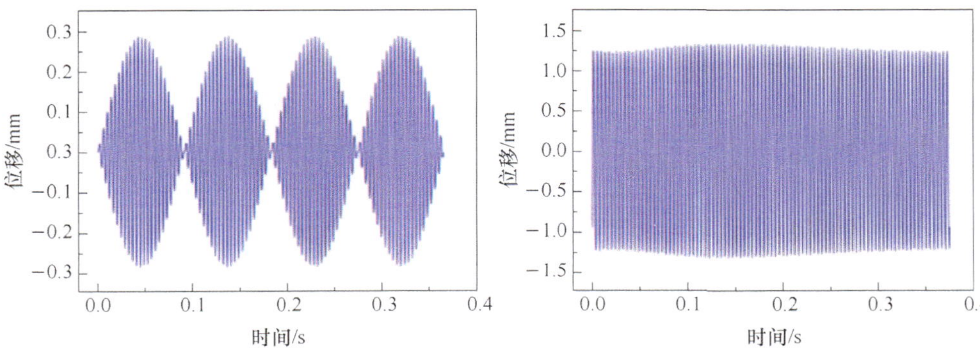

(a) 小损伤拍振　(b) 大损伤等幅振动

图 10.12 单向陶瓷基复合材料梁时域响应

陶瓷基复合材料梁在 20 m/s^2 载荷下的递增幅频曲线如图 10.13 所示，可以发现幅频曲线中有一次波动，这是因为陶瓷基复合材料损伤后产生的阻尼抑制了振幅的增加。这种现象在试验中也有发生，但是只会在当前扫频之前陶瓷基复合材料未发生损伤时才会发生。如图 10.14 所示，陶瓷基复合材料的裂纹在仿真过程中，由无限大(未开裂)，到 31 mm(244.2 Hz)，21 mm(244.4 Hz)，7.3 mm(245.0 Hz)以及 7.0 mm(245.2 Hz)，可见随着振幅的增大，裂纹密度不断增加，陶瓷基复合材料的损伤在加剧。

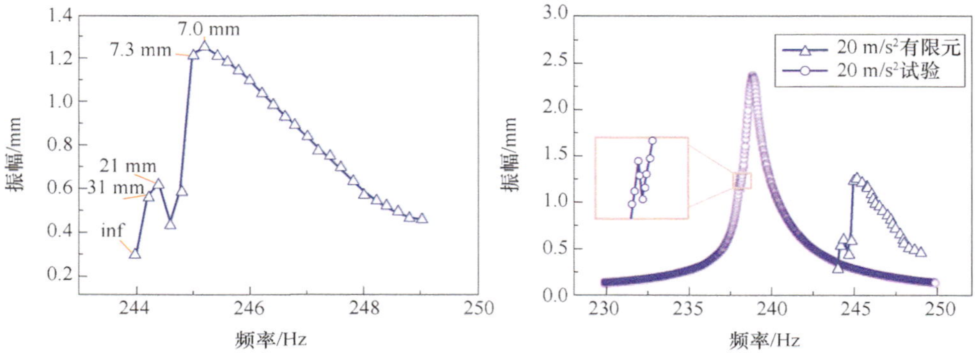

(a) 幅频曲线仿真结果　(b) 与试验结果对比

图 10.13　单向陶瓷基复合材料梁幅频曲线

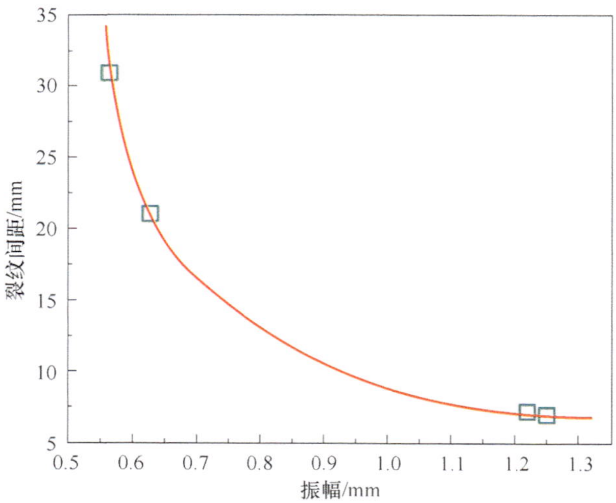

图 10.14　裂纹间距随振幅变化关系图

为研究不同载荷水平下陶瓷基复合材料梁的幅频曲线，本章计算了在载荷分别为 20 m/s^2 和 30 m/s^2 下陶瓷基复合材料梁的递增/递减扫频幅频曲线。图 10.15 为计算结果与试验的对比，可见陶瓷基复合材料梁的固有频率会随着载荷的增加而减小，这是陶瓷基复合材料损伤引起的结构刚度退化导致的。此外，在同一载荷下的递增/递减幅频曲线，递增的幅频曲线与递减的相比更为“尖锐”，与试验结果类似，这是由刚度退化导致的。随着载荷的增大，裂纹在基体中加密，导致刚度的降低和迟滞加剧，这也是幅频曲线发生变化的原因。然而，与试验结果相比，数值计算的振幅明显偏小且共振频率偏高。其原因为：shear - lag 模型估算的迟滞环比实际的迟滞环更宽，导致每个振动周期耗散的能量更多且阻尼更大，导致振幅计算结果偏小；陶瓷基复合材料梁的铝制固定装置降低了振动系统的刚度导致计算的共振频率偏高。

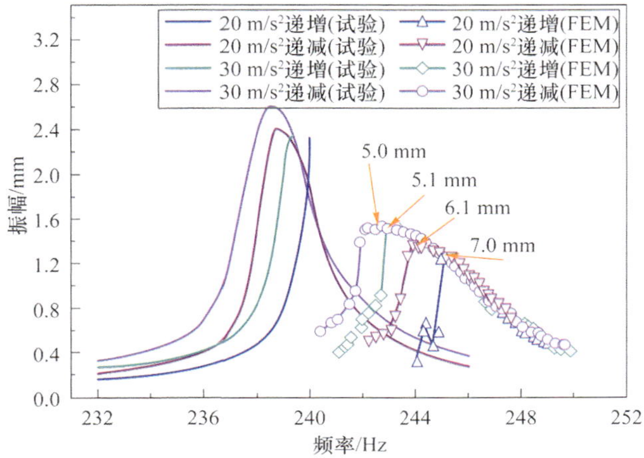

图 10.15　单向陶瓷基复合材料梁递增/递减扫频下的幅频曲线

10.5　陶瓷基复合材料结构动力学分析的频域法

10.5.1　陶瓷基复合材料结构稳态响应计算

如前所述，陶瓷基复合材料结构在振动过程中产生的损伤会造成材料刚度的非线性变化，是典型的非线性系统。变化的刚度使得系统模态解也是时间的函数，导致传统的线性系统响应分析方法不再适用。为了解决该问题，本章将陶瓷基复合材料的非线性动力学过程简化成无数小段的线性过程。每一个线性段中，材料属性被看成与时间无关的常量，由材料当前损伤情况决定。因此，线性的振型叠加法适用在每个计算步中。此外，弹性矩阵反映着材料的属性，陶瓷基复合材料的非线性本构行为也导致 D 矩阵是与时间相关的变量矩阵。通过拉伸曲线可以确定当前损伤状况下的割线刚度，即

$$E(t)=\sigma(t)/\varepsilon(t) \tag{10.28}$$

用当前计算出的割线刚度更新弹性矩阵，将更新后的 $\boldsymbol{D}$ 矩阵作为下一迭代步的初始条件，同步更新刚度矩阵 $\boldsymbol{K}$ 和阻尼矩阵 $\boldsymbol{C}$，并利用振型叠加法不断计算出当前损伤情况下的位移响应。应力、应变响应可分别根据物理方程和几何方程计算得到，其中 x 方向的应力分量由本构曲线真实确定。根据损伤不可逆原则，下一个迭代步只会产生新损伤，而不会消除原来的损伤。因此，整个计算过程中，损伤是不断累积的非线性量。据此，本章规定若计算出的割线刚度小于该计算步的初始割线刚度值，表示损伤递增，则采用计算出来的新割线刚度值作为下一步的初始值；反之，则采用历史最小割线刚度作为下一步的初始值。当循环结束，应力值 $\sigma_x(t)$ 趋于稳定值，则迭代求解的 $E_x(t)$ 也应趋于定值。本程序认为当前计算出的 $E_x(t)$ 值较上一迭代步计算出的 $E_x(t)$ 值相对误差小于 10^{-6} 时求解稳定，计算完成。由于每个单元根据各自不同的损伤程度进行了实时刚度折减，所以整个振动计算过程是非线性的，其流程图如图 10.16 所示。

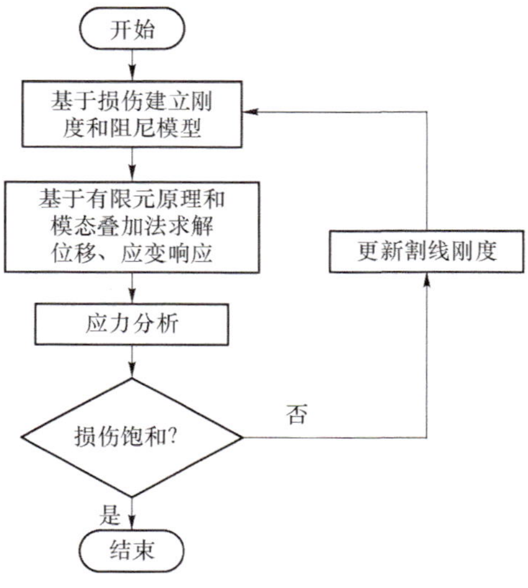

图 10.16　非线性振动计算流程图

本节所研究的无损状态下平纹编织陶瓷基复合材料悬臂梁的弹性参数如表 10.2 所示。

表 10.2　平纹编织陶瓷基复合材料的弹性参数

E_x/GPa	E_y/GPa	E_z/GPa	G_{xy}/GPa	G_{xz}/GPa	G_{yz}/GPa	υ_{xy}	υ_{xz}	υ_{yz}
162.07	74.12	74.12	24.20	24.20	28.88	0.32	0.32	0.29

基于图 10.5 中试验曲线拟合所得的平纹编织陶瓷基复合材料单向拉伸应力应变曲线如图 10.17 所示，其参数化表示如式(10.29)所示。陶瓷基复合材料受压时的非线性在此不予考虑。

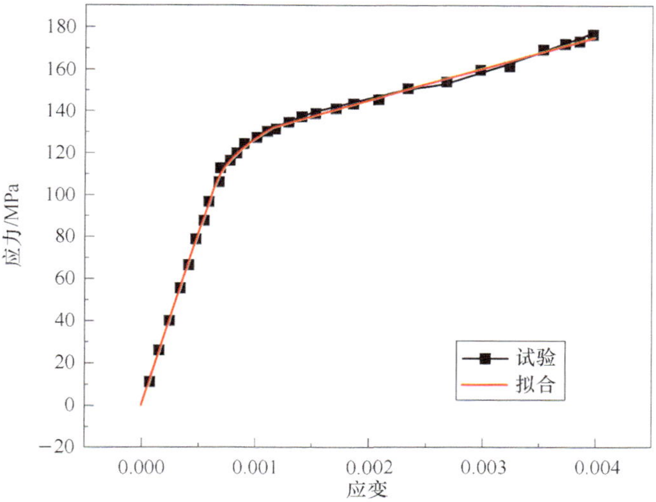

图 10.17　平纹编织陶瓷基复合材料单向拉伸试验曲线与拟合曲线对比

$$\sigma_x=\begin{cases}162065.9\times\varepsilon_x\ (\varepsilon_x\leqslant 0.00068)\\ -38.56+418725.3\times\varepsilon_x-3.82\text{e}8\times\varepsilon_x^2+1.281\text{e}11\times\varepsilon_x^3\ (0.00068<\varepsilon_x\leqslant 0.0011)\\ 15362.03\times\varepsilon_x+113.68\ (\varepsilon_x>0.0011)\end{cases}\tag{10.29}$$

针对平纹编织陶瓷基复合材料悬臂梁，分别采用欧拉-伯努利梁模型、商用有限元软件和自编有限元计算程序计算无损伤状况下结构的固有频率。所得结果如表 10.3 所示，可见三种方法计算出的固有频率相差不大，且与试验测得的第一阶固有频率(256.44 Hz)相近。

表 10.3　平纹编织陶瓷基复合材料悬臂梁无损伤状态下的固有频率

固有频率	欧拉-伯努利梁模型	商用有限元软件	自编有限元计算程序
ω_1/Hz	258.54	259.01	258.29
ω_2/Hz	/	507.92	506.15
ω_3/Hz	1620.24	1610.00	1593.16

图 10.18－10.20 进一步给出了外激励幅值分别为 60 m/s²、70 m/s²、80 m/s²、90 m/s² 时，通过有限元动力学仿真获得的陶瓷基复合材料悬臂梁位移、刚度及固有频率响应。由此可见，在非线性频率区间，陶瓷基复合材料悬臂梁的端部位移响应呈现非线性变化，材料割线刚度及固有频率均在损伤影响下随着迭代过程逐渐降低，而固有振型受损伤的影响很小，这与试验观察所得规律一致。

基于前述稳态振动响应计算结果，可得陶瓷基复合材料悬臂梁第一阶固有频率附近的位移幅频特性曲线，如图 10.21 所示。从图中同样可以在区域 2 内观察到稳

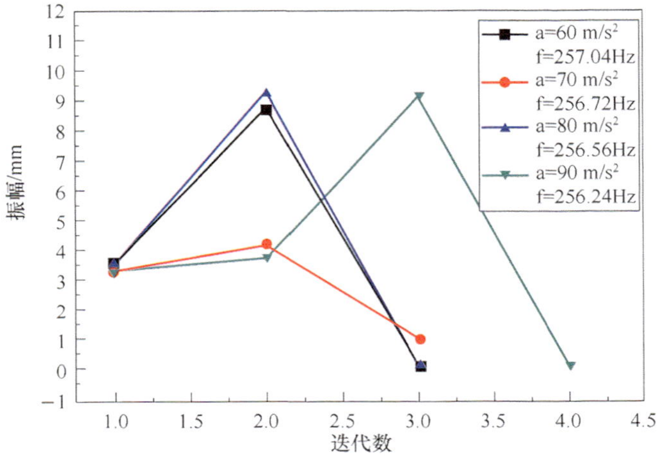

图 10.18　中间频率区间外激励作用下平纹编织陶瓷基复合材料悬臂梁的端部位移变化曲线

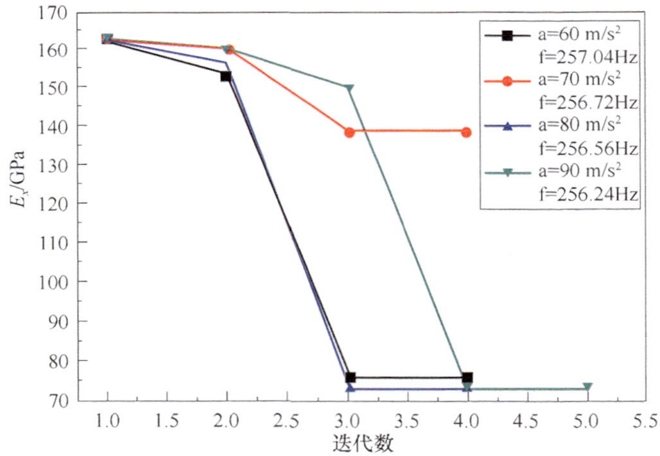

图 10.19　中间频率区间外激励作用下平纹编织陶瓷基复合材料悬臂梁的割线刚度变化曲线

态位移响应的非线性变化及幅频特性曲线的多峰现象。在该区域内，割线刚度受损伤影响发生不同程度的衰减，如图 10.22 所示。将图 10.22 和图 10.21 对比可知，位移响应值越大，刚度折减得越厉害。

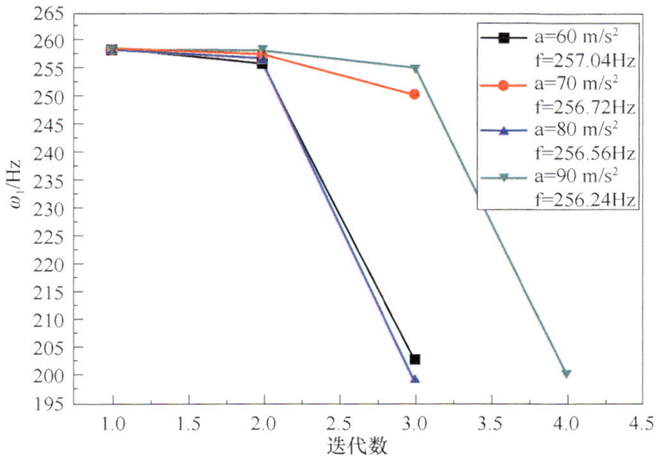

图 10.20　中间频率区间外激励作用下平纹编织陶瓷基复合材料悬臂梁的一阶固有频率变化曲线

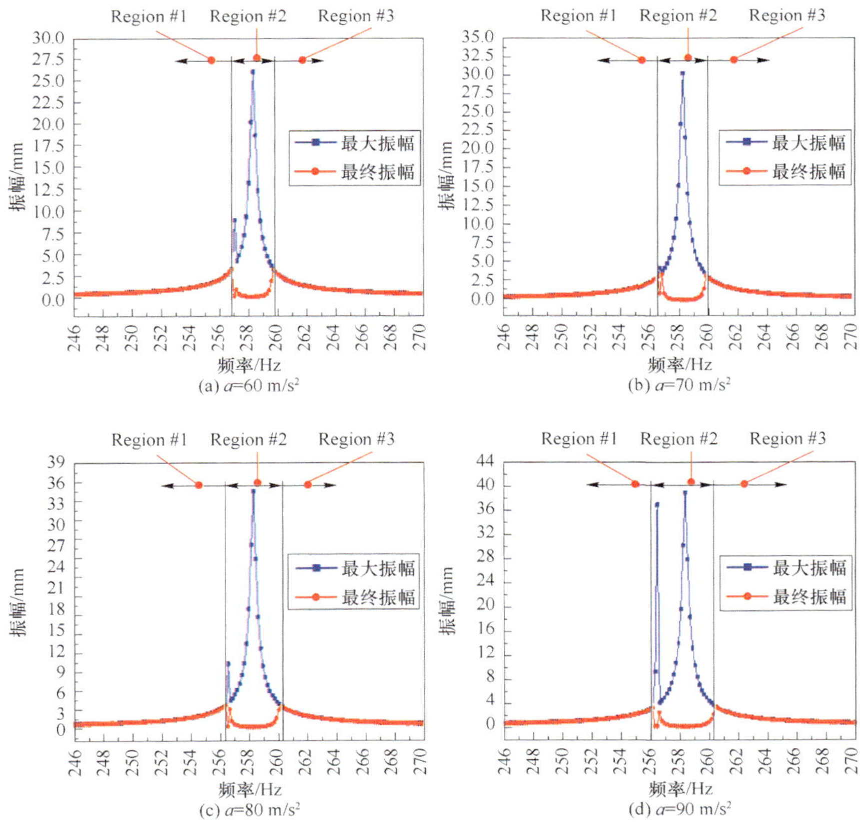

图 10.21　平纹编织陶瓷基复合材料梁的位移幅频特性曲线

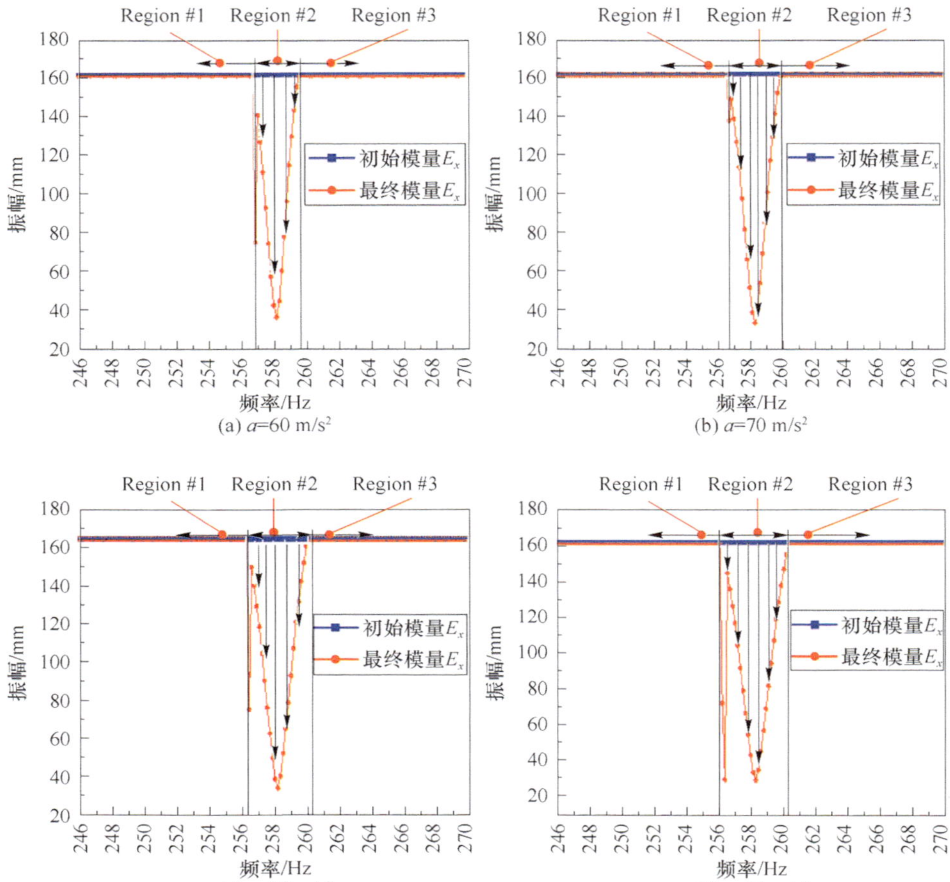

(a) a=60 m/s²　(b) a=70 m/s²

(c) a=80 m/s²　(d) a=90 m/s²

图 10.22　平纹编织陶瓷基复合材料梁的割线刚度随外激励频率的变化曲线

提取图 10.21 和图 10.22 中区域 2 的范围，绘制该频率区间上、下限与载荷幅值的关系，如图 10.23 所示，可见随着载荷的增加，陶瓷基复合材料梁的损伤加剧，非线性频率区间也相应增大。

10.5.2　陶瓷基复合材料涡轮叶片模态分析

如前所述，陶瓷基复合材料结构在载荷作用下产生的损伤会造成刚度的衰减，进而导致结构固有频率的衰减。因此，旋转叶片的固有频率受离心力和材料损伤的耦合影响，若忽略损伤影响而将陶瓷基复合材料理想化成线弹性材料会导致仿真结果不准确。为此，本节提出了综合考虑离心力的刚化和材料的软化作用的陶瓷基复合材料叶片模态分析方法，即在牛顿-拉斐逊法的每一迭代步中根据位移响应实时对每个单元进行不同程度的刚度折减，并在下一个迭代步中更新材料参数，从而进行考虑

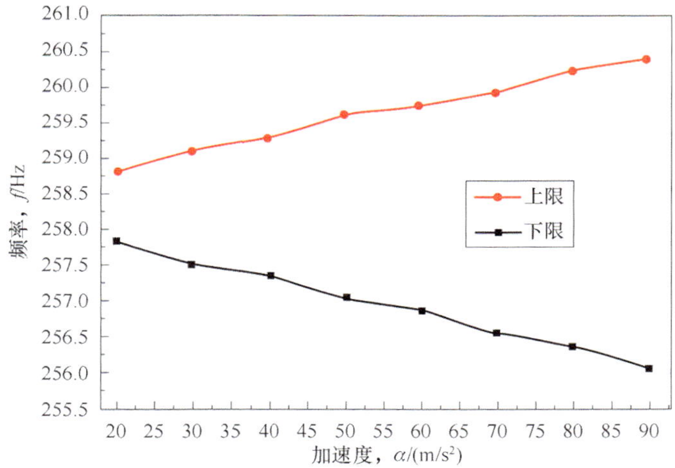

图 10.23　平纹编织陶瓷基复合材料梁的非线性频率区间

材料非线性的预应力模态分析。

本节所用的涡轮叶片的几何模型和有限元模型如下图所示。此外，基于有限元中的材料非线性和几何非线性原理、动力学计算方法，编写了适用于陶瓷基复合材料旋转件稳态响应计算的 C++程序。

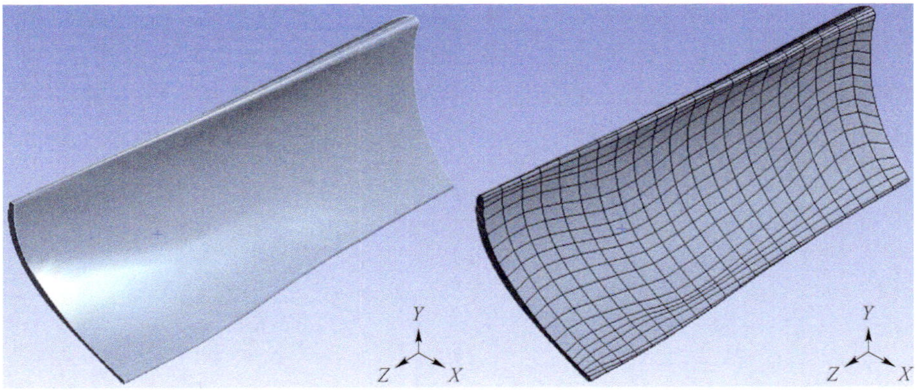

(a) 陶瓷基复合材料涡轮叶片模型　　(b)陶瓷基复合材料涡轮叶

图 10.24　陶瓷基复合材料涡轮叶片模型图和有限元模型图

在陶瓷基复合材料叶片的模态分析中，首先采用自编有限元程序对陶瓷基复合材料叶片进行了预应力模态分析，在不考虑损伤的影响下将计算结果与商业软件计算结果进行对比，结果如图 10.25 所示。由此可见，陶瓷基复合材料叶片的第一阶固有频率随着转速的增大而增大，叶片的动频是与转速成正相关的变量，说明离心力的刚度增强作用明显；自编有限元程序与商业软件的计算结果相比误差较小，在低转速时有最大误差 0.36%,验证了自编有限元程序进行预应力模态计算的准确性。

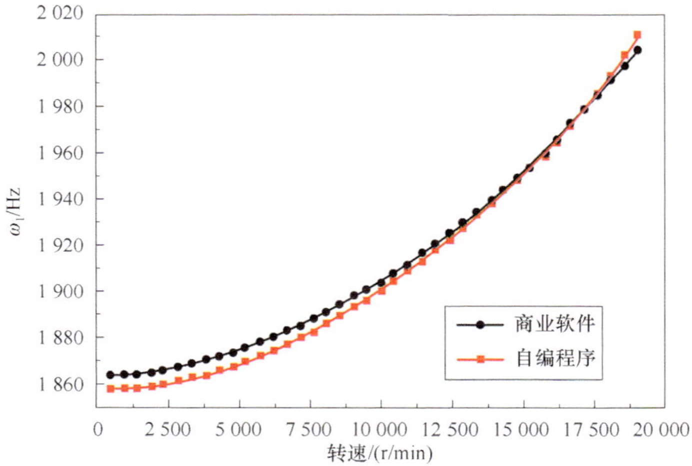

图 10.25　不同转速下自编程序和商业软件计算出的 ω_1 对比图

在上一步的基础上,进一步对比了考虑离心力致陶瓷基复合材料损伤的条件下,自编有限源程序与商业软件对叶片模态响应的预测结果,如图 10.26 所示。由此可知,在低转速时,线性材料和非线性材料计算出的 ω_1 相同;而在高转速时,非线性材料计算出的 ω_1 会略低于线性材料的计算值。这是因为在转速较低时,叶片在离心力作用下被拉长的效果不明显,产生的位移相对较小,从而造成的材料损伤也较小,离心力的刚化作用起主导作用;而高转速下,大变形使得材料受损的程度加剧造成 ω_1 值有所降低,但是 ω_1 随转速增大的单调关系仍然存在,可以理解为在高转速下材料的软化作用削弱了离心力的刚化作用。

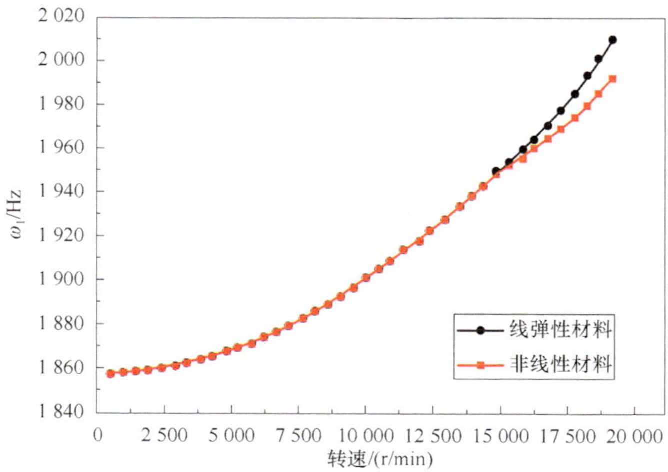

图 10.26　考虑材料非线性计算出的 ω_1 与转速的关系图

10.6　本章小结

本章首先介绍了陶瓷基复合材料结构的振动响应测试方法，然后基于振动测试结果分析了陶瓷基复合材料损伤对结构动力学响应的影响机理。在动力学分析方面，首先介绍了考虑材料损伤的陶瓷基复合材料结构时域响应计算方法和陶瓷基复合材料梁在简谐扫频下的振动响应计算结果。然后，介绍了频域振动响应分析方法和考虑损伤的陶瓷基复合材料梁模态分析结果。最后，介绍了综合考虑离心载荷钢化作用与结构损伤致刚度退化的陶瓷基复合材料涡轮叶片模态分析方法及相关计算结果。

第 11 章 陶瓷基复合材料结构设计与分析案例

11.1　引　言

自 20 世纪 90 年代，欧美开始大力推进陶瓷基复合材料在航空发动机热端部件的应用，应用范围已从中温中等载荷静止件（如调解片、封严片）逐步拓展到高温中等载荷静止件（如火焰筒，涡轮外环，涡轮导向叶片），目前在向高温高载荷转动件（涡轮转子叶片）发展。应用对象主要为 F119、F414、M88－III、EJ200、TRENT800 等军/民用发动机，以研制陶瓷基复合材料部件替换原金属部件进行实机验证为主。2020 年 9 月，装备有陶瓷基复合材料燃烧室火焰筒、第一级高压涡轮导叶和罩环以及第二级高压涡轮导叶的 GE9X 发动机获得商用许可，极大扩展了陶瓷基复合材料在商用发动机上的应用范围。

陶瓷基复合材料热端部件的设计难点主要集中在如何根据陶瓷基复合材料各向异性的特点开展有效的结构设计，使其性能与发动机需求相匹配。考虑到发动机热端部件需要在极端复杂、恶劣的环境中稳定工作，如何在服役环境下进行所设计陶瓷基复合材料部件的可靠性校核也十分关键。

本章基于具体算例，系统地介绍了陶瓷基复合材料涡轮导向叶片、涡轮转子叶片、尾喷管调节片及燃烧室火焰筒等热端部件面向服役环境的设计思路与方法，对结构件的总体与局部外形设计、细观结构设计（包括铺层、纱线编织方式等）方法进行了阐述，其中包含强度分析和优化设计相关内容。

11.2 陶瓷基复合材料涡轮导向叶片

11.2.1 涡轮导向叶片载荷计算

本节以某型号航空发动机高压涡轮导向叶片为例，介绍陶瓷基复合材料涡轮导向叶片的设计及性能计算方法。如图 11.1 所示，涡轮导向叶片主要结构包括上下缘板和叶身，叶片内部冷却结构通常较为复杂。本例中，由于叶片典型工况下进口温度仅为 1000℃，低于陶瓷基复合材料的使用温度上限，因此在性能计算时暂不考虑冷却的影响。

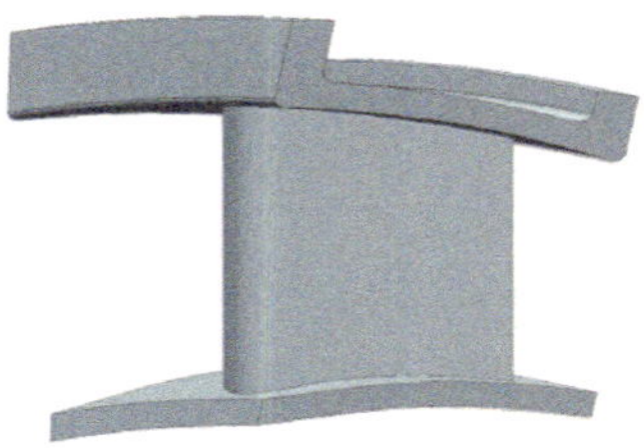

(a) 叶盆面

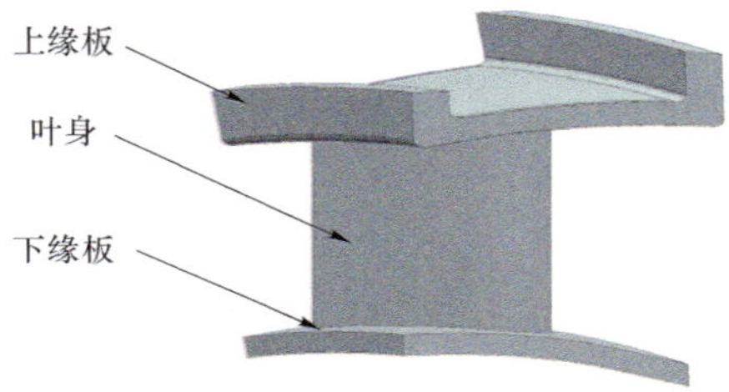

(b) 叶背面

图 11.1 涡轮导向叶片结构示意图

开展叶片气动分析时，首先建立叶栅周期性流道模型。而后在 Fluent 中，流体域设置为理想气体，选用 RNG 型 $k-\varepsilon$ 两方程湍流模型，使用双精度求解模式，选用 SIMPLEC 压力-速度耦合方式以确保计算结果快速收敛。进出口边界设置如表 11.1 所示。

表 11.1 涡轮导向叶片流场计算边界条件设置

边界条件	参数设置
进口总温/K	1300
进口总压/MPa	2000000
出口静压/MPa	1560000

在计算过程中监测残差曲线，当能量、流速以及湍动能等各残差量级小于 1×10^{-3}，并且残差曲线趋于平稳时，可认为计算结束。所得叶片表面温度及压力分布分别如图 11.2、图 11.3 所示。从图 11.2 可以看出，叶片表面温度最高为 1300K，最低为 1151K。叶盆表面温度呈现从前缘到后缘逐渐降低的趋势；叶背表面温度呈现从前缘到后缘先降低、再升高的趋势，低温区产生于叶片喉部的气流转捩区。从

图 11.3 可以看出，叶片表面压力场与温度场分布趋势基本一致。叶片叶盆侧的前缘部位由于经受涡轮进口处高压燃气的直接冲击，形成高压区，低压区位于叶背喉部。

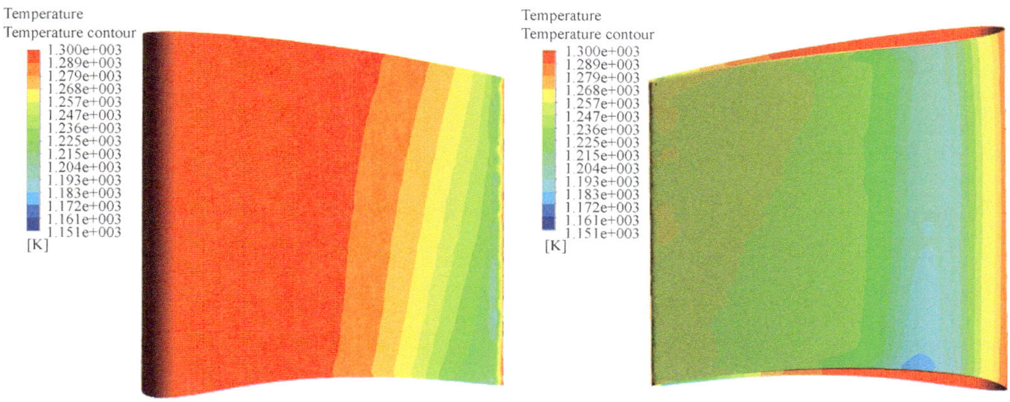

(a) 叶盆面温度场　　(b) 叶背面温度场

图 11.2　某典型工况下涡轮导向叶片表面温度分布图

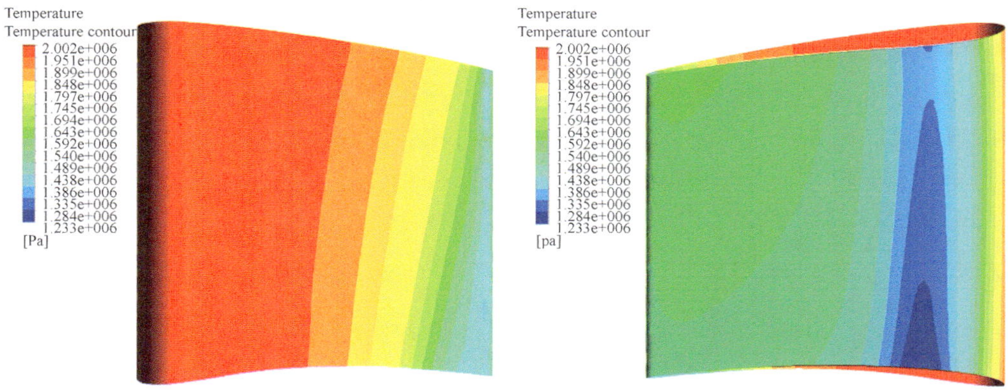

(a) 叶盆面压力场　　(b) 叶背面压力场

图 11.3　某典型工况下涡轮导向叶片表面压力分布图

11.2.2　陶瓷基复合材料涡轮导向叶片铺层结构设计

11.2.2.1　叶片缘板结构设计

导向叶片缘板主要有以下作用：为叶身提供支撑，固定叶身；封严流道，保证流道的气密性；连接燃烧室出口、机匣和涡轮外环，确保涡轮结构件定位准确。导向叶片上下缘板要根据与其连接的结构和工作环境进行设计，具有一定的灵活性，但应尽量简单、尺寸紧凑、便于加工。

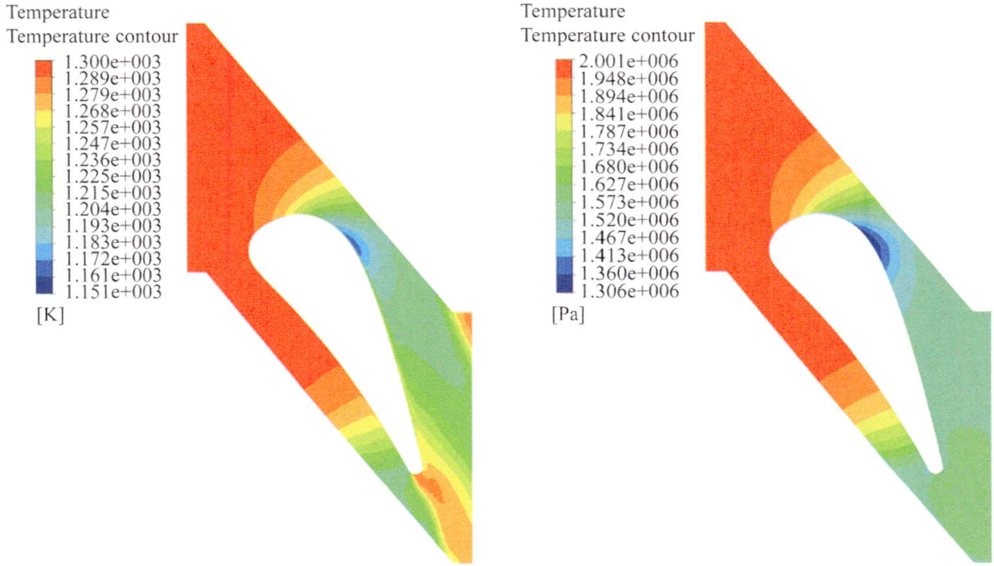

(a) 叶身中部截面温度场变化　　(b) 叶身中部截面压力场变化

图 11.4　流道温度场与压力场变化

本书选用沟槽销子型连接方式进行设计。陶瓷基复合材料导向叶片前端面固定方式为销子连接涡轮机匣，为了防止纤维转角过大而导致应力集中，仅保留沟槽上端面(图 11.5 所示)。导向叶片下缘板的前端面与内定位环通过螺栓连接，再通过内定位环与燃烧室内套连接，所以在下缘板前端面留有螺栓孔。下缘板宏观结构如图 11.6 所示。

图 11.5　陶瓷基复合材料导向叶片上缘板宏观结构设计

图 11.6　陶瓷基复合材料导向叶片下缘板宏观结构设计

11.2.2.2　陶瓷基复合材料涡轮导向叶片整体结构设计

陶瓷基复合材料涡轮导向叶片预制体铺层模型如图 11.7 和图 11.8 所示，每部分铺层数见表 11.2。其中，叶身尾缘使用陶瓷基复合材料纤维布进行填充，填充物为模型 u，填充物最外层为铺层 v，叶身最外层使用一层预制体（模型 w）将前缘铺层与后缘填充部分包裹；叶身-缘板连接采用预制体一体化设计（铺层组 C）。考虑到叶身-缘板连接处的纤维弯曲程度较大，在气动弯矩下会造成叶根处较大应力集中，在考虑陶瓷基复合材料预制体翻边工艺限制的条件下选择 5 层纤维布组成铺层组 C，以保证叶身-缘板连接处的结构强度。此外，流道内部上下表面各使用 3 层预制体（铺层组 B、D）进行覆盖，叶身最外层（模型 w）则贯穿这 6 层预制体铺层与叶身-缘板连接结构相接触。下缘板的固定结构由铺层组 E、F、G 组成，铺层组之间通过相互支撑的方式形成 T 性结构，并且 E 与 F 形成的 T 型肋上开有螺栓孔，用于导向叶片下缘板的固定。

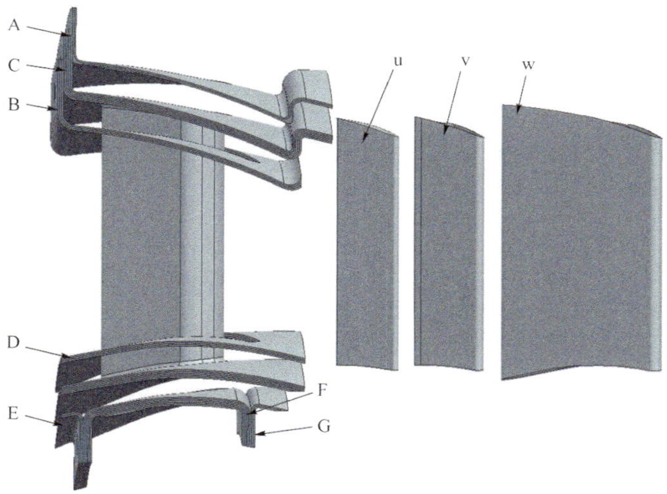

图 11.7　陶瓷基复合材料涡轮导向叶片预制体铺层示意图

在压力场和温度载荷作用下，陶瓷基复合材料叶片存在分层失效风险。为了提高层间强度，可使用 Z - pins、缝合等方法对缘板及连接结构预制体进行层间加强。在该铺层模型中，叶身一缘板一体化连接结构（铺层组 C）能够保证流道的气密性，而铺层组 B、D 和模型 u、v、w 能够起到提升叶片整体强度的作用，这两种铺层相结合有助于同时保证流道气密性及连接强度。

表 11.2　陶瓷基复合材料涡轮导向叶片预制体铺层数

结构	上缘板		叶身-缘板	下缘板			
铺层组	A	B	C	D	E	F	G
铺层数	2	3	5	3	2	5	2

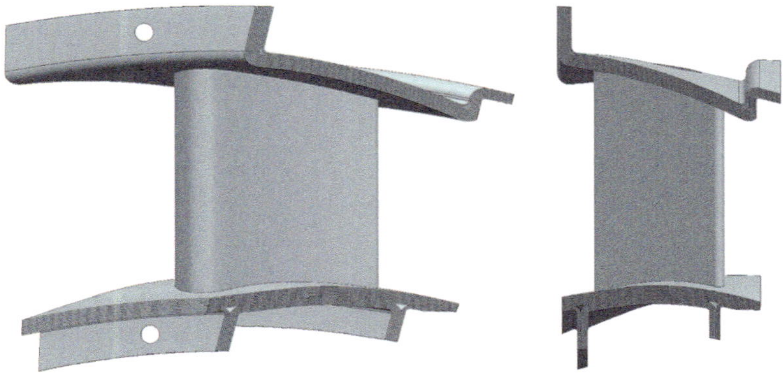

图 11.8　陶瓷基复合材料涡轮导向叶片整体铺层模型

11.2.3　陶瓷基复合材料涡轮导向叶片变形与强度计算

11.2.3.1　单元方向设置

本书的陶瓷基复合材料涡轮导向叶片使用的二维平纹编织陶瓷基复合材料属于正交各向异性材料，在计算开始前需要针对各铺层的复杂几何结构进行单元主方向的设置，图 11.7 中各铺层组的单元主方向设置如图 11.9 所示。其中单元坐标系的 X 和 Y 方向分别为材料的经纱和纬纱方向，Z 方向为材料的层间方向。

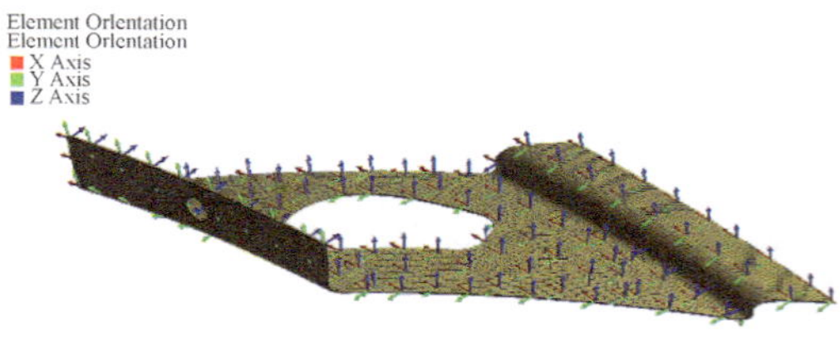

(a) 铺层组A单元主方向示意图

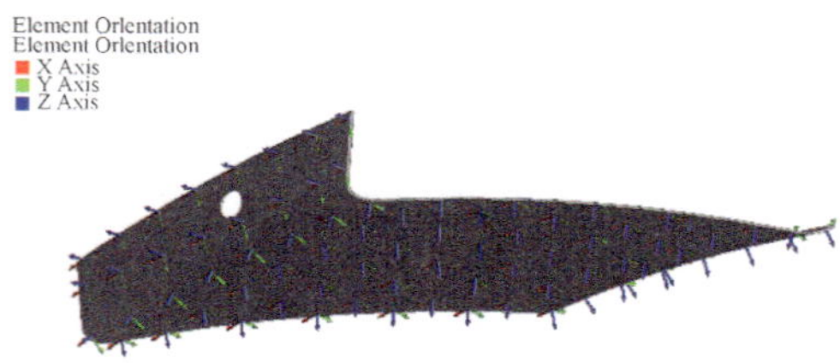

(b) 铺层组B单元主方向示意图

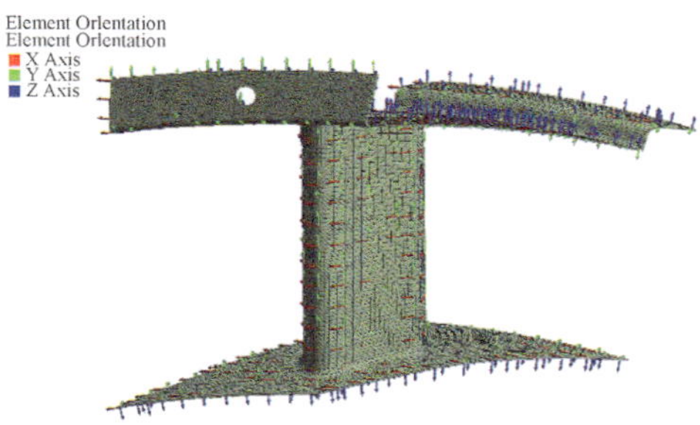

(c) 铺层组C单元主方向0°示意图

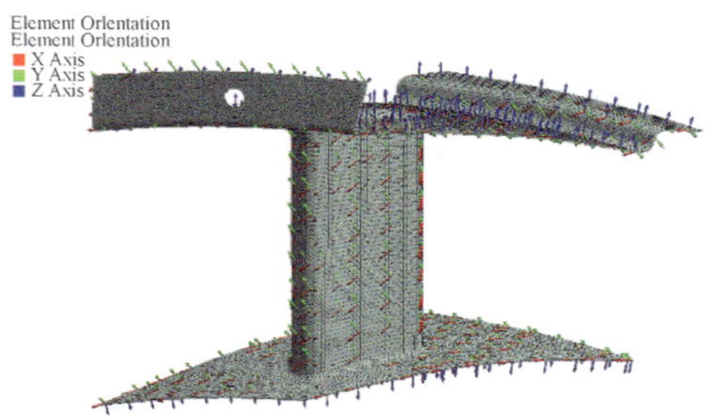

(d) 铺层组C单元主方向45°示意图

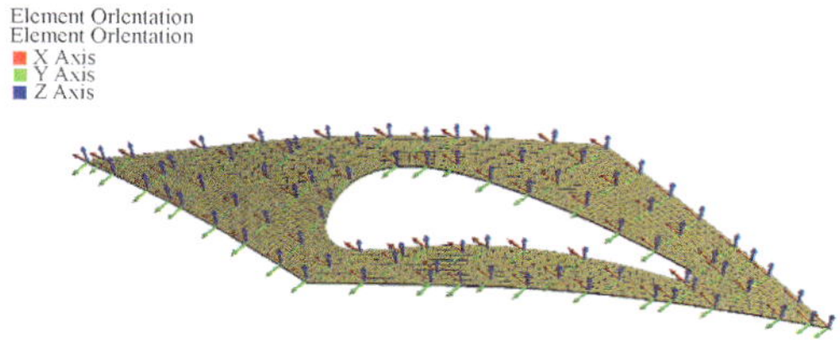

(e) 铺层组D单元主方向示意图

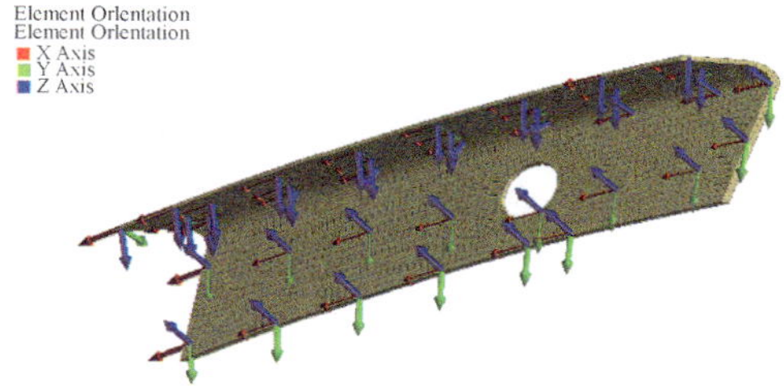

(f) 铺层组E单元主方向示意图

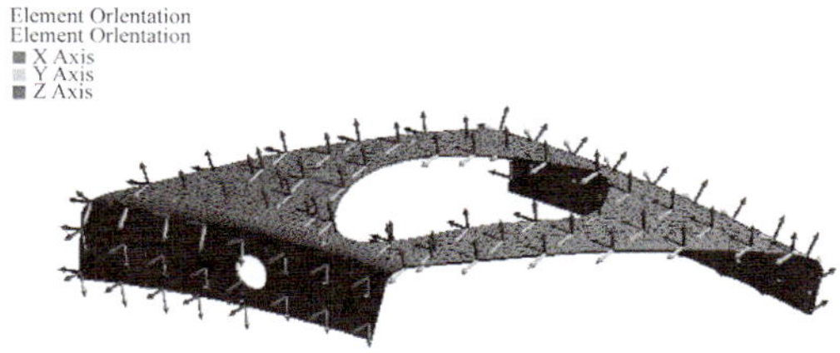

(g) 铺层组F单元主方向示意图

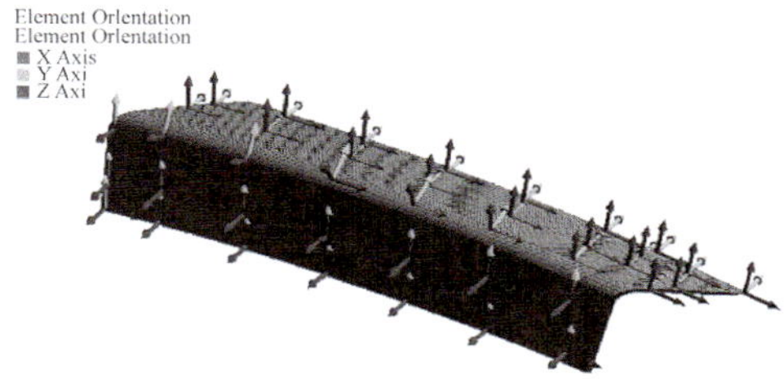

(h) 铺层组G单元主方向示意图

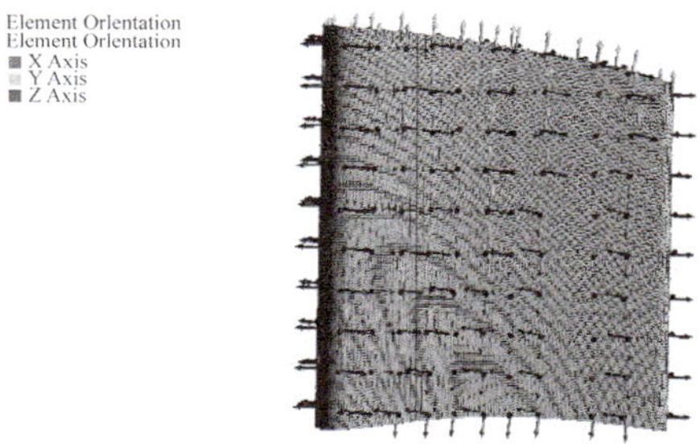

(i) 结构w单元主方向示意图

(j) 结构v单元主方向示意图

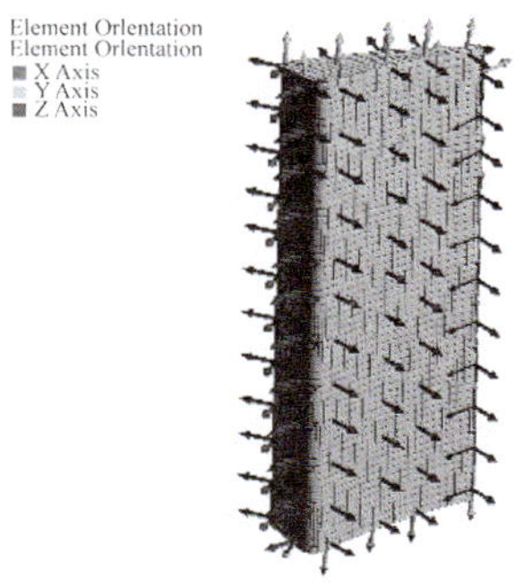

(k) 结构u单元主方向示意图

图 11.9　陶瓷基复合材料涡轮导向叶片有限元模型单元主方向设置

11.2.3.2 材料参数与边界条件设置

为了保证涡轮导向叶片在受热时能够自由膨胀，叶片的安装方式一般选用一端固定、一端自由的悬臂式。参考导向叶片实际安装结构，仿真时的边界条件及接触设置如图 11.10 所示：叶片上缘板前端与涡轮机匣之间设置摩擦系数为 0.2 的接触；复合材料销钉与陶瓷基复合材料导向叶片之间设置摩擦系数为 0.2 的接触；复合材料销钉与涡轮机匣之间为 0.05 mm 的间隙配合，摩擦系数设为 0.2；陶瓷基复合材料导向叶片与涡轮外环之间为 0.05 mm 的间隙配合，摩擦系数设为 0.2；复合材料销钉与柔性级间封严环之间为 0.05 mm 的间隙配合；柔性级间封严环与陶瓷基复合材料涡轮叶片之间设置摩擦系数为 0.2 的接触；涡轮机匣、涡轮外环、柔性级间封严环的端面(图 11.10 红色部分)均固定。

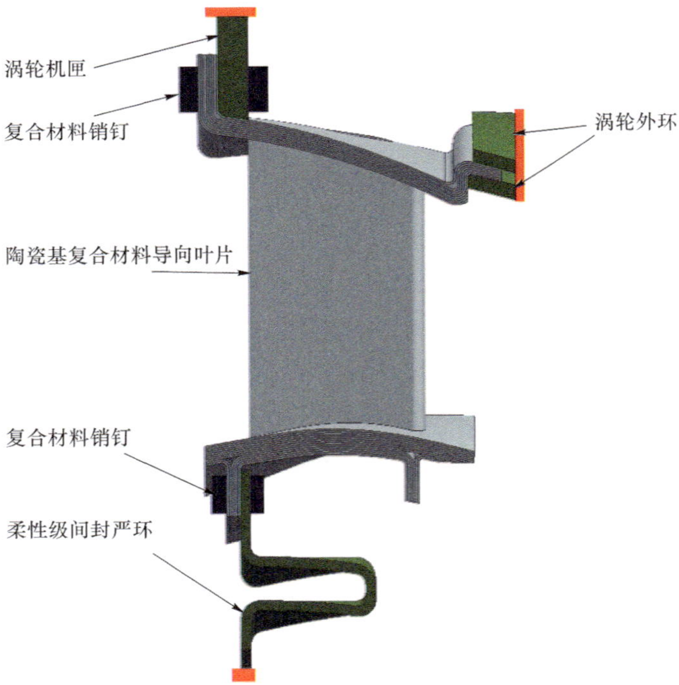

图 11.10 边界条件及接触设置

表 11.3 陶瓷基复合材料涡轮导向叶片材料参数设置

E_x	E_y	E_z	μ_{xy}	μ_{yz}	μ_{zx}	G_{xy}	G_{yz}	G_{xz}
200 GPa	200 GPa	20.1 GPa	0.242	0.187	0.187	90 GPa	90.125 GPa	90.125 GPa

二维平纹编织陶瓷基复合材料材料力学性能参数见表 11.3。此外，二维陶瓷基复合材料的热膨胀系数通常随温度变化而改变，但要测定在某一温度的热膨胀系数

非常困难,因此实际上通常采用一定温度区间平均的线膨胀系数。本节所采用的热膨胀系数为 $3\times10^{-6}C^{-1}$。

陶瓷基复合材料的导热系数同样与温度相关,并且具有明显的各向异性。由于缺少高温下陶瓷基复合材料各方向导热系数具体数值,本节采用导热系数各向同性假设(表 11.4)。

表 11.4 二维编织陶瓷基复合材料导热系数

温度/℃	导热系数/W(m·K)-1
200	14.2
400	12.6
600	11.6
800	10.7
1000	11.9

涡轮机匣、涡轮外环与柔性级间封严环的材料为 GH4169,其拉伸模量为 150 GPa,泊松比 0.32,密度为 8.24 g/cm^3,其余材料参数见下表:

表 11.5 GH4169 导热系数与热膨胀系数设置

温度/℃	导热系数/$W(m\cdot K)^{-1}$	热膨胀系数/$10^{-6}C^{-1}$
500	19.6	14.4
600	21.2	14.8
700	22.8	15.4
800	23.6	17.0

11.2.3.3 计算结果

经过计算,该陶瓷基复合材料涡轮导向叶片在给定工况下各方向的应力分布如图 11.11 所示。其中,单元 X 方向最大应力为 151.031 MPa,Y 方向最大应力为 188.315 MPa,Z 方向最大应力为 85.057 MPa,XY 方向最大应力为 22.655 MPa,XY 方向最大应力为 32.491 MPa,YZ 方向最大应力为 46.864 MPa。分析可知,叶片各方向最大应力都位于叶身前缘与缘板的连接处,这是由气动载荷在叶根形成的弯矩与缘板前端的约束共同造成的;此外,在流道内部压力的作用下,缘板会有向流道外部变形的趋势,会加剧缘板根部(叶身-缘板连接处)的应力集中。

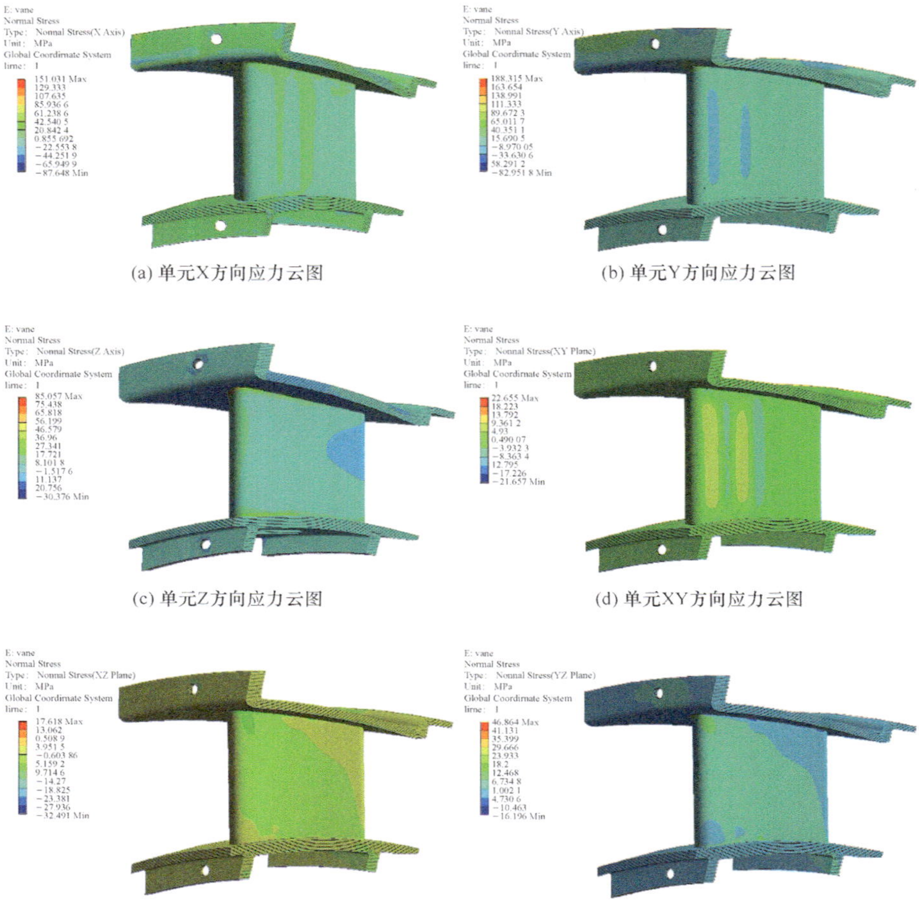

(a) 单元X方向应力云图　(b) 单元Y方向应力云图

(c) 单元Z方向应力云图　(d) 单元XY方向应力云图

(e) 单元X方向应力云图　(f) 单元YZ方向应力云图

图 11.11　陶瓷基复合材料涡轮导向叶片典型工况下应力分布

11.3　陶瓷基复合材料涡轮转子叶片

11.3.1　陶瓷基复合材料涡轮转子叶片预制体宏细观建模

11.3.1.1　陶瓷基复合材料涡轮转子叶片外形宏观建模

本节以国产某型 12 公斤推力级微型涡轮喷气发动机为设计验证平台，通过对该型发动机进行拆解后逆向测绘，得到该型发动机的金属涡轮整体叶盘，如图 11.12 所示。本节设计了一种双 T 形陶瓷基复合材料涡轮转子叶片用以替代原型金属叶片，如图 11.13 所示。

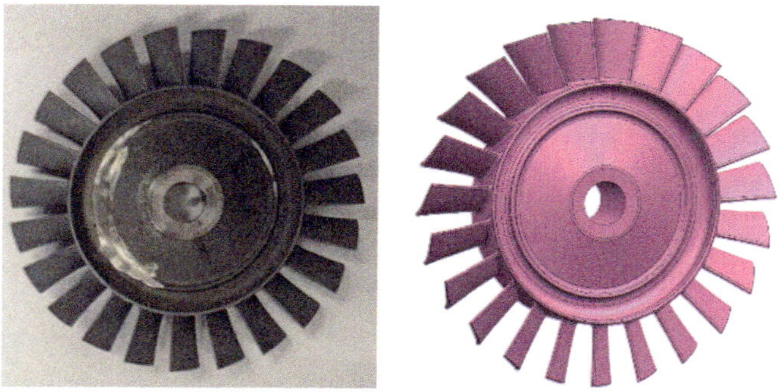

图 11.12　整体叶盘实物与模型

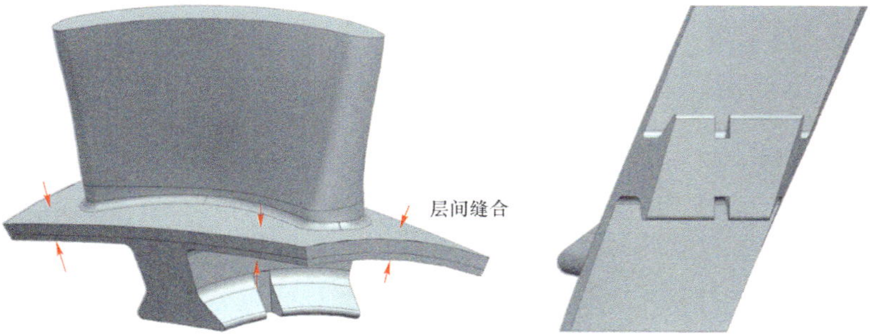

图 11.13　双 T 形陶瓷基复合材料涡轮转子叶片宏观模型

由于原型号发动机的金属整体叶盘尺寸较小，不满足陶瓷基复合材料制造工艺要求，因此需对陶瓷基复合材料方案叶身进行放大。修改前后的叶身外形对比如图 11.14 和图 11.15 所示，修改后的陶瓷基复合材料方案转子叶片总数为 12 个，相比原型金属方案减少 11 个。

图 11.14　修改前的涡轮转子叶片叶身

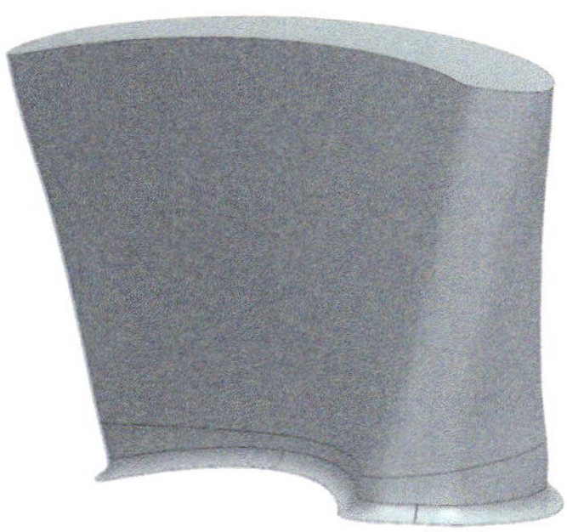

图 11.15　修改后的涡轮转子叶片叶身

为了形成有效的气流通道，在叶身下方设计一层圆弧形缘板(图 11.16)，并采用燕尾形榫头作为叶片与轮盘的连接结构(图 11.17)。榫齿部位为圆弧形单齿结构，榫齿两侧及底面圆心都位于涡轮轴心，中部开矩形槽用于周向定位。

图 11.16　双 T 形涡轮转子叶片叶身-缘板结构

图 11.17　双 T 形涡轮转子叶片缘板-榫头结构

11.3.1.2　陶瓷基复合材料涡轮转子叶片预制体铺层建模

根据预制体铺层设计原则，将叶身-缘板结构铺层设计为 2 部分，即叶身主体部分和叶身外包部分。叶身主体铺层设计如图 11.18(a)所示：纤维布铺层尺寸由叶身中面向叶盆和叶背两侧逐渐减小，这样可将最完整的纤维布设置于叶身的几何中面，保证各纤维布铺层的完整性，避免纤维布由于叶身各截面厚度不同而产生孔洞，其铺层爆炸图如图 11.19 所示。此外，叶身外包铺层分为 2 块，由外部向内包裹叶身主体铺层，在叶身底部边缘翻折形成缘板结构，如图 11.18(b)(c)所示。

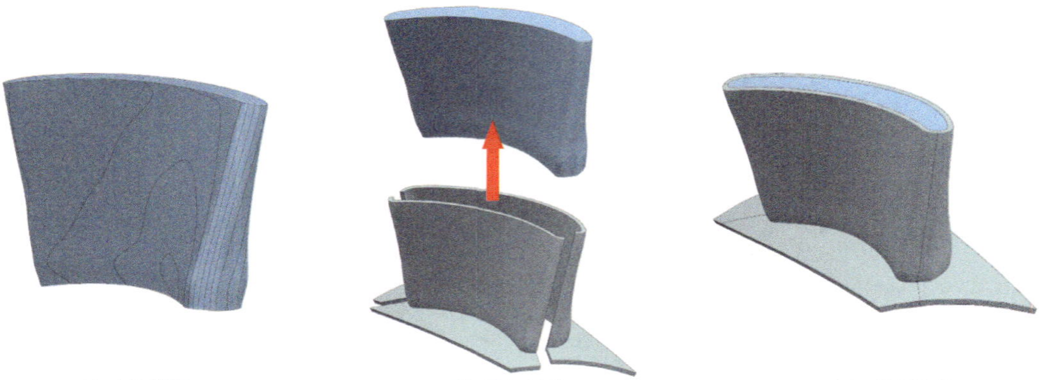

(a) 叶身铺层　　(b) 外包结构　　(c) 叶身-缘板结构

图 11.18　叶身-缘板铺层示意图

缘板-榫头结构以榫头为主体，主要承受叶片离心力带来的拉伸载荷和轮缘卡槽对榫头的横向挤压和纵向剪切载荷。考虑上述工作载荷，需保证榫头能够承受较大的径向拉力，同时不在挤压及剪力下破坏。缘板-榫头预制体铺层结构的横截面草图

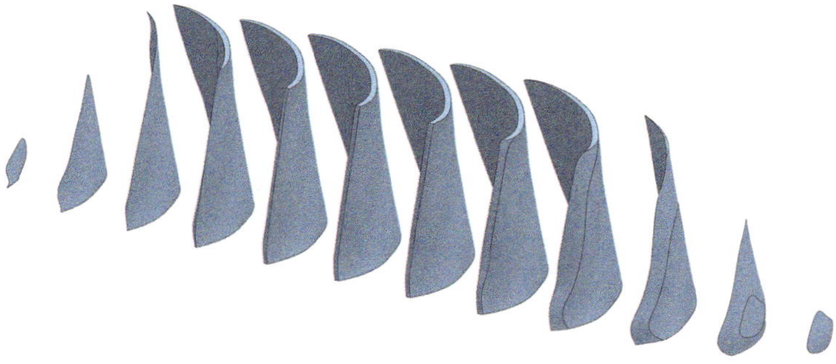

图 11.19　叶身主体铺层爆炸图

如图 11.20 所示，其三维完整结构如图 11.21 所示。

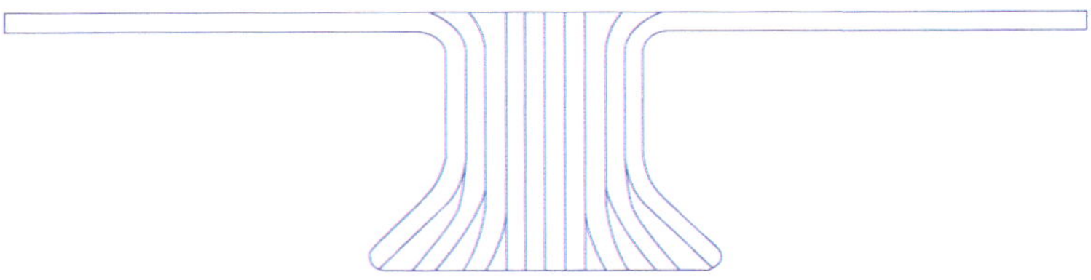

图 11.20　缘板-榫头预制体铺层结构横截面草图

图 11.21　缘板-榫头铺层结构

将叶身-缘板结构和缘板-榫头结构的缘板纤维布对齐叠放，在叶身外包结构的缘板纤维布上再铺设一层缘板纤维布，以固定叶身外包结构。最后，对缘板铺层进行径向层间缝合以增强层间强度，得到的陶瓷基复合材料涡轮转子叶片整体预制体铺层模型如图 11.22 所示。

11.3.1.3　陶瓷基复合材料涡轮转子叶片预制体细观建模

陶瓷基复合材料涡轮转子叶片预制体的细观建模需要使用商业软件和自编软件 CMC_Struct 联合开展。建立陶瓷基复合材料涡轮转子叶片预制体细观模型的主要

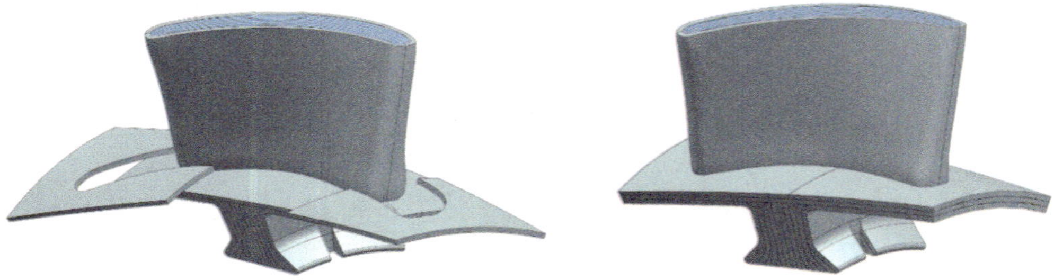

图 11.22　陶瓷基复合材料涡轮转子叶片整体铺层设计图

流程图如图 11.23 所示。

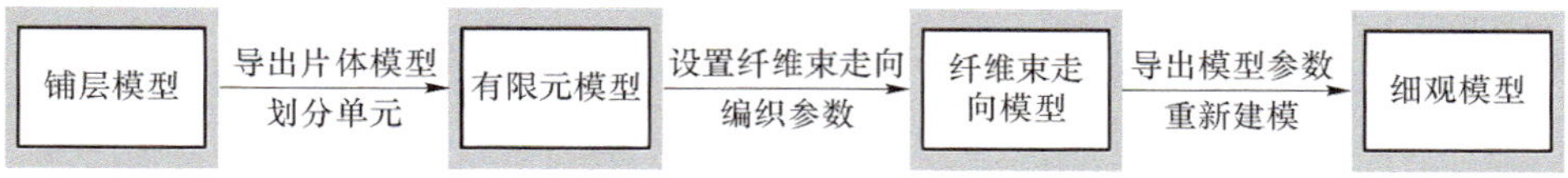

图 11.23　细观模型绘制流程图

建立预制体细观模型的第一步为确定纱线所在的曲面，从上节绘制的陶瓷基复合材料涡轮转子叶片铺层模型可以获得各铺层的代表曲面，即片体模型。如图 11.24所示，将片体模型导入商用有限元软件中，利用其自带的单元划分功能，将片体模型划分成有限元模型。

图 11.24　代表曲面细观模型绘制示意图 1

将有限元模型的单元构成和节点坐标以文本形式导出，输入 CMC_Struct 进行重新建模，可以绘制出纤维束在曲面上的路径，如图 11.25 所示。

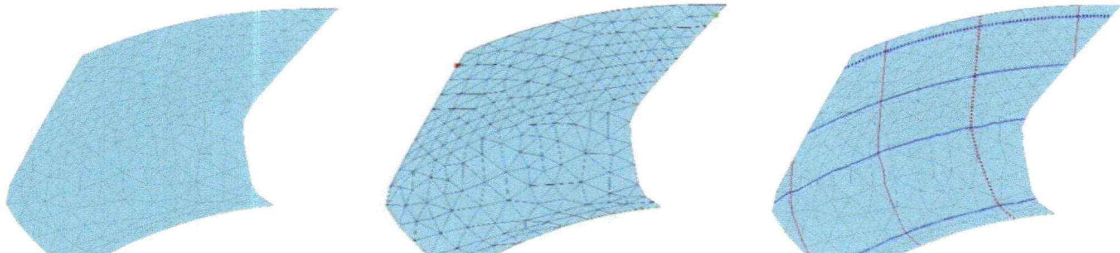

图 11.25　代表曲面细观模型绘制示意图 2

通过 CMC_Struct 计算后得到细观模型参数，将模型数据导入商用建模软件，得到由铺层模型计算得来的预制体细观模型，如图 11.26 所示。

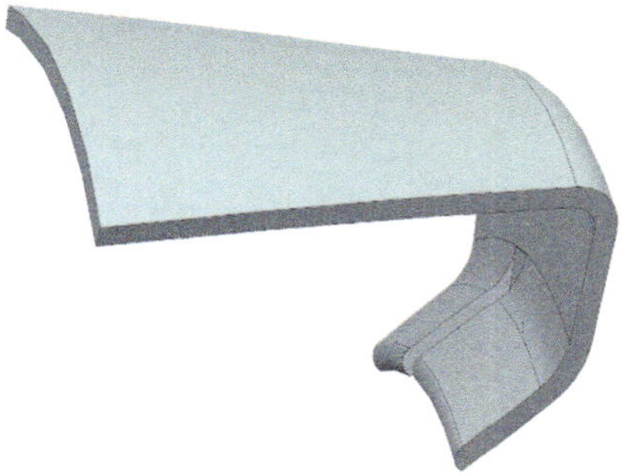

图 11.26　代表曲面细观模型绘制示意图 3

基于上述步骤，提取铺层模型中各个铺层的代表曲面，将其导入 CMC_Struct 和商用建模软件中进行映射建模，可建立陶瓷基复合材料涡轮转子叶片的完整预制体细观模型，如图 11.27 所示。

图 11.27　陶瓷基复合材料涡轮转子叶片预制体细观模型正等测图

11.3.2　陶瓷基复合材料涡轮转子叶片高温失效计算

11.3.2.1　渐进损伤算法

1. 材料失效准则

在陶瓷基复合材料强度计算的过程中，需要选择合适的失效准则作为材料破坏的判据。本节应用最大应变准则作为材料失效判据，材料的损伤状况可以用单元应变水平来表征。当应变小于材料最大失效应变时，随着应变增加，材料损伤发展但不发生彻底破坏；当应力增大至超过材料最大失效应变时，判定材料发生破坏。

对拉伸载荷有：

$$\varepsilon_1 < X_t ; \varepsilon_2 < Y_t ; \varepsilon_3 < Z_t \tag{11.1}$$

对剪切载荷有：

$$\gamma_{12} < S_{12} ; \gamma_{23} < S_{23} ; \gamma_{13} < S_{13} \tag{11.2}$$

对压缩载荷有：

$$\varepsilon_1 > X_c ; \varepsilon_2 > Y_c ; \varepsilon_z > Z_c \tag{11.3}$$

其中，ε_1、ε_2、ε_3 分别代表 1、2、3 主方向的正应变；$X_t(X_c)$、$Y_t(Y_c)$、$Z_t(Z_c)$分别代表 1，2，3 主方向最大拉伸（压缩）失效应变；γ_{12}、γ_{23}、γ_{13} 分别代表 11、23、13 方向剪应变；S_{12}、S_{23}、S_{13} 分别代表 11、23、13 方向最大剪切失效应变。

2. 刚度退化模型

本节所采用的材料刚度退化模型分为两种形式：连续退化和突降退化。连续退化适用于陶瓷基复合材料未发生完全破坏，尚处于损伤积累的过程中，此时材料的退化遵循应力-应变曲线，退化系数是和应变有关的函数；而突降退化指的是当陶瓷基复合材料的应变超出其最大失效应变时发生破坏，此时的材料在此方向上已无法传递载荷，因此将原刚度进行大幅折减以模拟材料的完全失效。渐进损伤计算流程图如下所示。

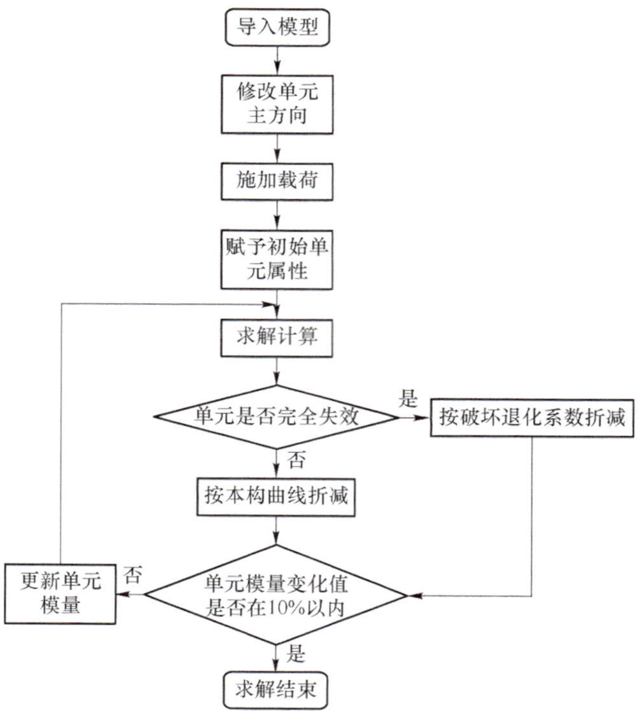

图 11.28 渐进损伤计算流程图

11.3.2.2　材料参数及单元主方向设置

由于材料性能参数与温度相关，首先对陶瓷基复合材料涡轮转子叶片进行气动热力计算，得到陶瓷基复合材料涡轮转子叶片温度场，如图 11.29 所示。

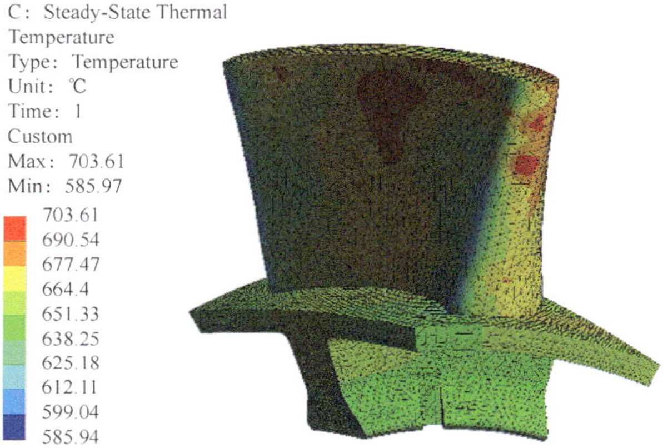

图 11.29　陶瓷基复合材料涡轮转子叶片温度分布

由图 11.29 可知叶片温度范围约为 586℃-704℃，为简化计算，本例采用 600℃下的陶瓷基复合材料和 GH4169 材料力学性能参数。

表 11.6　初始阶段陶瓷基复合材料各方向弹性参数

E_1	E_2	E_3	G_{12}	G_{13}	G_{23}	μ_{12}	μ_{13}	μ_{23}
200 GPa	200 GPa	20.1 GPa	90 GPa	91.25 GPa	91.25 GPa	0.242	0.187	0.187

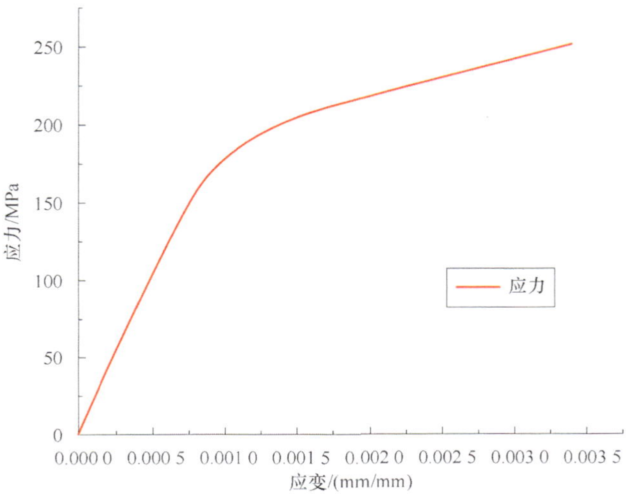

图 11.30　二维编织陶瓷基复合材料 1、2 主方向应力-应变曲线

基于二维平纹编织陶瓷基复合材料板件拉伸试验结果，通过拟合应力-应变散点图得到多项式形式的材料面内主方向（1、2 方向）拉伸应力-应变曲线表达式：

$$\sigma_1=\begin{cases}2\times10^5\varepsilon_1 & (0<\varepsilon_1<0.00075)\\ -59.09+4.5604\times10^5\varepsilon_1-2.8488\times10^8\varepsilon_1^2-6.5721\times10^{10}\varepsilon_1^3 & (0.00075\leqslant\varepsilon_1\leqslant0.0016)\\ 164.05+2.6\times10^4\varepsilon_1 & (\varepsilon_1>0.0016)\end{cases}\tag{11.4}$$

由于叶片主要承受离心力产生的拉伸应力，因此不再考虑其他方向材料参数的非线性变化，将其视为常数。

根据上述应力-应变表达式可以容易获得 1、2 主方向弹性模量关于应变的函数：

$$E_1=\begin{cases}2\times10^5 & (0<\varepsilon_1<0.00075)\\ \dfrac{-59.09}{\varepsilon_1}+4.5604\times10^5-2.8488\times10^8\varepsilon_1-6.5721\times10^{10}\varepsilon_1^2 & (0.00075\leqslant\varepsilon_1\leqslant0.0016)\\ \dfrac{164.05}{\varepsilon_1}+2.6\times10^4 & (\varepsilon_1>0.0016)\end{cases}\tag{11.5}$$

由于陶瓷基复合材料涡轮转子叶片主要以 1、2 方向的拉伸和剪切为主，且材料 3 方向的失效应变及强度数据难以通过试验获得，因此本例不考虑 1、2 方向的压缩失效和 3 方向上的单元失效。600℃下二维平纹编织陶瓷基复合材料各方向强度极限及最大失效应变如表 11.7 所示。600℃下高温合金 GH4169 的弹性参数及密度如表 11.8 所示。

表 11.7　600℃下二维编织陶瓷基复合材料各方向强度极限及最大失效应变

方向	1	2	12	13	23
强度极限/GPa	252.45	252.45	122.1	43.21	43.21
最大失效应变	0.0034	0.0034	0.00344	0.001849	0.001849

表 11.8　GH4169 弹性参数及密度

参数	数值
E	150 GPa
μ	0.32
ρ	8.24 g/cm^3
σ_b	1365 MPa

为了计算叶片与涡轮盘因热变形不同所产生的热应力，本例所采用的陶瓷基复合材料与 GH4169 的热膨胀系数如表 11.9 所示。

表 11.9　二维编织陶瓷基复合材料及 GH4169 热膨胀系数

陶瓷基复合材料陶瓷基复合材料		GH4169	
温度/℃	热膨胀系数/10^{-6}C^{-1}	温度/℃	热膨胀系数/10^{-6}C^{-1}
500	3.95	500	14.4
600	4.14	600	14.8
700	4.31	700	15.4
800	4.45	800	17.0

各主要部件的材料主方向定义如图 11.31 所示，其中白色线段代表 1 方向坐，黄色线段代表 2 方向，蓝色线段代表 3 方向。

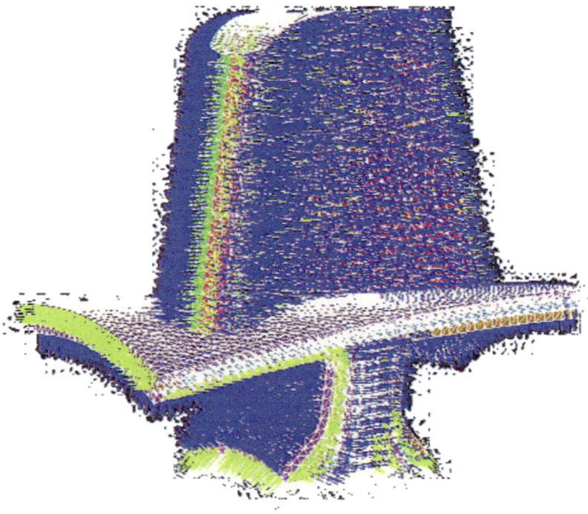

图 11.31　整体叶片主方向示意图

11.3.2.3　边界条件

对涡轮盘及陶瓷基复合材料涡轮转子叶片施加如下约束：(A)在涡轮盘中心孔内表面施加沿半径方向的位移约束；(B)在涡轮盘中心孔凸台外侧表面施加轴向位移约束；(C)在叶片缘板、榫头相互接触处和涡轮盘回转对称面处施加周向位移约束。设定陶瓷基复合材料涡轮转子叶片工作转速为每分钟 8 万转(8377 rad/s)，旋转轴为涡轮盘中心轴。

11.3.2.4　计算结果分析

1. 失效破坏分析

根据给定转速离心载荷下陶瓷基复合材料叶片渐进损伤计算结果，1 方向和 12、23 方向破坏单元较多，2 方向破坏单元较少，12 方向没有发生破坏。陶瓷基复合材

图 11.32 计算模型边界条件设置图

料涡轮转子叶片有限元模型总单元量为 196445，破坏单元数只占单元总数的 0.2067%。

如图 11.33 和图 11.34 所示，破坏单元主要集中在榫头部位，且在榫头榫槽接触处较为密集。1 和 13 方向破坏单元沿榫头榫槽接触面上沿呈周向排布，说明受榫槽限位，此处易受局部拉伸破坏。23 方向的破坏单元主要集中在中部卡槽边缘处，表明此处受轮盘卡齿的周向作用明显。

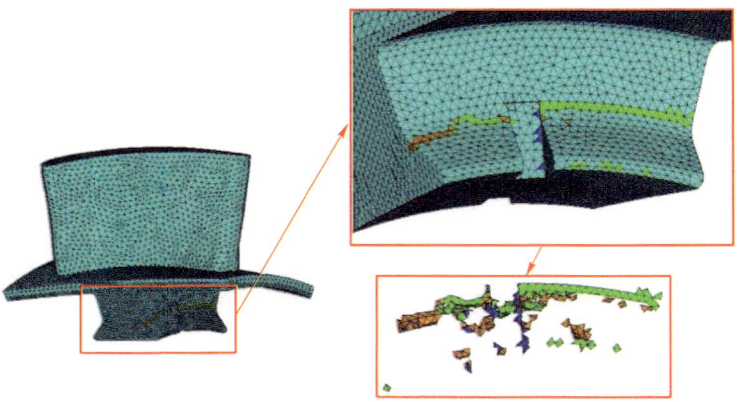

图 11.33 陶瓷基复合材料涡轮转子叶片破坏单元分布

2. 应力分析

本节首先分析陶瓷基复合材料转子叶片在温度载荷下的热应力分布(图 11.35)，然后分析叶片在离心载荷下的应力分布(图 11.36、图 11.37)。

从图 11.35 可以看出，叶片 1 方向热应力主要是由于叶片与涡轮盘装配所产生

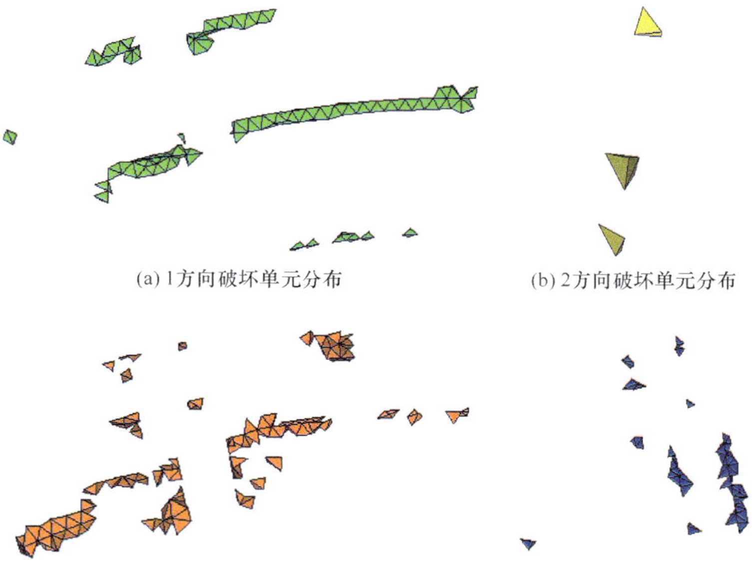

(a) 1方向破坏单元分布　　(b) 2方向破坏单元分布

(c) 13方向破坏单元分布　　(d) 23方向破坏单元分布

图 11.34　各方向破坏单元分布

的，最大值位于榫头，达到 66.24 MPa。叶身部分和缘板部分热应力为自身内部温度差产生，呈现出叶盆受压、叶背受拉的特点，与叶片内部温度场分布相对应：温度高的部位因膨胀受限产生压应力，温度低的部位被温度高处拉伸产生拉应力。

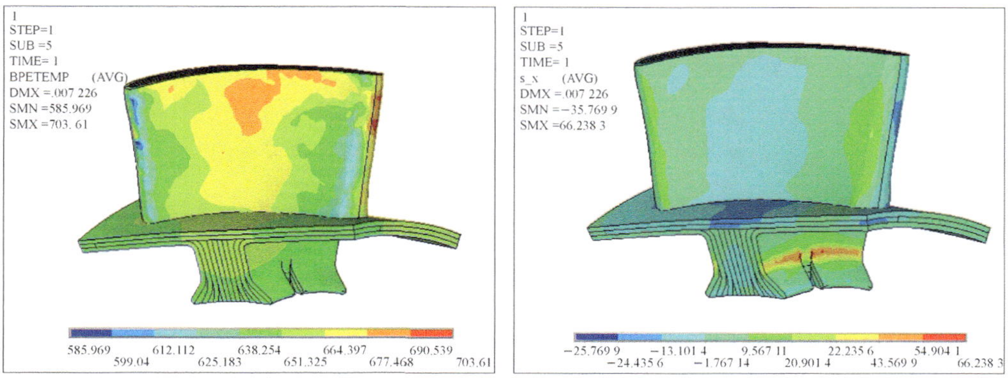

图 11.35　陶瓷基复合材料涡轮转子叶片温度(左)与 1 方向热应力云图(右)

从图 11.36 可以看出，1 方向应力较大区域主要分布在叶身与缘板过渡处和榫头榫槽接触处，其中最大值为 247.67 MPa，位于叶身缘板过渡处，略小于最大失效应变所对应的强度极限 252.45 MPa，表明此处是失效危险区域。

从图 11.37 可以看出，最大剪切应力同样出现在榫头部位和叶身缘板过渡处，位

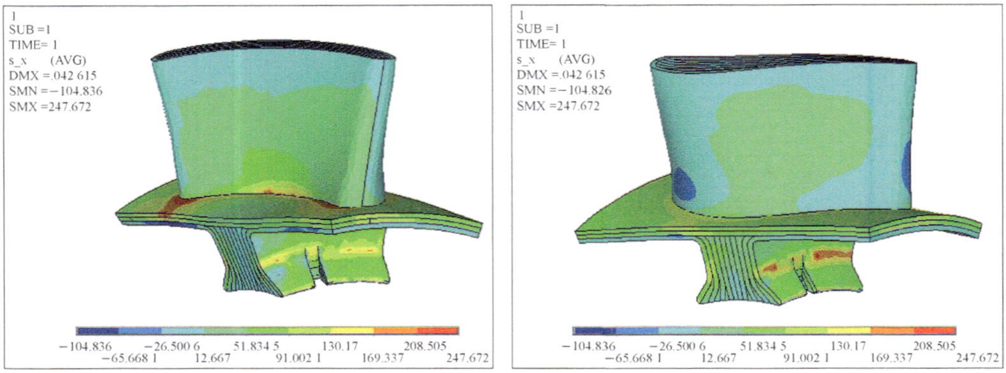

图 11.36 陶瓷基复合材料涡轮转子叶片 1 方向应力云图

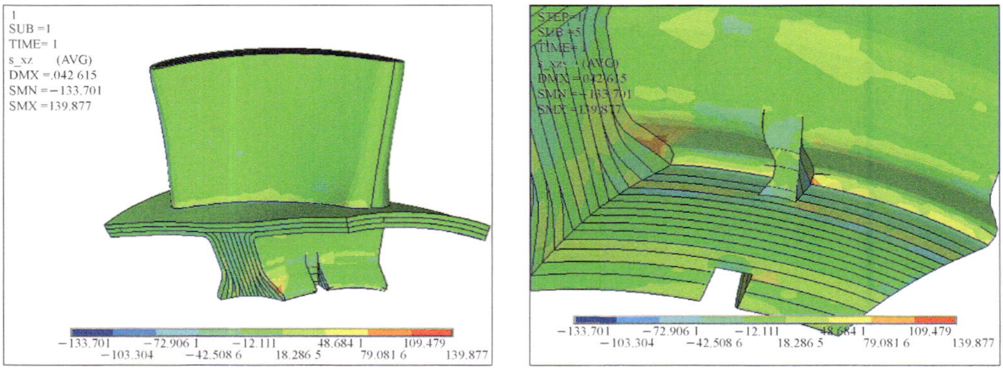

图 11.37 陶瓷基复合材料涡轮转子叶片 13 方向应力云图

于中部卡槽边缘尖端，最大应力绝对值为 139.88 MPa。除榫齿局部区域和叶身上的小块区域外，叶片其余大部分区域应力值未超过 13 方向剪切强度极限 43.21 MPa。

11.3.3 陶瓷基复合材料涡轮转子叶片疲劳寿命计算

11.3.3.1 疲劳寿命计算方法

本节采用本书 9.4 节的结构疲劳寿命分析方法对陶瓷基复合材料涡轮转子叶片进行疲劳寿命计算。材料属性、单元主方向、边界条件与 11.3.2 节一致，在此不再赘述。根据前文得知材料 1、2 方向为叶片结构件的主承力方向，故本节的疲劳寿命计算只考虑 1、2 方向。在疲劳寿命计算中，先对陶瓷基复合材料涡轮转子叶片进行渐进损伤计算得到结构件的应力分布情况，然后进行疲劳损伤计算。图 11.38 给出了陶瓷基复合材料涡轮转子叶片疲劳损伤分析方法的流程图，其主要步骤包括：

(1) 建立目标结构的有限元模型，对模型单元进行主方向设置并赋予单元材料参数；

（2）根据目标结构的实际受力情况对模型施加约束条件；

（3）对模型进行求解，判断当前加载是否为首次加载，若是，则采用渐近损伤方法计算模型的应力应变响应；若不是，则直接对模型进行线性求解，获取模型单元的应力分布；

（4）采用单元失效判据判断模型单元是否失效，对于初始静拉伸加载采用最大应变准则，对于疲劳加载过程采用单元疲劳失效准则，统计单元失效结果；

（5）基于单元失效结果判断模型整体是否发生破坏，认为当失效单元形成一个完整断面时结构失去承载能力；

（6）若结构未发生破坏，对于未失效单元，计算单元经历循环载荷后的剩余刚度；对于已失效单元，对单元弹性模量进行折减，折减系数 $\alpha=0.01$；根据计算结果对单元的材料参数重新赋值，返回步骤（3）；若结构发生破坏，则进入步骤（7）；

（7）迭代终止，显示结构失效单元分布情况，输出模型经历的循环数，计算结束。

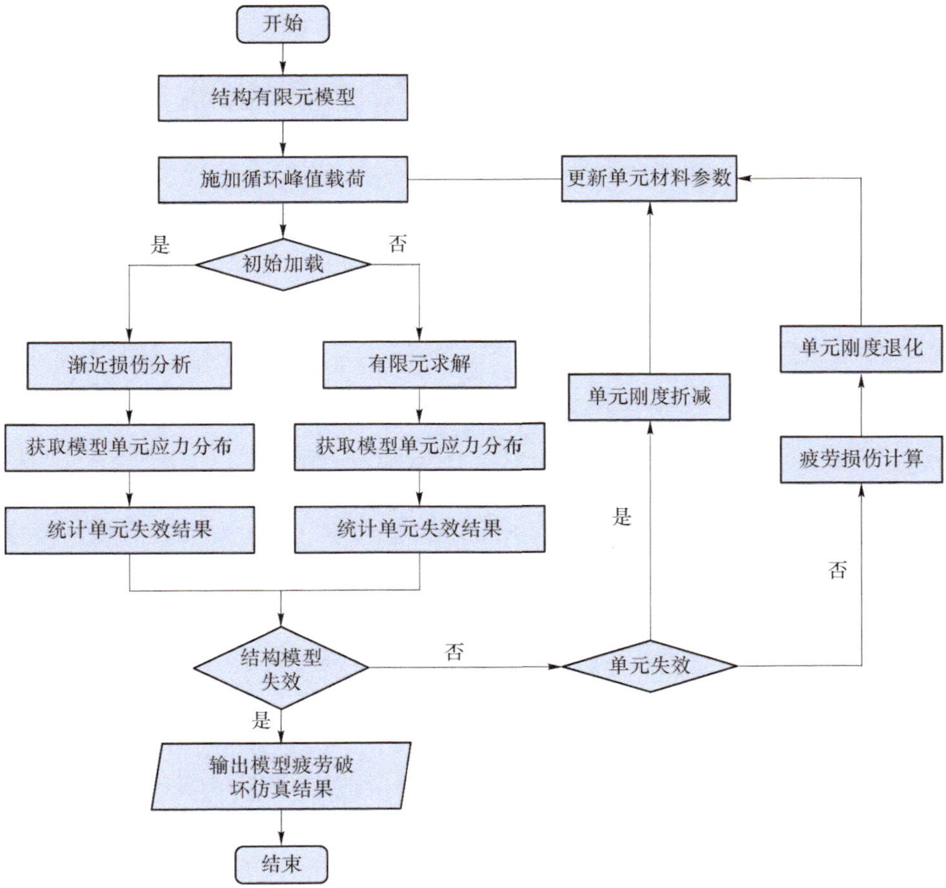

图 11.38　陶瓷基复合材料结构疲劳损伤分析流程

11.3.3.2 疲劳寿命计算结果分析

随着疲劳循环累积，陶瓷基复合材料涡轮转子叶片在第 16000 个循环时发生疲劳失效。其中，1 方向导致的疲劳失效单元为 27291 个，2 方向导致的疲劳失效单元为 24190 个，破坏单元数占单元总数的 13.103%。从图 11.39 可以看出，失效单元形成了完整的贯穿面，可以判定涡轮转子叶片发生疲劳破坏。其中，陶瓷基复合材料涡轮转子叶片的疲劳失效单元主要集中在榫头部位，且在榫头两侧较为密集，这是因为位移约束导致此处发生应力集中所致；缘板和叶身连接处应力集中的区域也出现了较多疲劳失效单元；缘板承受较大的离心径向载荷，缘板结构相较于叶身承受径向载荷的能力较弱，故缘板也出现部分疲劳失效单元。

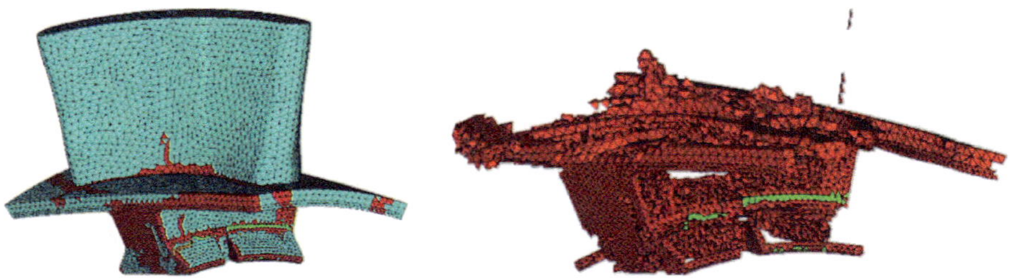

(a) 涡轮转子叶片疲劳破坏失效图　　(b) 涡轮转子叶片失效单元

图 11.39　陶瓷基复合材料涡轮转子叶片疲劳破坏图

11.4 陶瓷基复合材料尾喷管调节片

11.4.1 陶瓷基复合材料尾喷管调节片宏观强度分析

尾喷管在动力、航天等领域有着广泛应用，是许多动力装置能量转换的重要部件。对于发动机而言，其性能的优劣直接影响发动机的整体性能。调节片是尾喷管的重要组成部分，相对于航空发动机其他高温部件，其结构及载荷形式较为简单。因此，国内外普遍将尾喷管调节片作为初步探索陶瓷基复合材料在航空发动机热端部件应用的首选部件。

本节设计了一款高温合金＋平纹编织陶瓷基复合材料调节片结构组件，其几何模型如图 11.40 所示，包括：调节片模型、支耳模型、同步连杆模型和铆钉模型。其中，调节片模型使用平纹编织陶瓷基复合材料，支耳与同步连杆模型的材料为 GH4169。金属部件与陶瓷基复合材料底板之间采用铆接，铆钉与陶瓷基复合材料底板上的铆接孔之间采用间隙配合，以减少热应力。调节片通过连接销与固定收敛段上的支耳连接,实现调节片绕销轴旋转。调节片的后段通过连接销与同步连杆连接,同步连杆限制调节片摆动位置,实现主喷管喉道无级可调。

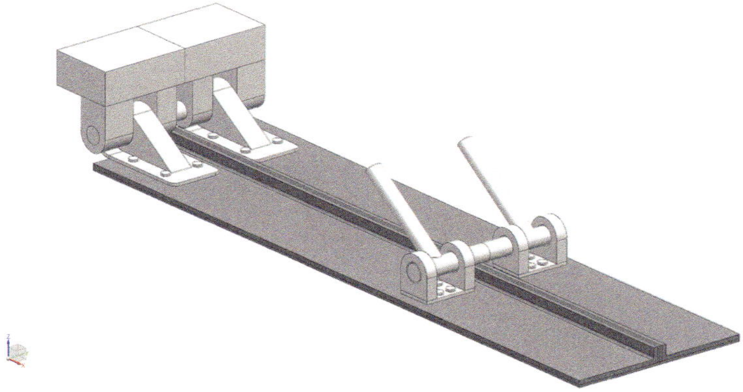

图 11.40　混合方案调节片结构件模型

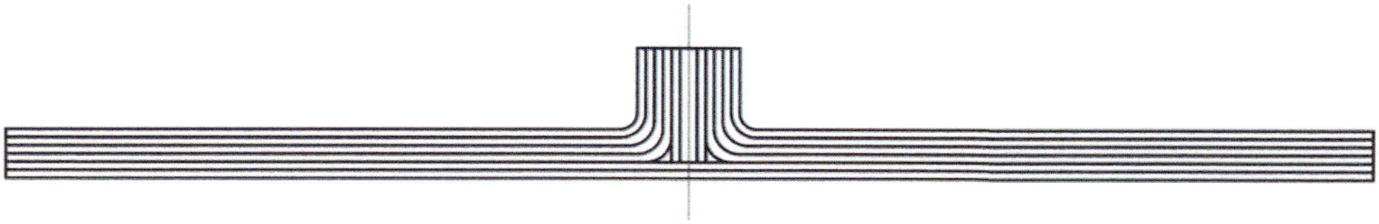

图 11.41　混合方案调节片底板截面铺层

调节片结构件为对称结构,为减小计算量,计算时采用一半结构进行计算。由于平纹编织陶瓷基复合材料具有正交各向异性,需修改本结构中加强筋的 T 型结构单元主方向:调节片底层 1 mm 厚板材材料主方向未发生改变,上层 2 mm 厚板材材料主方向在加强筋处绕 X 轴旋转 90°,而加强筋中间区域铺层材料主方向也绕 X 轴旋转 90°。调节片的 X 面单元主方向示意图如图 11.42 所示,边界条件如图 11.43 所示,载荷如表 11.10 所示。

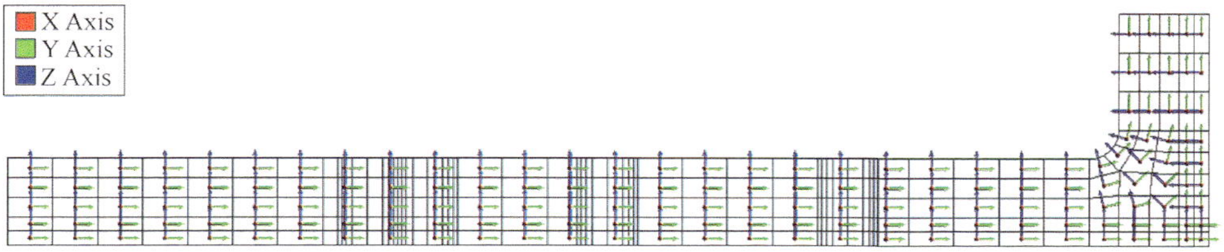

图 11.42　混合方案调节片横截面单元主方向示意图

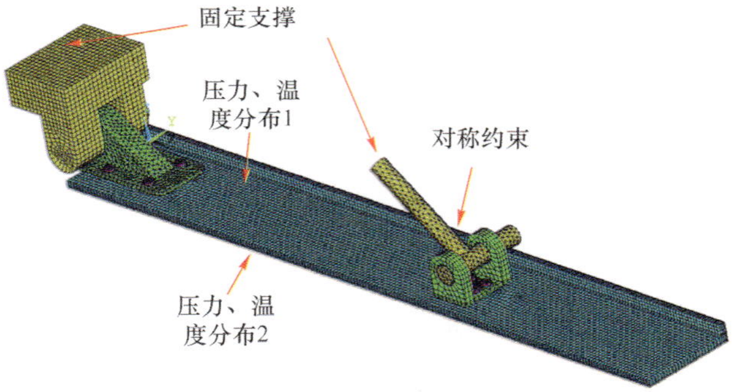

图 11.43　混合方案调节片边界条件

表 11.10　调节片载荷

进口内壁温度(K)	出口内壁温度(K)	外壁面温度	进口内壁面压力(kPa)	出口内壁面压力(kPa)	外壁面压力(kPa)
948	1148	外壁面温度低于内壁面温度 200K	140	100	1

1. 失效单元分布

经过循环迭代后,渐进损伤分析逐渐收敛。陶瓷基复合材料调节片的破坏单元分布如图 11.44 所示,对破坏类型采用不同的颜色进行标识:1 方向拉伸破坏用红色标识,压缩破坏用紫色标识;2 方向拉伸破坏采用绿色标识,压缩破坏采用蓝色标识;12 方向面内剪切破坏采用黄色标识,13 方向层间剪切破坏采用橙色标识,23 方向层间剪切破坏采用灰色标识。

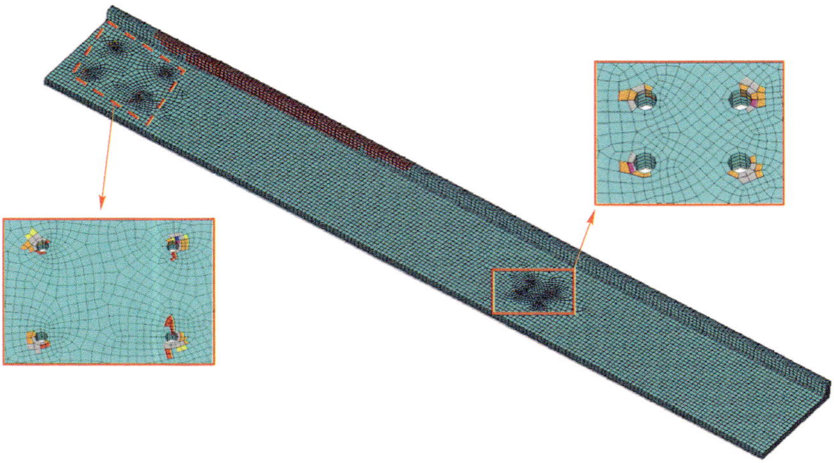

图 11.44　混合方案调节片破坏单元分布

从图中可以看出，破坏单元主要分布在两个位置：(1)加强筋部位；(2)铆钉孔附近。加强筋上的破坏单元为 1 方向拉伸破坏；铆钉孔附近单元以剪切失效为主，并伴随着部分拉伸和压缩破坏。

2. 应力分析

陶瓷基复合材料调节片应力分析结果如图 11.45 所示，可见调节片 1 方向最大应力主要集中于两处区域：一是加强筋上，二是进口端的铆钉孔附近，与图 11.44 所示失效区域一致。

加强筋上的应力主要来源于调节片整体向上拱起，使得加强筋在此处呈现拉伸状态。铆钉孔附近的应力来源有两个：(1)热应力，(2)铆钉变形对孔壁产生挤压。热应力有两个产生原因：一是调节片内部存在温度梯度，不同的温度导致热膨胀不同，使其内部产生不均匀变形；二是陶瓷基复合材料调节片与高温合金铆钉的材料不同，导致热膨胀不一致，使得相互之间在铆钉孔处发生挤压。

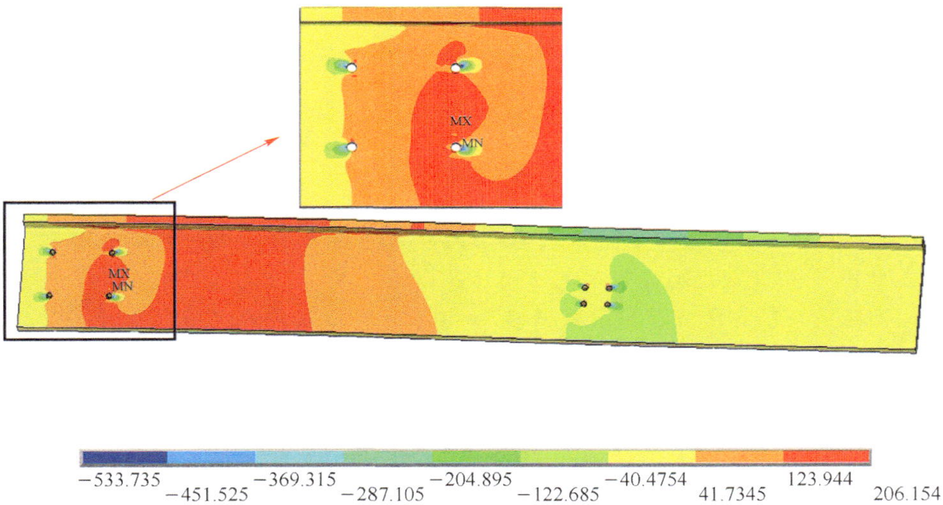

图 11.45　混合方案调节片 1 方向应力分布

可以看出，调节片的 1 方向最大应力值小于对应方向的强度极限，但是在前文的计算结果中却显示存在破坏单元。这是因为调节片上破坏单元发生刚度折减后，调节片上应力发生重新分布。

11.4.2　基于子模型法陶瓷基复合材料调节片局部强度分析

在上节中从宏观尺度计算了陶瓷基复合材料-金属混合方案陶瓷基复合材料调节片结构组件的强度。可以看出，发生破坏的区域局限于铆接孔附近。通过子模型法，可以增加孔边危险区域网格密度，提高强度计算精度。子模型法又称为切边约束法或特殊边界约束法。切边也就是子模型从主模型上取下来时切开的边界。主模型在切边上计算得到的位移作为子模型的边界条件。

本节建立铆接孔附近区域子模型并开展局部有限元分析，如图 11.46 所示，主模型为混合方案陶瓷基复合材料调节片，红色线框为主模型的切割边界，将主模型分为两个区域：子模型区和主模型区。将主模型有限元计算获得的切割边界位移经线性插值后赋予子模型边界，同时赋予子模型对应的温度载荷和上下表面的压力载荷。

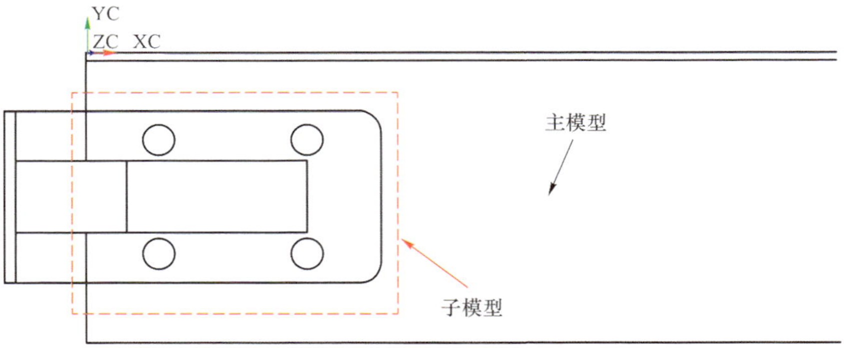

图 11.46　混合方案调节片局部计算区域

对子模型进行渐进损伤计算，计算后的破坏单元分布如图 11.47 所示。可以看出，破坏单元分布区域位于四个孔边上表面，且失效单元数量沿着厚度方向减少，与主模型计算的破坏单元分布基本相同。此外，单元失效类型也与主模型计算结果基本一致，但是不同失效类型失效单元所占比例有所变化：1 方向拉伸破坏单元数量和 12 方向面内剪切破坏单元数量明显增多，失效单元数量和失效区域有所增大。

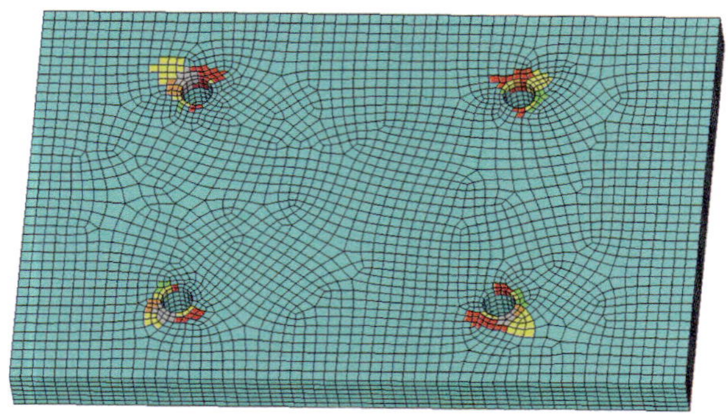

图 11.47　陶瓷基复合材料连接结构破坏单元分布

11.4.3　陶瓷基复合材料调节片结构优化设计

本节设计了一种一体化全复合材料方案调节片组件初始结构，如图 11.48 所示。该初始结构组件包括：平纹编织陶瓷基复合材料调节片、支耳、销轴和同步连杆。本节将该模型进行参数化建模，通过对几何尺寸的变化搜索，获得实现应力最小的几何参数最优解，完成几何模型的尺寸优化。

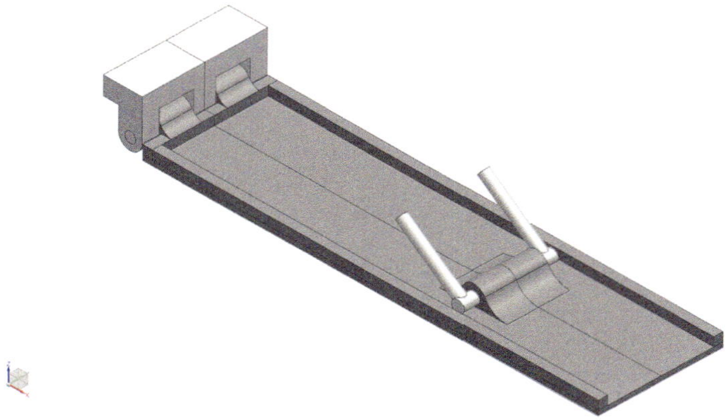

图 11.48　全复材调节片组件初始结构

考虑到调节片结构为对称结构，选取对称结构的一半建立模型。考虑到调节片厚度、耳片的间距及宽度、加强筋的宽度、同步连杆孔的位置和宽度可能对应力分布产生影响，将其作为设计参数，利用商用建模软件对调节片进行参数化建模。设计参数选取如图 11.49 所示。

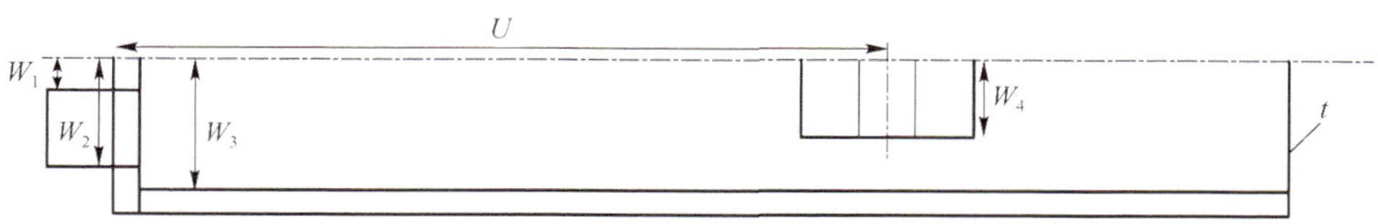

图 11.49　全复合材料调节片设计参数定义(W_1—耳片拉伸起始；W_2—耳片拉伸终止；W_3—横向加强筋拉伸终止；W_4—同步连杆孔宽度；U—同步连杆孔位置；t—调节片厚度)

本节针对一体化陶瓷基复合材料调节片初始结构进行多目标结构优化设计，设计目标为调节片结构的最大应力值和结构质量最小化。建立多目标结构优化模型的主要步骤包括：

(1) 分析问题，确定结构优化目标；

(2) 分析结构，确定关键尺寸作为设计变量，并设置约束条件和目标函数；

(3) 对所有输入参数进行敏感性分析，保留对目标影响较大的参数；

(4) 求解优化模型，验证优化结果正确性，确定最终优化方案。

以调节片的厚度、耳片和加强筋的结构参数作为约束条件，优化模型的表达式为：

$$\min M, \min \max \sigma(t, W, U) \tag{11.6}$$

$$\begin{cases} t_l \leqslant t \leqslant t_u \\ W_{li} \leqslant W_i \leqslant W_{ui} \quad i=1,2,3,4 \\ U_l \leqslant U \leqslant U_u \end{cases} \tag{11.7}$$

其中，$\max\sigma$ 为调节片结构最大应力，li 为取值下限，ui 为取值上限。

通过商用有限元软件的 Parameters Correlation 模块进行参数敏感性研究，设定所有选定输入参数的上下值范围，设置足够多的样本点数量，对有限元模型进行迭代计算，获得优化目标对所有输入参数的敏感度。所得设计参数灵敏度直方图如图 11.50 所示，可以看出，陶瓷基复合材料底板厚度和同步连杆孔的位置参数对应力和结构质量的影响较大，敏感性值大于 0.5；加强筋的宽度和耳片的宽度影响相对较弱，而其他参数影响较小。所以后续可以对这四个参量进行优化，以减小优化计算量。

表 11.11　输入参数和输出参数编号

编号	参数	编号	参数
P1	W_1	P2	W_2
P3	t	P4	U
P5	W_3	P6	W_4
P7	M	P8	$\max\sigma_1$
P9	$\max\sigma_2$	P10	$\min\tau_{12}$
P11	$\max\tau_{12}$	P12	$\min\tau_{23}$
P13	$\min\tau_{13}$	P14	$\max\tau_{13}$

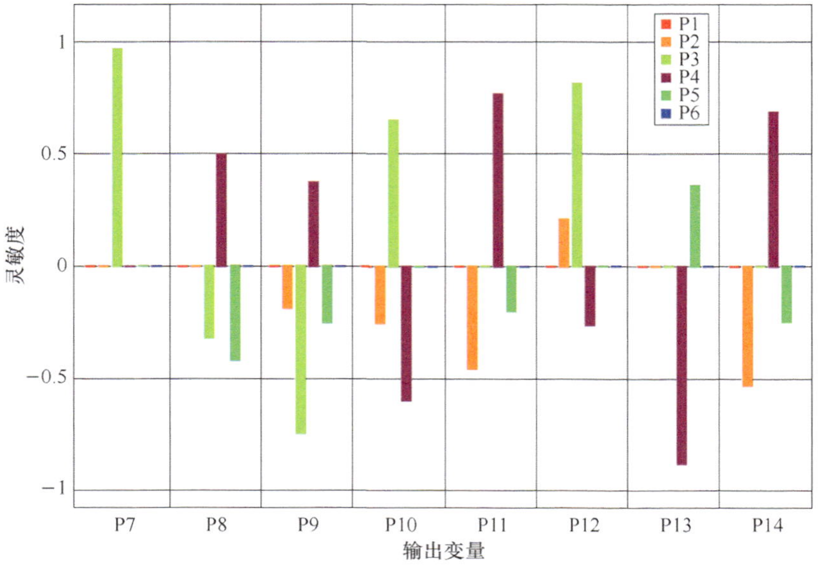

图 11.50　设计参数对输出参数的灵敏性

采用 Kriging 算法进行响应面拟合，采用多目标优化算法（MOGA）对响应面函数展开优化。通过设定目标函数，软件会对输入参数在限定范围内迭代计算，获得最优的 3 组解，计算结果如表 11.12 所示。可以看出，3 组最优解的数据近似。考虑到实际加工设计中几何尺寸的取值习惯，综合 3 组最优解的数据，获得最终优化后的调节片模型，尺寸为 Result 项。

表 11.12　优化计算最优解

	Case1	Case2	Case3	Result
W_2(mm)	27.38	27.387	27.88	28
t(mm)	3.759	3.7596	3.7321	3.7
U(mm)	150.2	152.22	150.79	151
W_3(mm)	35.999	36	35.995	36

对优化后的陶瓷基复合材料调节片进行有限元计算，将计算结果与响应面拟合后所获最优解对应的输出参数进行对比，验证响应面拟合计算结果的准确性。

采用表 11.11 中 Result 项尺寸的陶瓷基复合材料调节片应力分布计算结果如图 11.51～图 11.53 所示。从图中可以看出，由于平纹编织陶瓷基复合材料的层间强度较低，13 方向最大剪应力超过层间强度导致部分单元发生剪切破坏，其余各应力分量都小于陶瓷基复合材料强度极限。

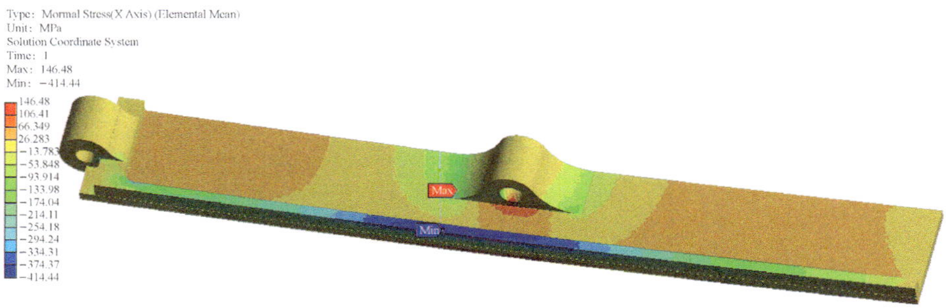

图 11.51　全复材调节片 1 方向应力分布

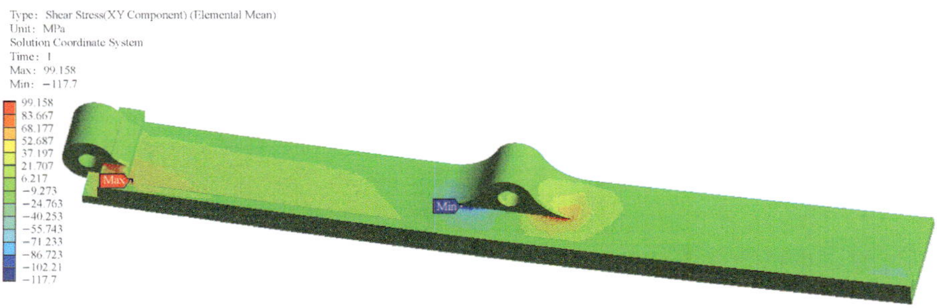

图 11.52　全复材调节片 12 方向剪应力分布

图 11.53　全复材调节片 13 方向剪应力分布

表 11.13 为三组最优解拟合获得的目标值与最终尺寸的有限元模型计算值之间的对比。可以看出，除了 12 方向和 13 方向的最大剪应力相差较大，其他目标值都较为接近，可认为所采用的样本点选取方法和响应面拟合算法是可靠的。

表 11.13　目标值与有限元计算结果对比

	M(kg)	max σ_1(MPa)	max σ_2(MPa)	min τ_{12}(MPa)
Case1	0.16826	144.81	113.96	−98.124
Case2	0.16828	142.42	116.13	−99.128
Case3	0.16765	146.95	114.55	−98.968
Result	0.16667	146.41	121.76	−117.73
	max τ_{12}(MPa)	min τ_{23}(MPa)	min τ_{13}(MPa)	max τ_{13}(MPa)
Case1	124.21	−32.728	−73.799	71.944
Case2	124.34	−32.516	−74.409	72.106
Case3	126.03	−32.749	−75.416	69.502
Result	97.877	−31.963	−72.287	48.212

11.5　陶瓷基复合材料燃烧室火焰筒

11.5.1　陶瓷基复合材料火焰筒设计

本节示例燃烧室采用环形燃烧室(如图 11.54、图 11.55 所示)，扩压器选择直壁环形扩压器，旋流器为双级轴向旋流器。火焰筒的帽罩和头部采用高温合金制作，并通过焊接方式相连。火焰筒的筒身采用平纹编织陶瓷基复合材料，头部和筒身之间用金属螺栓连接(如图 11.56 所示)。火焰筒的主要参数如表 11.14 所示。

图 11.54　火焰筒前视图

图 11.55　火焰筒后视图

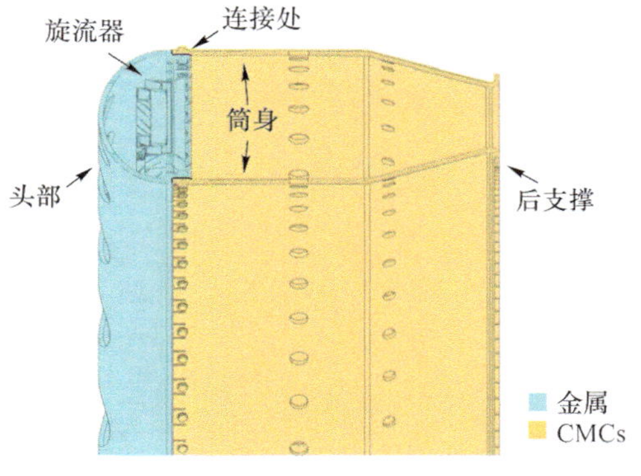

图 11.56　陶瓷基复合材料火焰筒分体式设计

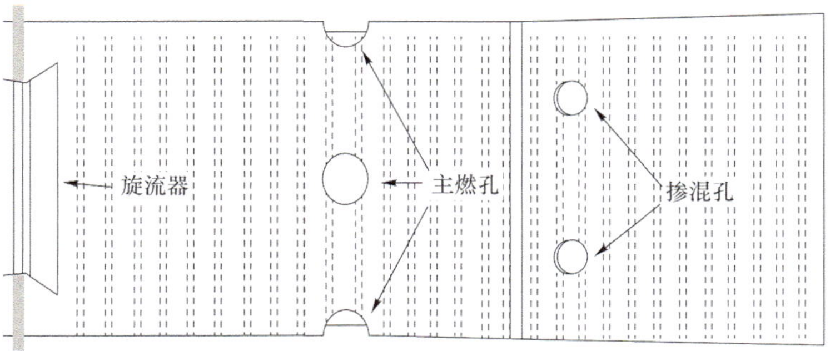

图 11.57　火焰筒内部孔分布

表 11.14 陶瓷基复合材料火焰筒主要参数

名称	数值
主燃孔直径 d_p/mm	9.5
掺混孔直径 d_d/mm	6.5
火焰筒头部高度 H_d/mm	62.5
火焰筒长度 L_c/cm	13.7
火焰筒外径 D_{Lo}/mm	726.2
火焰筒内径 D_{Li}/mm	574.0
喷嘴个数 n_d	32

11.5.1.1 类椭圆斜孔设计

由于火焰筒为陶瓷基复合材料铺层结构，要求火焰筒的筒壁相对平整，基于此设计了一种类椭圆斜孔的气膜冷却结构。气膜孔的径向倾角为 45°，周向倾角为 45°。气膜孔采用类椭圆形状（如图 11.58 所示）。该形状的气膜孔产生的气膜覆盖要优于目前常见的圆孔，并且具有便于激光加工的优点。气膜孔每两排之间相隔较小（如图 11.59、图 11.60 所示），有助于提高气膜覆盖的均匀性。气膜孔与主燃孔和掺混孔保持一定的距离以避免气流的相互干扰。

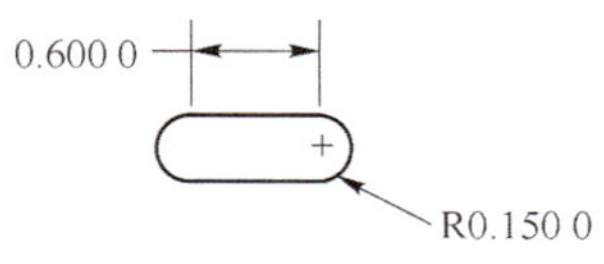

图 11.58 气膜孔外形

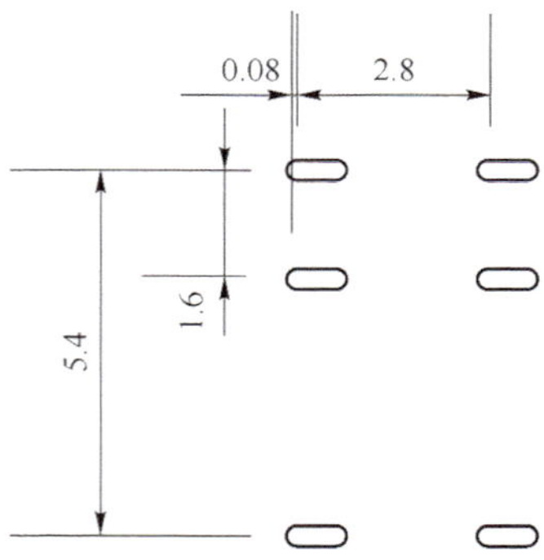

图 11.59 气膜孔排列

11.5.1.2 热失配补偿槽缝设计

在服役环境下，火焰筒头部前后产生的温度差会造成较大的热应力。在本设计中，为了减小此处的热应力，将火焰筒的头部和筒身分成两个部件，头部和帽罩采用高温合金制作，而筒身则采用耐热性能更好地编织陶瓷基复合材料制作。为了减小不同材料部件装配带来的热失配问题，在连接处设置热失配补偿槽缝（如图 11.61、图 11.62 所示）。两个部分的热失配补偿槽缝相互错开，以减小该处的气流泄漏。

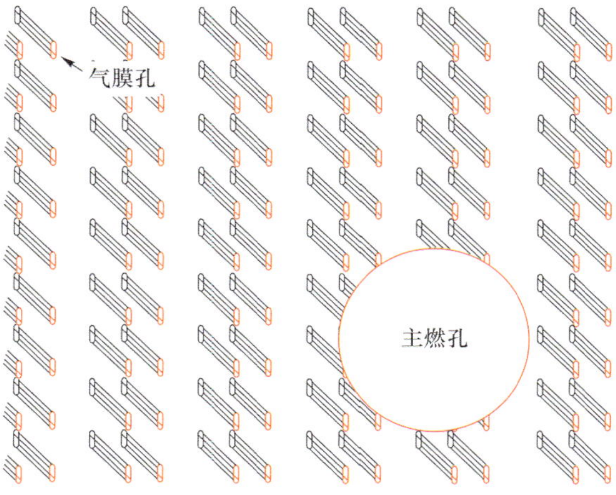

图 11.60　气膜孔透视图

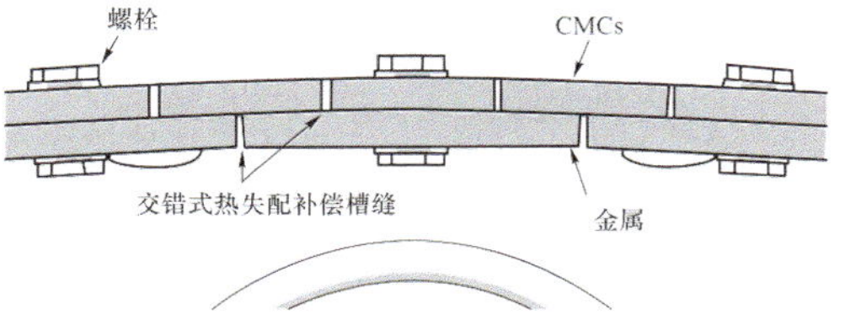

图 11.61　火焰筒头部连接结构

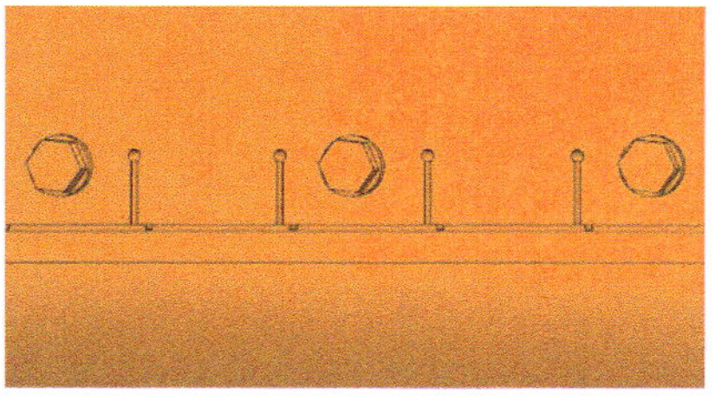

图 11.62　热失配补偿槽缝俯视图

火焰筒采用后支撑形式(如图 11.63 所示),连接结构和火焰筒筒身由平纹编织 SiC 纤维布一体化铺设而成。在连接处设置热失配补偿槽缝以解决热失配问题,降低该处的热应力水平。后支撑的螺栓孔为长条形,允许螺栓在周向上有一定的自由度。

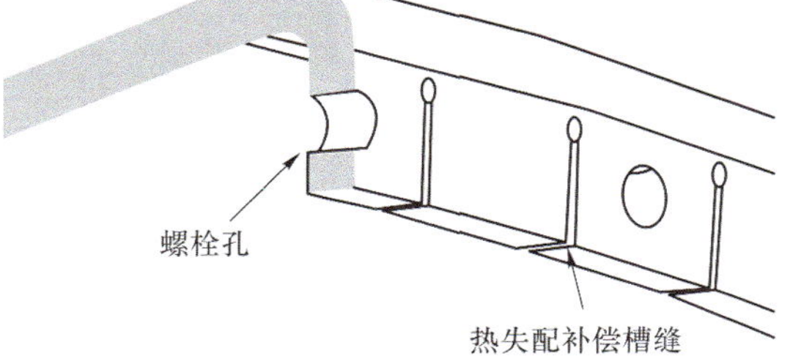

图 11.63　后支撑结构

11.5.1.3 火焰筒铺层设计

由于火焰筒所受应力主要为热应力，为了减小应力集中现象，采用均匀铺层的方式。如图 11.64 所示，火焰筒内外壁面分别采用 8 层平纹编织 SiC 纤维布铺设，每一层的厚度为 0.125 mm，采用$[-45°/0°/45°/90°]_s$的对称铺设。由于 45°铺层具有良好的损伤容限，因此表面采用 45°铺层。相邻铺层的方向相差不大于 60°，有利于减小层间的剪应力。不同的铺层在图中用不同颜色区分。采用自研软件 CMC_Struct 模拟铺设纤维，获得如图 11.65 所示的预制体纱线方向：图中红色表示经纱，蓝色表示纬纱。

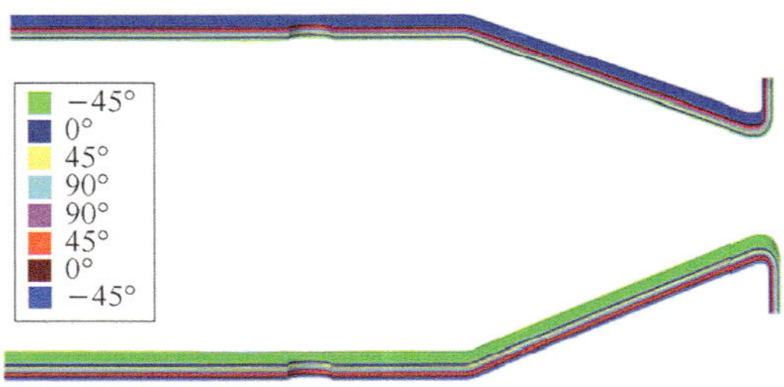

图 11.64 火焰筒的铺层示意图

图 11.65 45°铺层模拟铺设示意图

11.5.2 火焰筒流场计算

建立火焰筒流道的三维几何模型，开展火焰筒的温度场分析，计算结果如图 11.66、11.67 所示。由于回流区的存在，流场中存在一个满足气流速度恰好与火焰传播速度相等的区域，使得点火源稳定存在。火焰筒内的大部分燃烧在主燃孔前方的回流区进行。主燃孔加剧了气流对燃烧的掺混作用，并且其引入的径向气流使得回流区得以形成。火焰筒的最高温度为 2398K，位于主燃孔的正下方。火焰筒内流场的温度呈现中间高，四周低的分布，主要是由于火焰筒壁面冷却气的引入所致。火焰筒内的燃油经过主燃区已燃烧大半，掺混孔则将余下的燃料与气流混合以便加快燃烧。

火焰筒出口截面的温度分布如图 11.68。出口温度受到壁面的冷却气的影响而呈现中间温度高、上下温度低的分布特点。评价火焰筒出口性能的参数主要有 RTDF、OTDF 等。火焰筒出口性能参数如表 11.15 所示。

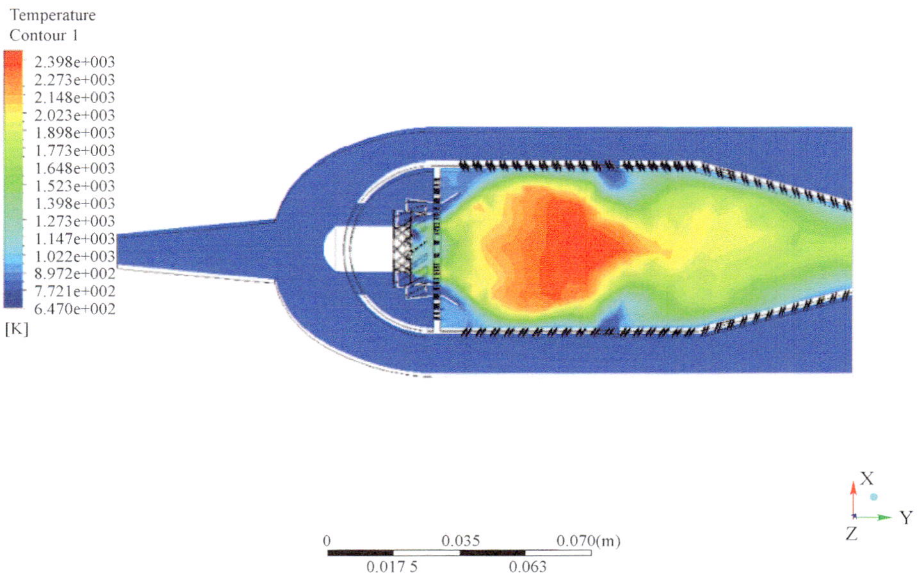

图 11.66　火焰筒过主燃孔截面温度云图

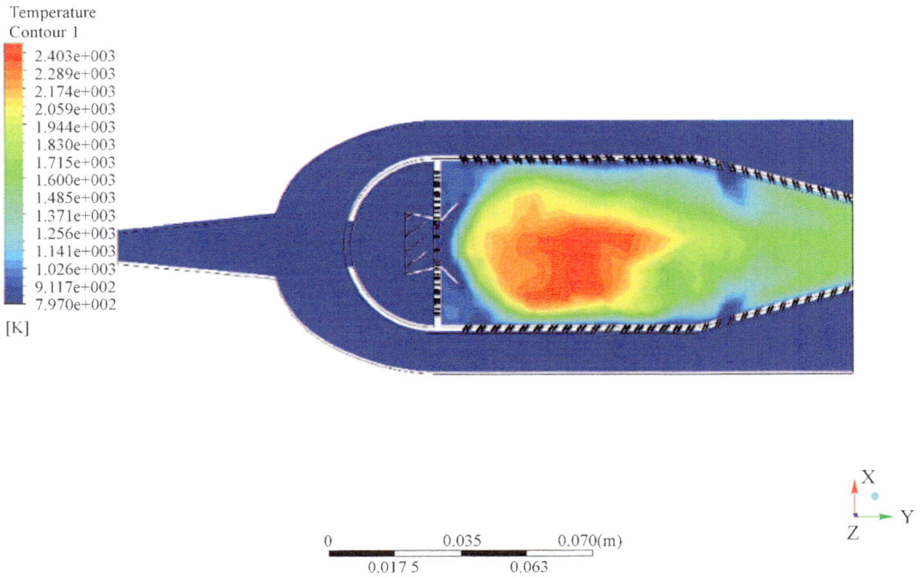

图 11.67　火焰筒过掺混孔截面温度云图

表 11.15　火焰筒出口性能参数

名称	数值
出口面积/m^2	0.066
出口平均温度/K	1657.2
出口最大温度/K	1991.5
OTDF	0.39
RTDF	0.25

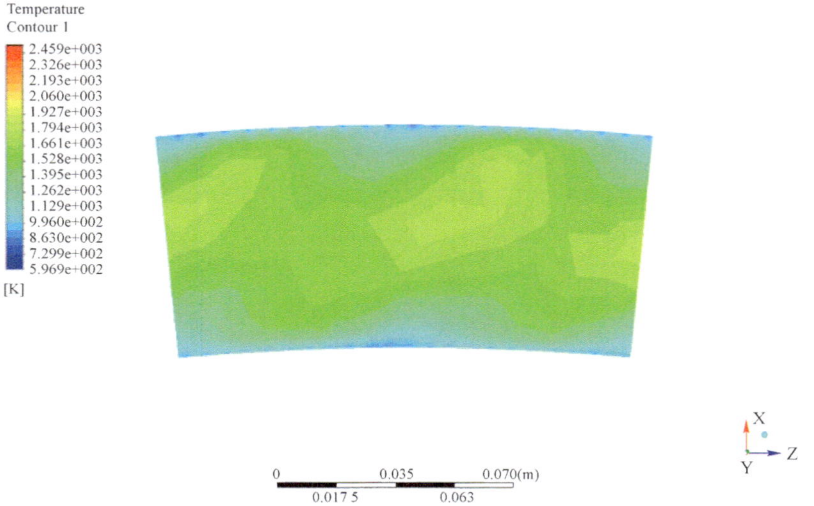

图 11.68　火焰筒出口截面温度云图

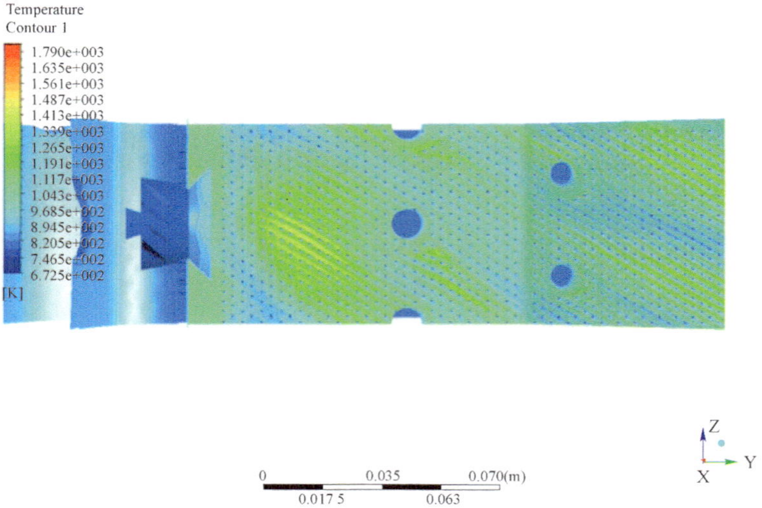

图 11.69　火焰筒壁面温度云图

火焰筒壁面的温度分布如图 11.69 所示。火焰筒壁面的温度分布主要受火焰筒燃气的温度分布以及壁面的冷却气流影响。由于火焰筒内的最高温度超过 2000K，超过了陶瓷基复合材料的安全使用温度，因此需要通过冷却孔引入冷却气流，以在壁面形成一层气膜用于隔绝高温燃气。火焰筒壁面的平均温度为 1100K，最高温度为 1358K。本设计中采用类椭圆形状的气膜孔，气膜孔的轴线与火焰筒径向存在 45°的倾角，用于提高冷却气膜的覆盖效果和覆盖面积。

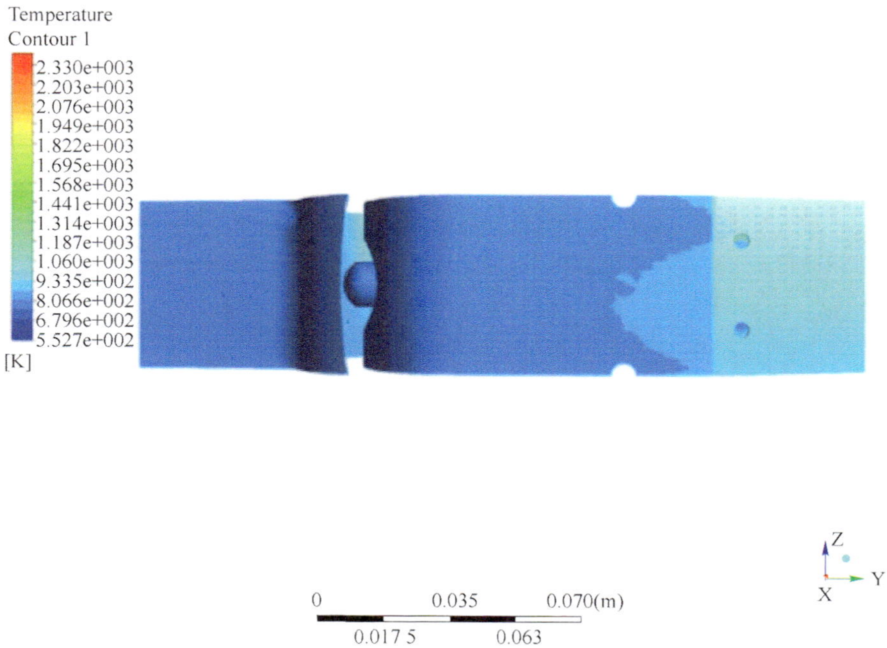

图 11.70　火焰筒外壁面温度云图

11.5.3　陶瓷基复合材料火焰筒变形与强度分析

在计算完陶瓷基复合材料火焰筒的温度分布后对其开展热应力下的渐进损伤分析。将由温度映射算法处理后的温度数据导入陶瓷基复合材料火焰筒模型，结果如图 11.71 所示。

火焰筒经纱方向的热应力和应变计算结果分别如图 11.72 和图 11.73 所示。其中，经纱方向平均应力为 11.7 MPa，远小于陶瓷基复合材料的拉伸强度极限；在气膜孔的边缘位置存在热应力较大的点，说明气膜孔的边缘存在较大的温度梯度。

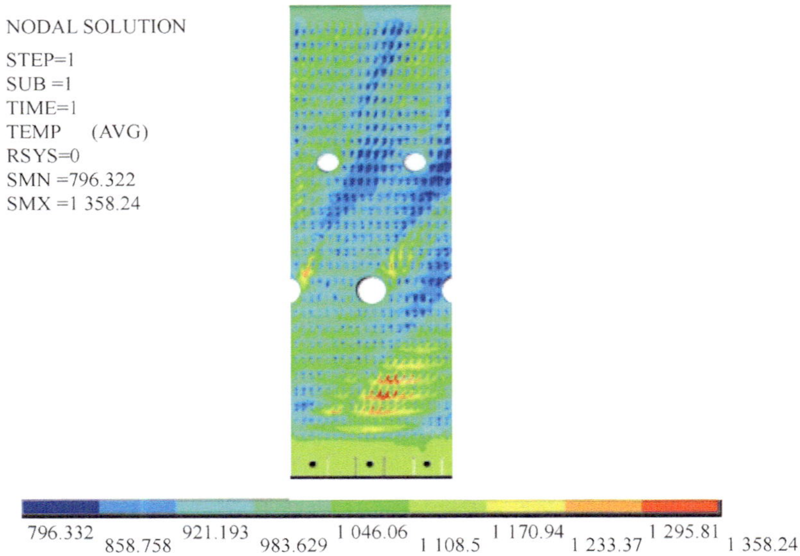

图 11.71 温度映射算法得到的火焰筒温度分布

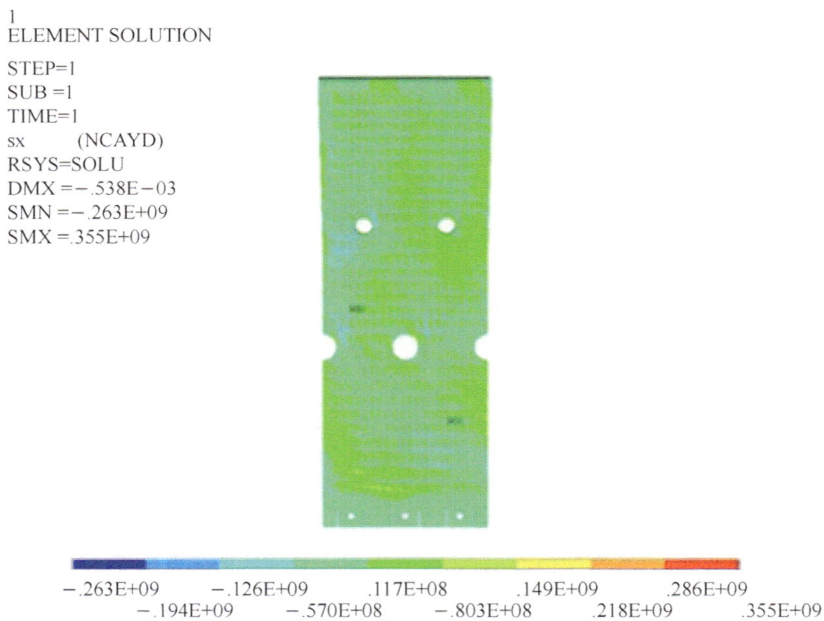

图 11.72 火焰筒经纱方向应力分布

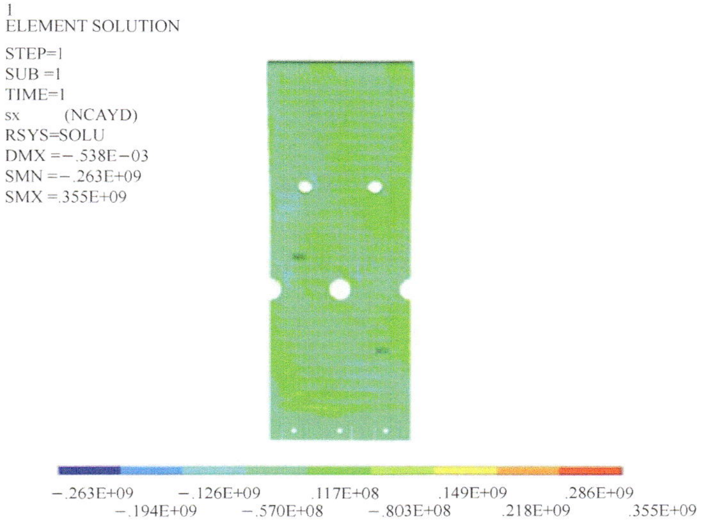

图 11.73　火焰筒经纱方向应变分布

火焰筒纬纱方向的热应力和应变分布分别如图 11.74 和图 11.75 所示。由于火焰筒外层的纬纱方向与火焰筒表面的高温带状区走向相垂直，温度梯度较大，因此该方向上的应力要高于经纱方向。其中大部分的区域纬纱方向应力范围在－150 MPa～65 MPa 之间，个别气膜孔周边应力超过材料强度极限。

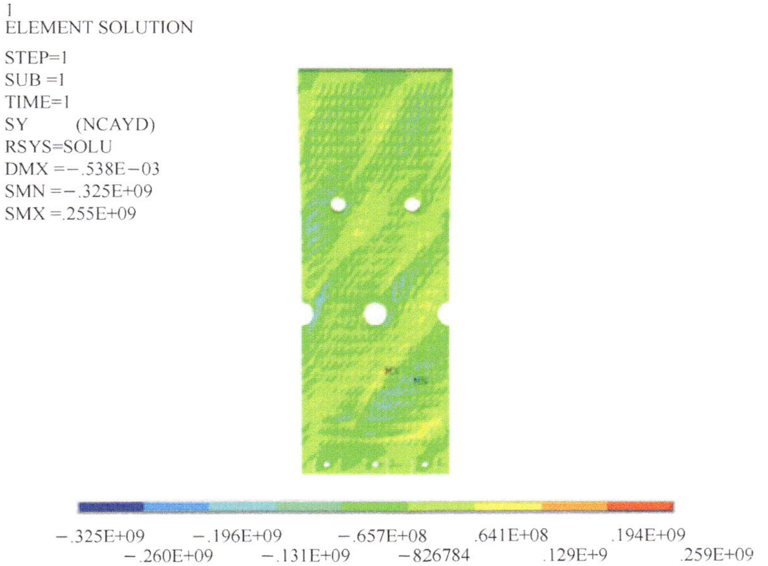

图 11.74　火焰筒纬纱方向应力分布

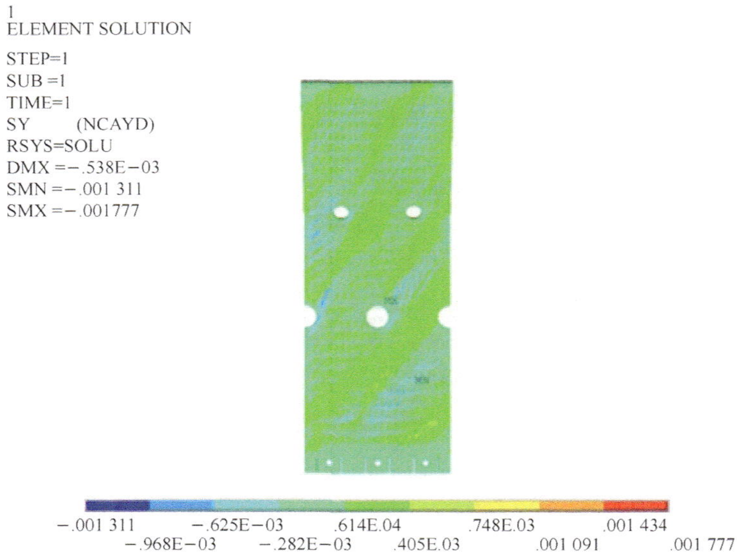

图 11.75　火焰筒纬纱方向应变分布

如图 11.76～图 11.78 所示，火焰筒经纬纱平面的剪应力平均水平约12.4 MPa，远小于材料的剪切强度极限，未出现刚度突降退化的损伤单元。但是在主燃孔的表面边缘，较大的温度梯度造成该位置较大的温度应力。需要指出的是，陶瓷基复合材料表面往往涂有抗氧化涂层，表面的高应力区域可能会导致抗氧化涂层的剥落，进而导致材料在高温环境中被氧化，进一步加速材料的损坏。

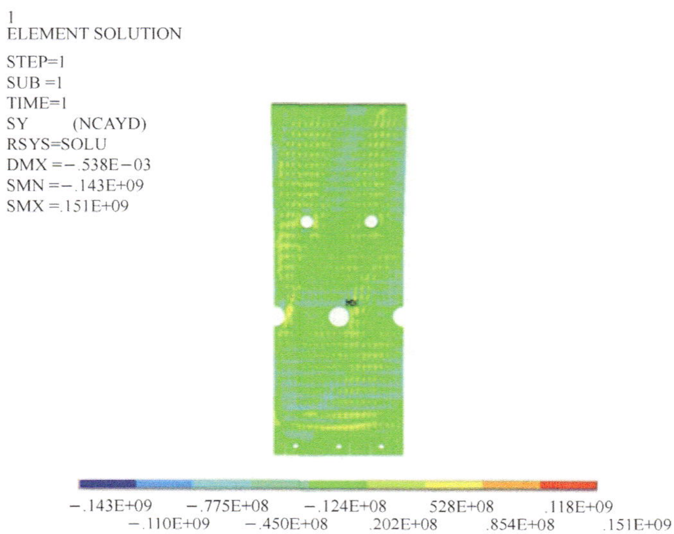

图 11.76　火焰筒经纬纱平面剪应力分布

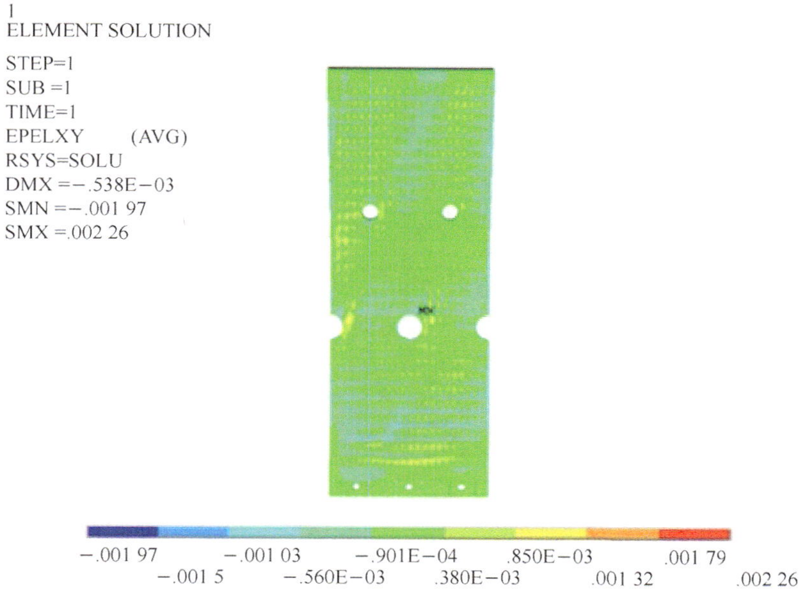

图 11.77　火焰筒经纬纱平面剪应变分布

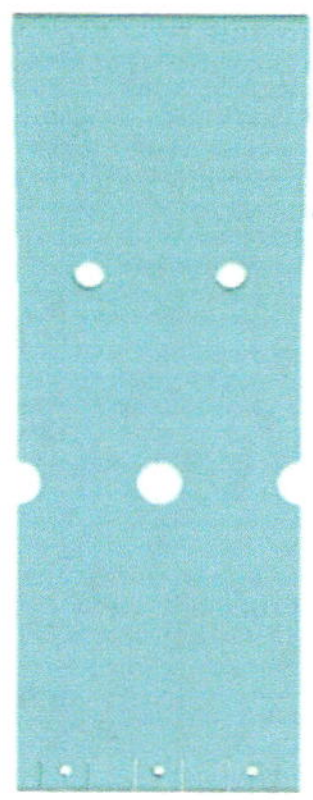

图 11.78　渐进损伤的突降退化计算结果

由图 11.79 和图 11.80 可知，热失配补偿槽缝的设计能有效降低火焰筒连接处的热应力水平。根据经纱方向的应力云图，连接部位的整体应力水平保持在较低的水平，槽缝末端处的应力稍高于周围，可达 80.3 MPa；在连接处和火焰筒筒身的弧形转折处，由于火焰筒的轴向膨胀受到火焰筒后支撑和头部连接处的约束，产生沿厚度方向的应力，可达 50.7 MPa。

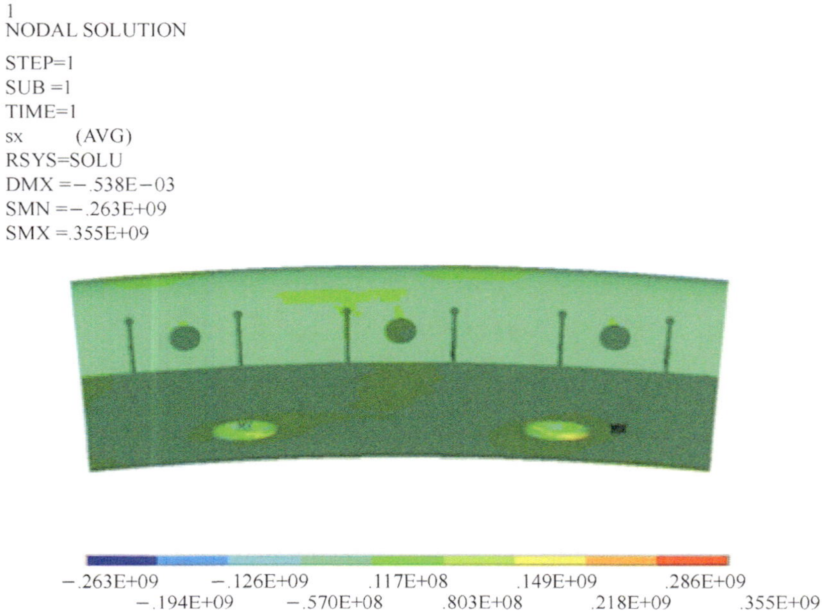

图 11.79　后支撑经纱方向应力分布

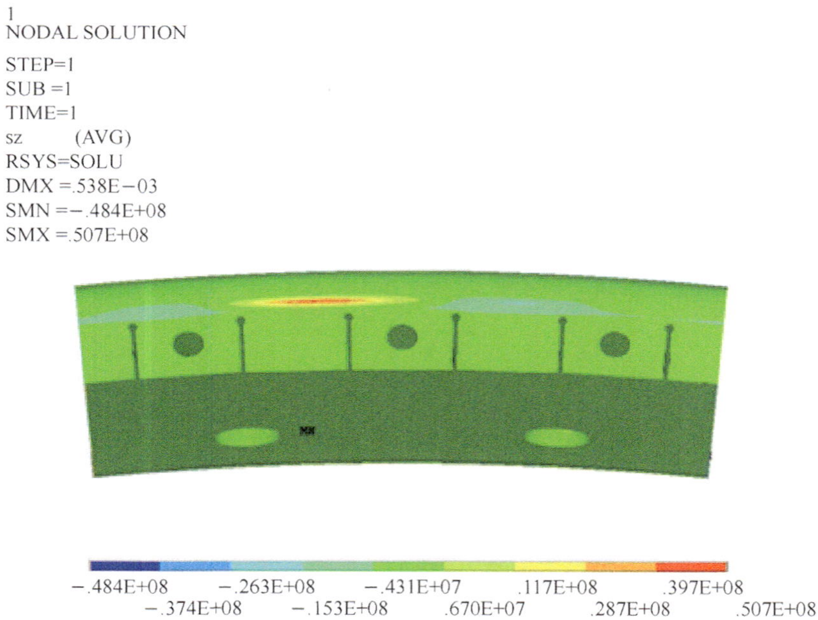

图 11.80　后支撑厚度方向应力分布

11.6　本章小结

陶瓷基复合材料典型结构服役时处于高温、高压耦合的工作环境，如设计不当极易发生失效。本章将前面各章节所介绍的分析与设计方法运用到了工程应用中，介绍了涡轮导向叶片、涡轮转子叶片、尾喷管调节片和燃烧室火焰筒这几类典型航空发动机热端部件的陶瓷基复合材料结构设计与分析方法。

以上设计方法可为各类陶瓷基复合材料结构件的研制提供参考，有助于科研人员了解陶瓷基复合材料结构设计与分析的思路和难点，为陶瓷基复合材料结构设计与分析带来创新和优化提升，推动陶瓷基复合材料结构件早日实现装机应用。

参考文献

[1] Bouillon E P, Bertarnd S, Habarou G, et al. Ceramic matrix composite for aircraft engine application [C]. Brussel, Belgim: 2nd EUCASS Conference, 2007.

[2] Spriet P, Lasalmonie A. New trends for the manufactureing in the aeronautic industry[C]. San Sebastian, Spain: Hegan Conference, 2000.

[3] Dicarlo J, van Roode M. CMC development for gas turbine engine hot section components[C]. Barcelona, Spain: ASME Turbo Expo 2006: Power for Land, Sea, and Air, 2006.

[4] Spriet P. Aerospace & industrial application of C/C, C/SiC & SiC/SiC components at SPS [C]. Columbus, OH: MS&T ' II Conference &Exhibition, 2011.

[5] Zawada L P, Chardson G Y, Doppen G, et al. CMCs for aerospace turbine engine exhaust nozzles [C]. Seattle, WA: Proceedings of the 5th International Conference on High Temperature Ceramic Matrix Composites, HT - CMC5, conference, 2004.

[6] Prewo K M. Tension and flexural strength of silicon carbide fibre - reinforced glass ceramics[J]. Journal of Materials Science, 1986, 21(10): 3590 - 3600.

[7] Marshall D B, Evans A G. Failure Mechanisms in Ceramic - Fiber/Ceramic - Matrix Composites [J]. Journal of the American Ceramic Society, 1985, 68 (5): 225 - 231.

[8] Pryce A W, Smith P A. Behavior of unidirectional and crossply ceramic matrix composites under quasi - static tensile loading[J]. Journal of Materials Science, 1992, 27: 2695 - 2704.

[9] Karandikar P G, Chou T. Damage Development and Moduli Reductions in Nicalon - CAS Composites Under Static Fatigue and Cyclic Fatigue [J]. Journal of the American Ceramic Society, 1993, 76(7): 1720 - 1728.

[10] Marshall D B, Oliver W C. Measurement of interfacial mechanical properties in fiber - reinforced ceramic composites[J]. Journal of the American Ceramic Society, 1987, 70(8): 542 - 548.

[11] Minford E, Prewo K M. Fatigue of silicon carbide reinforced lithium -

aluminosilicate glass - ceramics[M]//Tailoring Multiphase and Composite Ceramics. Boston, MA: Springer, 1986.

[12] Holmes J W, Kotil T, Foulds W. High temperature fatigue of SiC - Fiber - Reinforced Si3N4 ceramic composites [C]. Basel, Switzerland, and Lancaster, UK: Proceedings of symposium on high - temperature composites, Technomics, 1989.

[13] Holmes J W, Cho C D. Experimental observation of frictional heating in fiber - reinforced ceramics[J]. Journal of the American Ceramic Society, 1992, 75(4): 929 - 938.

[14] Karandikar P G, Chou T W. Microcracking and elastic moduli reductions in unidirectional Nicalon - CAS composite under cyclic fatigue loading[M]// Ceramic Engineering and Science Proceedings, 1992, 13(9 - 10): 881 - 888.

[15] Pryce A W, Smith P A. Matrix cracking in unidirectional ceramic matrix composites under quasi - static and cyclic loading[J]. Acta Metallurgica et Materialia, 1993, 41(4): 1269 - 1281.

[16] Evans A G, Zok F W. Mcmeeking R M. Fatigue of ceramic matrix composites[J]. Acta Metallurgica et Materialia, 1995, 43(3): 859 - 875.

[17] Mcnulty J C, Zok F W. Low cycle fatigue of Nicalon - fiber - reinforced ceramic composites[J]. Composites Science and Technology, 1999, 59(10): 1597 - 1607.

[18] Zawada L P, Butkus L M, Hartman G A. Tensile and fatigue behavior of silicon carbide fiber - reinforced aluminosilicate glass[J]. Journal of the American Ceramic Society, 1991, 74(11): 2851 - 2858.

[19] Kuo W S, Chou T W. Multiple cracking of unidirectional and cross - ply ceramic matrix composites[J]. Journal of the American Ceramic Society, 1995, 78(3): 745 - 755.

[20] Opalski F A, Mall S. Tension - compression fatigue behavior of a silicon carbide calcium - aluminosilicate ceramic matrix composite[J]. Journal of Reinforced Plastics and Composites, 1994, 13: 617 - 636.

[21] Lee S S, Stinchcomb W W. Damage mechanisms of cross - ply Nicalon/CAS II laminate under cyclic tension[C]. Ceramic Engineering and Science Proceedings, 1994: 40 - 48.

[22] Vanwijgenhoven E, Wevers M, Biest O V D. Influence of the laminate lay - up on the fatigue behavior of SiC - fiber/BMAS - matrix composites[J]. Composites Part A, 1999, 30(5): 623 - 635.

[23] Lynch C S, Evans A G. Effects of off - axis loading on the tensile behavior

of a ceramic matrix composite[J]. Journal of the American Ceramic Society, 1996, 79(12): 3113 - 3123.

[24] Rouby D, Reynaud P. Fatigue behavior related to interface modification during load cycling in ceramic - matrix fiber composites [J]. Composites Science and Technology, 1993, 48(1 - 4): 109 - 118.

[25] Reynaud P, Rouby D P, Fantozzi G. Effects of interfacial evolution on the mechanical behavior of ceramic matrix composites during cyclic fatigue[J]. Scripta Metallurgica et Materialia. 1994, 31(8): 1061 - 1066.

[26] Reynaud P. Cyclic fatigue of ceramic - matrix composites at ambient and elevated temperatures[J]. Composites Science and Technology, 1996, 56 (7): 809 - 814.

[27] Reynaud P, Rouby D, Fantozzi G. Effects of temperature and of oxidation on the interfacial shear stress between fibers and matrix in ceramic - matrix composites[J]. Acta Metallurgica et Materialia, 1998, 46(7): 2461 - 2469.

[28] Dalmaz A, Reynaud P, Rouby D, et al. Cyclic fatigue behavior at room temperature and at high temperature under inert atmosphere of a C/SiC multilayer composites [J]. Key Engineering Materials, 1999, 164 - 165: 325 - 328.

[29] Dalmaz A, Reynaud P, Rouby D, et al. Damage propagation in caron/silicon carbide composites during tensile tests under the SEM[J]. Journal of Materials Science, 1996, 31(16): 4213 - 4219.

[30] Fantozzi G, Reynaud P, Rouby D. Fatigue behavior of structural ceramic composites[J]. Advances in Science and Technology, 2006, 45: 1664 - 1673.

[31] Fantozzi G, Reynaud P. Mechanical hysteresis in ceramic matrix composites [J]. Materials Science and Engineering A, 2009, 18 - 23: 521 - 522.

[32] Shuler S F, Holmes J W, WU X. Influence of loading frequency on the room - temperature fatigue of a carbon - fiber/SiC - matrix composite[J]. Journal of the American Ceramic Society, 1993, 76(9): 2327 - 2336.

[33] Chawla N, Tur Y K, Holmes J W, et al. High - frequency fatigue behavior of woven - fiber - fabric - reinforced polymer - derived ceramic - matrix composites [J]. Journal of the American Ceramic Society, 1998, 81(5): 1221 - 1230.

[34] Lee S S, Zawada L P, Staehler J M, et al. Mechanical behavior and high - temperature performance of a woven NicalonTM/Si - N - C ceramic matrix composite[J]. Journal of the American Ceramic Society, 1998, 81(7): 1797 - 1811.

[35] Staehler J M, Mall S, Zawada L P. Frequency dependence of high - cycle

fatigue of CVI C/SiC at room temperature[J]. Composites Science and Technology, 2003, 63(15): 2121 - 2131.

[36] Kotil T, Holmes J W, Comniou M. Origin of hysteresis observed during fatigue of ceramic matrix composites[J]. Journal of the American Ceramic Society, 1990, 73(7): 1879 - 1883.

[37] Cho C D, Holmes J W, Barber J R. Estimate of interfacial shear in ceramic composites from frictional heating measurements [J]. Journal of the American Ceramic Society, 1991, 74(11): 2802 - 2808.

[38] Thomas W A, Kopp M W, Sanchez J M. Stress - strain behavior of Nicalon - fiber - reinforced calcium aluminosilicate composites under tensile fatigue conditions [J]. Journal of the American Ceramic Society, 1993, 76(9): 2175 - 2179.

[39] Thomas W A, Sanchez J M. Observation of crack closure in Nicalon/CAS composites[J]. Journal of Materials Science Letters, 1995, 14(8): 571 - 573.

[40] Keith W P, Kedward K T. The stress - strain behavior of a porous unidirectional ceramic matrix composite[J]. Composites, 1995, 26(3): 163 - 174.

[41] Solti J P, Mall S, Robertson D D. Modeling damage in unidirectional ceramic - matrix composites[J]. Composites Science and Technology, 1995, 54(1): 55 - 66.

[42] Vagaggini E, Domergue J M, Evans A G. Relationships between hysteresis measurements and the constituent properties of ceramic matrix composites: I, Theory[J]. Journal of the American Ceramic Society, 1995, 78(10): 2709 - 2720.

[43] Hutchison J W, Jensen H M. Models of fiber debonding and pullout in brittle composites with friction[J]. Mechanics of Materials, 1990, 9(2): 139 - 163.

[44] Domergue J M, Heredia F E, Evans A G. Hysteresis loops and the inelastic deformation of 0/90 ceramic matrix composites[J]. Journal of the American Ceramic Society, 1996, 79(1): 161 - 170.

[45] Jacobsen T K, Brondsted P. Mechanical properties of two plain - woven chemical vapor infiltrated silicon carbide - matrix composites[J]. Journal of the American Ceramic Society, 2000, 84(5): 1043 - 1051.

[46] Hild F, Burr A, Leckie F A. Matrix cracking and debonding of ceramic - matrix composites[J]. International Journal of Solids and Structures, 1996, 33(8): 1209 - 1220.

[47] Ahn B K, Curtin W A. Strain and hysteresis by stochastic matrix cracking in ceramic matrix composites[J]. Journal of the Mechanics Physics and Solids, 1997, 45(2): 177 - 209.

[48] Solti J P, Mall S, Robertson D D. Modeling of fatigue in cross - ply ceramic matrix composites[J]. Journal of Composite Materials, 1997, 31(19): 1921 - 1943.

[49] Yang B, Mall S. Cohesive - shear - lag model for cycling stress - strain behavior of unidirectional ceramic matrix composites [J]. International Journal of Damage Mechanics, 2003, 12: 45 - 64.

[50] Craig P. CMC Behavior and Life Modeling Workshop Summary Report: AFRL - RX - WP - TP - 2011 - 4396[R]. 2011.

[51] Min J B, Xue D, Shi Y. Micromechanics Fatigue Damage Analysis modeling for Fabric Reinforced Ceramic Matrix Composites: NASA/TM—2013 - 217870[R]. 2013.

[52] Min J B, Xue D, Shi Y. Micromechanics modeling for fatigue damage analysis designed for fabric reinforced ceramic matrix composites [J]. Composite Structues, 2014, 111(1): 213 - 223.

[53] William P K, Keith T K. Shear damage mechanisms in a woven, nicalon - reinforced ceramic - matrix composite[J]. Journal of the American Ceramic Society, 1997, 80 (2): 357 - 364.

[54] Gearald C. Modelling of the mechanical behavior and damage processes of fibrous ceramic matrix composites: Application to a 2 - D SiC/SiC [J]. International Journal of Solids and Structures, 2000, 37(6): 919 - 942.

[55] Morscherw G N, Yun H M, Dicarlo J A. In - plane cracking behavior and ultimate strength for 2d woven and braided melt - infiltrated SiC/SiC composites tensile loaded in off - axis fiber directions[J]. Journal of the American Ceramic Society, 2007, 90(10): 3185 - 3193.

[56] Morscherw G N, Singh M, Kiser J D, et al. Modeling stress - dependent matrix cracking and stress - strain behavior in 2D woven SiC fiber reinforced CVI SiC composites[J]. Composites Science and Technology, 2007, 67(6): 1009 - 1017.

[57] Soutis C, Kashtalyan M. Residual stiffness of cracked cross - ply composite laminates under multi - axial in - plane loading[J]. Applied Composite Materials, 2011, 18(1): 31 - 43.

[58] Bernachy - Barbe F, Gélébart L, Bornert M. Anisotropic damage behavior of SiC/SiC composite tubes: Multiaxial testing and damage characterization [J]. Composite: Part A, 2015, 76: 281 - 288.

[59] Rajan V P, Zok F W. Matrix cracking of fiber - reinforced ceramic composites in shear[J]. Journal of the Mechanics and Physics of Solids, 2014, 73: 3 - 21.

[60] Rossel M N, Rajan V P, Zok F W. Effect of weave architecture on mechanical response of 2D ceramic composites[J]. Composites: Part A, 2015, 74: 141 - 152.

[61] Gowayed Y, Ojard G, Santhosh U, et al. Modeling of crack density in ceramic matrix composites[J]. Journal of Composite Materials, 2015, 49 (18): 2285 - 2294.

[62] Devon T C. Fatigue behavior of an Advanced SiC/SiC composite at elevated Temperature in Air and in Steam: ADA512774[R]. 2009.

[63] Dustin J B. Ceramic Matrix Composite Characterization under a gas Turbine Combustion and Loading Environment[D]. Alabama, United States: Air University, 2014.

[64] Richard L L. Tension - compression Fatigue of an oxide、oxide Ceramic Matrix Composite at Elevated Temperature in Air and Stream Environments [D]. Alabama, United States: Air University, 2015.

[65] Pailler F, Lamon J. Micromechanics based model of fatigue/oxidation for ceramic matrix composites[J]. Composites Science and Technology, 2005, 65(3 - 4): 369 - 374.

[66] John R, Ojard G, Miller R. Frequency and Hold - time Effects on Durability of Melt - infiltrated SiC/SiC: AFRL - RX - WP - TP - 2011 - 4234 [R]. 2011.

[67] 陈西辉，孙志刚，牛序铭，等. SiC/SiC 复合材料氧化退化研究进展[J]. 推进技术，2020，41(9)：18.

[68] Pant RH, Gibson RF. Analysis and testing of dynamic micromechanical behavior of composite materials at elevated temperatures[J]. Journal of Engineering Materials & Technology. 1996, 118(4): 554 - 60.

[69] Sato S, Serizawa H, Araki H, et al. Temperature dependence of internal friction and elastic modulus of SiC/SiC composites[J]. Journal of Alloys & Compounds. 2003, 355(1): 142 - 7.

[70] Wang C, Zhu Z, Hou X, Li H. Damping characteristics of CVI - densified carbon - carbon composites[J]. Carbon. 2000, 38(13): 1821 - 4.

[71] Yang S. Dynamic Mechanical Properties of Ceramics and Ceramic Composites at Elevated Temperatures[J]. Journal of Engineering for Gas Turbines & Power. 1997, 119(1): 15 - 9.

[72] Gao X, Han D, Chen J, et al. Numerical and experimental study on the nonlinear dynamic response of a ceramic matrix composites beam [J]. Ceramics International, 2018, 44(6): 6223 - 6231.

[73] Birman V, Byrd L W. Effect of Matrix Cracks on Damping in Unidirectional and Cross - Ply Ceramic Matrix Composites[J]. Journal of Composite Materials. 2002, 36(15): 1859 - 77.

[74] Birman V, Byrd L W. Damping in ceramic matrix composites with matrix cracks[J]. International Journal of Solids & Structures. 2003, 40(16): 4239 - 56.

[75] 高希光，韩栋，宋迎东，等. 陶瓷基复合材料结构的动力学强度设计方法：研究现状及展望[J]. 机械工程学报，2021，57(16)：235 - 247.

[76] Li L, Song Y. Influence of fiber failure on fatigue hysteresis loops of ceramic matrix composites [J]. Journal of Reinforced Plastics and Composites, 2011, 30(1): 12 - 25.

[77] 孙志刚，许仁红，宋迎东. 陶瓷基复合材料低循环拉—拉疲劳寿命预测[J]. 机械工程学报，2012，48(12)：31 - 36.

[78] Li L, Song Y. An approach to estimate interface shear stress of ceramic matrix composites from hysteresis loops[J]. Applied Composite Materials, 2010, 17(3): 309 - 328.

[79] Li L, Song Y. Estimate interface frictional coefficient of ceramic matrix composites from hysteresis loops[J]. Journal of Composite Materials, 2011, 45(9): 989 - 1006.

[80] Li L, Song Y, Sun Y. Estimate interface shear stress of unidirectional C/SiC ceramic matrix composites from hysteresis loops[J]. Applied Composite Materials, 2013, 20(4): 693 - 707.

[81] Li L, Song Y, Sun Y. Effect of matrix cracking on hysteresis behavior of cross - ply ceramic matrix composites[J]. Journal of Composite Materials, 2014, 48(12): 1505 - 1530.

[82] Li L, Song Y. Estimate interface shear stress of woven ceramic matrix composites from hysteresis loops[J]. Applied Composite Materials, 2013, 20(6): 993 - 1005.

[83] Gao X, Fang G, Song Y. Hysteresis loop model of unidirectional carbon fiber - reinforced ceramic matrix composites under an arbitrary cyclic load [J]. Composites Part B: Engineering, 2014, 56: 92 - 99.

[84] 方光武，高希光，宋迎东. 单向纤维增强陶瓷基复合材料界面滑移规律[J]. 复合材料学报，2013，30(04)：101 - 107.

[85] Gao X, Zhang S, Fang G, et al. Distribution of slip regions on the fiber - matrix interface of ceramic matrix composites under arbitrary loading[J]. Journal of Reinforced Plastics and Composites, 2015, 34(20): 1713 - 1723.

[86] Fang G, Gao X, Zhang S, et al. A residual strength model for the fatigue strengthening behavior of 2D needled CMCs. International Journal of Fatigue[J], 2015, 80: 298 - 305.

[87] Fang G, Gao X, Yu G, et al. Effect of the stress level on the fatigue strengthening behavior of 2D needled C/SiC CMCs at room temperature[J]. Materials & Design, 2016, 89: 432 - 438.

[88] 方光武. 复杂预制体陶瓷基复合材料疲劳失效机理及多尺度模拟[D]. 南京:南京航空航天大学, 2016.

[89] Zhang S, Gao X, Chen J, et al. Effects of micro - damage on the nonlinear constitutive behavior of SiC/SiC minicomposites[J]. Journal of Ceramic Science and Technology, 2016, 7(4): 341 - 347.

[90] Zhang S, Gao X, Dong H, et al. Effects of gradual matrix crack closure on the constitutive behavior of SiC/SiC composites upon unloading[J]. Ceramics International, 2017, 43(2): 1839 - 1842.

[91] Zhang S, Gao X, Dong H, et al. In situ modulus and strength of carbon fibers in C/SiC composites[J]. Ceramics International, 2017, 43(9): 6885 - 6890.

[92] Han X, Gao X, Song Y. Parameters identification of interface friction model for ceramic matrix composites based on stress - strain response[J]. Applied Composite Materials, 2018, 25(5): 1057 - 1073.

[93] 于国强. 陶瓷基纤维束复合材料各向异性力学模型与结构失效模拟[D]. 南京:南京航空航天大学, 2020.

[94] Mei H. Measurement and calculation of thermal residual stress in fiber reinforced ceramic matrix composites[J]. Composites Science and Technology, 2008, 68(15): 3285 - 3292.

[95] Wang Y Q, Zhang L T, Cheng L F, et al. Characterization of tensile behavior of two - dimensional woven carbon/silicon carbide composite fabricated by chemical vapor infiltration[J]. Materials Science and Engineering A, 2008, 497(1 - 2): 295 - 330.

[96] Mei H, Cheng L F. Comparison of the mechanical hysteresis of carbon/ceramic matrix composites with different fiber performs[J]. Carbon, 2009, 47(4): 1034 - 1042.

[97] Whang Y Q, Zhang L T, Cheng L F. Effect of yarn size on the tensile damage evolution of a C/SiC composite fabricated by chemical vapor infiltration[J]. Applied Composite Materials, 2011, 18(2): 165 - 174.

[98] Whang Y Q, Zhang L T, Cheng L F. Characterization of hysteresis stress -

strain behaviors of C/SiC composites under different fiber pre - treatments [J]. Journal of Advanced Materials, 2010, 42(4): 5 - 13.

[99] 王锟，程起有，郑翔，等. 平纹编织 C/SiC 复合材料拉-拉疲劳特性的试验研究[J]. 机械强度，2010，32(1)：130 - 133.

[100] 李潘，王波，甄文强，等. 2D - SiC/SiC 复合材料拉伸加卸载行为[J]. 复合材料学报，2014，31(3)：676 - 682.

[101] 郭洪宝，贾普荣，王波，等. 基于迟滞行为的 2D - SiC/SiC 复合材料组份力学性能分析[J]. 力学学报，2015，47(2)：260 - 269.

[102] Shi D, JING X, Yhang X. Low cycle fatigue behavior of a 3D braided KD - I fiber reinforced ceramic matrix composite for coated and uncoated specimens at 1100℃ and 1300℃ [J]. Materials Science & Engineering A, 2015, 631: 38 - 44.

[103] 张盛. 编织陶瓷基复合材料力学行为的多尺度分析[D]. 南京：南京航空航天大学. 2019.

[104] 张立同，成来飞. 自愈合陶瓷基复合材料制备与应用基础[M]//北京：化学工业出版社，2015.

[105] 张立同. 纤维增韧碳化硅陶瓷复合材料[M]//北京：化学工业出版社，2009.

[106] 罗漂洋. 陶瓷基复合材料弹性性能的多尺度力学模型与测试[D]. 南京：南京航空航天大学，2014.

[107] 宋迎东，高希光，孙志刚. 航空发动机陶瓷基复合材料疲劳迟滞机理与模型研究进展[J]. 南京航空航天大学学报，2019，51(04)：417 - 426.

[108] Gao X, Zhang X, Zhang S, et al. Aparameterised and integrated modelling method for plain - weave composite preform of a component with complex geometry[J]. Composites Part A: Applied Science and Manufacturing, 2021: 106748.

[109] 薛建刚. 陶瓷基复合材料各向异性损伤本构模型[D]. 南京：南京航空航天大学，2016.

[110] 李龙. 考虑温度的陶瓷基复合材料 s 本构模型及验证[D]. 南京：南京航空航天大学，2014.

[111] 陈悦. 陶瓷基复合材料 s 蠕变力学行为与细观力学模拟[D]. 南京：南京航空航天大学，2017.

[112] Zhang S, Gao X, Han X, et al. Prediction of strength and constitutive response ofSiC/SiC composites considering fiber failure[J]. Composites Part B: Engineering, 2019, 163: 252 - 259.

[113] Chateau C, Gélébart L, Bornert M, et al. Modeling of damage in

unidirectional ceramic matrix composites and multi - scale experimental validation on third generation SiC/SiC minicomposites[J]. Journal of the Mechanics and Physics of Solids, 2014, 63: 298 - 319.

[114] Zhang S, Gao X, Chen J, et al. Strength model of the matrix element inSiC/SiC composites[J]. Materials & Design, 2016, 101: 66 - 71.

[115] Jing X, Shi D, Yang X, et al. Fiber strength measurement for KD - I(f)/SiC composites and correlation to tensile mechanical behavior at room and elevated temperatures[J]. Ceramics International, 2015, 41(1): 299 - 307.

[116] 薛建刚，高希光，方光武，等. 2.5D C/SiC 复合材料连续损伤本构模型[J]. 复合材料学报，2016(03): 606 - 612.

[117] 梁小强. 编织陶瓷基复合材料结构高温疲劳损伤分析与失效模拟[D]. 南京：南京航空航天大学，2021.

[118] 陈继刚，薛亚红，闫世程. 二维机织复合材料弹性常数的有限元法预测[J]. 复合材料学报，2016，33(08): 1702 - 1709.

[119] 段浩. 陶瓷基小复合材料高温无氧疲劳行为研究与寿命预测[D]. 南京：南京航空航天大学，2020.

[120] 张世榕. 高温循环载荷下陶瓷基复合材料小复合材料失效机理与预测模型研究[D]. 南京：南京南京航空航天大学，2021.

[121] 孟维康. 考虑变幅循环载荷影响的陶瓷基复合材料 s 结构疲劳寿命预测[D]. 南京：南京航空航天大学，2022.

[122] 周新贵. PIP 工艺制备陶瓷基复合材料的研究现状[J]. 航空制造技术，2014(06): 32～36.

[123] 董绍明，胡建宝，张翔宇. SiC/SiC 复合材料 MI 工艺制备技术[J]. 航空制造技术，2014(6): 35～40.

[124] 申诗典. 基于 XCT 技术的陶瓷基复合材料热膨胀系数预测[D]. 南京：南京航空航天大学，2017.

[125] Han X, Gao X, Song Y. Effect of heat treatment on the microstructure and mechanical behavior ofSiC/SiC mini - composites[J]. Materials Science and Engineering: A, 2019, 746: 94 - 104.

[126] Ruggles - Wrenn M B, Noomen M. Fatigue of unitized polymer/ceramic matrix composites with 2D and 3D fiber architecture at elevated temperature[J]. Polymer Testing, 2018, 72: 244 - 256.

[127] 杨福树. 2.5 维编织陶瓷基复合材料疲劳行为研究[D]. 南京：南京航空航天大学，2012.

[128] 王锟，程起有，郑翔，等. 平纹编织 C/SiC 复合材料拉-拉疲劳特性的试验研究[J]. 机械强度，2010，32(1): 130 - 133.

[129] 李龙彪. 长纤维增强陶瓷基复合材料疲劳损伤模型与寿命预测[D]. 南京：南京航空航天大学，2010.

[130] Wang Y Q，Zhang L T，Cheng L F，Ma J Q，Zhang W H，Tensile performance and damage evolution of a 2. 5 – D C/SiC composite characterized by Acoustic Emission [J]. Applied Composite Materials，2008，15：183 – 188.

[131] 孔春元，孙志刚，高希光，宋迎东. 2.5 维 C/SiC 复合材料单胞模型及刚度预测[J]. 航空动力学报，2011，26(11)：2459 – 2467.

[132] 高希光. 陶瓷基复合材料损伤耦合的宏细观统一本构模型研究[D]. 南京：南京航空航天大学，2008.

[133] Dong H，Gao X，Zhang S，et al. Multi – scale modeling and experimental study of fatigue of plain – wovenSiC/SiC composites[J]. Aerospace Science and Technology，2021，114：106725.

[134] 曹适意. KD 系列连续碳化硅纤维组成、结构与性能关系研究[D]. 长沙：国防科学技术大学，2017.

[135] 丁俊杰. SiC/SiC 材料高温环境下界面退化机理与力学性能演化研究[D]. 南京：南京航空航天大学，2021.

[136] 韩笑. SiC/SiC 复合材料力学性能的高温稳定性研究[D]. 南京：南京航空航天大学，2018.

[137] 何柏林，孙佳. 碳纤维增强陶瓷基复合材料界面的研究进展[J]. 材料导报，2009，23(21)：72 – 75.

[138] 黄璇璇，郭双全，姚改成，等. 航空发动机 SiC/SiC 复合材料环境障碍涂层研究进展[J]. 航空维修与工程，2017，(02)：28 – 31.

[139] 鞠晓蓉. 考虑纤维蠕变的陶瓷基复合材料高温蠕变细观力学模型研究[D]. 南京：南京航空航天大学，2019.

[140] 李建章. 航空发动机热端部件模拟环境下 3D C/SiC 的微结构演变和失效机制[D]. 西安：西北工业大学，2006.

[141] 吴小军. 2D – C/SiC 缺口试样的拉伸及蠕变行为[D]. 西安：西北工业大学，2005.

[142] 张冰玉，王岭，焦健，等. 界面层对 SiC_f/SiC 复合材料力学性能及氧化行为的影响[J]. 航空制造技术，2017，60(12)：78 – 83.

[143] Baxevanis T，Charalambakis N. A micromechanically based model for damage – enhanced creep – rupture in continuous fiber – reinforced ceramic matrix composites[J]. Mechanics of Materials，2010，42(5)：570 – 580.

[144] Chen X，Sun Z，Niu X，et al. Evolution of microstructure and tensile strength of Cansas – II SiC fibers under air oxidizing atmosphere [J].

Journal of the European Ceramic Society, 2021, 41(15): 7585 - 7600.

[145] Chen X, Sun Z, Niu X, et al. Evolution of the Structure and Mechanical Performance of Cansas - II SiC Fibres after Thermal Treatment [J]. Ceramics International, 2021, 47(19): 27217 - 27229.

[146] Terrani K A, Pint B A, Parish C M, et al. Silicon Carbide Oxidation in Steam up to 2 MPa[J]. Journal of the American Ceramic Society, 2014, 97 (8): 2331 - 2352.

[147] Rodríguez M, Molina - Aldareguía J M, González C, et al. A methodology to measure the interface shear strength by means of the fiber push - in test [J], Composite Science and Technology, 2012, 72: 1924 - 1932.

[148] Ruggles - Wrenn M B, Jones T P. Tension - compression fatigue of aSiC/SiC ceramic matrix composite at 1200° C in air and in steam [J]. International Journal of Fatigue, 2013, 47: 154 - 160.

[149] Ruggles - Wrenn M, Boucher N, Przybyla C. Fatigue of three advancedSiC/SiC ceramic matrix composites at 1200°C in air and in steam [J]. International Journal of Applied Ceramic Technology, 2018, 15 (1): 3 - 15.

[150] Sha JJ, Park J S, Hinoki T, et al. Bend stress relaxation of advanced SiC - based fibers and its prediction to tensile creep[J]. Mechanics of Materials, 2007, 39(2): 175 - 182.

[151] Sun Z, Shao H, Niu X, et al. Simulation of Mechanical Behaviors of Ceramic Composites Under Stress - Oxidation Environment While Considering the Effect of Matrix Cracks[J]. Applied Composite Materials, 2016, 23(3): 477 - 494.

[152] Han X, Chen X, Ding J, et al. Influence of heat treatment on microstructure and mechanical properties ofCansas - II SiC/PyC/CVI - SiC mini - composites[J]. Ceramics International, 2022, 48(1): 1077 - 1089.

[153] 时晓婷. 陶瓷基复合材料构件的氧化寿命分析方法研究[D]. 南京：南京航空航天大学，2021.

[154] 韩笑，高希光，宋迎东. 基于单向陶瓷基复合材料拉伸曲线的细观力学参数识别[J]. 推进技术，2018(9)：2121 - 2126.

[155] 胡卓沛. 化学气相渗透颗粒预制体孔隙结构的计算机模拟与验证[D]. 西安：西北工业大学，2006.

[156] Wei X, Cheng L F, Zhang L T, et al. Comparative modeling of gas transport in isothermal chemical vapor infiltration process of C/SiC composites[J]. Transactions of Nonferrous Metals Society of China, 2006,

16(S2): 608 - 612.

[157] Jiao Y Q, Li H J, Li K Z. Multi - physical field coupling simulation of TCVI process for preparing carbon/carbon composites[J]. Science in China Series E: Technological Sciences, 2009(11): 3173.

[158] 魏玺. 碳化硅陶瓷基复合材料 ICVI 过程的计算机模拟研究[D]. 西安: 西北工业大学, 2006.

[159] 李宏宇. 应力氧化环境下陶瓷基复合材料力学性能研究[D]. 南京: 南京航空航天大学, 2019.

[160] 杨成鹏, 矫桂琼, 王波, 等. 2D - C/SiC 复合材料的氧化损伤及刚度模型[J]. 复合材料学报, 2009, 26(3): 175 - 181.

[161] 杜翔宇. 2.5 维编织 C/SiC 复合材料含孔连接结构破坏的多尺度模拟[D]. 南京: 南京航空航天大学, 2019.

[162] 杨波, 金天国, 毕凤阳, 等. 基于曲面信息的平面织物铺覆改进渔网算法[J]. 复合材料学报, 2014, 31(01): 227 - 233.

[163] Grujicic M, Hariharan A, Pandurangan B, et al. Fiber - Level Modeling of Dynamic Strength of Kevlar © KM2 Ballistic Fabric [J]. Journal of Materials Engineering and Performance, 2012, 21(7): 1107 - 1119.

[164] Nilakantan G. Filament - level modeling of Kevlar KM2 yarns for ballistic impact studies[J]. Composite Structures, 2013, 104: 1 - 13.

[165] Samadi R, Robitaille F. Particle - based modeling of the compaction of fiber yarns and woven textiles[J]. Textile Research Journal, 2014, 84(11): 1159 - 1173.

[166] Hivet G, Boisse P. Consistent mesoscopic mechanical behaviour model for woven composite reinforcements in biaxial tension[J]. Composites Part B: Engineering, 2008, 39(2): 345 - 361.

[167] Gatouillat S, Bareggi A, Vidal - Sallé E, et al. Meso modelling for composite preform shaping - Simulation of the loss of cohesion of the woven fibre network [J]. Composites Part A: Applied Science and Manufacturing, 2013, 54: 135 - 144.

[168] Erol O, Powers B, Keefe M. Development of a non - orthogonal macroscale material model for advanced woven fabrics based on mesoscale structure[J]. Composites Part B: Engineering, 2017, 110: 497 - 510.

[169] Boisse P, Zouari B, Daniel J. Importance of in - plane shear rigidity in finite element analyses of woven fabric composite preforming [J]. Composites Part A: Applied Science and Manufacturing, 2006, 37(12): 2201 - 2212.

[170] Peng X, Guo Z, Du T, et al. A simple anisotropichyperelastic constitutive model for textile fabrics with application to forming simulation [J]. Composites Part B: Engineering, 2013, 52: 275 – 281.

[171] Dangora L M, Mitchell C J, Sherwood J A. Predictive model for the detection of out – of – plane defects formed during textile – composite manufacture[J]. Composites Part A: Applied Science and Manufacturing, 2015, 78: 102 – 112.

[172] Mahadik Y, Hallett S R. Finite element modelling of tow geometry in 3D woven fabrics[J]. Composites Part A: Applied Science and Manufacturing, 2010, 41(9): 1192 – 1200.

[173] Stig F, Hallström S. Spatial modelling of 3D – woven textiles. Composite Structures[J]. 2012, 94(5): 1495 – 1502.

[174] Stig F, Hallström S. A modelling framework for composites containing 3D reinforcement[J]. Composite Structures, 2012, 94(9): 2895 – 2901.

[175] El Said B, Green S, Hallett S R. Kinematic modelling of 3D woven fabric deformationfor structural scale features[J]. Composites Part A: Applied Science and Manufacturing, 2014, 57: 95 – 107.

[176] 杜翔宇，高希光，宋迎东. 2.5D C/SiC 复合材料带孔板拉伸破坏的多尺度模拟[J]. 推进技术，2020，41(02)：439 – 446.

[177] 徐吉峰，赵丽滨. 先进复合材料连接结构分析方法[M]//北京：北京航空航天大学出版社，2015.

[178] Gao X, Li L, Song Y. A temperature – dependent constitutive model for fiber – reinforced ceramic matrix composites and structural stress analysis [J]. International Journal of Damage Mechanics, 2013, 23(4): 507 – 522.

[179] Yu G, Gao X, Fang G, et al. Strain field evolution of 2D needled C/SiC composites under tension[J]. Journal of the European Ceramic Society, 2017, 37(2): 531 – 537.

[180] Ewins D J. Control of vibration and resonance in aero engines and rotating machinery – An overview[J]. International Journal of Pressure Vessels and Piping, 2010, 87(9): 504 – 510.

[181] Gao X, Song Y, Sun Z, et al. Numerical simulation of dynamic response of fiber reinforced ceramic matrix composite beam with matrix cracks using multiscale modeling [J]. Chinese Journal of Aeronautics, 2010, 23 (5): 537 – 548.

[182] Han D, Gao X, Zhang H, et al. Dynamic and fluid – structure interaction simulations of a ceramic matrix composite plate[J]. Composite Structures,

2020，243：112177.

[183] 王绍华. 陶瓷基复合材料梁损伤非线性振动响应及模拟[D]. 南京：南京航空航天大学，2012.

[184] 陈晶. 陶瓷基复合材料本构模型及振动分析[D]. 南京：南京航空航天大学，2017.

[185] 韩栋. 陶瓷基复合材料结构非线性动力学响应计算方法研究[D]. 南京：南京航空航天大学，2020.

[186] 徐雅洁. 损伤对陶瓷基复合材料结构振动响应的影响[D]. 南京：南京航空航天大学，2020.

[187] 胡殿印，曾雨琪，张龙，等. 二维编织 SiC/SiC 陶瓷基复合材料宏观弹性常数预测及模态试验研究[J]. 推进技术，2018，39(02)：465－472.

[188] 李汉青. 陶瓷基复合材料结构固有频率及损伤测试分析[D]. 南昌：南昌航空大学，2019.

[189] 刘巧沐，黄顺洲，何爱杰. 碳化硅陶瓷基复合材料在航空发动机上的应用需求及挑战[J]. 材料工程，2019，47(02)：1－10.

[190] 罗潇，徐友良，郭小军，等. 涡轮发动机用陶瓷基复合材料涡轮转子研究进展[J]. 推进技术，2021，42(01)：230－240.

[191] 王赛. 陶瓷基复合材料涡轮转子叶片的宏细观结构设计[D]，南京：南京航空航天大学，2019.

[192] 于皓. 基于 XCT 技术的陶瓷基复合材料导热系数预测及应用[D]. 南京：南京航空航天大学，2016.

[193] 朱宝城. 陶瓷基复合材料螺栓结构的细观失效机理分析与损伤数值模拟[D]. 南京：南京航空航天大学，2019.

[194] Zhang S，Gao X，Song Y，et al. Fatigue behavior and damage evolution ofSiC/SiC composites under high－temperature anaerobic cyclic loading[J]. Ceramics International，2021，47(21)：29646－29652.

[195] Gao X，Dong H，Zhang S，et al. Multi－Scale Modeling and Experimental Study of the Strength of Plain－WovenSiC/SiC Composites[J]. Applied Composite Materials，2019，26(5－6)：1333－1348.